高职高专"十一五"规划教材

★ 农林牧渔系列

蔬菜栽培技术

（北方本）

SHUCAI ZAIPEI JISHU

曹宗波　张志轩　主编

化学工业出版社

·北京·

本书是高职高专"十一五"规划教材★农林牧渔系列之一。教材以培养能直接从事蔬菜生产、技术推广和管理的高素质技能型人才为宗旨，以现代蔬菜生产发展要求为依据，在保证基本理论和基本技术学习的前提下，汲取了近期蔬菜方面最新科研成果，内容包括：上篇总论，共 3 章，主要介绍蔬菜栽培的基本理论、基本技术和无公害蔬菜栽培；中篇露地栽培各论，共 10 章，主要介绍北方地区常见蔬菜的生物学特性、类型品种、茬口安排和露地栽培技术；下篇设施蔬菜栽培，共 6 章，主要介绍北方地区常见设施类型、性能、应用，重点介绍北方主要蔬菜的设施栽培技术。教材较全面地反映了蔬菜栽培新技术、新品种、新材料和新方法，集理论与实践于一体，并重点突出了设施栽培和实验实训内容，共设计了实训 32 个，以适应北方地区现代设施农业发展的需要及突出高职高专学生实践性和技能性培养的要求，各院校可根据条件和需要选择开设。

　　本书可作为高职高专园艺及其他种植类专业教材，也可供从事蔬菜栽培研究、生产的技术人员参考。

图书在版编目（CIP）数据

　　蔬菜栽培技术（北方本）/曹宗波，张志轩主编. —北京：
化学工业出版社，2009.9（2023.8 重印）
　　高职高专"十一五"规划教材★农林牧渔系列
　　ISBN 978-7-122-06215-4

　　Ⅰ.蔬…　Ⅱ.①曹…②张…　Ⅲ.蔬菜园艺-高等学校：
技术学院-教材　Ⅳ.S63

　　中国版本图书馆 CIP 数据核字（2009）第 134600 号

责任编辑：李植峰　梁静丽　郭庆睿　　　文字编辑：向　东
责任校对：顾淑云　　　　　　　　　　　　装帧设计：史利平

出版发行：化学工业出版社（北京市东城区青年湖南街 13 号　邮政编码 100011）
印　　装：北京虎彩文化传播有限公司
787mm×1092mm　1/16　印张 19　字数 544 千字　2023 年 8 月北京第 1 版第 8 次印刷

购书咨询：010-64518888　　　　　　　售后服务：010-64518899
网　　址：http://www.cip.com.cn
凡购买本书，如有缺损质量问题，本社销售中心负责调换。

定　　价：45.00 元

"高职高专'十一五'规划教材★农林牧渔系列"
建设委员会成员名单

主 任 委 员　介晓磊

副主任委员　温景文　陈明达　林洪金　江世宏　荆　宇　张晓根
　　　　　　　窦铁生　何华西　田应华　吴　健　马继权　张震云

委　　　员（按姓名汉语拼音排列）

边静玮	陈桂银	陈宏智	陈明达	陈　涛	邓灶福	窦铁生	甘勇辉	高　婕	耿明杰
官麟丰	谷凤柱	郭桂义	郭永胜	郭振升	郭正富	何华西	胡繁荣	胡克伟	胡孔峰
胡天正	黄绿荷	江世宏	姜文联	姜小文	蒋艾青	介晓磊	金伊洙	刘　莉	李　纯
李光武	李彦军	梁学勇	梁运霞	林伯全	林洪金	刘俊栋	刘　蕊	刘淑春
刘万平	刘晓娜	刘新社	刘奕清	刘　政	卢　颖	马继权	倪海星	欧阳素贞	潘开宇
潘自舒	彭　宏	彭小燕	邱运亮	任　平	商世能	史延平	苏允平	陶正平	田应华
王存兴	王　宏	王秋梅	王水琦	王晓典	王秀娟	王燕丽	温景文	吴昌标	吴　健
吴郁魂	吴云辉	武模戈	肖卫苹	肖文左	解相林	谢利娟	谢拥军	徐苏凌	徐作仁
许开录	闫慎飞	颜世发	燕智文	杨玉珍	尹秀玲	于文越	张德炎	张海松	张晓根
张玉廷	张震云	张志轩	赵晨霞	赵　华	赵先明	赵勇军	郑继昌	周晓舟	朱学文

"高职高专'十一五'规划教材★农林牧渔系列"
编审委员会成员名单

主 任 委 员　蒋锦标

副主任委员　杨宝进　张慎举　黄　瑞　杨廷桂　胡虹文　张守润
　　　　　　　宋连喜　薛瑞辰　王德芝　王学民　张桂臣

委　　　员（按姓名汉语拼音排列）

艾国良	白彩霞	白迎春	白永莉	白远国	柏玉平	毕玉霞	边传周	卜春华	曹　晶
曹宗波	陈传印	陈杭芳	陈金雄	陈　璟	陈盛彬	陈现臣	程　冉	褚秀玲	崔爱萍
丁玉玲	董义超	董曾施	段鹏慧	范洲衡	方希修	付美云	高　凯	高　梅	高志花
弓建国	顾成柏	顾洪娟	关小变	韩建强	韩　强	何海健	何英俊	胡凤新	胡虹文
胡　辉	胡石柳	黄　瑞	黄修奇	吉　梅	纪守学	纪　瑛	蒋锦标	鞠志新	李碧全
李　刚	李继连	李军	李雷斌	李林春	梁本国	梁称福	梁俊荣	林　纬	林仲桂
刘革利	刘广文	刘丽云	刘贤忠	刘晓欣	刘振华	刘振湘	刘宗亮	柳遵新	龙冰雁
罗　玲	潘　琦	潘一展	邱深本	任国栋	唐建勋	阮国荣	石冬梅	史兴山	史雅静
宋连喜	孙克威	孙雄华	孙志浩	唐晓玲	唐晓玲	陶令霞	田　伟	田伟政	田文儒
汪玉琳	王爱华	王朝霞	王大来	王道国	王德芝	王　健	王立军	王孟宇	王双山
王铁岗	王文焕	王新军	王　星	王学民	王艳立	王云惠	王中华	薛瑞辰	吴琼峰
吴占福	吴中军	肖尚修	熊运海	徐公义	徐占云	许美解	易　诚	羊建平	杨宝进
杨平科	杨廷桂	杨卫韵	杨学敏	杨　志	杨治国	姚志刚	易新军	于承鹤
于显威	袁亚芳	曾饶琼	曾元根	战忠玲	杨春华	张桂臣	张怀珠	张　玲	张庆霞
张慎举	张守润	张响英	张　欣	张新明	张艳红	张祖荣	赵希彦	赵秀娟	郑翠芝
周显忠	朱雅安	卓开荣							

"高职高专'十一五'规划教材★农林牧渔系列"建设单位

（按汉语拼音排列）

安阳工学院
保定职业技术学院
北京城市学院
北京林业大学
北京农业职业学院
本钢工学院
滨州职业学院
长治学院
长治职业技术学院
常德职业技术学院
成都农业科技职业学院
成都市农林科学院园艺研
　究所
重庆三峡职业学院
重庆水利电力职业技术学院
重庆文理学院
德州职业技术学院
福建农业职业技术学院
抚顺师范高等专科学校
甘肃农业职业技术学院
广东科贸职业学院
广东农工商职业技术学院
广西百色市水产畜牧兽医局
广西大学
广西农业职业技术学院
广西职业技术学院
广州城市职业学院
海南大学应用科技学院
海南师范大学
海南职业技术学院
杭州万向职业技术学院
河北北方学院
河北工程大学
河北交通职业技术学院
河北科技师范学院
河北省现代农业高等职业技术
　学院
河南科技大学林业职业学院
河南农业大学
河南农业职业学院

河西学院
黑龙江农业工程职业学院
黑龙江农业经济职业学院
黑龙江农业职业技术学院
黑龙江生物科技职业学院
黑龙江畜牧兽医职业学院
呼和浩特职业学院
湖北生物科技职业学院
湖南怀化职业技术学院
湖南环境生物职业技术学院
湖南生物机电职业技术学院
吉林农业科技学院
集宁师范高等专科学校
济宁市高新技术开发区农业局
济宁市教育局
济宁职业技术学院
嘉兴职业技术学院
江苏联合职业技术学院
江苏农林职业技术学院
江苏畜牧兽医职业技术学院
金华职业技术学院
晋中职业技术学院
荆楚理工学院
荆州职业技术学院
景德镇高等专科学校
丽水学院
丽水职业技术学院
辽东学院
辽宁科技学院
辽宁农业职业技术学院
辽宁医学院高等职业技术学院
辽宁职业学院
聊城大学
聊城职业技术学院
眉山职业技术学院
南充职业技术学院
盘锦职业技术学院
濮阳职业技术学院
青岛农业大学
青海畜牧兽医职业技术学院

曲靖职业技术学院
日照职业技术学院
三门峡职业技术学院
山东科技职业学院
山东理工职业学院
山东省贸易职工大学
山东省农业管理干部学院
山西林业职业技术学院
商洛学院
商丘师范学院
商丘职业技术学院
深圳职业技术学院
沈阳农业大学
沈阳农业大学高等职业技术
　学院
苏州农业职业技术学院
温州科技职业学院
乌兰察布职业学院
厦门海洋职业技术学院
仙桃职业技术学院
咸宁学院
咸宁职业技术学院
信阳农业高等专科学校
延安职业技术学院
杨凌职业技术学院
宜宾职业技术学院
永州职业技术学院
玉溪农业职业技术学院
岳阳职业技术学院
云南农业职业技术学院
云南热带作物职业学院
云南省曲靖农业学校
云南省思茅农业学校
张家口教育学院
漳州职业技术学院
郑州牧业工程高等专科学校
郑州师范高等专科学校
中国农业大学

《蔬菜栽培技术》（北方本）编写人员

主　　编　曹宗波（商丘职业技术学院）

　　　　　张志轩（濮阳职业技术学院）

副 主 编　陈现臣（安阳工学院）

　　　　　胡月华（商丘职业技术学院）

参编人员　（按姓名汉语拼音排列）

　　　　　曹宗波（商丘职业技术学院）

　　　　　陈现臣（安阳工学院）

　　　　　缑艳霞（呼和浩特职业学院）

　　　　　胡月华（商丘职业技术学院）

　　　　　荆建湘（济宁职业技术学院）

　　　　　王　闯（聊城职业技术学院）

　　　　　夏铁奇（濮阳职业技术学院）

　　　　　夏秀华（黑龙江畜牧兽医职业学院）

　　　　　张　进（信阳农业高等专科学校）

　　　　　张志轩（濮阳职业技术学院）

　　　　　赵素芳（长治职业技术学院）

序

当今，我国高等职业教育作为高等教育的一个类型，已经进入到以加强内涵建设，全面提高人才培养质量为主旋律的发展新阶段。各高职高专院校针对区域经济社会的发展与行业进步，积极开展新一轮的教育教学改革。以服务为宗旨，以就业为导向，在人才培养质量工程建设的各个侧面加大投入，不断改革、创新和实践。尤其是在课程体系与教学内容改革上，许多学校都非常关注利用校内、校外两种资源，积极推动校企合作与工学结合，如邀请行业企业参与制定培养方案，按职业要求设置课程体系；校企合作共同开发课程；根据工作过程设计课程内容和改革教学方式；教学过程突出实践性，加大生产性实训比例等，这些工作主动适应了新形势下高素质技能型人才培养的需要，是落实科学发展观，努力办人民满意的高等职业教育的主要举措。教材建设是课程建设的重要内容，也是教学改革的重要物化成果。教育部《关于全面提高高等职业教育教学质量的若干意见》（教高〔2006〕16号）指出"课程建设与改革是提高教学质量的核心，也是教学改革的重点和难点"，明确要求要"加强教材建设，重点建设好3000种左右国家规划教材，与行业企业共同开发紧密结合生产实际的实训教材，并确保优质教材进课堂。"目前，在农林牧渔类高职院校中，教材建设还存在一些问题，如行业变革较大与课程内容老化的矛盾、能力本位教育与学科型教材供应的矛盾、教学改革加快推进与教材建设严重滞后的矛盾、教材需求多样化与教材供应形式单一的矛盾等。随着经济发展、科技进步和行业对人才培养要求的不断提高，组织编写一批真正遵循职业教育规律和行业生产经营规律、适应职业岗位群的职业能力要求和高素质技能型人才培养的要求、具有创新性和普适性的教材将具有十分重要的意义。

化学工业出版社为中央级综合科技出版社，是国家规划教材的重要出版基地，为我国高等教育的发展做出了积极贡献，曾被新闻出版总署领导评价为"导向正确、管理规范、特色鲜明、效益良好的模范出版社"，2008年荣获首届中国出版政府奖——先进出版单位奖。近年来，化学工业出版社密切关注我国农林牧渔类职业教育的改革和发展，积极开拓教材的出版工作，2007年底，在原"教育部高等学校高职高专农林牧渔类专业教学指导委员会"有关专家的指导下，化学工业出版社邀请了全国100余所开设农林牧渔类专业的高职高专院校的骨干教师，共同研讨高等职业教育新阶段教学改革中相关专业教材的建设工作，并邀请相关行业企业作为教材建设单位参与建设，共同开发教材。为做好系列教材的组织建设与指导服务工作，化学工业出版社聘请有关专家组建了"高职高专'十一五'规划教材★农林牧渔系列建设委员会"和"高职高专'十一五'规划教材★农林牧渔系列编审委员会"，拟在"十一五"期间组织相关院校的一线教师和相关企业的技术人员，在深入调研、整体规划的基础上，编写出版一套适应农林牧渔类相关专业教育的基础课、专业课及相关外延课程教材——"高职高专'十一五'规划教材★农林牧渔系列"。该套教材将涉及种植、园林园艺、畜牧、兽医、水产、宠物等专业，于2008～2009年陆续出版。

该套教材的建设贯彻了以职业岗位能力培养为中心，以素质教育、创新教育为基础的教育理念，理论知识"必需"、"够用"和"管用"，以常规技术为基础，关键技术为重点，先进技术为导向。此套教材汇集众多农林牧渔类高职高专院校教师的教学经验和教改成果，又得到了相关行业企业专家的指导和积极参与，相信它的出版不仅能较好地满足高职高专农林牧渔类专业的教学需求，而且对促进高职高专专业建设、课程建设与改革、提高教学质量也将起到积极的推动作用。希望有关教师和行业企业技术人员，积极关注并参与教材建设。毕竟，为高职高专农林牧渔类专业教育教学服务，共同开发、建设出一套优质教材是我们共同的责任和义务。

介晓磊

2008 年 10 月

　　"蔬菜栽培技术"是园艺及种植类专业的一门重要课程。本教材是根据教育部《关于全面开展高职高专院校人才培养工作水平评估的通知》（教高厅【2004】16 号）及《关于全面提高高等职业教育教学质量的若干意见》（教育部【2006】16 号）的精神，为满足北方地区园艺发展对人才培养的要求，依据"高等教育面向 21 世纪教学内容和课程体系改革"教学研究成果，针对北方地区气候特点和蔬菜生产特点，组织有关院校的教师进行编写的。

　　教材以培养能直接从事蔬菜技术推广、生产和管理的高素质技能型技术人才为宗旨，以现代蔬菜生产发展要求为依据，在保证基本理论和基本技术学习的前提下，汲取了近期蔬菜方面最新科研成果，内容包括：上篇总论，共 3 章，主要介绍蔬菜栽培的基本理论、基本技术和无公害蔬菜栽培；中篇露地栽培各论，共 10 章，主要介绍北方地区常见蔬菜的生物学特性、类型品种、茬口安排和露地栽培技术；下篇设施蔬菜栽培，共 6 章，主要介绍北方地区常见设施类型、性能、应用，重点介绍北方主要蔬菜的设施栽培技术。教材较全面地反映了蔬菜栽培新技术、新品种、新材料和新方法，集理论与实践于一体，并重点突出了设施栽培和实验实训内容，共编写实训 32 个，以适应北方地区现代设施农业发展的需要及突出高职高专学生实践性和技能性培养的要求，各院校可根据条件和需要选择开设。

　　根据蔬菜季节性生产的特点，本课程教学宜安排在春、秋两个季节里完成。各学校在使用该教材时，可根据专业特点及实际需要适当调整和增减相关内容。

　　在教材编写过程中，得到了各参编院校有关部门的大力支持，并提出不少意见和建议，对此深表感谢。鉴于蔬菜生产发展迅速，编者水平所限，编写时间仓促，书中难免有不够完善和不妥之处，恳请各院校师生通过教学实践，对本教材提出宝贵意见。

编者

2009 年 5 月

目录

上篇　总　论

下篇　设施蔬菜栽培

概　　论

【学习目标】

　　掌握蔬菜和蔬菜栽培的含义，了解蔬菜产业的现状和发展方向，明确蔬菜栽培的学习任务和学习方法。

一、蔬菜的定义及其营养价值

　　1.蔬菜的定义

　　"蔬菜"一词，按《说文》注释，"蔬、菜也"，可见"蔬"与"菜"是两个异体同意字。《尔雅》中说："凡草本可食者通名为蔬"。然而现代蔬菜及食品专家认为，凡是栽培的一二年生或多年生草本植物，也包括部分木本植物和菌类、藻类，具有柔嫩多汁的产品器官，可以佐餐的所有植物均可列入蔬菜的范畴。常见蔬菜，如黄瓜、番茄、辣椒、大白菜、萝卜、豇豆、马铃薯、大葱、莲藕、花椰菜等；稀有蔬菜，如芽苗菜、青花菜、生菜、山药、芦笋、香椿等；调味品蔬菜，如花椒、茴香、生姜等；野生蔬菜，如荠菜、马齿苋、鱼腥草、车前草等；食用菌类，如平菇、香菇、木耳、银耳、蘑菇、金针菇等；还有海带、紫菜等。

　　2.蔬菜的营养价值

　　我国营养学家曾向广大群众推荐合理膳食的标准，其中要求，成年人每天要食用 400～500g 蔬菜，才能满足人体对维生素和矿物质等营养素的需要，同时要求各类食品必须合理搭配，才能提供人体所需要的各种营养物质，维持人体的正常功能，保证身体的健康。

　　(1) 维生素的来源　维生素是人体正常生长发育所必需的营养物质，蔬菜中含有人体所需的多种维生素，其中最为重要的是维生素 C（抗坏血酸）和维生素 A 原物质（胡萝卜素），这两种维生素是其他食物中少有的，特别是维生素 C，人体需要量多，且在人体中不能贮存，所以每天都要补充。新鲜蔬菜中都含有维生素 C，特别是辣椒、番茄、青菜、芥菜、黄瓜、甘蓝等蔬菜中含量较多。在绿色和橙色蔬菜中，含有丰富的胡萝卜素，如韭菜、胡萝卜、菠菜、白菜、甘蓝等。此外，蔬菜中还含有丰富的维生素 E（生育酚）、维生素 K（凝血醌）、叶酸等人体生理活动所必需的营养物质。

　　(2) 矿物质的来源　蔬菜中含有钙、铁、磷、钾、镁、铜、锰、铬、镍等矿物质。矿物质是人体的重要组成部分，并具有调节生理活动的功能，是维持正常生理活动不可缺乏的元素。如钙是骨骼和牙齿的主要成分，并参与血液凝固，维持心肌的正常工作；铁是血红蛋白的重要元素，缺铁时易发生缺铁性贫血。

　　(3) 纤维素的来源　膳食纤维大量存在于蔬菜。现代医学和营养学研究证明，膳食纤维虽不能被人体消化吸收，但可促进肠道蠕动，减少有害物质与肠壁的接触时间，尤其在果胶吸水浸胀后，有利于粪便排出，可防便秘、直肠癌、痔疮及下肢静脉曲张；同时可促进胆汁酸排泄，抑制血清胆固醇上升，可预防动脉粥样硬化和冠心病等心血管疾病发生。

　　(4) 维持体内酸碱平衡　蔬菜是一种盐基性食物，消化水解后形成盐基，可以中和由于吃米、肉类食物产生的酸性物质，对维持人体的酸碱平衡起着重要作用。人体内酸过剩时，容易得胃病、神经衰弱、动脉硬化、脑溢血等，而当血液中盐基稍多时，有利于身体健康。

　　(5) 人体热能的补充来源　蔬菜中含有一些碳水化合物、脂肪及蛋白质等，可以成为人体热能的补充来源。如马铃薯、山药、芋、藕等含淀粉较多，可以代粮；西瓜、甜瓜、南瓜含有

8%～14%的糖；菜豆、毛豆、豇豆中含有3%～7%的蛋白质。

（6）有机酸、色素及挥发性物质　许多蔬菜中含有柠檬酸、苹果酸、琥珀酸等有机酸；辣椒、生姜、大葱、大蒜、洋葱、韭菜等蔬菜中，含有辛辣味的挥发性物质；芫荽、芹菜、小茴香等蔬菜中含有叶绿素、茄红素、胡萝卜素等色素。这些物质从色、香、味等方面丰富了蔬菜品质，并可增加食欲。

（7）医疗保健作用　蔬菜产品器官中含有大量对人体有益的物质，经常食用会对人体某些方面起到一定的医疗保健作用。如大蒜可杀菌止痢；萝卜能消食顺气，化痰止咳；山药可健脾胃、补气；辣椒、生姜能散寒、健胃；南瓜可降血糖等。

二、蔬菜栽培及其特点

蔬菜栽培是根据所栽培蔬菜的生长发育规律及其对栽培环境的要求，通过采取各种相应的栽培管理措施，来创造适合蔬菜生长发育的优良环境，获得蔬菜优质高产的过程。有以下特点。

① 季节性比较强。特别是露地栽培蔬菜，如果不在其适宜的季节里栽培或完成其主要的生产过程，轻者降低产量和品质，严重时造成绝收。

② 技术性比较强。蔬菜栽培要求精耕细作，如做畦、定植、蹲苗、培土、支架、绑蔓、摘心、整枝、打杈、保花保果等，且用工较多。

③ 形式多样。蔬菜栽培按栽培规模大小，分为零星栽培和规模栽培；按栽培目的的不同，分为自给自足的庭院蔬菜栽培、半农半菜的季节性蔬菜栽培、以种菜为业的专业蔬菜栽培、以外销为主的出口蔬菜栽培及特产蔬菜栽培等形式；按蔬菜类型不同，又分为普通蔬菜栽培和特色蔬菜栽培等。

④ 方式多种多样。蔬菜栽培依栽培手段不同分为促成栽培、早熟栽培、延迟栽培、露地直播栽培等方式。

⑤ 总体规模以及个别蔬菜的栽培规模，受当地以及外销地消费习惯和消费水平的限制。

三、蔬菜产业的现状、问题与发展方向

1. 蔬菜产业的现状

近几年，受市场拉动、出口带动、政府推动等多种因素的作用，我国蔬菜生产保持了稳定发展，蔬菜产业素质明显提升。目前，蔬菜生产已由规模扩张阶段向质量效益提升阶段转变，全国蔬菜优势区域布局，以及大生产、大市场、大流通的格局基本形成。具体体现在以下几个方面。

（1）生产规模稳步增长　据农业部统计，2005年全国蔬菜播种面积1772.07×10^4hm²，比2004年增加16.01×10^4hm²，总产量56451.49×10^4t，比2004年增加1386.80×10^4t，人均占有量超过430kg；2006年全国蔬菜播种面积1821.69×10^4hm²，比2005年增加49.62×10^4hm²，总产量58325.54×10^4kg，比2005年增加1874.05×10^4kg，人均占有量超过440kg；2007年全国蔬菜播种面积约1860×10^4hm²，比2006年增加38.31×10^4hm²，总产量约59900×10^4kg，比2006年增加1574.46×10^4kg，人均占有量超过450kg。全国蔬菜已出现总供给大于总需求的格局。

设施蔬菜发展较快，且仍保持高速增长的态势。1990年设施蔬菜面积13.93×10^4hm²，与1980年相比增长近20倍，2000年达179.05×10^4hm²，比1990年增长了近12倍，2005年末达297.4×10^4hm²，与2000年相比增长66%。

总体上看，20世纪80年代后特别是90年代，我国蔬菜播种面积增长较快，进入21世纪速度明显放缓。据农业部统计，蔬菜播种面积，20世纪80年代年均增长11%，90年代年均增长13%，而21世纪头5年年均增长仅3%，分别7.2%、6.2%、3.5%、−2.2%、0.9%。我国蔬菜产业已基本完成量的扩张，已迈入提高产品质量、增加单位产量、调整品种结构、优化区域布局、扩大国际贸易的新阶段。

（2）科技进步的步伐加快　目前，我国已经形成了以各地的高新科技示范园为龙头，以科技示范户为基础的蔬菜科技推广体系，科技示范园遍布全国。蔬菜生产科技进步的主要标志是：蔬

菜生产逐步良种化；栽培管理日趋规范化、机械化和现代化，生产技术的科技含量有了较大的提高；蔬菜生产信息化、专业化、集成化的步伐加快。

（3）供应状况明显改善　随着蔬菜种植规模扩大、产区相对集中、布局日益合理、交通运输鲜活农产品"绿色通道"的开通，全国大生产、大市场、大流通的格局基本形成；通过蔬菜产业布局的进一步调整，按照气候、区位优势，沿路（铁路、高速公路、高等级公路）、沿海、沿边建设的规模蔬菜生产基地迅速发展，逐步形成了适地生产、全国供应、对外出口的蔬菜生产布局。冬存淡季蔬菜基地和夏秋淡季蔬菜基地的稳步发展，设施蔬菜特别是节能日光温室的快速发展，使我国冬季和夏季蔬菜消费，由过去有什么吃什么，变为吃什么有什么，缓解了供需矛盾，基本实现周年均衡供应。

（4）产品质量明显提高　自2001年农业部组织实施"无公害食品行动计划"以来，蔬菜质量安全工作得到全面加强，质量安全水平有了明显提高，无公害蔬菜生产开始步入正轨。目前，全国露地蔬菜已有部分地区按照中国绿色食品发展中心规定的"AA"级绿色食品标准进行生产，设施蔬菜生产也开始迈入绿色食品的生产轨道。

（5）国际贸易快速增长　出口蔬菜以其较高的比较效益（平均出口价格为国内市场的8倍左右）而越来越受到重视，特别是我国加入WTO后，蔬菜出口增长势头强劲，出口量和出口额5年翻一番多。据海关统计，2005年我国累计出口蔬菜 680.19×10^4 t，与2000年相比增加 359.89×10^4 t，增长112%，创汇44.85亿美元，比2000年增加24.03亿美元，增长115%，贸易顺差44.03亿美元，比2000年增加23.94亿美元，增长119%。

（6）产业地位十分突出　蔬菜产业已成为农业和农村经济的支柱产业，是农业增效、农民增收、农村就业的重要途径，在增加农民收入、平衡农产品贸易、改善人们生活等方面发挥了重要作用；全国蔬菜播种面积和产值在种植业中仅次于粮食，对加快现代农业和社会主义新农村建设有重要意义。蔬菜产业属劳动密集型产业，转化了数量众多的城乡劳动力，增加了他们的收入。蔬菜产业的发展还带动了城乡第二、三产业的发展，蔬菜加工、贮运和流通为社会提供了大量的就业岗位，增加了产值。

2.蔬菜产业存在问题与发展对策

（1）合理布局，发挥比较优势　过去我国蔬菜产业的发展，停留在数量的扩张上，有一定的盲目性，缺乏统一规划，没有按照适地生产进行布局，导致各地蔬菜生产方式、栽培季节和品种结构雷同，独特的气候和品种资源优势得不到充分发挥，生产成本高、产品质量差、产量不稳定、价格波动大，还经常出现区域性、季节性和结构性的过剩，以及卖菜难、菜贱伤农的现象。

结合我国气候、地理特点，可将蔬菜产区划分为四大功能区八个优势带，一是冬春蔬菜生产区的华南冬春蔬菜优势带和长江上中游冬春蔬菜优势带；二是夏秋蔬菜生产区的黄土高原夏秋蔬菜优势带、云贵高原夏秋蔬菜优势带和浙闽赣皖丘陵山地夏秋蔬菜优势带；三是设施蔬菜生产区的环渤海湾设施蔬菜优势带；四是蔬菜出口功能区的沿海蔬菜出口优势带和西北部出口蔬菜优势带。

（2）改善基础设施和技术装备水平，提高生产力水平　我国菜田基础设施薄弱，抗灾能力差，生产受低温冷、冻害以及干旱、暴风雨等自然灾害的影响较大。特别是近几年，由于城镇建设加快，郊区蔬菜基地严重萎缩，农区蔬菜基地发展较快，而这部分基地的基础设施建设和技术装备跟不上，生产受自然灾害的约束较大，加强菜田基础设施和冷藏保鲜设施建设迫在眉睫。

我国蔬菜生产的日常管理，如耕地、浇水、施肥、打药、蘸（喷）花、揭盖草苫、放风闭风等，很多靠手工操作，劳动强度大、效率低、成本高、效益差。为降低我国蔬菜生产劳动强度、节省用工，实现节本增效和规模效益，应做好以下工作：一是继续研制、装备适合我国蔬菜生产的设备，如小型耕整机械、植保机械、滴（渗）灌系统、施肥器、保温被、遮阳网以及卷放设备、放闭风设备等；二是研制、推广自动化控制和机械操作装置；三是在搞清设施小气候变化规律和主栽蔬菜生长发育规律、产量形成因子的基础上，开发设施蔬菜生产技术管理软件。

（3）创新与推广蔬菜科技，提高产业竞争力　我国蔬菜栽培管理水平相对较低，很多局限于经验型，距离标准化、指标化、措施化的现代农业要求相差甚远，造成蔬菜单产水平较低、质量差、档次低、国际竞争力不强。当前应重点从以下几个方面加大蔬菜科技开发研究和推广普及力度，以提高蔬菜的国际竞争力。一是开发适销对路的品种和配套栽培技术，拓展多元化的国内外市场；二是开发蔬菜无害化生产技术，并推行无公害标准化生产，提高产品质量安全水平；三是开发蔬菜采后商品化处理以及冷藏贮运设备和技术，提高蔬菜的档次，降低损耗，实现转化增值；四是提高蔬菜产业机械化和自动化装备水平，提高劳动生产率，发展规模经营，保持我国蔬菜低成本的国际竞争优势。

（4）实行标准化生产和管理，提高质量安全水平　近几年蔬菜安全质量水平的提高，主要归功于各地采取行政推动，加强禁限用农药的监管，在"堵"上下功夫。而在"堵"的过程中忽视了"疏"，无害化栽培和高效低毒农药的研发、推广滞后于无公害蔬菜生产的发展，造成产品质量不稳定，进一步提高产品质量难度加大。面对现实，今后无公害蔬菜工作应"堵疏"结合，在"减"上下功夫，即推广蔬菜无害化栽培技术，减少用药，并合理选择施用高效低毒农药，从而控制农药残留污染。具体做法：一是推广生态栽培技术，最大限度地创造适宜蔬菜作物生长发育的条件，抑制病虫害的发生和蔓延，实现不发生或少发生病虫害，从而达到不用药或少用药的目的；二是采取阻隔、诱杀、高温消毒等物理防治措施，控制病虫害的发生，减少用药；三是合理选择施用高效低毒农药。

（5）推行采后商品化处理和加工，实现转化增效　采后商品化处理，是蔬菜商品生产和经营的重要环节，在日本、美国和欧洲极为广泛，而我国仅在供应超市、高档宾馆饭店的蔬菜和礼品菜上应用。采后商品化处理程度低带来商品质量差、运耗大、污染环境、食用不便等诸多问题。随着国民收入的增加、旅游业的发展、消费水平的提高和人们生活节奏的加快，社会对洁净、礼品和半成品、成品蔬菜的需求日益增长，采后商品化处理正在成为蔬菜产业新的增长点。目前，我国蔬菜采后增值与采收时自然产值比仅为 0.38：1，而美国为 3.7：1，日本为 2.2：1，所以我国发展蔬菜采后处理加工增值潜力很大。

（6）推进发展蔬菜产业化经营，提高整体效益　以家庭承包经营为主，是我国农村基本的经营制度，农民组织化程度低，小而全，随意性大，从而带来标准化生产难、采后商品处理难、品牌化销售难、质量管理难，面对这四难，通过采取龙头企业带动、专业市场带动、中介组织带动、经纪人和专业大户带动等多种形式的产业化经营，把一家一户的小规模生产，有效地组织起来，实行专业化、规模化、标准化生产，商品化加工，品牌化销售，提高我国蔬菜产业的整体效益和国际竞争力。

3. 蔬菜产业发展方向

我国已成为世界上最大的蔬菜、瓜类生产国和消费国，蔬菜已成为我国仅次于粮食的第二大作物。专家预测，今后我国蔬菜产业将呈以下发展趋势。

（1）新品种不断涌现，新技术、新材料得到普及　随着蔬菜消费市场的多元化发展，适应不同消费群体、不同季节、不同熟性的蔬菜新品种将不断涌现；以设施栽培技术、无土栽培技术、节水灌溉技术、病虫害综合防治技术为代表的新技术，将在蔬菜生产中得到普及；以无滴膜、防虫网和遮阳网为代表的新材料，将在蔬菜生产中得到普遍应用。

（2）蔬菜生产的产业布局将呈现差异性发展特点　根据我国不同地区的生态气候特点和资源优势，形成适应不同蔬菜生长的优势区域，目前已经划定了出口蔬菜加工区、冬季蔬菜优势区、夏秋延时蔬菜和水生蔬菜优势区。

（3）高效安全标准化生产技术将在蔬菜生产上得到普遍应用　国家将制定更为严格的蔬菜质量认证体系，无公害蔬菜将成为我国蔬菜产品的主体，农户在避免使用高毒农药的同时，应注意防止蔬菜生产中出现的硝酸盐污染和重金属污染。绿色蔬菜将是未来我国蔬菜发展的方向。

（4）蔬菜贮藏和加工技术将在生产中得到进一步应用　蔬菜是不同于粮食的鲜活产品，过去我国蔬菜贮藏和加工技术非常薄弱，导致蔬菜产品腐烂比例较高，由于加工能力弱，绝大多数蔬菜只能以鲜菜形式销售，产品附加值低，这些因素制约了我国蔬菜产业的健康发展，预计今后蔬菜贮藏和加工能力将得到显著提高。

（5）蔬菜出口将稳定增长　蔬菜产业是典型的劳动密集型产业，而我国劳动力众多，低成本的蔬菜产品在国际市场上极具竞争力，再加上卫生安全工作的加强，以及加入 WTO 给蔬菜产业发展带来的机遇，我国蔬菜产品将全面打入国际市场，蔬菜出口将稳定增长。

四、蔬菜栽培技术课的学习任务和方法

蔬菜栽培技术课是园艺和种植专业的重要课程之一。学习本课程的主要任务，是掌握蔬菜栽培的基本理论和基本技能，并掌握当前蔬菜生产上推广应用的优良品种、高新技术和高效栽培模式，为以后从事蔬菜生产和科学研究奠定坚实的基础。

蔬菜栽培技术课是一门实践性比较强的应用课程，首先必须学好基本理论，掌握主要蔬菜的生长发育规律、环境要求规律以及茬口安排和高产高效栽培模式等；其次，要加强联系当地生产实际，掌握必要的生产管理技能，提高分析解决蔬菜生产实际问题的能力。

本 章 小 结

蔬菜通常指狭义蔬菜，有丰富的营养价值，是保证身体健康的需要。蔬菜栽培有明显的特点，是制定生产计划的基础。目前，我国蔬菜生产已由规模扩张阶段向质量效益提升阶段转变，设施蔬菜发展仍保持高速增长的态势；全国蔬菜优势区域布局，以及大生产大市场大流通的格局基本形成。

复习思考题

1.什么是蔬菜？蔬菜在人民生活和国民经济中有什么意义？

2.什么是蔬菜栽培？有哪些特点？

3.目前蔬菜生产的发展趋势是什么？

上 篇

总 论

第一章 蔬菜栽培的生物学基础

【学习目标】

掌握蔬菜植物分类的方法。熟悉蔬菜的生物学特性和生长习性，掌握其生长发育规律及对外界环境条件的要求，以便科学、合理地运用栽培技术进行生产，最终获得优质丰产的蔬菜产品。

第一节 蔬菜植物的分类

蔬菜植物范围广、种类多，产品器官多样，有新鲜的果实和种子，有膨大的肉质根或块茎，有柔嫩的叶片，还有的是嫩茎、花球、幼苗或幼芽；除了人工栽培的蔬菜植物以外，还有许多野生和半野生的种类，也可作为蔬菜食用，如荠菜、枸杞、马兰、紫背天葵、菊花脑等，其中有些蔬菜（如荠菜、苜蓿等）已作为绿叶菜栽培。许多真菌和藻类植物如蘑菇、香菇、海带、紫菜、木耳等，也作为蔬菜食用。但是作为主要蔬菜，仍然是一、二年生的草本植物。我国栽培的蔬菜有 200 多种，其中普遍栽培的有 50～60 种。但在同一种类中有许多变种，每一变种中又有许多品种。为了便于研究、学习和利用蔬菜，科学的分类十分必要。蔬菜的分类方法通常有 3 种：植物学分类、食用器官分类和农业生物学分类。

一、植物学分类法

植物学分类法是根据蔬菜植物的形态特征、系统发育中的亲缘关系，按照界、门、纲、目、科、属、种、变种进行分类。我国北方地区常栽培的蔬菜分属于表 1-1 所列的 18 个科。

表 1-1　我国主要蔬菜的植物学分类

一、真菌门	
1. 木耳科	Auriculariaceae
黑木耳	*Auricularia auricula*（L. ex Hook.）Underw.
银耳	*Tremella fuciformis* Berk.
2. 伞菌科	Agaricaceae
蘑菇	*Agaricus campestris* L. ex F.
香菇	*Lentinus edodes*（Berk.）Sing.
二、种子植物门	
（一）双子叶植物	
1. 藜科	Chenopodiaceae
菠菜	*Spinacia oleracea* L.
2. 苋科	Amaranthaceac
苋菜	*Amaranthus mangostanus* L.
3. 豆科	Leguminosae
（1）菜豆	*Phaseolus vulgaris* L.
（2）长豇豆	*Vigna unguiculata* W. ssp. *sesquipedalis*（L.）Verd
（3）普通豇豆（矮豇豆）	*Vigna unguiculata* W. ssp. *sinensis* Endl.
（4）蚕豆	*Vicia faba* L.
（5）豌豆	*Pisum sativum* L.

(6)扁豆	*Dolichos lablab* L.
4.十字花科	Cruciferae
(1)芸薹	*Brassica campestris* L.(syn. B. rapa. L.)
①小白菜(不结球白菜)	*B. chinensis* L.
②大白菜	*B. campestris* ssp. *pekinensis*(Lour)Olsson
③芜菁	*B. campestris* ssp. *rapifera* Matzg.(syn. B. rapa. L.)
(2)甘蓝	*Brassica oleracea* L.
①结球甘蓝	*B. oleracea* var. *capitata* L.
②球茎甘蓝	*B. oleracea* var. *caulorapa* DC.
③花椰菜	*B. oleracea* var. *botrytis* L.
(3)芥菜	*Brassica juncea* Coss.
①叶用芥	
分蘖芥(雪里蕻)	*B. juncea* var. *multiceps* Tsen et Lee
②榨菜(茎用芥菜)	*B. juncea* var. *tumida* Tsen et Lee(syn. tsatsai Mao)
③大头菜(根用芥菜)	*B. juncea* var. *megarrhiza* Tsen et Lee(syn. napiformis Pall et Bols.)
(4)萝卜	*Raphanus sativus* Bailey
5.葫芦科	Cucurbitaceae
(1)黄瓜	*Cucumis sativus* L.
(2)甜瓜	*C. melo* L.
(3)南瓜	*Cucurbita moschata* Duch.
(4)笋瓜	*C. maxima* Duch.
(5)西葫芦	*C. pepo* L.
(6)冬瓜	*Benincasa hispida* Cogn.
(7)蛇瓜(长栝楼)	*Trichosanthes anguina* L.
(8)佛手瓜	*Sechium edule* Sw.
(9)西瓜	*Citrullus vulgaris* Schrad.[syn. C. lanatus(Thunb)M.]
(10)普通丝瓜	*Luffa cylindrica* Roem.
(11)苦瓜	*Momordica charantia* L.
6.伞形花科	Umbelliferae
(1)胡萝卜	*Daucus carota* var. *sativa* DC.
(2)芹菜	*Apium graveolens* L.
(3)茴香	*Foeniculum vulgare* Mill
(4)芫荽	*Coriandrum sativum* L.
7.茄科	Solanaceae
(1)茄子	*Solanum melongena* L.
(2)番茄	*Lycopersicon esculentum* Mill
(3)辣椒	*Capsicum annuum* L.
(4)马铃薯	*Solanum tuberosum* L.
8.楝科	Meliaceae
香椿	*Toona sinensis* Roem.
9.旋花科	Convolvulaceae
蕹菜	*Ipomoea aquatica* Forsk.
10.菊科	Compositae
(1)莴苣	*Lactuca sativa* L.
(2)茼蒿	*Chrysanthemum coronarium* L.
(3)牛蒡	*Arctium lappa* L.
(4)紫背天葵	*Gynura bicolor* L.
11.睡莲科	Nymphaeaceae
莲藕	*Nelumbo nucifera* Gaertn.
(二)单子叶植物	
1.百合科	Liliaceae

续表

（1）韭菜	*Allium tuberosum* Rottl. ex Spr.
（2）大葱	*A. fistulosum* L. var. *giganteum* Makino
（3）分葱	*A. fistulosum* L. var. *caespitosum* Makino
（4）洋葱	*Allium cepa* L.
（5）大蒜	*Allium sativum* L.
（6）石刁柏（芦笋）	*Asparagus officinalis* L.
（7）黄花菜（金针菜）	*H. citrina* Baroni
2.薯芋科	Dioscoreaceae
山药	*Dioscoeea batatas* Decne.
3.姜科	Zingiberaceae
姜	*Zingiber officinale* Rosc.
4.禾本科	Gramineceae
（1）毛竹	*Phyllostachys pubescens* Mazel. ex H. de Lehaie
（2）甜玉米	*Zea mays* L. var. *rugosa* Bonaf
（3）茭白	*Zizania aguatica* L.
5.天南星科	Araceae
芋	*Colocasia esculenta* Schott.

二、食用器官分类法

根据食用器官的形态不同，将蔬菜分为根、茎、叶、花、果5类，这里仅指属于种子植物的蔬菜。

1.根菜类

产品器官为肥大的肉质根，又可分为以下几类。

（1）直根类　是以肥大主根为产品。如萝卜、胡萝卜、根用甜菜、根用芥菜等。

（2）块根类　以膨大成块状的侧根或不定根为产品器官。如豆薯、葛、牛蒡等。

2.茎菜类

产品器官为肥大的茎部，又可分为以下几类。

（1）地下茎类　又分为块茎类（马铃薯、菊芋、草石蚕、山药等），根茎类（莲藕、生姜等），球茎类（芋头、荸荠、慈姑等）。

（2）地上茎类　又分为肉质茎类（莴笋、茎用芥菜、茭白、球茎甘蓝等），嫩茎类（竹笋、石刁柏等）。

3.叶菜类

以叶片、叶球、叶柄、变态叶为产品器官的一类蔬菜，又可分为以下几类。

（1）普通叶菜类　小白菜、菠菜、芹菜、苋菜、叶甜菜等。

（2）结球叶菜类　大白菜、结球甘蓝、结球莴苣、包心芥菜等。

（3）香辛叶菜类　葱、韭菜、芫荽、茴香等。

（4）鳞茎菜类（形态上是由叶鞘基部膨大而成）　洋葱、大蒜、百合等。

4.花菜类

以花器或肥嫩的花枝为产品的一类蔬菜，又可分为以下几类。

（1）花器类　金针菜等。

（2）花枝类　花椰菜、青花菜、菜薹、芥蓝等。

5.果菜类

以幼嫩果实或成熟种子为产品的一类蔬菜，又可分为以下几类。

（1）浆果类　番茄、茄子、辣椒等。

（2）荚果类　菜豆、豇豆、毛豆、豌豆、刀豆等。

（3）瓠果类　黄瓜、南瓜、冬瓜、丝瓜、苦瓜等。

（4）杂果类　甜玉米、菱等。

三、农业生物学分类法

农业生物学分类是根据各种蔬菜的主要生物学特性、食用器官的不同，结合栽培技术特点进行分类，综合了上述两种方法的优点，比较适合生产上的要求，可分为13类。

1. 白菜类

以柔嫩的叶片、叶球、花薹等为食用产品。大多数起源于温带地区，为二年生植物，第一年形成产品器官，第二年抽薹开花。生长期间要求温和的气候条件，耐寒但不耐热；要求肥水充足的土壤。均用种子繁殖，可育苗移栽。包括大白菜、小白菜、芥菜等。

2. 甘蓝类

以柔嫩的叶球、花球、肉质茎等为食用产品。生长特性和对环境条件的要求与白菜类相似。包括甘蓝、花椰菜、青花菜、球茎甘蓝等。

3. 绿叶菜类

以幼嫩的绿叶、叶柄、嫩茎为食用部分。这类蔬菜大多生长迅速，植株矮小，对氮肥和水分要求高，适于间、套作，种子繁殖。除芹菜外，一般不育苗移栽。包括要求冷凉气候的莴苣、芹菜、菠菜等和耐热的蕹菜、苋菜、落葵等。

4. 根菜类

以肥大的直根为食用部分，均为二年生植物，种子繁殖，不宜移栽。生长期间要求温和的气候，耐寒不耐热，由于产品器官在地下形成，要求土层轻松深厚。包括萝卜、胡萝卜、根用芥菜、根用甜菜等。

5. 茄果类

以果实为产品的一年生茄科蔬菜，喜温不耐寒，只能在无霜期生长，根系发达，要求有深厚的土层。对日照长短的要求不严格。种子繁殖。包括番茄、茄子、辣椒等。

6. 葱蒜类

以鳞茎或叶片为食用器官，都属于百合科。生长要求温和气候，但耐寒性和抗热力都很强，对干燥空气的忍耐力强，要求湿润肥沃的土壤，鳞茎形成需长日照条件。一般为二年生植物，种子繁殖或无性繁殖。包括韭菜、洋葱、大葱、大蒜等。

7. 瓜类

以瓠果为产品器官的葫芦科蔬菜，茎为蔓生，雌雄同株异花。要求温暖的气候，不耐寒，生育期要求较高的温度和充足的光照。一般采用种子繁殖。包括黄瓜、南瓜、冬瓜、苦瓜、西瓜、甜瓜、丝瓜、蛇瓜等。

8. 豆类

以幼嫩豆荚或种子为食用产品的豆科蔬菜。其中除蚕豆和豌豆耐寒以外，其余都要求温暖的气候条件，一年生植物，根系发达，能充分利用土壤中的水分和养分，又有根瘤菌固氮，故需氮肥较少。种子繁殖，不耐移植，蔓生种需设支架。包括豇豆、菜豆、豌豆、蚕豆、扁豆、毛豆等。

9. 薯芋类

一般为含淀粉丰富的块茎、块根类蔬菜。除马铃薯不耐炎热外，其余的都喜温耐热。生产上多采用营养器官繁殖。包括马铃薯、生姜、芋、山药等。

10. 水生蔬菜

这类蔬菜生长在沼泽地区，为多年生植物，每年在温暖和炎热季节生长，到气候寒冷时，地上部分枯萎。除菱和芡实外，其他都采用营养器官繁殖。包括莲藕、荸荠、茭白、慈姑、菱、水芹、芡实等。

11. 多年生蔬菜

繁殖一次可连续收获多年的一类蔬菜。多年生植物，在温暖季节生长，冬季休眠。包括金针菜、石刁柏、香椿、竹笋、百合、枸杞等。

12.食用菌类

食用菌是一类真菌。其中有的是人工栽培的，也有的是野生或半野生的。包括蘑菇、平菇、香菇、金针菇、木耳、银耳、猴头等。

13.其他蔬菜类

包括芽苗菜类、甜玉米、朝鲜蓟、黄秋葵等及部分野生植物。它们分别属于不同的科，对环境条件的要求及食用器官均不相同，因此其栽培技术差别也较大。

第二节　蔬菜的生长发育

生长是指由于细胞数目的增多和体积的增大，以及细胞内原生质等内含物的增加，引起体积和重量的增加。如根、茎、叶、花、果实和种子体积和重量的增加是典型的生长现象。

发育是指植物经过一系列的构造和机能的质变后产生与其相似的个体，它是个体生命周期中植物体的构造和机能从简单到复杂的质变过程，是植物体各部分、各器官相互作用并在整体水平上表现出来的结果。

生长是量变，是基础；发育则是在生长的基础上进行的更高层次的变化，是植株整体内在的质变。植物只能在开始生长后，才能进行发育，因此，生长和发育处于一个统一体中，两者紧密联系交叉重叠出现。

一、蔬菜的生育周期

蔬菜生育周期，通常是指蔬菜从种子发芽到重新形成种子的整个历程，这个过程可分为种子时期、营养生长期和生殖生长期三个时期。在每个不同的时期，都有它们各自的生长特点，对环境条件也各有其特殊要求。

（一）种子时期

从母体卵细胞受精到种子萌动发芽为种子时期。

1.胚胎发育期

从卵细胞受精开始，到种子成熟为止。受精以后，子房发育成果实，胚珠发育成种子。这一时期为营养物质的合成和积累的过程，受外界环境条件的影响很大，在栽培中，应供给母体植株良好的营养条件，包括光合条件与肥水供应，以保证种子的健壮发育。

2.种子休眠期

种子成熟以后即进入休眠期。不同种的蔬菜种子，其休眠期的长短各不相同。有的蔬菜种子休眠期较长，有的较短，有的甚至没有休眠期。休眠状态的种子，代谢水平很低，如果保存在干燥冷凉的环境中，可以减低其代谢水平，保持更长的种子寿命。

3.种子发芽期

种子经休眠后，遇到适宜的环境（温度、水分、氧气等）就会吸水发芽。发芽时呼吸旺盛，生长迅速，所需要的能量靠种子自身的贮藏物质，所以种子的大小、贮藏物质的数量及性质，对种子发芽的快慢及幼苗的生长影响很大。因此，在栽培上，要选择籽粒饱满、发育充实、发芽能力强的种子，同时给予最适宜的发芽条件。

（二）营养生长期

从种子萌动发芽到开始花芽分化时结束。蔬菜植物在营养生长期，将从外界获得的营养都用于根、茎、叶等器官的营养积累和生长上，迅速增加同化面积和发展根系，此期又可分为 4 个时期。

1.幼苗期

幼苗期是营养生长的初期，指从子叶或第一片真叶展开，开始独立生活即进入幼苗期。蔬菜植物在幼苗期，绝对生长量很小，但生长迅速，代谢旺盛，生命力很强。此时它的同化器官叶片和吸收器官根都很幼小，抗逆性差，对环境条件要求严格，但幼苗的可塑性比较强，在经过一段时间的定向锻炼后，能够增强对某些不良环境的适应能力。

2. 营养生长旺盛期

从幼苗期以后，大多数蔬菜均有一个营养生长旺盛期。一年生的果菜类，枝叶及根系生长旺盛，数量或重量显著增加，为以后开花结实的养分供应打下基础。二年生的叶菜或根菜类，也有一个营养生长（如结球叶菜类的叶或根菜类的上部）的旺盛期，成为以后叶球、肉质根形成的营养基础。栽培上要创造条件，促进枝叶和根系的生长发育。

3. 贮藏器官形成期

对于以营养器官为产品的蔬菜，如白菜、萝卜等，营养生长旺盛期结束后，开始进入营养积累期。结球白菜、甘蓝等养分积累在叶球中；根菜类养分则积累在肉质根中；葱蒜类的养分积累在鳞茎中。这一时期对环境条件的要求比较严格，所以在制定种植计划时，要将这一时期安排在气候最适宜的季节里，同时肥水要充足。

4. 贮藏器官休眠期

对于二年生或多年生蔬菜，在其贮藏器官形成以后，为适应外界不良环境条件，必须利用贮藏器官进行休眠。休眠有生理休眠和被动休眠两种形式。生理休眠由遗传决定，受环境影响小，必须经过一定时间后，才能解除。如马铃薯的块茎，大蒜和洋葱的鳞茎等。但大部分蔬菜贮藏器官的休眠是强迫性的被动休眠，如大白菜、萝卜等，它们的贮藏器官形成后，一旦遇到适宜的生长条件，即可发芽或抽薹。贮藏器官休眠程度往往不及种子休眠深。

（三）生殖生长期

蔬菜的营养生长经过一系列的变化以后，在茎的生长锥上开始花芽分化，即进入生殖生长期。此期又可分为以下三个时期。

1. 花芽分化期

花芽分化是植物由营养生长向生殖生长过渡的形态标志，是指花芽分化到开花前的一段时间。果菜类在幼苗期就开始花芽分化。二年生蔬菜，通过了一定的发育阶段以后，生长点开始分化花芽，然后现蕾开花。在栽培上，要具有满足花芽分化的环境条件，使其及时发育。

2. 开花期

从现蕾开花到授粉、受精，是生殖生长的一个重要时期。这一时期，对外界环境的抗性较弱，对温度、光照及水分的反应敏感，温度过高或过低、光照不足或过于干燥等，都会影响授粉、受精的正常进行，从而引起落花落蕾。

3. 结果期

授粉、受精后，子房膨大形成果实。果实的膨大生长依赖于光合作用的养分从叶子不断地运转到果实中去。对果菜类来讲，这是形成产量的重要时期，尤其对于多次结果、陆续采收的茄果类、瓜类、豆类等蔬菜，一面仍在旺盛的营养生长，一面开花结实，所以栽培上需要大量的水肥供应才能保证丰产。对于叶菜、根菜等不以果实为产品的蔬菜，它们的营养生长和生殖生长有比较明显的区别。

以上所述是蔬菜一般的生长发育过程，对于每一种蔬菜来讲，并不一定都具备所有这些时期。如一年生果菜类，就没有贮藏器官形成期和休眠期。又如一些无性繁殖的薯芋类或一部分的葱蒜类及水生蔬菜，在栽培中没有种子时期，不必注意花芽分化和开花结果。

二、蔬菜植物由营养生长转向生殖生长的条件

（一）温度对蔬菜植物开花的影响

1. 春化作用

对于有些蔬菜作物，它们必须经过一定时间的低温诱导，才能开花结实，这种现象称为春化作用。如果人工施加低温处理，代替自然界的低温，促进植物通过春化，这种处理称为春化处

理。在蔬菜植物中，大部分二年生蔬菜，如白菜类、根菜类、葱蒜类蔬菜及芹菜等绿叶菜类蔬菜，都要经过一段低温春化，才能开花结实。春化过程是诱导性的，本身并不直接引起开花，在春化过程完成以后，植株处于较高温度下才分化花原基，并且在许多情况下还需要特殊的光周期条件。在植物春化过程结束之前，如将植物放到较高的生长温度下，低温的效果会被减弱或消除，这种现象称为去春化作用或脱春化作用。通常植物经过低温春化的时间越长，则解除春化越困难。当春化过程结束后，春化效应则很稳定，不会被高温所解除。大多数去春化的植物返回到低温下，又可重新进行春化。而且低温的效应可以累加。这种解除春化之后，再进行春化的作用称再春化作用。春化作用可以分为以下两大类。

（1）种子春化　种子春化的条件要求在种子萌动状态才能进行。种子春化类型的主要蔬菜有白菜、芥菜、萝卜、菠菜、莴苣等。这些蔬菜种子的胚根露出 1/3～1/2 后便能感受低温春化效果。春化的温度范围因蔬菜而异，耐寒及半耐寒的二年生蔬菜，可以在 0～10℃ 范围以内，但不同品种间有一定的差异。

（2）绿体春化　绿体春化是指这种蔬菜要在植株长到一定大小后，才能对低温有反应。绿体春化的代表蔬菜有甘蓝、洋葱、大蒜、大葱、芹菜等。但是不同种类与品种之间，通过春化阶段对植株大小的要求不同，有的要求严格，有的要求不严格。所谓植株"一定大小"的标志，可以用生长期（生长天数）表示，也可以用实际生育程度如植株茎粗、叶片数目等来表示。

春化效应对温度范围及处理时间长短的要求，与蔬菜的种类及品种有关。我们一般把要求严格的品种定为冬性品种，把要求不严格的品种定为春性品种。对于大多数甘蓝及洋葱品种，一般要在 0～10℃，20～30d 或更长时间才会有春化效应。

2.蔬菜感受春化的部位

蔬菜植物感受低温的部位方面有相当大的差异。有些植物春化作用的部位在生长点，但也要求有一部分的根或叶的存在。如叶子受到低温处理，茎尖保持温暖，则不能通过春化。另一些植物感受低温的部位则没有这样专一化。此外，绿体春化时，植株要有一定的完整性。因为春化的影响，只能从细胞到细胞的方式，即有丝分裂的方式传递下去。感受低温的部位只限于进行细胞分裂的部位，不再能进行细胞分裂的老叶片和休眠期完全没有这种感应性。

春化作用与蔬菜生产有密切的关系。所以，栽培上可以通过人工春化处理来提早开花，达到育种加代的目的，但是在春季栽培萝卜、白菜和甘蓝等时，则要防止它们通过春化而引起先期抽薹。同时，也可利用小棚覆盖脱春化的原理进行春季栽培。另外，不同纬度地区引种也应适当考虑其对春化的要求，防止出现早开花或不开花等不良结果（图 1-1）。

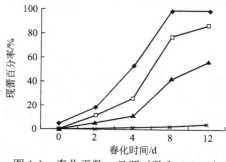

图 1-1　春化天数、日照时数和 GA₃ 对红菜薹抽薹开花的影响
×短日照；▲短日照+GA₃；□长日照；
◆长日照+GA₃

（二）光周期对植物开花的影响

植物光周期现象是指日照的长短对于植物生长发育的反应，是影响植物发育的一个重要因素。光周期的发现使人们认识到光不但为植物光合作用提供能量，而且还作为环境信号调节植物的发育过程，尤其是对成花反应的诱导。光周期不仅影响到花芽分化、开花结实、分枝，而且影响到一些地下贮藏器官如块茎、块根、球茎和鳞茎等的形成。

1.光周期现象

光周期是指一天中，日出到日落的理论日照时数，而不是实际有阳光的时数。前者与某一地区的纬度有关，后者则与降雨及云雾多少有关。根据蔬菜植物对光周期的反应将蔬菜植物分为 3 类。

（1）长日植物　长日植物在较长的日照条件下（一般为 12～14h 以上）促进植株开花，而在较短的日照条件下，不开花或延迟开花。属于长日植物的蔬菜有白菜、甘蓝、萝卜、胡萝卜、芹菜、菠菜、莴苣、蚕豆、豌豆、大葱、大蒜等。它们都在春季开花，大都为二年生蔬菜。

（2）短日植物　短日植物在较短的日照条件下（一般在12～14h以下）促进植物开花，而在较长的日照条件下，不开花或延迟开花。属于短日植物的蔬菜有大豆、豇豆、扁豆、茼蒿、苋菜、蕹菜等。在自然条件下，这些作物在秋季白昼缩短时开花。

（3）中日性植物　中日性植物在较长或较短的日照条件下都能开花。属于中日性的蔬菜有黄瓜、番茄、辣椒等。这些蔬菜理论上属于短日植物，但对光照条件不敏感，只要温度合适，春季或秋季都可以开花结实，在温室冬季也可以开花结实，因此，这类蔬菜可以视为中日性植物。

此外，还有所谓"限日长植物"。这种植物要在一定的光照长度范围内才能开花结实，日照短些或长些都不能开花。如野生菜豆（*Phaseolus polystachus*）只能在每天12～16h的光照条件下才能开花。但是这种"限日长"现象在蔬菜中的种类很少。

蔬菜作物光周期反应与原产地的纬度有关，短日蔬菜起源于热带或亚热带地区，当地终年日照长度为12h左右，长日植物起源于纬度高的温带地区，当地日照长度约在14h以上。另外与原产地的海拔高度也有关。

了解植物的光周期反应，对引进新的蔬菜品种具有重要的指导意义。长日照作物往北移时，夏季日照比产地长些，会加速发育，但向南移时，会延迟发育甚至不能开花结实。短日照植物向北移时，夏季日照较长，使发育延迟，营养生长旺盛，向南移时则提前开花。采用适于本地日照变化的品种，才能获得较好的产量。选择适宜的播种期，使作物生长发育所要求的日照长度与自然日照长度一致，是提高产量的重要条件。

2.光周期的诱导作用

对于长日或短日性蔬菜，人为地延长或缩短光照时间而引起现蕾开花，这称为光周期的诱导作用。许多试验证明，虽然光周期的效应是引起茎尖生长点分化花芽，但感受光照影响的是叶片，而不是生长点。对于一些严格要求短光照的植物，在长日照条件下，将其上部叶片每天按时用黑罩遮住，缩短它的日照时数，然后将上部的叶片去掉，枝条仍留在长日照下，它就可以开花。但反过来，将上部去掉叶片的枝条放在黑罩下，进行短日照处理，而下部的叶片接受长日照处理这样的植株则不能开花。可见，叶片受到短日照处理后，在叶片中形成一种刺激开花的物质，然后将它们传递到生长点去，引起花芽分化，但是这种传递的方向及距离，则有两种情况：一种是有局限性的，即同一株的不同枝条或不同部位的叶片，处于不同的光周期条件下，只有被处理的那一部分才能开花，其他部分不开花；另一种是无局限的，即同一株中的不同枝条或不同部位的叶片，处于不同的光周期条件下，可以使全株开花。

叶片的年龄不同，对光周期刺激的感应也不同。一般只有充分展开正在生长的健壮叶片对光周期最敏感，细嫩和衰老的叶片，效果甚微。

三、蔬菜生长的相关性

植物是由根、茎、叶、花和果实等多个器官构成的有机体，构成这个有机体的各个部分或器官有着一定的分工和密切的联系。生长相关是指同一植株的一部分或一个器官对另一部分或另一器官在生长过程中的相互协调和制约的现象。一方面，果实的生长有赖于叶片同化物质的供应，营养体生长不好、叶面积小，果实生长也不会好；另一方面，如果茎叶生长过于旺盛，大部分营养物质都用于新的枝叶生长，也不能获得果实的高产。对于果菜类来说，生长相关的研究比叶菜类更为重要，因为在植株生长过程中，出现了生长中心的转移，生长前期，生长中心是茎叶；而到生长后期，生长中心为果实与种子。在生产中，如果生长中心的转移控制不好，就不能得到果实的高产。如果生长相关得到平衡，经济产量就可能高；否则，经济产量就低。生产上可以通过土壤、肥料及水分的管理，温度及光照的控制，以及植株调整（包括整枝、整蔓、疏花以及摘叶、打顶等）等来调节这种相关关系以获得高产。

1.地上部与地下部的相关性

茎叶与根的生长，具有复杂的内在联系。地上茎叶只有在根系供给充足的营养物质和水分时，才能生长良好；同样根系的生长也必须依赖于地上茎叶不断地供应有机物质。所以，地上部与地下部之间存在相互促进协调生长的关系，其原因在于营养物质和生长物质的交换。"根深叶茂"、"壮苗必须先壮根"就是说明根与叶的相关性。冠根比反映作物生长状况以及环境条件对作物地上部与地下部的不同影响。在通常情况下，冠根比值是平衡的，但是，由于茎叶与根生长要求的条件不完全相同，对环境条件变化的反应也不一致，因而当外界条件变化时，就会破坏原来的统一关系，使冠根比值发生变化。一般来说，干旱，过量磷、钾肥和低温均会减少冠根比；而水分、氮肥过多，磷、钾肥缺乏，光照不足和高温均会提高冠根比。因此，生产上可以通过控制土壤水肥以控制不同生长时期的冠根比值。

2. 顶端与分枝的相关性

顶端优势是蔬菜植物的普遍现象，顶芽对侧芽的生长有抑制作用，主茎生长旺盛时，侧芽往往生长缓慢或不能萌发抽枝，一旦摘除顶芽，则其邻近的侧芽便迅速萌发生长。了解这种特性，对调节蔬菜生长、促进产品器官早熟有重要的意义。例如，对于利用主蔓结果的西瓜、南瓜、冬瓜等，栽培管理宜加强主蔓培养，使其发挥顶端优势，可以收到早熟、优质、高产的效果；对于利用侧蔓结果的甜瓜、瓠瓜等则应及时对主蔓摘心，破除顶端优势，促其提早抽生侧蔓，才能达到早结果、多结果的目的。另外，主根与侧根的生长也有类似的相关现象。如切断主根后，能促使发生侧根，苗期常用的移植措施就可使幼苗断根后发生大量侧根。

3. 营养生长与生殖生长的相关性

营养生长与生殖生长之间有着非常密切的相关性，处理好两者的关系，对保证蔬菜的正常生育、促进丰产有重要作用。生殖器官生长所需要的养分是由营养器官供给的。如营养生长不良，生殖器官也不会发达或不健全，但如果营养器官生长过于旺盛，则养分大多消耗于营养器官的生长上，对生殖生长也不利。蔬菜栽培上的整枝、摘心、移植等措施，都有控制营养生长的作用。

（1）营养生长对生殖生长的影响　没有生长就没有发育。从一定意义上讲，营养生长是光合产物的源，而果实等生殖器官则是接受光合产物的库，生殖生长需要以营养生长为基础。营养生长旺盛，叶面积大，在不徒长的情况下，果实才能发育得好，产量高；如果营养生长不良，叶面积小，则会引起花器发育不全，开花数目减少，并易落花，果实发育迟缓。

（2）生殖生长对营养生长的影响　生殖生长对营养生长的影响表现在两个方面。其一，由于植株开花结果，同化作用的产物和无机营养同时要输入营养体和生殖器官，使营养生长受到一定抑制。因此，过早地进入生殖生长，就会抑制营养生长；受抑制的营养生长，反过来又制约生殖生长。如白菜类、甘蓝类、根菜类、葱蒜类等二年生蔬菜，栽培前期应促进营养生长，以免过早地进入生殖生长，否则会使其与根、茎、叶等营养器官竞争养分，影响叶球、肉质根、鳞茎等产品器官的形成。生产上适时地摘除花蕾、花、幼果，可促进植株的营养生长，对平衡营养生长与生殖生长的关系具有重要作用。其二，由于花蕾、花及幼果等生殖器官处于不同的发育阶段，对营养生长的反应也不同。生殖生长在受精过程中不仅对子房的胀大有促进作用，而且对植株的营养生长也有一定的刺激作用。如去掉黄瓜的无籽果实，因为它没有经过受精，所以和去花的效果相同。这是因为花粉形成过程中的联会期（染色体配对）及受精的时候，过氧化物酶活性和生长素含量大为增加的缘故（Wittwer，1944）。

蔬菜作物营养生长与生殖生长这种既相适应又相矛盾的过程，主要是由于养分运转分配所致。因此，调整某些蔬菜作物植株的有关器官，以控制其营养生长、生殖生长，并协调其相互关系是获得高产优质产品的关键。

第三节　蔬菜生长发育与环境条件

蔬菜植物的生长发育及产品器官的形成，一方面取决于植物本身的遗传特性，另一方面取决于外界环境条件。在生产上，要通过育种技术获得具有优良遗传性状的品种，同时也要运用优良的栽培技术及创造适宜的环境条件，来协调蔬菜植物与环境条件之间的关系，促进植株生长发育健壮，从而达到高产优质的目的。

　　主要的环境条件包括光照、温度、水分（湿度）、气体、土壤及营养（矿质营养）、生物因子等。这些环境条件都不是孤立存在的，而是相互联系、综合影响蔬菜植物的生长发育。例如，光照充足，温度就随之升高；温度升高，土壤水分蒸发就加快，植物的蒸腾就会增加；但当枝叶生长繁茂时，又会遮盖土壤表面，减少土壤水分的蒸发，同时也增加地表层空气的湿度，从而对土壤微生物的活动也会产生不同程度的影响。因此，在生产上必须全面考虑所有环境条件的综合作用。

一、光照

　　光是植物进行光合作用的能量源泉，是影响植物生长发育的重要环境条件之一。其影响主要是通过光照强度、光质和光周期等来实现的。

　　1.光照强度对蔬菜生长发育的影响

　　光照强度首先影响蔬菜植物的光合作用。光照强度依地理位置、地势高低、季节以及大气中的云量、雨量、烟、灰尘的多少而不同。在一年中，夏季的光照较强，冬季较弱。我国西北、华北地区的光照强度明显高于长江中、下游和东南地区。在我国各地的植物生长季节，露地光照度完全能满足各种蔬菜的生长要求，但冬季保护地生产中，光照不足是限制高产的重要原因。

　　蔬菜种类不同，对光照强度的要求也不同，一般可分为以下 3 类。

　　① 要求较强光照的：对光照要求较强的是一些瓜类和茄果类，如西瓜、甜瓜、南瓜、番茄、茄子等，还有些耐热的薯芋类，如芋、豆薯等。西瓜、甜瓜等在光照不足的条件下生长，其果实的产量及含糖量都会降低。

　　② 要求中等光照的：对光强要求中等的是一些白菜类、根菜类及葱蒜类，如白菜、萝卜、胡萝卜、大蒜等。

　　③ 要求较弱光照的：对光强要求较弱的主要是一些绿叶菜类，如茼蒿、菠菜、芹菜等。此外，薯芋类的生姜也不耐强光。

　　不同蔬菜的光饱和点和光补偿点也不相同。一般喜温蔬菜光合作用的饱和点要求高一些，而耐寒的叶菜类光合作用的饱和点相对低一些。在光饱和点的光照度以内，光照愈强、光合速率愈大，但当超过光饱和点以上，光照再增加，其光合速率不再增加。有时强光伴随着高温，反会抑制植物的生长，而造成减产。因此，生产上并非光照越强越好。如辣椒属于喜温而不耐热的果菜，其光饱和点为 30000lx，而华北地区春夏季，晴天中午的光照度可达 100000lx，强光伴随高温，促进叶绿素的光氧化作用，出现光合作用抑制现象。因此，许多研究认为，适度遮阴可以提高辣椒产量。

　　在栽培上，尤其在保护地栽培上，光照强弱必须与温度的高低相互配合，才有利于植物的生长发育及产品器官的形成。如果光照减弱，温度也要相应的降低，光照增加，温度也要相应提高，才有利于光合产物的积累。如果在弱光环境下，温度过高，会引起呼吸作用的增加，消耗过多的营养物质。因此，在温室栽培黄瓜和番茄时，遇到阴天或下雪时，温室中的温度必须降低，才有利于生长和结实。

　　2.光质对蔬菜生长发育的影响

　　光质，即光的组成，对蔬菜的生长发育都有一定的作用。人眼可见的太阳光光谱的波长为 400～700nm，而植物对光波的反应则更为广泛一些，可从 350～780nm。不同光质对植物主要生理反应也不相同。红橙光被叶绿素吸收最多，同化作用也最大，蓝紫光次之，绿光最差。虽然可以通过覆盖有色薄膜等改变光质，但会导致透光率的下降，因此，目前生产上还是以无色膜占主导地位。另外，光质也与蔬菜的品质有关。紫外光（280～320nm）是许多蔬菜花青素形成必不可少的因子，并且，紫外光有利于维生素 C 的合成。设施栽培的番茄或黄瓜果实中维生素 C 的含量往往不如露地的高，主要是因为设施中紫外光较少的原因。

　　3.光周期对蔬菜生长发育的影响

　　对大多数蔬菜来说，光照时数 12h 左右有利于光合作用，植株营养积累多，易获得高产；短于 8h 则往往光合时间不足，营养不良，产量低，品质较差。光周期与蔬菜的开花结果关系密切。

二、温度

在所有环境条件中，蔬菜生长发育对温度的反应最为敏感。每种蔬菜生长发育对温度都有一定的要求，都有各自的温度"三基点"，即最低、最适及最高温度。在最适温度范围内，蔬菜植物的同化作用旺盛，植株生长良好，能获得较高的产量。超出了最高或最低温的范围，生命活动就会停止，甚至全株死亡。认识每一种蔬菜对温度适应的范围及温度与生长发育的关系，是合理安排生产季节、获得高产的重要依据。

1.不同蔬菜种类对温度的要求

根据蔬菜生长发育的最适温度及它们所能忍受的最高、最低温度，可将蔬菜分为 5 类。

(1) 耐寒的多年生宿根蔬菜　如金针菜、石刁柏、韭菜等的地上部分能耐高温，但到了冬季，地上部枯死，而以地下的宿根越冬，能耐 $-15 \sim -10℃$ 的低温。

(2) 耐寒蔬菜　如菠菜、大葱、大蒜以及白菜类中的某些耐寒品种。它们耐寒性很强，能忍耐较长时间的 $-2 \sim -1℃$ 低温，短期内可以耐 $-10 \sim -5℃$ 的低温，但不耐热。同化作用最旺盛的温度为 $15 \sim 20℃$。在黄河以南及长江流域可以露地越冬。

(3) 半耐寒蔬菜　如萝卜、胡萝卜、芹菜、蚕豆等，它们的同化适温为 $17 \sim 20℃$，可以抗霜，不能忍耐长期 $-2 \sim -1℃$ 的低温。在产品器官形成期，温度超过 $20℃$，同化机能减弱，生长不良；超过 $30℃$，同化作用所积累的物质几乎全被呼吸所消耗。在长江以南，均能露地越冬，华南各地，冬季可以露地生长，且为主要的生长季节。

(4) 喜温蔬菜　如黄瓜、番茄、辣椒、茄子等。这些蔬菜的同化适温为 $20 \sim 30℃$。当温度超过 $40℃$，几乎停止生长。它们都不耐寒，当温度为 $10 \sim 15℃$ 时，授粉不良，引起落花落果；$10℃$ 以下就停止生长，不能忍耐 $5℃$ 以下的低温。在长江以南，可以春播或秋播。北方地区，则以春播为主。

(5) 耐热蔬菜　如南瓜、甜瓜、冬瓜、西瓜、苦瓜、丝瓜等，在 $30℃$ 左右时同化作用最旺盛。其中西瓜、甜瓜及豇豆等在 $40℃$ 的高温下仍能生长。无论在华南或华北，都是春播夏秋收获，在一年中温度最高的季节生长。

蔬菜对温度的要求与它们起源地的气候条件关系很大，凡是起源于热带地区的蔬菜，在其生长发育过程中均要求较高的温度，不耐霜冻。一些耐热和喜温蔬菜属于这个范围。而起源于温带和亚热带地区的蔬菜，对温度的要求较低，能耐短时间的霜冻。

同一种蔬菜，在不同地区生长季节有很大的差别。许多喜温蔬菜在长江流域可以春播或秋播，而在炎热的 $7 \sim 8$ 月份反而不适于它们开花结果。但在华北及东北地区，夏季较凉爽，这些喜温蔬菜可以越夏栽培。

2.不同生育时期对温度的要求

同种蔬菜在不同的生长发育时期对温度的要求也不同。种子发芽期要求较高的温度，以促进种子的呼吸作用及各种酶的活动，有利胚芽萌发。通常情况下，喜温蔬菜，种子的发芽温度以 $25 \sim 30℃$ 为最适；而耐寒蔬菜，种子发芽温度在 $10 \sim 15℃$，或更低时就开始。在其适温范围内，温度升高，种子萌芽及幼苗出土都加快；温度过低，则幼苗出土很慢。由于出土时间长，长期的呼吸作用致使种子中贮藏的养分消耗过多，导致出苗率降低或幼苗衰弱。

幼苗期适宜生长的温度往往比种子发芽时要低一些。因为这时种子内贮藏的养分已将消耗殆尽，而子叶还未充分发达，植株的同化过程缓慢，如温度过高，则呼吸作用过于旺盛而使幼苗生长衰弱。

营养生长期要求的温度比幼苗期要稍高些，但是对于有些二年生蔬菜，如白菜、甘蓝、萝卜等，在叶球或肉质根形成时期，温度又要求低一些。二年生蔬菜的产品器官形成以后，要进入休眠期，此期要求低温，以使贮藏器官的呼吸作用下降，延长保存时间。

植株进入生殖生长期（抽薹、开花、结果），则要求较高的温度和充足的阳光。一年生果菜类蔬菜的花芽分化，通常在幼苗期就开始，而花芽分化的节位、数量和质量对温度的反应相当敏感。一般来讲，果菜类在其生育温度范围内，温度越高，花芽分化的时间越早，且花芽分化的数量越多，但在较高的温度尤其是高夜温下，花芽分化虽快，而质量很差，极易形成不稔花粉。对于瓜类蔬菜来讲，在花芽分化期，将夜温控制在生长适温的下限，还可促进雌花的形成。种子成熟时又要求更高的温度。

除气温外，土壤温度对植物生长的影响也很大。早春通过地膜覆盖可显著提高土温从而促进肥料加速分解，使植株生长发育加快，从而达到早熟丰产的目的，这已成为我国蔬菜生产上的一项重要措施。

由于土温的变化比气温的小，冬季的土温比气温高。因此，越冬的多年生蔬菜往往地上部易受冻害，而根部可以正常地活着。又由于根的生长温度比地上部要求的低些，到翌年早春时，土温稍微升高，根的生理活动即开始。这是北方地区蔬菜春季可以适当早定植的原因。

采用保护设施和不同的栽培管理技术，如温室、温床、阳畦、风障、塑料大棚、高温季节的遮荫、越冬前浇防冻水等，使蔬菜度过不良环境，以促进蔬菜的生长发育，是行之有效的办法。

3. 温周期对蔬菜生长发育的影响

各种不同的蔬菜都有其生长的最适温度。但实际在地球上生长作物的地方，温度总是变化的。温度有两个周期性的变化：即季节的变化和昼夜的变化。在一天中，白天的温度高，晚上的温度低。植物的生长发育也适应了这种昼夜有一定温度变化的环境。植物生长发育对日夜温度周期性变化的反应称为"温周期"。据试验（Went，1944），番茄生长以日温 26.5℃和夜温 17℃为最适宜。如果在昼夜温度不变的条件下，即使为 26.5℃的恒温下，其生长率反而会比变温的低。因此，昼夜变温对植物生长是有利的。

保持适当的昼夜温差不仅能促进蔬菜的生长，也有利于碳水化合物的积累，改善其品质。因此，我国西部等温差大的地区所产西瓜、甜瓜的品质显著优于东部沿海地区生产的产品。当然，昼夜温差也有一定的范围。如在热带地区生长的植物，昼夜温差较小，为 3～6℃；温带地区生长的植物，昼夜温差为 5～7℃；而在沙漠或高原地带，则相差 10℃或更多。

昼夜的温度变化也影响二年生蔬菜的开花与产品器官的形成。二年生蔬菜中冬性较强的品种，如中、晚熟甘蓝，在我国东北部、新疆、西藏高原等地，由于温差大，白天阳光充足，光合作用旺盛，夜间气温低，呼吸消耗降低，因此，叶球产量远比长江以南地区高。但对易抽薹的萝卜，在昼夜温差大的高原地区栽培，往往因为每天夜间都有一定时间的低温，这种低温与连续低温对春化有相同的作用，因此，常会使萝卜造成未成熟抽薹的现象，失去商品价值。

综上所述，温周期对于蔬菜栽培有重要意义，如在确定播种季节时把产品器官的形成时间安排在昼夜温差较大的时期，以利于养分的积累，促进产品器官膨大。又如育苗时通过不同时期日温和夜温的管理，采取促控结合可培育壮苗。在保护地栽培时，常根据天气阴晴，把昼温和夜温分为几段进行调控：如晴天的昼温比阴天的提高 2～5℃，晴天的夜温比阴天的高 1～4℃，下午的温度比午前的温度低 2～5℃，日落后 3～4h 温度较高，以利养分转化，其后温度继续下降，以抑制其呼吸作用，使呼吸的消耗维持最低限度。

4. 温度胁迫对蔬菜生长发育的影响

蔬菜生产中的温度胁迫主要有低温和高温逆境。寒害和冻害分别是冰点以上和冰点以下低温逆境对蔬菜植物的危害，轻则引起植株生长迟缓或停止，重则致其死亡。蔬菜的种类不同，细胞液的浓度也不同。如乌塌菜、羽衣甘蓝等的细胞液浓度很高，结冰的温度很低，因此非常耐寒。甚至同一种蔬菜在不同的生长季节及栽培条件下，细胞液的浓度也不同，因而抗寒性也不同。低温锻炼、减少水分供应等能增加细胞液的浓度，降低冰点，从而提高耐寒性。另外，低温还能引起茄果类蔬菜的畸形花、畸形果，影响瓜类蔬菜的雌雄花比例和果实发育。

高温障碍是与强光及急剧的蒸腾相结合而引起的。高温致使细胞膜脂过氧化、酶活性改变、细胞失水和蛋白质凝固，从而影响蔬菜的生长。高温障碍会导致果实"日灼"、落花落果、雄性不育、生长瘦弱等。如番茄在开花初期就遇到高温（40℃以上），若高温是短期的（1h 以内），对产量影响不大，但如果持续 10h 以上，就会大大降低坐果率。温度越高，时间越长，减产的程度就越显著。

三、湿度

湿度环境包括土壤湿度和空气湿度两个方面。蔬菜产品大多柔嫩多汁，含水量一般在 90% 以上。水是绿色植物进行光合作用的主要原料，也是植物的主要成分，在原生质中水分占 70%～90%，使原生质呈溶胶状态，保证了植物新陈代谢的正常进行。植物体内营养物质的运输及根系吸收矿质营养，都必须在良好的土壤水分条件下才能很好地进行。原生质的代谢活动，细胞的分裂，特别是细胞的伸长生长都必须在细胞水分接近饱和的条件下才能顺利的进行。只有细胞含有大量水分，才能保持细胞的紧张度，使植物枝叶挺立以及维持植株体温的相对稳定。因此，水分供应十分重要。各种蔬菜要求水分的特性，主要是受吸收水分的能力和对水分消耗量的多少两方面影响。

1. 土壤湿度

根据蔬菜耗水及吸水特性的不同，可分为 5 类。

第一类，湿润性蔬菜。如白菜、芥菜、甘蓝、绿叶菜类、黄瓜等，这些蔬菜叶面积较大，组织柔嫩，蒸腾消耗水分多，但根系入土不深，吸水力弱，所以要求较高的土壤湿度。栽培时应选择保水能力强的土壤，主要生长期要经常灌溉，保持土壤湿润。

第二类，半湿润性蔬菜。如葱、蒜、石刁柏等，这些蔬菜的叶面积很小，而且表皮被有蜡质，蒸腾作用很小。但它们根系分布范围小，入土浅而几乎没有根毛，所以吸收水分的能力弱，对土壤水分的要求也比较严格。

第三类，耐旱性蔬菜。如西瓜、苦瓜、甜瓜等，这些蔬菜的叶子虽大，但其叶片有裂缺或表面有茸毛，能减少水分的蒸腾，并有强大的根系，能深入土中吸收水分，抗旱性很强。栽培时可少量灌溉或不灌溉。

第四类，半耐旱性蔬菜。如茄果类、根菜类、豆类等，这些蔬菜的叶面积比白菜类、绿叶菜类小，组织较硬，且叶面常有茸毛，所以水分消耗量较少，其根系比白菜类等发达，但又不如西瓜、甜瓜等，故抗旱性不很强。栽培上要求中等程度的灌溉。

第五类，水生蔬菜。植物的全部或大部都需浸在水中才能生活，如藕、荸荠、茭白、菱等。这些蔬菜的茎叶柔嫩，在高温下蒸腾作用旺盛，但它们的根系不发达，根毛退化，所以吸水的能力很弱。因此，需在水田栽培。

各种蔬菜在不同的生长发育时期对水分的要求也不同。种子萌发时，对水分的要求很大，播种后，需采用灌溉、覆土、盖草等措施，尽量保持土壤中的水分。而在苗期因根系小，吸水量不多，但对土壤湿度要求严格，移苗前后要求较多的水分。形成柔嫩多汁的食用器官时，要求大量浇水，土壤含水量要达到 80%～85%。开花时水分不宜过多。果实膨大时需要较多的水分。种子成熟时要求适当干燥。

2. 空气湿度

各种蔬菜对空气相对湿度的要求也不相同，大体上可分为 4 类。

第一类，湿润性蔬菜。适于空气相对湿度 85%～90% 的种类，其组织幼嫩，不耐干旱。如白菜类、芹菜及各种绿叶菜类、水生蔬菜。

第二类，喜湿性蔬菜。适于空气相对湿度 70%～80% 的种类，其茎叶粗硬，有一定的耐旱能力，在中等以上空气湿度的环境中生长良好。如黄瓜、马铃薯、根菜类（胡萝卜除外）。

第三类，喜干燥性蔬菜。适于空气相对湿度 55%～65% 的种类，其单叶面积小，叶面上有茸毛或厚角质等，较耐干旱，中等空气湿度环境生长良好。如茄果类、豆类（豌豆、蚕豆除外）。

第四类，耐干燥性蔬菜。适于空气相对湿度 45%～55% 的种类，其叶片深裂或呈管状，表面布满厚厚的蜡粉或茸毛，失水少，极耐干旱，不耐潮湿。如西瓜、南瓜、甜瓜、葱蒜类。

蔬菜的地上部和根系适应水分的各种生态型，必须从它们的起源进化来了解。在湿润地区起源的白菜、甘蓝等，有发达的莲状叶片和较浅的根系；起源于干旱地区的西瓜、甜瓜，有强大的根系才能生存；起源于热带沼泽地区的水生蔬菜，保护组织不发达，根系逐渐退化；洋葱原产地的大陆性气候和高原冲积土的环境，形成了其地上部耐旱而根系不耐旱的特性。

四、气体

影响植物生长发育的气体主要是 O_2、CO_2 和有害气体。CO_2 是光合作用的原料，在大气中的 CO_2 含量较低，常成为光合作用的限制因子。对于植物来说，大气中的 O_2 含量是足够的。但在土壤中，由于水涝或土壤板结而缺氧，从而引起根部生长不良，甚至坏死。有害气体会导致蔬菜植物生长不良，甚至死亡。

1. CO_2

CO_2 是光合作用的原料之一。在一定的光强范围内（$0 \sim 2000 \mu L/L$），植物净光合速率随 CO_2 浓度增加而增加，但到了一定程度时再增加 CO_2 浓度，光合速率都不再增加，这时环境中的 CO_2 浓度称为 CO_2 饱和点。这个饱和点随植物种类、温度和光照而异。大气中 CO_2 浓度一般在 $360 \mu L/L$ 左右。大田中微风可促进二氧化碳流动，增加蔬菜群体内的 CO_2 浓度。在一些有机肥施用量较少的设施内，由于缺少气体交换，有时 CO_2 浓度会下降到 $100 \sim 200 \mu L/L$，甚至更低。因此，增加栽培设施或大气中 CO_2 的浓度，会显著提高光合作用强度，增加产量。

试验表明，大多数蔬菜适宜的 CO_2 浓度为 $800 \sim 1200 \mu L/L$，浓度过高会引起气孔开度减少而使气孔阻力增大，一些植物还会发生 CO_2 "中毒" 和早衰现象。根系中过多的 CO_2，对蔬菜的生长发育反而会产生毒害作用。在土壤板结时，CO_2 含量若长期高达 $1\% \sim 2\%$，会使蔬菜受害。CO_2 施肥必须在一定的光强和温度下进行，设施蔬菜增施 CO_2，最好在光照较强的中午前后施用，要防止长期高浓度 CO_2 对光合作用的下调影响。

2. O_2

通常空气中 O_2 的浓度相对稳定，因此对蔬菜地上部的生长影响不大。但土壤中 O_2 的浓度变化则较大。如土壤水分过多或土壤板结而缺氧，根系呼吸窒息，新根生长受阻，地上部萎蔫，生长停止。因此，栽培上要及时中耕、松土，改善土壤中氧气状况。

3. 有害气体

有时空气以及根际中存在着一定数量的有害气体，如氨、二氧化氮、二氧化硫、一氧化碳、乙烯、氯、氟化氢、臭氧等。在保护地中化肥施用不当有氨气挥发；明火加温也会放出 CO、SO_2 等有害气体；一些农用生产资料如塑料薄膜等带来乙烯；城市工业发展造成大气污染产生氟化氢。这些有害气体主要通过气孔，也可以通过根部进入植物体。它们的危害程度，一方面取决于其浓度，另一方面取决于植物本身的表面保护组织及气孔开张的程度、细胞中和气体的能力及原生质的抵抗力等。一般在白天光照强、温度高、湿度大时危害较严重。可以通过环境保护，减少有毒气体的产生；采用正确的施肥方法；施用生长抑制剂提高蔬菜抗性等措施来减轻或避免有害气体的危害。设施栽培中，要注意通风换气，排除有害气体。

五、矿质营养

土壤中含有植物生长必需的矿质元素，这些元素有的作为植物体原生质的基本组成成分，有些是酶的组成或活化剂，有些能调节原生质膜透性，并参与缓冲体系以及维持细胞的渗透性，以维持正常的生命活动。植物缺乏这些元素便会引起生理失调，影响生长发育，并出现特定的缺素症状。另外，土壤中还存在许多有益元素和有毒元素。有益元素并非植物必需，但能促进某些植物的生长发育，如硅对瓜类蔬菜的生长及抗性的提高等有益；有毒元素则抑制植物生长，如汞、铅等。矿质营养对植物生长发育非常重要，了解各种矿质元素的生理作用、植物对矿质元素的吸收转运规律，可以指导合理施肥，以提高产量和改善产品品质。

1. 植物体内的必需元素

必需元素是指植物生长发育必不可少的元素。根据植物对这些元素的需要量，把它们分为两大类：一类是大量元素，植物对这类元素的需要量较多，约为植物体干重的 3%～10%，有 C、H、O、N、P、K、Ca、Mg、S 等；另一类是微量元素，植物对这类元素的需要量很少，占植物体干重的 0.01%～1%，有 Fe、Mn、B、Zn、Cu、Mo 等。若缺乏这些元素，植物就不能正常生长；但稍有逾量，又会对植物有害，甚至致其死亡。

2. 必需元素的缺乏病症

不同元素在植物生长中的作用不同，缺乏时其症状也不同（表 1-2）。

表 1-2　不同元素在植物生长中的作用及缺乏症状

元素	含量	功能	缺乏症状
N	2.5%～5.0%	蛋白质、核酸、激素等的组成成分	植株矮小，叶片变黄
P	0.25%～0.7%	核蛋白、磷脂、辅酶和 ATP 的组成成分	分枝减少，生长停滞，叶片呈暗绿色或紫红色
K	2.0%～5.0%	酶的活化剂	茎秆柔弱，易倒伏，抗性降低，叶缘焦枯，生长缓慢
Ca	0.4%～6.0%	酶的活化剂，细胞组成成分，信使物质，提高抗性	生长点死亡，植株呈簇生状；叶尖与叶缘变黄，枯焦坏死，植株早衰，结实少甚至不结实
Mg	0.2%～1.8%	参与光合作用，酶激活剂	老叶脉间失绿
S	0.5%～2.0%	氨基酸等组成成分，参与生化反应	新叶均一失绿，呈黄白色并易脱落
Fe	30～400μg/g	酶的辅基，参与叶绿素的合成，氮代谢	叶脉间失绿
Mn	25～300μg/g	光合作用，酶活化剂	新叶脉间缺绿
B	20～80μg/g	生殖器官，尿嘧啶形成等	生长点停止生长，花而不实
Cu	5～50μg/g	SOD 等酶、质蓝素成分	叶片变色并扭曲等
Zn	10～50μg/g	酶的成分，激酶活化剂	缺少 IAA 而使生长受阻
Mo	≤5μg/g	固氮、有机磷合成、抗病等	

3. 合理施肥

为了满足蔬菜对矿质元素的需要，生产中一般都采用施肥。但因吸肥特性与蔬菜种类、品种、生长时期、环境条件以及土壤类型等关系密切，所以要做到合理施肥，必须了解各种蔬菜的养分需求规律。

不同蔬菜种类之间在养分需求方面有一定的差异。第一，不同蔬菜需肥量不同，一般个体较小的蔬菜要求养分相对较少，而个体大、产量高的蔬菜（如结球白菜等）则需要大量的养分。第二，产品器官不同，需要的营养元素不同。如叶菜类在整个生长过程中需氮较多；果菜类在营养生长过程中需氮较多，而在生殖生长期则需磷和钾较多；根菜类、茎菜类在产品器官形成期则需钾较多。除氮、磷、钾三要素外，一些蔬菜对其他矿质营养也有特殊的要求。如大白菜、芹菜、莴苣、番茄等对钙的需求量比较大；芹菜、菜豆等对缺硼比较敏感，需硼较多。第三，同一种蔬菜因栽培目的和生育期不同施肥种类和数量也不同。一般情况下，蔬菜对矿质营养的需要量与它们的生长量有密切关系。种子萌发期，因种子体内贮藏有丰富的营养，一般不吸收矿质元素；幼苗期对矿质元素的需求量较少，但随着幼苗的不断生长，吸收矿质元素的量会逐渐增加；开花结果期对矿质元素吸收达到高峰；以后随着生长的减弱，矿质元素的吸收量逐渐下降，但不同蔬菜对各种元素的吸收情况又有一定差异。因此，在不同生育期，施肥对生长的影响不同，对增产效果也有很大差别，要针对蔬菜植物的吸肥特点科学、合理、均衡地施肥。

六、生物因子

蔬菜植物的生长环境也是一个复杂的生态系统，它不可避免地要受到与其群生在一起的植物、动物和微生物的影响，产生各种各样的关系，如共生、寄生、竞争以及相生相克等，了解这些关系对我们科学合理地进行蔬菜生产十分必要。如土壤中有各种各样的微生物，如真菌、细菌、放线菌等，一些微生物和害虫在为害蔬菜植物的同时，也有另一些有益微生物或昆虫如蜜蜂等对蔬菜生长产生有益的影响。豆科植物的根瘤菌与豆类蔬菜的共生，促进了双方的生长；菟丝子寄生在大豆上会严重危害大豆植株生长。植物与植物之间的相互作用表现在两个方面：一是相互竞争，如对光、肥、水等环境因素的竞争，高秆植物对矮秆植物生长的影响，杂草的滋生蔓延等；二是相生相克，即通过分泌化学物质来促进或抑制周围植物的生长，这些次生代谢物对植物生理代谢及生长发育均能产生一定的影响。所以，在生产上可将相生的蔬菜种类组合种植，尽量避免与相克的蔬菜为邻。

本 章 小 结

蔬菜分类主要有植物学分类、食用器官分类及农业生物学分类三种方法，其中农业生物学分类法应用广泛，比较适合农业生产的要求。蔬菜植物的生长是量变，是基础，发育则是在生长的基础上进行的更高层次的变化，是植株整体内在的质变；生长发育过程一般划分为种子时期、营养生长期和生殖生长期，对于每一种蔬菜来讲，并不一定都具备所有这些时期。春化作用和光周期现象影响蔬菜植物向生殖生长的转化，它们与蔬菜生产密切相关。蔬菜植物地上部与地下部的生长、顶端与分枝的生长、营养生长与生殖生长之间有密不可分的相关性。影响蔬菜生育的环境因子有光照、温度、湿度、矿质营养、气体、生物因子等，不同蔬菜对环境条件的要求不同，同一种蔬菜不同生长时期对环境条件的要求也有差异。

复习思考题

1. 为什么说农业生物学分类法比较适合蔬菜生产的要求？
2. 蔬菜的生长发育周期包括哪些内容？各有何特点？
3. 温光条件对蔬菜生长发育有哪些重要影响？
4. 比较根、茎、叶菜类与果菜类蔬菜对矿质营养要求上的差异，并依此来确定各类蔬菜的施肥计划。

实训　蔬菜种类的识别与分类

一、目的要求

通过观察各种蔬菜的外部形态特征，能够正确识别和区分常见蔬菜种类，并掌握各种蔬菜的重要特征及其在分类上的地位。

二、材料与用具

各种蔬菜的植株、挂图、图片、标本等。

三、方法与步骤

1. 观察蔬菜的食用部分，了解其食用器官的形状、颜色、大小等。
2. 调查当地栽培、市场销售的各类蔬菜的生长状态及形态特征，确定其所属科属及类型。

四、作业

根据观察内容，列举20种蔬菜的名称，并将其分类地位与相关特性填入下表。

蔬菜名称	农业生物学分类	植物学分类(科)	产品器官分类	栽培习性

第二章　蔬菜栽培的技术基础

【学习目标】

了解菜田规划和土壤耕作的方法；掌握蔬菜栽培季节确定、栽培制度建立和茬口安排的基本原则；熟悉蔬菜种子类型和质量检验指标；掌握种子播前处理方法和播种技术；掌握常用的蔬菜育苗技术和田间管理技术；了解无土栽培的形式和特点。

第一节　菜田规划与土壤耕作

一、菜田选择

蔬菜生产在我国新一轮农业产业结构调整中占有重要地位，各市县乡村蔬菜基地、农业科技园区如雨后春笋般广泛兴起，而菜田选择关系到蔬菜产业的兴衰。菜田选择必须考虑蔬菜产量和品质的提高、生产与销售的关系、生产成本与经济效益的状况、菜田的内外环境条件等因素。因此，菜田选择应区分以下层次。

1. 对菜田经济地理区带的选择

第一，要考虑一定地域内生产资源、设施资源的合理有效配置，以降低生产成本，使经济效益最大化；第二，应考虑到菜田在地域内分布相对集中，以形成规模型和产业化，有利于形成"大生产、大市场、大流通"的格局；第三，要使所选择地区的自然气候特点与蔬菜生产基地产品类型的特点相吻合；第四，适当考虑菜田区域内的道路建设、产品运输及排灌条件等。

2. 对菜田环境的选择

随着人们生活水平的提高和国际竞争力的增强，无公害蔬菜、绿色食品蔬菜、有机蔬菜备受青睐，这就要求我们在选择菜田时，应充分考虑菜田环境状况。菜田的选择原则是：远离有大量工业废气、废水的排放点，具备良好的排灌条件，地下水质尽可能达到饮用水最低标准等。

二、菜田规划

菜田规划是指蔬菜的领域地面区划。其目的在于便于田间作业、轮作倒茬、对菜田灌溉与排水统一安排、合理配置田间道路和农田防护林带，便于就地批发与运销等。菜田规划的主要内容有：正确划分田区、田块；规划排灌和道路系统；设置田间保护系统等。按照菜田的总体布局与规划方案，首先应根据地形、地势和地下水位状况，对土地进行平整，使每一田区内基本平整，田块形状尽量规则；菜田排灌系统规划应根据灌溉方式，如沟灌、喷灌、滴灌和地下渗灌等而有所不同。沟灌的输水干线应尽量埋设地下管道，既不占用耕地也可以避免水在流动中的损失。田间直接灌溉的农用沟，应同时起到灌溉与排水的双重作用。喷灌与滴灌不会造成地面径流，但应考虑天然降水的排水问题。排水系统必须与当地的地形、地貌、水文地质相适应，应充分考虑地面的坡度、地下水的径流情况以及地下水的矿化程度和土壤改良等因素。排水沟的出口处如有汛期倒灌的威胁，应设有控制闸，并在排水干渠出口处建立机械扬水站，必要时可以强制排水。菜田道路规划应尽量利用现有的交通干线，有利于田间产品和生产资料的运输。

在风沙较大的地区，可设立护林带，以保持良好的菜田小气候，减少灾害天气的影响。在规划防护林时，要考虑其方位，避免给蔬菜生长发育带来不良影响，同时也应当把一些生产、生活建筑与林带有机结合，统筹规划。

三、土壤耕作

土壤耕作就是通过农具的物理机械作用，改善土壤的耕层构造和地面状况，协调土壤中水、肥、气、热等因素，为蔬菜播种出苗、根系生育、获得丰产所采取的改善土壤环境的技术措施。耕作的主要内容有：耕翻、耙、松、镇压、混匀、整地、作畦、中耕、培土等。

土壤耕作的主要任务可概括为：加深耕层，细碎土壤；保持土壤耕层团粒结构，破除板结，恢复疏松状态，改善耕层土壤的三相比；施入肥料，混匀肥土，促其分解转化，增加肥效；清除田间残根、残株、落叶、杂草，减少杂草的再生；掩埋带菌体和害虫，并加以处理，清除传播物，保持田间清洁；平整土地，压紧表面，为播种、定植创造适宜条件；开沟培垄，增加表面粗糙程度和表面面积，增加冬春地温，切断毛细管防止返盐；利于排水，防止风蚀土壤。

1.耕翻

我国传统的耕作体系中，深耕非常重要，并在长期的生产实践中，积累了丰富的经验，如"深耕细耙，旱涝不怕"、"耕地深一寸，强过施遍粪"等。深耕不仅可以加厚活土层，增强蓄水蓄肥能力和抗旱抗涝能力，而且有利于消灭杂草和病虫害。一般用铁锹人工翻地，根据工具和人力大小不等，耕翻的深度在25cm以下，而机耕可达30cm左右。

在深耕时需注意：不要将大量生土翻上来，应遵循"熟土在上，生土在下，不乱土层"的原则；深耕不必每年进行，可深浅结合，既可减轻劳动强度，又可使耕层土壤得以持续利用；深耕应结合施用有机肥；深耕的深度应结合具体茬口和土壤特性，如土层深时可适当深耕；根菜类、果菜类宜深耕，叶菜类宜稍浅些。

2.春耕与秋耕

在冬季寒冷的北方地区，土壤耕作可分为春耕与秋耕。秋耕一般在秋菜收获后，土壤尚未上冻前进行。华北地区的谚语"白露耕地一碗油，秋分耕地半碗油，寒露耕地白打牛"，说明秋季深耕的时间早晚效果差别很大。秋耕后土壤经过冬季冰冻，质地疏松，吸水保水力增强，土壤中的虫卵、病菌被消灭，并可提高翌年春季土壤温度。所以凡是早春直播或栽种的菜田，一般都采用秋耕。耕前最好施入有机肥，并翻入土层。

春耕是指对秋耕过的菜田地块进行耙磨、镇压、保墒等作业，有时也指给未秋翻的地块补耕。春耕的目的在于为春播或秧苗定植做好准备。春耕时间一般掌握在土壤化冻5cm左右时进行。以补耕为主的春耕，不宜深耕，且随耕随耙并保墒。

3.作畦

土壤耕翻后，要整地作畦，目的主要是调节土壤含水量，便于排灌，改善土壤温度与通气条件。

（1）菜畦的主要类型　菜畦主要类型依当地雨量、地下水位及蔬菜种类等而不同。常见的主要类型有平畦、低畦、高畦、垄等，见图2-1。

①平畦：畦面与畦间通道相平，地面平整后不需要筑成畦沟和畦埂，适宜于排水良好、雨量均匀、不需经常灌溉的地区。采用喷灌、滴灌、渗灌等现代灌溉方式时也可采用平畦。平畦的主要优点是土地利用率比较高。

②低畦：畦面低于畦间通道，有利于蓄水和灌溉。适宜于地下水位低、

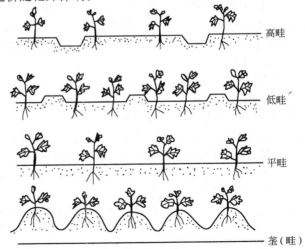

图 2-1　菜畦主要类型
（韩世栋. 蔬菜栽培. 北京：中国农业出版社，2001）

排水良好、气候干燥的地区或季节。栽培密度大且需经常灌溉的绿叶蔬菜、小型根菜、蔬菜育苗畦等，也基本都用低畦。低畦的缺点是灌水后地面容易板结，影响土壤透气而阻碍蔬菜生长，也容易通过流水传播病害。

③ 高畦：畦面高于畦间通道。北方雨水少，浇水多，一般畦面高 10～15cm、宽 60～80cm。畦面过高过宽，灌水时不易渗到畦中心，易造成畦内干旱。高畦的主要优点：一是加厚耕层；二是排水方便，土壤透气性好，有利于根系发育；三是地温高，有利于早春蔬菜生长；四是灌水不超过畦面，可减轻通过流水传播的病害蔓延。

④ 垄（畦）：垄似较窄的高畦，一般垄底宽 60～70cm，顶部稍窄，垄面呈圆弧形，高约15cm，垄间距离根据蔬菜种植的行距而定。用于春季栽培时，地温容易升高，利于蔬菜生长；用于秋季栽培时，有利于雨季排水，且灌水时不直接浸泡植株，可减轻病害传播。灌水时，水从垄的两侧渗入，土壤湿度较高，畦充足而均匀。北方地区多用垄栽培行距较大又适于单行种植的蔬菜，如大白菜、大型萝卜、结球甘蓝等。

（2）作畦要求

① 畦向：冬春季栽培应采用东西向，有利于提高畦内温度，促进植株生长；夏季南北向作畦有利于田间的通风排热，降低温度；地势倾斜的地块，应以有利于保持土壤水分和防止土壤冲刷为原则来确定畦向。

② 质量要求：畦面平坦，高度均匀一致；土壤细碎，保持畦内无坷垃、石砾、薄膜等影响土壤毛细管形成和根吸收的各种杂物；土壤松紧适度，疏松透气。

第二节　栽培季节、栽培制度与茬口安排

一、蔬菜的栽培季节

蔬菜的栽培季节是指蔬菜从田间直播或幼苗定植开始，到产品收获完毕所经历的时间。因育苗一般不占用生产田，故育苗期不计入栽培季节。

1.蔬菜栽培季节确定的基本原则

（1）露地蔬菜栽培季节确定的基本原则　露地蔬菜生产是以高产优质为主要目的，因此确定栽培季节时，应将所种植蔬菜的整个栽培期安排在其能适应的温度季节里，而将产品器官形成期安排在温度条件最为适宜的月份里。

（2）设施蔬菜栽培季节确定的基本原则　设施蔬菜生产是露地蔬菜生产的补充，其生产成本高、栽培难度大，因此，应以高效益为主要目的来安排栽培季节。具体原则是：将所种植蔬菜的整个栽培期安排在其能适应的温度季节里，而将产品器官形成期安排在该种蔬菜露地生产淡季或产品供应的淡季里。

2.蔬菜栽培季节确定的基本方法

（1）露地蔬菜栽培季节的确定方法

① 根据蔬菜的类型确定栽培季节。耐热以及喜温性蔬菜的产品器官形成期要求高温，故一年当中，以春夏季的栽培效果为最好。喜冷凉的耐寒性蔬菜以及半耐寒性蔬菜的栽培前期，对高温的适应能力相对较强，而产品器官形成期却喜欢冷凉，故该类蔬菜的最适宜栽培季节为夏秋季。北方地区春季栽培时，往往因生产时间短，产量较低，品质也较差。另外品种选择不当或栽培时间不当时，还容易出现提早抽薹问题。

② 根据市场供应情况确定栽培季节。要本着有利于缩小市场供应的淡旺季差异、延长供应期的原则，在确保主要栽培季节里蔬菜生产的同时，通过选择合适的蔬菜品种以及栽培方式，在其他季节里，也安排一定面积的该类蔬菜生产。近几年，北方地区大白菜春种、西葫芦秋播以及夏秋西瓜栽培等，不仅提高了栽培效益，而且延长了产品的供应时间。

③ 根据生产条件和生产管理水平确定栽培季节。如果当地的生产条件较差、管理水平不高，

应以主要栽培季节里的蔬菜生产为主，确保产量；如果当地的生产条件好、管理水平较高，就应适当加大非主要栽培季节里的蔬菜生产规模，增加淡季蔬菜的供应，提高栽培效益。

（2）设施蔬菜栽培季节的确定方法

① 根据设施类型确定栽培季节。不同设施类型综合性能不同，其适宜生产的时间是不同的。对于温度条件好，可周年进行蔬菜生产的加温温室以及改良型日光温室（有区域限制），其栽培季节确定比较灵活，可根据生产和供应需要，随时安排生产；温度条件稍差的普通日光温室、塑料拱棚、风障畦等，其栽培期一般仅较露地提早和延后 15～40d，栽培季节安排受限制比较大。

② 根据市场需求确定栽培季节。设施蔬菜栽培应避免其主要产品的上市期与露地蔬菜发生重叠，尽可能地把蔬菜的主要上市时间安排在"十一"国庆节至翌年的"五一"国际劳动节期间。

二、蔬菜栽培制度

蔬菜栽培制度是指在一定时间内、一定土地面积上蔬菜安排布局和茬口接替的制度。它包括轮作、间作、套作、复种及排开播种等，并与合理的施肥、灌溉、土壤耕作和休闲制度相结合。蔬菜栽培制度的主要特点在于广泛采用间作套种、增加复种指数，提高光能和土壤肥力利用率，重视轮作倒茬、冻地、晒垡等制度来减轻病虫害，恢复和提高土壤肥力。

1. 连作和轮作

连作是指在同一块土地上连续或连年栽培同一种作物。连作易造成相同病虫害的蔓延，产量逐年下降，如黄瓜枯萎病、茄子黄萎病等；连作常使土壤营养元素失调，同时，根系在生育过程中分泌的有机酸及有毒（或有害）物质也不易消除，致使植株生长不良。蔬菜连作危害在设施栽培中尤为突出，已成为设施蔬菜生产中亟待解决的问题。

轮作是指在同一块土地上，按一定年限，轮换栽种几种亲缘关系较远或性质不同的作物，通称"换茬"或"倒茬"。轮作是合理利用土壤肥力，减轻病虫害的有效措施。蔬菜轮作设计时，应掌握以下原则。

① 吸收土壤营养不同、根系深浅不同的蔬菜相互轮作。例如：消耗氮肥较多的叶菜类，消耗钾肥较多的根茎菜类，消耗磷肥较多的果菜类轮作栽培；深根性的根菜类、茄果类、豆类、瓜类（除黄瓜），应与浅根性的叶菜类、葱蒜类等轮作。

② 互不传染病虫害。同科蔬菜常感染相同的病虫害，制定轮作计划时，原则上应尽量避免将同科蔬菜连作，调换种植管理性质不同的蔬菜，从而使病虫失去寄主或改变生活条件，达到减轻或消灭病虫害的目的。如葱蒜类后种大白菜可减轻大白菜软腐病的发生；粮菜轮作、水旱轮作对控制土传病害也是非常有效的措施。

③ 改良土壤结构。在轮作制度中，适当配合豆科、禾本科蔬菜，可增加土壤有机质含量，改良土壤团粒结构，提高肥力。薯芋类因其耕作较深，需中耕培土，杂草少、余肥多，也是改进土壤肥力的蔬菜。根系发达的瓜类和宿根性韭菜，较根菜类遗留给土壤较多的有机质，并有利于改良土壤的团粒结构。

④ 注意不同蔬菜对土壤酸碱度的要求。如甘蓝、马铃薯等种植后，能增加土壤的酸度，而甜玉米、南瓜、莴苣等种植后，能降低土壤酸度，故对土壤酸度敏感的洋葱等蔬菜作为甘蓝的后作则减产。豆类的根瘤菌给土壤遗留较多的有机酸，连作常导致减产。

⑤ 考虑前作物对杂草的抑制作用。前后作物配置时，要注意前作物对杂草的抑制作用，为后作物创造有利的生长条件。一般胡萝卜、芹菜、韭菜、大葱等生长缓慢，易受杂草危害；而白菜类、瓜类等茎叶扩展迅速，覆盖面大，封垄快，抑制杂草生长。因此，易受杂草危害的胡萝卜、芹菜、葱蒜类等蔬菜，应选南瓜、笋瓜、冬瓜、甘蓝、马铃薯等抑制杂草作用较强的蔬菜为前作物。

在安排生产时，除掌握以上原则外，还须参照蔬菜种和品种的特性及其发病情况等，确定其可否连作或轮作，以及相间隔的年限。如普通白菜、甘蓝、花椰菜、芹菜、葱蒜类、慈姑等在没有严重发病地块上可适当连作，但需增施底肥；马铃薯、山药、生姜、黄瓜、辣椒等需间隔2～3年栽培；番茄、大白菜、茄子、甜瓜、豌豆、芋等需间隔3～4年栽培；西瓜需实行6～7年以上的轮作。一般禾本科蔬菜常连作，十字花科、百禾科、伞形科蔬菜也较耐连作，但以轮作为好；茄科、葫芦科（除南瓜）、豆科、菊科受连作的危害较大。

2. 间作、套作和混作

两种或两种以上蔬菜隔畦、行或株同时有规则地栽培在同一块土地上称间作。如甘蓝可与番茄隔畦间作，大葱与大白菜可隔行间种。将不同蔬菜不规则地混合种植则称混作。如播大蒜时撒入菠菜种子。前作蔬菜生育后期在它行间或株间种植后作蔬菜，前后作共生的时间较短称套作。如黄瓜、番茄架旁可套种芹菜、小白菜等。

正确运用间作、套作、混作技术，可以有效地抢季节、抓空间，充分利用太阳光能，使地尽其用；也有助于发挥几种蔬菜的互利作用，提高它们的抗逆性，从而在有限的土地上，变一收为多收，为市场提供丰富多样的产品。主作与间套作之间除了有互助互利的一面外，还有矛盾的一面，因此，实行间套作时，要根据各种蔬菜的特征，选择互助互利较多的作物品种实行搭配，还要因地制宜地采用合理的田间群体结构，以及相适应的技术措施，才能保证增产。所以间套作应遵循以下配置原则。

① 合理搭配蔬菜的种类和品种。根据蔬菜的根系有深有浅、植株有高有矮、叶形有圆有尖、特征有喜阴喜阳、熟期有快有慢等的不同，将它们合理搭配种植，对于间套作田间高度密植，和在土、肥、水、气、光等方面出现的矛盾，有调节、缓和的好处。例如，深根的豆类与浅根性绿叶菜搭配；大架番茄、黄瓜与矮型甘蓝、矮生菜豆搭配；大蒜、洋葱的叶直立、横展小，在其生育前期，便于搭配叶圆、横展大的菠菜、小白菜；晚熟甘蓝的田埂上，便于间套早熟的小萝卜；生姜不耐强光，夏季须遮阴，宜间套在喜光的瓜棚下等。这种做法的特点可以概括为"一深一浅、一高一矮、一尖一圆、一晚一早、一阴一阳"。

② 安排合理的田间群体结构。应掌握好主副作物合理的配置比例；加宽行距，缩小株距；前作利用后作的苗期，而后作利用前作早收获后倒出的空间和土地。

③ 采取相应的栽培技术措施。生产过程中随时采取相应的农业技术措施，减轻主副作矛盾，保证其向互利方向发展；管理要及时、到位，以保证产量和品质。

④ 注意两种作物在肥水、通风等管理中矛盾不能太大。如大棚黄瓜不宜与花椰菜间作。

除了菜、菜间套作外，菜、粮（棉）及菜、果套作现象也较普遍。如马铃薯、洋葱、大蒜或菜豆套种玉米，秋季再套种大白菜或萝卜；大蒜、马铃薯套种棉花；果树行间栽种辣椒或其他蔬菜等。

3. 多次作和重复作

在同一块土地上，一年内连续栽培多种蔬菜植物，可收获多次称为"多次作"或"复种"制度。重复作是在一年的整个生产季节或一部分生长季节内连续多次栽培同一种蔬菜植物，多用于绿叶菜或其他生长期较短的蔬菜。如小白菜、小萝卜等。

我国北方各地的多次作（复种）制度，基本可以概括为以下类型。

① 二年三熟：夏菜→越冬菜→夏菜（东北、西北和华北北部）。例如，黄瓜→埋头菠菜（"土里捂"菠菜）→茄子。

② 一年二熟：北方各地二作区应用较广的类型，较典型的是春夏和夏秋两茬。例如，早番茄、西葫芦→大白菜。

③ 一年三熟：越冬早春菜→早熟夏菜→秋冬菜（江淮、华北）。例如，早、中熟春白菜→黄瓜→大白菜。

④ 一年四熟：越冬早春菜→早熟夏菜→早熟秋菜→晚秋菜（江南、华中及华北部分地区）。例如，菠菜→四季豆→早秋白菜→晚秋白菜。

⑤ 一年多熟：越冬早春菜→早春菜→夏菜→速生伏菜→秋冬菜→冬菜（华南、北方地区设

施栽培）。例如，芫荽→黄瓜→苋菜→小白菜→番茄→蒜苗。

科学安排茬口，就要综合运用轮作、间作、套作、混作和多次作，配合增施有机肥和晒垡、冻垡等措施，实行用地与养地相结合，最大限度地利用地力、光能、时间和空间，实现高产、优质、多种蔬菜的周年均衡生产。

三、蔬菜茬口安排

1.蔬菜的季节利用茬口

季节茬口，是根据蔬菜的栽培季节安排的蔬菜生产茬次。安排季节茬口除了必须依据温度外，也要参照光照、雨量、病虫情况等其他外界因素。由于各地气候条件不同，蔬菜栽培的季节茬口不尽一致，露地栽培的季节茬口大体上可分为以下五茬。

（1）越冬茬　又称过冬菜，根据当地冬季寒冷程度，通常选用耐寒和较耐寒的菠菜、芹菜、莴苣、小白菜、大蒜、洋葱、豌豆、蚕豆等蔬菜。一般秋季露地直播或育苗移栽，以幼苗露地过冬，翌年春季或初夏上市，成为供应春淡的主要茬口。收获早的越冬菜是春菜、夏菜的良好前茬；收获晚的，可间套种植晚熟夏菜及芋、姜、山药等，也可作为伏菜的前茬，或经翻耕晒垡接种秋菜。

（2）春茬　又称早春菜，多是一类耐寒性较强、生长期短的绿叶菜。如小白菜、茼蒿、菠菜、芹菜等，也可种植春马铃薯和冬季设施育苗、早春定植的耐寒或半耐寒的春白菜、春甘蓝、春花椰菜等。一般在早春土壤化冻后即可播种定植，生长期40～60d，采收时正值夏季茄果类、瓜类、豆类大量上市前，过冬菜大量下市后的"小淡季"上市。

（3）夏茬　即春夏菜、夏菜，指春季终霜后才能露地定植的喜温蔬菜，是各地的主要季节茬口，如果菜类等，一般6～7月份大量上市，形成旺季。因此，最好将早、中、晚熟品种排开播种，分期分批上市。一般在立秋前腾茬让地，后茬种植伏菜或经晒垡后种植秋冬菜，也可晒垡后直接种植过冬菜。

（4）伏茬　又称伏菜、火菜，是主要用来堵秋淡季的一茬耐热蔬菜。一般于6～7月份播种或定植，8～9月份供应市场，如夏秋白菜、夏秋萝卜、蕹菜、苋菜、豇豆、夏黄瓜、夏甘蓝等。华北地区把晚茄子、辣椒、冬瓜延至9月份腾地的称为恋秋菜、晚夏菜；长江流域把小白菜分期分批播种，一般播种20d左右即可上市，作为堵伏缺的主要蔬菜，后茬是秋冬菜。

（5）秋冬茬　又称秋菜、秋冬菜，是一类不耐热的蔬菜，如大白菜、甘蓝类、根菜类及部分喜温性的果菜类、豆类及绿叶菜，是全年各茬种植面积最大的季节茬口。一般于立秋前后播种或定植，10～12月份供应上市，也是冬春贮藏菜的主要茬口，其后作为越冬菜或冻垡休闲后翌年春季种植早春菜或夏菜。

2.蔬菜的土地利用茬口

即土地茬口，指在同一地块上，全年安排各种蔬菜的茬次。如一年一熟（茬）、二年三熟、一年二熟、一年三熟、一年多熟等，土地茬口与复种指数有密切关系。根据各地自然资源和生产条件等方面的差异，土地茬口的基本规律是：东北、西北、内蒙古、新疆、青藏高原属于一年一主作菜区；华北属于一年二主作菜区；华中为一年三主作菜区；华南、西南则为一年多主作菜区。这都是指一年中露地栽培生长期在80～100d以上的蔬菜茬次而言，若利用生长期短的早熟品种、间套复种技术、设施栽培，则各菜区均可演变成形式繁多的蔬菜茬口。

季节茬口和土地茬口在生产计划中共同组成完整的蔬菜栽培制度。茬口安排是当年和两三年内在同一块土地上安排蔬菜的种植茬次，以提高土地的利用率和单位面积产量。广大劳动者在长期生产实践中摸索出了合理的茬口安排，相互补充、相互配合，基本实现了蔬菜的周年均衡生产，但茬口之间也存在互相矛盾的一面，过多地或不适当地调整某一类型，势必会影响其他类型的比重，造成其他不应有的新的缺菜季节。所以，必须根据生产条件和市场需求等因素全面安排，确定茬口的合理比例，以确保蔬菜的周年均衡生产和供应。

第三节 蔬菜种子与播种技术

一、蔬菜种子

（一）蔬菜种子的定义

狭义蔬菜种子专指植物学上的种子。蔬菜栽培上所用的种子是指所有用来播种进行繁殖的植物器官或组织，可分为五类。第一类是由受精的胚珠发育而成的真正的种子，如十字花科、豆科、茄科、葫芦科、百合科、苋科等蔬菜的种子。第二类是植物学上的果实，如伞形科、藜科、菊科等蔬菜种子。第三类是营养器官，有鳞茎（大蒜、洋葱）、球茎（芋、荸荠）、块茎（马铃薯、山药、菊芋等）、根状茎（藕、姜），另外还有枝条和芽等。第四类是菌丝组织和孢子，如食用菌和蕨菜等的繁殖体。第五类是人工种子，目前尚未普遍应用。优良的种子是培育壮苗及获得高产的基础。

（二）蔬菜种子的形态

种子的形态主要包括种子的形状、大小、色彩、表面光洁度、种子表面特点等外部特征以及解剖结构特征，是鉴别蔬菜种类、判断种子质量的主要依据。如茄果类的种子为肾形，茄子种皮光洁，辣椒种皮厚薄不匀，番茄种皮则附着银色茸毛；白菜和甘蓝种子的形状、大小、色泽相近，均为球形黄褐色小粒种子，但甘蓝种子球面双沟，白菜种子球面单沟等。主要蔬菜的种子形态见图2-2。

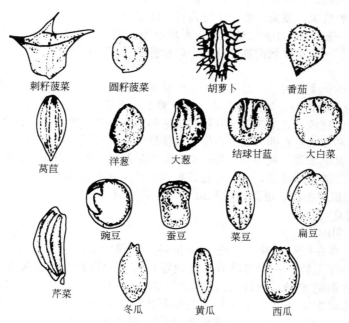

图 2-2 蔬菜种子的形态

（韩世栋. 蔬菜栽培. 北京：中国农业出版社，2001）

蔬菜种子的大小差别很大，小粒种子的千粒重只有1g左右，大粒种子的千粒重却高达1000g以上。一般，豆类和瓜类蔬菜的种子比较大，绿叶蔬菜的种子相对较小，如芹菜、苋菜、莴苣种子的千粒重不足1g。

（三）蔬菜种子的寿命

蔬菜种子的寿命是指在一定环境条件下种子保持发芽能力（生活力）的年数，又称发芽年限。种子寿命的长短，取决于本身的遗传特性，以及种子个体生理成熟度、种子的结构、化学成分等因素，同时也受贮藏条件的影响。在自然条件下，不同蔬菜种子的寿命差异很大，见表2-1。

表 2-1   一般贮藏条件下主要蔬菜种子寿命与使用年限

蔬菜名称	寿命/年	使用年限/年	蔬菜名称	寿命/年	使用年限/年
大白菜	4~5	1~2	番茄	4	2~3
结球甘蓝	5	1~2	辣椒	4	2~3
球茎甘蓝	5	1~2	茄子	5	2~3
花椰菜	5	1~2	南瓜	5	2~3
芥菜	4~5	2	黄瓜	4~5	2~3
萝卜	5	1~2	冬瓜	4	1~2
芜菁	3~4	1~2	瓠瓜	2	1~2
根用芥菜	4	1~2	丝瓜	5	2~3
菠菜	5~6	1~2	西瓜	5	2~3
芹菜	6	2~3	甜瓜	5	2~3
胡萝卜	5~6	2~3	菜豆	3	1~2
莴苣	5	2~3	豇豆	5	1~2
洋葱	2	1	豌豆	3	1~2
韭菜	2	1	蚕豆	3	2
大葱	1~2	1	扁豆	3	2

（四）蔬菜种子的质量鉴别

广义的蔬菜种子质量包括品种品质和播种品质。品种品质主要指种子的真实性和纯度等，播种品质主要指种子饱满度和发芽特性。蔬菜种子的质量应在播种前确定，以便做到播种、育苗准确可靠。常用以下指标鉴定。

1. 纯度

有田间检验和室内检验两种方法，普遍采用的是室内检验法。室内检验以形态鉴定为主，根据种子形态、大小、色泽、花纹及种皮的其他特征，通过肉眼或放大镜进行观察，区别不同蔬菜种子。种子纯度的计算公式是：

$$种子纯度(\%)=\frac{供检样品总重量-(废种子重量+杂质重量)}{供检样品总重量}\times100$$

优良种子的纯度应达到98%以上。

2. 饱满度

通常用"千粒重"表示。统一品种的种子，千粒重越大，种子就越饱满充实，播种质量就越高。千粒重也是估算播种量的重要依据。

3. 发芽率

发芽率是指在规定的实验条件下，在较长时间内，正常发芽种子粒数占供试种子粒数的百分率。计算公式是：

$$种子发芽率(\%)=\frac{发芽种子粒数}{供试种子粒数}\times100$$

测定发芽率可在垫纸的培养皿中进行，也可在沙盘或苗钵中进行，以保证种子发芽的适宜温度、水分和通气等条件，如使发芽接近大田正常的条件则更具代表性。甲级种子的发芽率应达到90%~98%，乙级蔬菜种子的发芽率应达到85%左右。个别蔬菜种子的发芽率要求也有例外，如伞形科蔬菜种子为双悬果，在测定发芽率时1个果实按2粒种子计，但因2粒种子中常有1粒发育不良，发芽率只要求达到65%左右；又如甜菜种子为聚合果，俗称"种球"，测定发芽率时聚合果按1粒种子计，而实际上其中包含多粒种子，所以其发芽率要求达到165%以上。

4. 发芽势

发芽势是指在规定时间内供试样本种子中发芽种子的百分数。它是反映种子发芽速度和发芽整齐度的指标。计算公式是：

$$种子发芽势(\%)=\frac{规定天数内的发芽种子粒数}{供试种子粒数}\times100$$

统计发芽种子数量时，凡是无幼根、幼根畸形、有根无芽、有芽无根毛者，以及种子腐烂者都不算发芽种子。蔬菜种子发芽率和发芽势的测定条件和规定天数见表2-2。

表 2-2　蔬菜种子发芽率和发芽势的测定条件和规定天数

蔬菜种类	发芽温度/℃	光　线	计算天数/d	
			发 芽 势	发 芽 率
番茄	25～30	黑暗	4	8
辣椒	20～30	黑暗	4	8
茄子	20～30	黑暗	6	10
黄瓜	30	黑暗	3	5
甘蓝	20～30	黑暗	3	5
花椰菜	20～25	黑暗	3	5
芹菜	21	黑暗	7	12
莴苣	15～20	黑暗、散射光	5	10
西瓜	35	黑暗	4	10
甜瓜	32	黑暗	3	8
菜豆	20～25	黑暗	4	8
白菜	20～30	黑暗	3	5
葱类	18～25	黑暗	5	10

5.种子生活力

种子生活力是指种子发芽的潜在能力。一般通过发芽率、发芽势等指标了解种子是否具有生活力或生活力的高低。测定时休眠的种子应先打破休眠。在种子出口、调运或急等播种情况下，可用快速方法鉴定种子的生活力，如四唑染色法（TTC 或 TZ）、靛红（靛蓝洋红）染色法、红墨水染色法等化学染色法。

（五）种子发芽特性

1.种子发芽过程

种子发芽时，要经过下面几个主要步骤：吸收水分；种子内贮藏物质的消化；养分的运转；呼吸代谢的增强；胚根及胚轴开始生长；同化作用开始。

由于种子的形态及构造不同，发芽的方式也有所不同。有些种子如豌豆，发芽过程中胚轴的伸长生长很少，发芽为幼苗时，子叶仍留在土中。但大多数蔬菜，种子发芽时子叶都是出土的。

2.种子发芽条件

种子通过或完成休眠以后，在适宜的环境条件下，即可发芽。主要环境条件包括温度、水分及气体，有些种子发芽还受光照的影响。

（1）温度　各种蔬菜种子的发芽，对温度都有一定要求。喜温或耐热蔬菜，如茄果类、瓜类、豆类，最适宜的发芽温度为 25～30℃；较耐寒蔬菜，如白菜类、根菜类最适宜的发芽温度为 15～25℃。有的蔬菜种子发芽则要求低温，如莴苣种子在 5～10℃低温下处理 1～2d，然后播种，可迅速发芽，而在 25℃以上时，反而不易发芽。芹菜在 15℃恒温或 10～25℃的变温下，发芽反而比高温下的好。

（2）水分　蔬菜种子在一定温度条件下吸收足量的水分才能发芽。种子吸水量的多少，与种子的化学组成有很大关系。一般而言，蛋白质含量高的种子，水分吸收量较多，吸收的速度也较快；以油脂和淀粉为主要成分的种子，水分吸收量较少，吸收速度也较慢。至于以淀粉为主要成分的种子，吸水量更少些，吸收的速度也更慢。如菜豆的吸水量为种子重量的 105%，番茄为 75%，黄瓜为 52%。但是，种子吸水并非愈多愈好，适于种子发芽的吸水量也有一定的限度，即有吸水的"适量"。当温度不适宜时种子虽也能吸水膨胀，但却不能发芽而导致烂种。

种子的吸水可分为初始阶段和完成阶段。初始阶段的吸水作用依靠种皮、珠孔等结构的机械吸水膨胀力，这一阶段的吸水量约占 1/2，吸水的快慢取决于水量和温度。完成阶段的吸水依靠胚的生理活动，吸水的快慢还受氧气供应的影响。生产上在播种前进行浸种催芽，浸种主要是满足初始阶段的要求，催芽则是完成阶段的措施。

（3）气体　一般来说，在供氧条件充足时，种子的呼吸作用旺盛，生理进程迅速，发芽较快，二氧化碳浓度高时则抑制发芽。但促进或抑制的程度因蔬菜种类而异。据试验，萝卜和芹菜对氧的需要量最大，黄瓜、葱、菜豆等对氧的需要量最小。对于二氧化碳的抑制作用，葱、白菜表现较为敏感，胡萝卜、萝卜、南瓜则较迟钝。莴苣、甘蓝的种子在二氧化碳浓度大幅度提高时反而促进发芽。

（4）光照　各种蔬菜种子播种到土壤中，只要温度、水分和气体条件适宜，一般都能发芽出苗。但实际上不同种类种子发芽对光照的反应是有差异的，可分为需光型、嫌光型和中光型三种类型。需光型种子在有光条件下发芽比黑暗条件下更好些，如莴苣、芹菜、胡萝卜等蔬菜种子；嫌光型种子在黑暗条件下发芽良好，在有光条件下发芽不良，如大多数茄果类、瓜类、葱蒜类的蔬菜种子；中光型种子发芽对光的反应不敏感，如藜科、豆科的部分种类及萝卜种子等。

另外，蔬菜种子萌发与光波也有关。如吸水后的莴苣种子萌发可被 560～690nm 的红光促进，而 690～780nm 的远红光则抑制其发芽。一些化学药品的处理也可代替光的作用。如用硝酸盐（0.2%硝酸钾）溶液处理，可代替一些需光种子的要求；赤霉素（100ml/L）处理可代替红光的作用。

二、种子播前处理

为了使种子播后出苗整齐、迅速、健壮，减少病害感染，增强种胚和幼苗的抗逆性，达到培育壮苗的目的，播前常进行种子处理。

（一）浸种、催芽

浸种和催芽是蔬菜生产上普遍采用的种子处理方法。

1.浸种

浸种是将种子浸泡在一定温度的水中，使其在短时间内吸水膨胀，达到萌芽所需的基本水量。根据浸种水温可分为一般浸种、温汤浸种和热水烫种等。

（1）一般浸种　用常温水浸种，有使种子吸胀的作用，但无杀菌和促进吸水的作用，适用于种皮薄、吸水快、易发芽不易受病虫污染的种子，如白菜、甘蓝等。

（2）温汤浸种　水温 50～55℃，这是一般病菌的致死温度，需保持 10～15min，并不断搅拌，使水温均匀，随后使水温自然下降至室温，按要求继续浸泡。温汤浸种具有灭菌作用，但促进吸水效果仍不明显，适用于瓜类、茄果类、甘蓝类等蔬菜种子。

（3）热水烫种　为了更好地杀菌，并使一些不易发芽的种子易于吸水，水温 70～85℃。先用凉水浸湿种子，再倒入热水，来回倾倒，直至温度下降到 55℃左右时，用温汤浸种法处理。适用于种皮厚、透水困难的种子，如茄子、冬瓜、西瓜等。

浸种时应注意以下几点：第一，要把种子充分淘洗干净，除去果肉物质后再浸种；第二，浸种过程中要勤换水，保持水质清新，一般每 12h 换 1 次水为宜；第三，浸种水量要适宜，以略大于种子量的 4～5 倍为宜；第四，浸种时间要适宜。主要蔬菜的适宜浸种水温与时间见表 2-3。

一般浸种时，也可以在水中加入一定量的激素或微量元素，进行激素浸种或微肥浸种，有促进发芽、提早成熟、增加产量等效果。此外，为提高浸种效率，浸种前可对有些种子进行必要的处理。如对种皮坚硬而厚的西瓜、苦瓜、丝瓜等种子，可进行胚端破壳；对芹菜、芫荽等种子可用硬物搓擦，以使果皮破裂；对附着黏质多的茄子等种子可用 0.2%～0.5% 的碱液先清洗，然后在浸泡过程中不断搓洗换水，直到种皮洁净无黏感。

2.催芽

催芽是将吸水膨胀的种子置于适宜条件下，促使种子迅速而整齐一致的萌发。一般方法是：

先将浸好的种子甩去多余的水分，薄层（2cm左右）摊放在铺有一两层潮湿洁净布或毛巾的种盘上，上面再盖一层潮湿布或毛巾，然后将种盘置于恒温箱中催芽，直至种子露白。在催芽期间，每天应用清水淘洗种子1～2次，并将种子上下翻倒，以使种子发芽整齐一致。主要蔬菜的催芽适温和时间见表2-3。

表2-3 主要蔬菜浸种、催芽的适宜温度与时间

蔬菜种类	浸种		催芽		蔬菜种类	浸种		催芽	
	水温/℃	时间/h	温度/℃	时间/d		水温/℃	时间/h	温度/℃	时间/d
黄瓜	25～30	8～12	25～30	1～1.5	甘蓝	20	3～4	18～20	1.5
西葫芦	25～30	8～12	25～30	2	花椰菜	20	3～4	18～20	1.5
番茄	25～30	10～12	25～28	2～3	芹菜	20	24	20～22	2～3
辣椒	25～30	10～12	25～30	4～5	菠菜	20	24	15～20	2～3
茄子	30	20～24	28～30	6～7	冬瓜	25～30	12+12[①]	28～30	3～4

① 第一次浸种后，将种子捞出晾10～12h，再浸第二次。

（二）物理处理

其主要作用是提高发芽势及出苗率增强抗逆性诱导变异等。

1. 变温处理

把萌动的种子先在-1～5℃的低温下处理12～18h，再放到18～22℃的温度下处理6～12h，如此连续处理1～10d或更长时间，可提高种胚的耐寒性。处理过程中应保持种子湿润，变温要缓慢，避免温度骤变。

2. 干热处理

一些种类的蔬菜种子经干热空气处理后，有促进后熟、增加种皮透性、促进萌发、消毒防病等作用。如番茄种子经短时间干热处理，可提高发芽率；黄瓜、西瓜和甜瓜种子经4h（其中间隔1h）50～60℃干热处理，有明显的增产作用；黄瓜、西瓜种子经70℃处理2d，有防治绿斑花叶病毒病（CGMMY）的良好效果；黄瓜种子经70℃干热处理3d，对黑星病及角斑病有很好的防治效果。

3. 低温处理

对于某些耐寒或半耐寒蔬菜，在炎热的夏季播种时，可将浸好的种子在冰箱内或其他低温条件下，冷冻几个小时或十余小时后，再放在冷凉处（如地窖、水井内）催芽，使其在低温下萌发，可促进发芽整齐一致。低温处理还可用于白菜、萝卜等十字花科蔬菜繁种或育种上的春化处理。如将消毒浸种后的白菜种子，放在适宜的条件下萌发，当有1/3～1/2的种子露出胚根时放入0～2℃的低温下处理25～30d即可通过春化，种子播种当年即可开花结籽。

4. λ射线处理

M. T. Ceperuka用λ装置照射黄瓜及西葫芦种子，在每分钟2.06×10C/kg条件下，黄瓜种子的照射剂量为0.258C/kg，西葫芦种子的为0.206C/kg。照射后的种子发芽势及出苗率均有所提高，比对照采果期延长1.5～2周，黄瓜增产16%，西葫芦增产14%。

（三）化学处理

化学处理的主要作用是打破休眠、促进发芽、增强抗性、种子消毒、诱发突变等。

1. 打破休眠

种子休眠的原因，一是胚本身未熟，需要一段后熟时间；二是由于种子中贮藏物质未熟以及抑制萌发的物质存在，果皮或种皮不透气等。应用发芽促进剂如H_2O_2、硫脲、KNO_3、赤霉素等对打破种子休眠有效。试验表明，黄瓜种子用0.3%～1% H_2O_2浸泡24h，可显著提高刚采收种子的发芽率与发芽势。0.2%硫脲对促进莴苣、萝卜、芸薹属、牛蒡、茼蒿等种子发芽均有效。赤霉素（GA）对茄子（100mg/L）、芹菜（66～330mg/L）、莴苣（20mg/L）以及深休眠的紫苏（330mg/L）种子发芽均有效。用0.5～1mg/L赤霉素溶液打破马铃薯的休眠已广泛应用于马铃

薯的二季作栽培。

2. 促进萌发出土

据报道，用 25% 或稍低浓度的聚乙二醇（PEG）处理甜椒、辣椒、茄子、冬瓜等发芽出土困难的种子，可在较低温度下使种子提前出土，出土率提高，且幼苗生长健壮。此外，用 0.02%～0.1% 含微量元素的硼酸、钼酸铵、硫酸铜、硫酸锰等浸种，也有一定的促进种子发芽及出土的作用。

3. 种子消毒

有药剂拌种和药液浸种两种方法。药剂拌种常用的杀菌剂有克菌丹、多菌灵、敌克松、福美双等；杀虫剂有 90% 敌百虫等。拌种时药剂和种子都必须是干燥的，药量一般为种子重量的 0.2%～0.3%。药液浸种应严格掌握药液浓度与浸种时间，浸种后必须用清水多次冲洗种子，无药液残留后才能催芽或播种。如用 100 倍福尔马林（即 40% 甲醛溶液）浸种 15～20min，捞出种子封闭熏蒸 2～3h，最后用清水冲洗；用 10% 磷酸三钠或 2% 氢氧化钠水溶液浸种 15min，捞出冲洗干净，有钝化番茄花叶病毒的作用。另外，采用种衣剂农药处理种子常可起到更好的效果，如"黄瓜种衣剂 1 号"有显著的防病和壮苗效果。

三、播种量

播种前首先应确定播种量。根据单位面积用苗数、单位重量种子粒数、种子使用价值和安全系数，计算单位面积实际需要的播种量。

$$每亩^{❶}播种量(g)=\frac{定植每亩需苗数}{每克种子粒数×种子使用价值}×安全系数$$

$$种子使用价值(\%)=种子纯度(\%)×种子发芽率(\%)×100$$

安全系数取值范围一般为 1.5～2。实际生产中应视土壤质地、直播或育苗、播种方式、气候冷暖、雨量多少、耕作水平、病虫害等情况而定。

四、播种技术

（一）播种方式

播种方式主要有撒播、条播和点播三种。

1. 撒播

在平整好的畦面上均匀地撒上种子，然后覆土。一般用于生长期短的、营养面积小的速生菜类，以及育苗上。撒播可经济利用土地面积，但不利于机械化的耕作管理；同时，对土壤质地、作畦、撒播技术、覆土厚度等的要求都比较严格。

2. 条播

在平整好的土地上按一定行距开沟播种，然后覆土。一般用于生长期较长和营养面积较大的蔬菜，以及需要中耕培土的蔬菜。速生菜通过缩小株距和加大行距也可进行条播。这种方式便于机械化的管理，灌溉用水量经济。

3. 点播（穴播）

按一定株行距开穴点种，然后覆土。一般用于生长期较长的大型蔬菜，以及需要丛植的蔬菜，如韭菜、豆类等。点播的优点是可在局部创造较适宜的水、温、气等发芽条件，有利于在不良条件下播种而保证苗全苗壮。如在干旱炎热时，可按穴浇水后点播，再加厚覆土，以保墒防热，待出苗时再扒去部分覆土，以保证出苗。穴播用种量最少，也便于机械化的耕作管理。

（二）播种方法

播种方法分湿播和干播两种。

湿播为播前先灌水，待水渗下后播种，覆盖干土。湿播质量好，出苗率高，土面疏松而不易

---

❶ 1 亩 = 666.67m²

板结，但操作复杂，工效低。

干播为播前不浇水，播种后覆土镇压。干播操作简单，速度快，但如播种时墒情不好，播种后又管理不当，容易造成缺苗。北方有些地区有趁墒播种法，效果较好。

（三）播种深度

播种深度即覆土的厚度，主要根据种子大小、土壤质地、土壤温度、土壤湿度及气候条件等因素而定。小粒种子一般覆土 1～1.5cm，中粒种子 1.5～2.5cm，大粒种子 3cm 左右；高温干燥及砂质土壤适当深播，反之适当浅播；喜光种子如芹菜等宜浅播。

第四节　蔬菜育苗技术

一、育苗方式

蔬菜育苗的方式有多种，可从不同角度分类。

① 依据育苗场所及育苗条件，可分为设施育苗和露地育苗。

② 依据育苗基质，可分为床土育苗和无土育苗。

③ 依据幼苗根系保护方法，可分为容器育苗、营养土块育苗等。

④ 依育苗所用的繁殖材料，可分为一般（种子）育苗、扦插育苗、嫁接育苗、组织培养育苗等。

通常在实际育苗中，是几种育苗方式搭配应用。具体选用哪些育苗方式，关键在于这些方式是否符合育苗目的和条件，是否能获得良好的育苗效果。

二、育苗土配制技术

育苗土又叫培养土。它是培育壮苗的基础。优良的育苗土应具备以下几个条件：含有丰富的有机质，有机质含量不少于 30％；疏松通气，具有良好的保水、保肥性能；物理性状良好，浇水时不板结，干时不裂，总孔隙 60％左右；床土营养完全，要求含速效氮 100～200mg/kg、速效磷 150～200mg/kg、速效钾 100～150mg/kg，并含有钙、镁和多种微量元素；pH6.5～7；无病菌、虫卵。

要配制符合上面要求的育苗土，应按一定的配方专门配制。配制育苗土的原料主要有田土、有机肥、细沙或细炉渣、速效化肥等。细沙和炉渣的主要作用是调节育苗土的疏松度，增加育苗土的空隙。田土必须用 3～4 年内未种过茄果类、瓜类及马铃薯等菜田的土或大田土。豆茬地块土质比较肥沃，葱蒜茬地块的病菌数量少，均为理想的育苗用土。比较理想的有机肥有马粪、猪粪等质地较为疏松、速效氮含量低的粪肥，鸡粪、鸽粪、兔粪、油渣等高含氮有机肥容易引起菜苗旺长，施肥不当时也容易发生肥害，应慎重使用；有机肥必须充分腐熟并捣碎后才能用于育苗。

速效化肥主要使用优质复合肥、磷肥和钾肥，弥补有机肥中速效养分含量低、供应强度低的不足。速效化肥的用量应小，一般播种床土每立方米的总施肥量 1kg 左右，分苗床土 2kg 左右。

根据育苗床土的作用，可分为播种床土和分苗床土，配方稍有差异，具体如下。

① 播种床土配方：田土 6 份，腐熟有机肥 4 份。土质偏黏时，应掺入适量的细沙或炉渣。

② 分苗床土配方：田土或园土 7 份，腐熟有机肥 3 份。

分苗床土应具有一定的黏性，以利从苗床中起苗或定植取苗时不散土。田土和有机肥过筛后，掺入速效肥料，并充分拌合均匀，堆置过夜，然后均匀铺在育苗床内。播种床铺土厚 10cm，分苗床铺土厚 12～15cm。

为防止苗期病害，育苗土使用前应进行消毒处理。常用的消毒方法有药剂消毒法和物理消毒法。药剂消毒常用的有：代森锌粉剂、福尔马林、井冈霉素等。例如福尔马林消毒：每立方米床土用 40％福尔马林 200～300ml，适量加水，结合混拌育苗土喷洒到土中，拌匀后堆起来，盖塑料薄膜密闭2～3d。然后去掉覆盖物散放福尔马林,1～2周后待土中药味完全散去时再填床使用。或者混拌农药:结合混拌育苗土,每立方米土中混入多菌灵或甲基托布津150～200g、辛硫磷或敌百虫150～200g。混拌均匀后堆放,并用薄膜封堆,让农药在土内充分扩散,杀灭病菌、虫卵。7～10d后再用来育苗。

三、设施育苗技术

我国北方地区冬、春季节进行蔬菜育苗时,外界温度较低,需借助一些设施增温,才能达到较好的育苗效果。根据蔬菜种类和幼苗生长发育特点,来选用合适的设施、设备是育苗成败的关键。

(一) 苗床播种

1. 播种日期的确定

一般是根据当地的适宜定植期和适龄苗的成苗期来确定,即从适宜定植期起按某种蔬菜的日历苗龄向前推算播种期。例如河南日光温室春茬番茄一般在2月上旬至3月上旬定植,育成适合定植的具有8～9片叶的秧苗需60～80d,一般应在11月下旬至12月下旬播种。

2. 播前先对种子进行处理

低温期选晴暖的上午播种。播前浇足底水,水渗下后,在床面薄薄撒盖一层育苗土,防止播种后种子直接沾到湿漉漉的畦土上,发生糊种。小粒种子用撒播法。大粒种子一般点播。瓜类、豆类种子多点播,如采用容器育苗应播于容器中央,瓜类种子应平放,不要立插种子,防止出苗时将种皮顶出土面并夹住子叶,即形成"戴帽"苗 (图2-3)。催芽的种子表面潮湿,不易撒开,可用细沙或草木灰拌匀后再撒。播后覆土,并用薄膜平盖畦面。

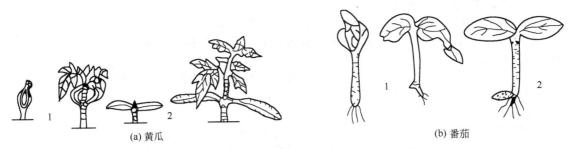

(a) 黄瓜   (b) 番茄

图 2-3 黄瓜、番茄子叶戴帽苗与正常脱壳苗比较

1—子叶戴帽苗;2—子叶正常脱壳苗

(二) 苗期管理

苗期管理是培育壮苗的最重要环节。苗期管理的任务是创造适宜于幼苗生长发育的环境条件,并通过控制各种条件协调幼苗的生长发育。

1. 温度管理

苗期温度管理的重点是掌握好"三高三低",即"白天高,夜间低;晴天高,阴天低;出苗前、移苗后高,出苗后、移苗前和定植前低"。各阶段的具体管理要点如下。

(1) 播种至第一片真叶展出 出苗前温度宜高,关键是维持适宜的土温。果菜类应保持25～30℃,叶菜类20℃左右。当70%以上幼苗出土后,为促进子叶肥厚、避免徒长、利于生长点分化,应撤除薄膜以适当降温。把白天和夜间的温度分别降低3～5℃,防止幼苗的下胚轴旺长,形成高脚苗。若发现土面裂缝及出土"戴帽"时,可撒盖湿润细土,填补土缝,增加土表湿润度及压力,以助子叶脱壳。

(2) 第一片真叶展出至分苗 第一片真叶展出后,白天应保持适温,夜间则适当降低温度,使昼夜温差达到10℃以上,以提高果菜的花芽分化质量,增强抗寒性和坑病性。分苗前一周降低温度,对幼苗进行短时间的低温锻炼。

（3）分苗至定植 分苗后几天里为促进根系伤口愈合与新根生长，应提高苗床温度，促早缓苗，适宜温度是白天 25～30℃，夜间 20℃左右。缓苗后降低温度，以利于壮苗和花芽分化。果菜类白天 25～28℃，夜间 15～18℃；叶菜类白天 20～22℃，夜间 12～15℃。定植前 7～10d，应逐渐降低温度，进行低温锻炼以增强幼苗耐寒及抗旱能力。果菜类白天降到 15～20℃，夜间 5～10℃；叶菜类白天 10～15℃，夜间 1～5℃。

各种蔬菜幼苗苗期温度管理大体都经过这几个阶段，只是不同作物、不同时期育苗，其具体温度指标有所不同。

2.湿度管理

育苗期间的水分管理，可按以下几个阶段进行。

（1）播种至分苗 播种前浇足底水后，到分苗前一般不再浇水。当大部分幼苗出土时，将苗床均匀撒盖一层育苗土，保湿并防止子叶"戴帽"出土，形成"戴帽"苗。齐苗时，再撒盖一次育苗土。此期间，如果苗床缺水，可在晴天中午前后喷小水，并在叶面无水珠时撒土，压湿保墒。

（2）分苗 分苗前 1d 浇透水，以利起苗，并可减少伤根。栽苗时要注意浇足稳苗水，缓苗后再浇一透水，促进新根生长。

（3）分苗至定植 此期适宜的土壤湿度以地面见干见湿为宜。对于秧苗生长迅速、根系比较发达、吸水能力强的蔬菜，如番茄、甘蓝等为防其徒长，应严格控制浇水。对秧苗生长比较缓慢、育苗期间需要保持较高温度和湿度的蔬菜，如茄子、辣椒等，水分控制不宜过严。

床面湿度过大时，可采取以下措施降低湿度：一是加强通风，促进地面水分蒸发；二是向畦面撒盖干土，用干土吸收地面多余的水分；三是勤松土。

3.光照管理

低温期改善光照条件可采用以下措施。

（1）经常保持采光面清洁 保持采光面清洁，可保持较高的透光率。

（2）做好草苫的揭盖工作 在满足保温需要的前提下，尽可能地早揭、晚盖草苫，延长苗床内的光照时间。

（3）搞好间苗和分苗 秧苗密集时，互相遮荫，会造成秧苗徒长，应及时进行间苗或分苗，以增加营养面积，改善光照条件。

4.分苗

一般分苗 1 次。不耐移植的蔬菜如瓜类，应在子叶期分苗；茄果类蔬菜可稍晚些，一般在花芽分化开始前进行。宜在晴天进行，地温高，易缓苗。分苗方法有开沟分苗、容器分苗和切块分苗。早春气温低时，应采用暗水法分苗，即先按行距开沟、浇水，并边浇水边按株距摆苗，水渗下后覆土封沟。高温期应采用明水法分苗，即先栽苗，全床栽完后浇水。

分苗后因秧苗根系损失较大，吸水量减少，应适当浇水，防止萎蔫，并提高温度，促发新根。光照强时，应适当遮荫。

5.其他管理

在育苗过程中，当幼苗出现缺肥症状时，应及时追肥。追肥以施叶面肥为主，可用 0.1％尿素或 0.1％磷酸二氢钾等进行叶面喷肥。

苗期追施二氧化碳，不仅能提高苗的质量，而且能促进果菜类的花芽分化，提高花芽质量。适宜的二氧化碳施肥浓度为 800～1000ml/m³。

定植前的切块和囤苗能缩短缓苗期，促进早熟丰产。一般囤苗前 2d 将苗床灌透水，第二天切方。切方后，将苗起出并适当加大苗距，放入原苗床内，以湿润细土弥缝保墒进行囤苗。囤苗时间不可过长（7d 左右），囤苗期间要防淋雨。

四、嫁接育苗技术

（一）嫁接育苗的意义

嫁接育苗是把要栽培蔬菜的幼苗、苗穗（即去根的蔬菜苗）或从成株上切下来的带芽枝段，接到另一野生或栽培植物（砧木）的适当部位上，使其产生愈合组织，形成一株新苗。

蔬菜嫁接育苗，通过选用根系发达及抗病、抗寒、吸收力强的砧木，可有效地避免和减轻土传病害的发生和流行，并能提高蔬菜对肥水的利用率，增强蔬菜的耐寒、耐盐等方面的能力，从而达到增加产量、改善品质的目的。

（二）主要嫁接方法

蔬菜的嫁接方法比较多，常用的主要是靠接法、插接法和劈接法等几种。

靠接法主要采取离地嫁接法，操作方便，同时蔬菜和砧木均带自根，嫁接苗成活率也比较高。靠接法的主要缺点是嫁接部位偏低，防病效果较差，主要用于不以防病为主要目的的蔬菜嫁接，如黄瓜、丝瓜、西葫芦等。插接法的嫁接部位高，远离地面，防病效果好，但蔬菜采取断根嫁接，容易萎蔫，成活率不易保证，主要用于以防病为主要目的的蔬菜嫁接，如西瓜、甜瓜等。由于插接法插孔时，容易插破苗茎，因此苗茎细硬的蔬菜不适合采用插接法。劈接法的嫁接部位也比较高，防病效果好，但对蔬菜接穗的保护效果不及插接法的好，主要用于苗茎细硬的蔬菜防病嫁接，如茄果类蔬菜嫁接。

（三）嫁接砧木

对嫁接砧木的基本要求是：与蔬菜的嫁接亲和性强并且稳定，以保证嫁接后伤口及时愈合；对蔬菜的土传病害抗性强或免疫，能弥补栽培品种的性状缺陷；能明显提高蔬菜的生长势，增强抗逆性；对蔬菜的品质无不良影响或不良影响小。

目前蔬菜上应用的砧木主要是一些蔬菜野生种、半栽培种或杂交种。

主要蔬菜常用嫁接砧木与嫁接方法见表2-4。

表 2-4　主要蔬菜常用嫁接砧木与嫁接方法

蔬 菜 名 称	常 用 砧 木	常用嫁接方法	主要嫁接目的
黄瓜、丝瓜、西葫芦、苦瓜等	黑籽南瓜、杂交南瓜	靠接法、插接法	低温期增强耐寒能力
西瓜	瓠瓜、杂交南瓜	插接法、劈接法	防病
甜瓜	野生甜瓜、黑籽南瓜	插接法、劈接法	防病
番茄	野生番茄	劈接法、靠接法	防病
茄子	野生茄子	劈接法、靠接法	防病

注：摘自韩世栋. 蔬菜栽培. 北京：中国农业出版社，2001。

（四）嫁接前准备

蔬菜嫁接应在温室或塑料大棚内进行，场地内的适宜温度为 $25\sim30℃$、空气湿度 90％ 以上，并用草苫或遮阳网将地面遮成花荫。

嫁接用具和场所。嫁接用具主要有刀片、竹签、托盘、干净的毛巾、嫁接夹或塑料薄膜细条、手持小型喷雾器和酒精（或 1％高锰酸钾溶液）。

（五）嫁接技术

1.靠接法操作要点

靠接法应选苗茎粗细相近的砧木和蔬菜苗进行嫁接。如果两苗的茎粗相差太大，应错期播种，进行调节。靠接过程包括砧木苗去心和苗茎切削、蔬菜苗茎切削、切口接合及嫁接部位固定等几道工序，见图2-4。

2.插接法操作要点

普通插接法所用的砧木苗茎要较蔬菜苗茎粗 1.5 倍以上，主要是通过调节播种期使两苗茎粗达到要求。插接过程包括砧木

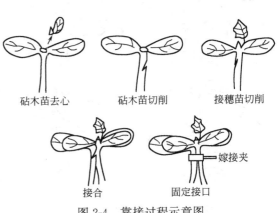

砧木苗去心　　砧木苗切削　　接穗苗切削

接合　　固定接口　　嫁接夹

图 2-4　靠接过程示意图

去心、插孔、蔬菜苗切削、插接等几道工序，见图 2-5。

3.劈接法操作要点

劈接法对蔬菜和砧木的苗茎粗细要求不甚严格，视两苗茎的粗细差异程度，一般又分为半劈接（砧木苗茎的切口宽度为苗茎粗度的 1/2 左右）和全劈接两种形式。砧木苗茎较粗、蔬菜苗茎较细时采用半劈接；砧木与接穗的苗茎粗度相当时用全劈接。劈接法的操作过程包括砧木苗茎去心、劈接口、插接、固定接口等几道工序，见图 2-6。

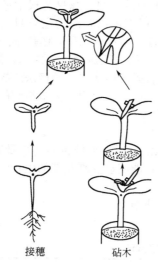

接穗　　　　　砧木

图 2-5　瓜类蔬菜幼苗插接法

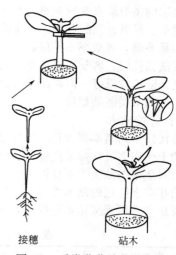

接穗　　　　　砧木

图 2-6　瓜类蔬菜幼苗劈接法

4.斜切接法操作要点

多用于茄果类嫁接，又叫贴接法。当砧木苗长到 5～6 片真叶时，保留基部 2 片真叶，从其上方的节间斜切，去掉顶端，形成 30°左右的斜面，斜面长 1.0～1.5cm。再拔出接穗苗，保留上部 2～3 片真叶和生长点，从第 2 片或第 3 片真叶下部斜切 1 刀，去掉下端，形成与砧木斜面大小相等的斜面。然后将砧木的斜面与接穗的斜面贴合在一起，用嫁接夹固定（图 2-7）。

（六）嫁接苗管理要点

嫁接后愈合期的管理直接影响嫁接苗成活率，应加强保温、保湿、遮光等管理。

1.温度管理

一般嫁接后的前 4～5d，苗床内应保持较高温度，瓜类蔬菜白天 25～30℃，夜间 18～22℃；茄果类白天 25～26℃，夜间 20～22℃。嫁接后 8～10d 为嫁接苗的成活期，对温度要求比较严格。此期的适宜温度是白天 25～30℃，夜间 20℃左右。嫁接苗成活后，对温度的要求不甚严格，按一般育苗法进行温度管理即可。

2.空气湿度管理

嫁接结束后，要随即把嫁接苗放入苗床内，并用小拱棚覆盖保湿，使苗床内的空气湿度保持在 90% 以上，不足时要向畦内地面洒水，但不要向苗上洒水或喷水，避免污水流入

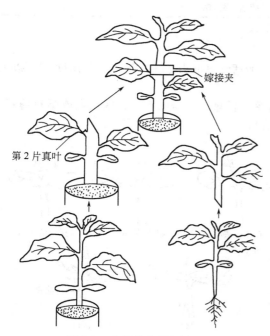

第 2 片真叶　　　　嫁接夹

图 2-7　茄子幼苗斜切接法

接口内，引起接口染病腐烂。3d 后适量放风，降低空气湿度，并逐渐延长苗床的通风时间，加大通风量。嫁接苗成活后，撤掉小拱棚。

3.光照管理

嫁接当天以及嫁接后头 3d 内，要用草苫或遮阳网把嫁接场所和苗床遮成花荫防晒。从第 4 天开始，要求于每天的早晚让苗床接受短时间的太阳直射光照，并随着嫁接苗的成活生长，逐天延长光照的时间。嫁接苗完全成活后，撤掉遮荫物，可开始通风、降温、降湿。

4.嫁接苗自身管理

（1）分床管理　一般嫁接后第 7～10d，把嫁接质量好、接穗苗恢复生长较快的苗集中到一起，在培育壮苗的条件下进行管理；把嫁接质量较差、接穗苗恢复生长也较差的苗集中到一起，继续在原来的条件下进行管理，促其生长，待生长转旺后再转入培育壮苗的条件下进行管理。对已发生枯萎或染病致死的苗要从苗床中剔除。

（2）断根　靠接法嫁接苗在嫁接后的第 9～10d，当嫁接苗完全恢复正常生长后，选阴天或晴天傍晚，用刀片或剪刀从嫁接部位下把接穗苗茎紧靠嫁接部位切断或剪断，使接穗苗与砧木苗相互依赖进行共生。嫁接苗断根后的 3～4d 内，接穗苗容易发生萎蔫，要进行遮荫，同时在断根的前 1 天或当天上午还要将苗钵浇一次透水。

（3）抹杈和抹根　砧木苗在去掉心叶后，其苗茎的腋芽能够萌发长出侧枝，要随长出随抹掉。另外，接穗苗茎上也容易产生不定根，不定根也要随发生随抹掉。

五、容器育苗技术要点

容器育苗可就地取材制成各种育苗容器。目前生产上广泛应用的有：营养土块、纸钵、草钵、塑料钵、薄膜筒等，不仅可以有效地保护根系不受损伤，改善苗期营养状况，而且秧苗也便于管理和运输，实现蔬菜秧苗的批量化、商品化生产。可根据不同的蔬菜种类、预期苗龄选择来选择相应规格（直径和高度）的育苗容器。

容器育苗使培养土与地面隔开，秧苗根系局限在容器内，不能吸收利用土壤中的水分，要增加灌水次数，防止秧苗干旱。使用纸钵育苗时，钵体周围均能散失水分，易造成苗土缺水，应用土将钵体间的缝隙弥严。容器育苗的苗龄掌握要与钵体大小相适应，避免因苗体过大营养不足而影响秧苗的正常生长发育。为保持苗床内秧苗发展均衡一致，育苗过程中要注意倒苗。倒苗的次数依苗龄和生长差异程度而定，一般为 1～2 次。

六、无土育苗技术

1.无土育苗的概念及特点

无土育苗又叫工厂化育苗，是运用智能化、工程化、机械化的蔬菜工厂育苗技术，摆脱了自然条件的束缚和地域性的限制，实现种苗的工厂化生产、商品化供应，是传统农业走向现代农业的一个重要标志。

工厂化育苗是以不同规格的专用穴盘作容器，以草炭、蛭石等轻质无土材料作基质，通过精量播种（一穴一粒）、覆土、浇水，一次成苗的现代化育苗技术。它具有节约种子，生产成本低，机械化程度高，工作效率高，出苗整齐，病虫害少，穴盘苗移植过程不伤根系，定植后成活率高，不缓苗，种苗适于长途运输，便于商品化供应等优点。

2.基本设施

（1）育苗盘　工厂化育苗使用的穴盘有多种规格。穴格有不同形状，穴格数目有 18～800 个，穴格容积有 7～70ml 不等，共 50 多种不同规格的穴盘。

不同规格的穴盘对种苗生长影响差异很大。实验证明种苗的生长主要受穴格容积的影响，而与穴格形状的关系不密切。穴格大，有利种苗生长，而生产成本高；穴格小，则不利种苗生长，但生产成本低。因此，在生产中应根据所需种苗的大小、生长速率等因素来选择适当的穴盘，以兼顾生产效能与种苗质量。

蔬菜育苗常用的有72孔、128孔、288孔三种。育苗中心常根据不同季节，育不同蔬菜幼苗的要求，选用不同规格穴盘。

(2) 育苗基质 因为穴盘的穴格小，所以穴盘苗对栽培基质的理化性质要求很高，要求基质有保肥、保水力强，透气性好，不易分解，能支撑种苗等特点。因此，基质多采用泥炭、珍珠岩、蛭石、海砂及少许有机质、复合肥料配比而成。配好的栽培基质pH值要求为5.4～6.0。

生产中常用的基质配方有泥炭∶蛭石为2∶1（或3∶1），泥炭∶珍珠岩∶砂为2∶1∶1，泥炭∶蛭石∶菇渣为1∶1∶1，碳化谷壳∶砂为1∶1四种。

(3) 催芽室 催芽室可采用密闭、保湿性能好、靠近绿化室、操作方便的工作间，室内安装控温仪，根据不同蔬菜催芽温度要求，调节适宜室温。室内设置多层育苗盘架，适用于育苗量大的育苗中心。

(4) 绿化室 绿化室可采用日光温室，春季可采用塑料棚。绿化室内应设置排放盘架或绿化台供苗盘摆放。

3.无土育苗的技术要点

(1) 育苗 育苗前要先对育苗场地、主要用具进行消毒。温室、大棚可用硫黄熏蒸，育苗盘等用具可用50～100倍的福尔马林液消毒，然后用清水多洗几遍晾干。基质一般不必消毒，但对已污染的基质则可用0.1%～0.5%的高锰酸钾或100倍福尔马林溶液消毒。消毒后均应充分洗净，以免对幼苗造成危害。

将育苗盘放入2～3cm厚的基质，整平。用清水浇透基质后，均匀撒播已催芽或浸种的种子，覆盖基质0.5～1cm。播后置于电热催芽室，温度控制在种子萌发出土的适宜范围内。幼苗出土后，立即把育苗盘移入绿化温室，适当降温。

子叶展平后，及时浇灌营养液。为防伤苗，应在浇营养液后喷洒少量清水。营养液浇灌量以基质全部湿润，底部有1～2cm的营养液层即可。3～4d浇1次营养液，中间基质过干可补浇清水。定植前一周减少供液量，并进行秧苗锻炼。

(2) 营养液的配方 有简单配方和精细配方两种。

① 简单配方。简单配方主要是为菜苗提供必需的大量元素和铁，微量元素则依靠浇水和育苗基质来提供，营养液的参考配方见表2-5。

表2-5 无土育苗营养液简单配方

营养元素	用量/(mg/L)	营养元素	用量/(mg/L)
四水硝酸钙	472.5	磷酸二铵	76.5
硝酸钾	404.5	螯合铁	10
七水硫酸镁	241.5		

② 精细配方。精细配方是在简单配方的基础上，加进适量的微量元素。主要微量元素的用量如下：硼酸，1.43mg/L；四水硫酸锰，1.07mg/L；七水硫酸锌，0.11mg/L；五水硫酸铜，0.04mg/L；四水钼酸铵，0.01mg/L。

除上述的两种配方外，目前生产上还有一种更为简单的营养液配方，该配方是用氮磷钾三元复合肥（N∶P∶K含量为15∶15∶15）为原料，子叶期用0.1%浓度的溶液浇灌，真叶期用0.2%～0.3%的浓度浇灌。该配方主要用于营养含量较高的草炭、蛭石混合基质育苗。

(3) 灌溉 无土育苗的灌溉方法是与施肥相结合的，机械化育苗可采用双臂行走式喷水车，每个喷水管道臂长5m，安排在育苗温室中间，用轨道移动喷灌车，可自动来回喷水和喷营养液。若在基质中掺入适量复合肥作为底肥，喷灌清水来育苗，相对省工省力，并有利于出苗及壮苗。

4.简易无土育苗

在我国蔬菜生产尚没有实行规模化的广大地区，农民也可以自己进行无土育苗，以满足自己生产的需要。下面简要介绍两种简易无土育苗方法。

(1) 营养钵育苗 即利用塑料育苗钵或其他容器（如草钵、纸钵）进行育苗。其操作如下：

将草炭和蛭石按一定比例混配作为育苗基质，装入塑料育苗钵中，然后浇透水，再将经浸种、催芽的种子播入营养钵内，放在适当的条件下育苗。不同种类的蔬菜可选用大小不同的塑料钵来育苗，一般茄果类可选择大一些的塑料钵，而叶菜类选用小号的即可。

（2）穴盘育苗法　虽然育苗穴盘本身是机械化育苗的配套设施，但利用穴盘来进行人工无土育苗，它同样具有省工、省力、便于运输等特点。

育苗基质同样可以采用草炭和蛭石按一定的比例混配。把经浸种催芽的种子播种在穴盘内，按常规方法进行育苗管理即可。

当然，不同种类蔬菜在不同季节进行穴盘无土育苗应当选择合适型号的穴盘。一般来说，我国蔬菜种植者喜欢栽大苗，所以，春季番茄、茄子苗多选用72孔苗盘（营养面积4.5cm²/株），6～7片叶时出盘；青椒苗选用128孔苗盘（营养面积3.4cm²/株），8片叶左右出盘；夏秋季播种的茄子、番茄、菜花、大白菜等可一律选用128孔苗盘，4～5片叶时出盘。

上述两种无土育苗方式苗期的养分，一是可以通过定期浇灌营养液方式解决，二是可以先将肥料直接配入基质中，以后只需浇灌清水就可以了。

鉴于基质中，特别是草炭中，除含有一定量的速效氮磷钾养分外，还含有一定量的微量元素，故在无土育苗施肥上，主要考虑大量元素的补给。

今后，随着工业和科学技术的发展，蔬菜育苗的工厂化也将随之逐步发展起来，从而探索出一套适合我国国情的、切实可行的工厂化育苗新技术。

七、育苗中常见问题原因分析与预防措施

1.出苗障碍

常见的有不出苗、出苗不整齐和出苗后"戴帽"（顶壳）。

（1）不出苗　到规定时间，种子仍不顶土出苗的现象。产生原因与种子质量、种子处理、育苗环境等有关。种子已经腐烂、焦芽的，应重新播种；基质过干时，应补浇温水；基质过湿时，应将育苗盘搬出催芽室，或将苗床（播种床）盖膜揭开，在阳光下晾晒，待湿度降低后再继续催芽出苗；控温仪失灵的，要及时修理或调换。

（2）出苗不整齐　播种后出苗的时间和密度不一致的现象。因此出苗不整齐有两种情况：一是出苗时间不一致；二是苗床内幼苗分布不均匀。前者产生的主要原因：一是种子质量差，成熟不一致或新籽陈籽混杂等；二是苗床环境不均匀，局部间差异过大；三是播种深浅不一致。后者产生的主要原因是由于播种技术和苗床管理不好而造成的，如播种不均匀、局部发生了烂种或伤种芽等。

预防措施：播种质量高的种子；精细整地，均匀播种，提高播种质量；保持苗床环境均匀一致；加强苗期病虫害防治等。

（3）子叶"戴帽"出土　幼苗出土后，种皮不脱落而夹住子叶，俗称"戴帽"或"顶壳"。产生的主要原因有覆土过薄、盖土变干、播种方法不当、种子生活力弱等。

预防措施：一是要足墒播种；二是应当选用成熟度高的新种子，妥善保管，避免受潮；三是播种后均匀盖土，瓜菜播种时，种子要平放在基质上；茄果类蔬菜盖土厚度为0.5cm，瓜类蔬菜为1cm；盖土后用喷壶喷水湿润表土，防止子叶戴帽出苗。如果仍有子叶戴帽出苗，要及时撒盖湿润细土，帮助子叶脱壳。对于少量子叶戴帽苗，可以人工挑去种壳。播种深度要适宜、高温期播后覆盖薄膜或草苫保湿。

2.幼苗沤根和烧根

（1）沤根　沤根时根部发锈，严重时表皮腐烂，不长新根，幼苗变黄萎蔫。主要原因是苗床长时间湿度过大，土壤透气不良。预防措施：改善育苗条件，避免土壤长时间湿度过高。

（2）烧根　烧根时根尖发黄，不发新根，但根不烂，地上部生长缓慢，矮小发硬，不发棵，形成小老苗。烧根的主要原因是施肥过多或使用了未腐熟的有机肥。预防措施：配制育苗土时不使用未腐熟的有机肥，化肥不过量使用并与床土搅拌均匀。

3.徒长苗（高脚苗）、老化苗和倒苗

（1）徒长苗（高脚苗） 徒长又叫疯长，是指秧苗茎叶生长过于旺盛的现象。产生的主要原因是光照不足、夜间温度过高、氮肥和水分过多等。预防措施：增加光照；适当加强通风，保持适当的昼夜温差；控制浇水，晴天多浇，一次浇透，阴雨天不浇或少浇；播种量不过大，并及时间苗、分苗，避免幼苗拥挤；合理施肥，多施有机肥，不偏施氮肥，氮、磷、钾肥配合施用。

（2）老化苗 也称之为僵苗、小老苗。老化苗定植后发棵慢，易早衰，产量低。产生秧苗老化的主要原因是苗床水分长时间不足和温度长时间过低。预防措施：一是合理控制育苗环境，在温度与水分管理上以温度为支点，控温不控水；二是在秧苗锻炼时，不宜过分缺水，防止秧苗老化。

（3）倒苗 指秧苗在育苗期间折倒而造成死苗的现象。多发生在子叶期和成苗期，以茄子、瓜类蔬菜较为严重。产生原因与播种密度、管理、病害等有关。

育苗时，应当适量播种；50%～60%的幼苗出土后，及时见光绿化；适当通风，控制适宜的温湿度；对秧苗防冻保温；防治病害。总之，应为秧苗提供适宜的生长环境。

第五节　蔬菜田间管理技术

一、施肥技术

施肥的种类按施肥时期分为基肥和追肥；按成分分为有机肥和无机肥；按施肥的方法有普施、条施、穴施、沟施、环施、顺水冲施等。

1.施肥的种类

（1）基肥 指在蔬菜播种或定植前施入田间的肥料。主要成分是有机肥、迟效态的化学肥料和部分速效态的化肥。基肥一般供给一茬或多茬蔬菜生长所需养分，有普遍施、集中施和分层施肥三种施肥法。普遍施肥是结合深耕将肥料一次施入。肥料不足时，应集中施肥，将肥料集中施在播种行一侧，在播种或定植前将肥料施在种植穴内。分层施肥是结合深耕深翻，把大量的迟效性肥料施在土壤底层和中层，播种前或播种时把少量的速效性肥料施在土壤表层，做到各层土壤中的养分均匀分布。

（2）追肥 作为基肥的补充，是结合蔬菜不同生育时期的需肥特点，适时适量分期施入的肥料。追肥既满足蔬菜各生育时期的需要，也避免肥料过分集中而产生的不良效果。追肥多为速效性的化肥和腐熟良好的有机肥（如饼肥、人粪尿等）。追肥量可根据基肥的多少、作物营养特性及土壤肥力的高低等确定。追肥方法主要有地下施肥（在蔬菜周围开沟或开穴，将肥料施入后覆土）、地面撒施（撒施于蔬菜行间并进行灌水）和随水冲施（将肥料先溶解于水，随灌溉施入根区）三种。

（3）叶面施肥 又称根外追肥，是将化学肥料配成一定浓度的溶液，喷施于叶片上。具有操作简便、用肥经济、作物吸收快等特点。常用尿素、磷酸二氢钾、复合肥以及所有可溶性微肥。注意施肥的浓度适中，过高烧伤叶片，过低肥效不明显。喷肥最好在无风的晴天，傍晚或早晨露水刚干时。

2.有机肥与无机肥

一般有机肥的肥效较迟、较长，而无机肥的肥效较快、较短，在蔬菜施肥过程中必须合理施用，发挥各自的作用，以达到互补的效果。有机肥应充分发酵、腐熟后才能施用，以减少病虫草害传播和对蔬菜根系造成的伤害。蔬菜要求较高的土壤有机质，当菜田土壤有机质含量低于15%时，蔬菜产量随土壤有机质含量的增加而增加。增施有机肥可以改良土壤物理性状，提高地力，使土地资源能够真正实现可持续利用，同时也是提高蔬菜产品品质、减少化学产品污染的有效途径。

3.配方施肥

配方施肥是根据蔬菜的需肥规律、土壤供肥性能与肥料效应，在有机肥为基础的条件下，在作物播种前提出氮、磷、钾和微肥的适宜用量和比例，以及相应施肥技术的一项综合性科学施肥技术，具有增加产量、培肥地力、增进品质、合理分配有限肥源等优点。

确定施肥配方的方法很多，目前常用的有测土施肥法、养分平衡法、植物组织分析法、肥料效应函数法等。

二、定植技术

将蔬菜幼苗从苗床中移植到菜田的作业称为定植。

1.定植时期

温度是影响定植时期的关键因素。不同地区的气候条件各不相同，因此定植时期各不相同。在北方地区，耐寒或半耐寒蔬菜大多难以冬季露地生产，春早熟栽培就显得更为重要，喜温性蔬菜如番茄、黄瓜、菜豆等春季应在晚霜过后，10cm地温稳定在10～15℃时定植；耐寒或半耐寒的蔬菜如甘蓝、白菜、芥菜、洋葱等，在10cm地温达到6～8℃时即可定植。秋季则以初霜期为界，根据蔬菜栽培期长短确定定植期，如番茄、菜豆和黄瓜应从初霜期前推3个月左右定植。耐寒性蔬菜春季当土壤解冻、地温达5～10℃时即可定植。设施栽培时，可比露地提早定植，但也应满足生育期间对环境的最低要求。

2.定植方法

（1）明水定植法　整地作畦后，先按行、株距开穴（开沟）栽苗，栽完苗后按畦或地块统一浇定植水的方法，称为明水定植法。该法浇水量大，地温降低明显，适用于高温季节。

（2）暗水定植法　分为水稳苗法和座水法两种。

① 水稳苗法　栽苗后先少量覆土并适当压紧、浇水，待水全部渗下后，再覆土到要求厚度。该定植法既能保证土壤湿度要求，又能保持较高地温，有利于根系生长，适合于冬春季定植，尤其适宜于各种容器苗定植。

② 座水法　开穴或开沟后先引水灌溉，并按预定的距离将幼苗土坨或根部置于泥水中，水渗透后覆土。该栽培法有防止土壤板结、保持土壤良好的透气性、保墒、促进幼苗发根和缓苗等作用。

3.定植密度

定植密度因蔬菜的株型、开展度以及栽培管理水平和气候条件等不同而异。关键是做到合理密植，既能充分利用光、温、土、水、气、肥等环境条件，又能提高产量，改进品质。一般，爬地生长的蔓生蔬菜定植密度应小，直立生长或支架栽培蔬菜的密度应大；丛生的叶菜类和根菜类密度宜小；早熟品种或栽培条件不良时，密度宜大，而晚熟品种或适宜条件下栽培的蔬菜密度应小。

三、灌溉技术

1.影响灌溉的主要因素

（1）天气　低温期浇水要少，并且应于晴暖的中午前后浇水。高温期浇水要勤，并要于早晨或傍晚浇水。越冬蔬菜入冬前要浇封冻水，可防低温和春旱。雨季和旱季非常分明，在雨季以排为主，旱季则以灌为主。

（2）土壤　沙性土的保水性差，要增加浇水次数，并注意浇水后中耕，切断耕层与地下部的水分交换；黏性土的保水力强，灌溉量及灌溉次数要少，采用排水深耕方法；盐碱地应勤浇水、浇大水，防止盐碱上移；低洼地要小水勤浇，防止积水。

（3）蔬菜秧苗　根据蔬菜的种类进行浇水，需水量大的蔬菜应多浇水，耐旱性蔬菜浇水要少。根据生育期阶段浇水，出苗前不浇水，出土后小水勤浇，经常保持地面半干半湿。产品器官形成前一段时间，应控水蹲苗，防止旺长；产品器官盛长期，应勤浇水，保持地面湿润。产品收获期，要少浇水或不浇水，提高产品的耐贮运性。

根据植株体内水分状况、不同生育时期的需水特性，以长势、外观特性作为灌溉判断标准的方法。如温室韭菜，早晨看叶尖有无溢液；黄瓜则看植株顶端的姿态与颜色。在露地，早晨看叶的上翘与下垂；中午则看叶是否萎蔫及叶的轻重；傍晚看萎蔫恢复的快慢。如番茄、黄瓜、胡萝卜等出现叶色变暗，中午稍有萎蔫；甘蓝、洋葱叶片蜡粉较多且变硬、变脆时，即可判定植株缺水，需要立即灌溉。如出现叶色变淡，中午毫不萎蔫，节间伸长，则水分过多，需要排水除湿。须指出的是，水分丰缺表现在形态上时，说明植株已中度水分胁迫。

2.灌溉方法

（1）传统灌溉方式　包括畦灌、沟灌、淹灌等几种形式，适用于水源充足、土地平整、土层较厚的土壤和地段。其投资小、易实施，适用于大面积蔬菜生产，但较费工费水，土地利用率低，水分消耗量大，劳动强度大，功效低，易使土表板结。例如我国以地面渠道为主的大部分沟灌系统，就是这种方式。

（2）节水灌溉方式　微灌在设施栽培中使用日益普遍。包括渗灌、滴灌、微喷灌和小管出流灌溉等，是以低压的小水流向作物根部送水而浸润土壤的灌溉方式。微灌能连续或间歇地为植株提供水分，节水量大，对整地质量要求不严，作业时间可结合追肥使用，装置的拆卸与安装方便，但其投资较高。如采用膜下灌溉方式，可使菜田空气湿度降低，有利于蔬菜植物的生长，减轻病虫害的发生。

① 渗灌：利用地下渗水管道系统，将水引入田间，借土壤毛细管作用自下而上湿润土壤。传统渗灌管采用多孔塑料管、金属管或无沙混凝土管，现代渗灌使用新型微孔渗水管，管表面布满了肉眼看不见的无数细孔。渗灌管埋于耕层下。管道的间距：有压管道在黏土中为 1.5～2.0m，壤土中为 1.2～1.5m，沙土中为 0.8～1.0m；无压管道在黏土中为 0.8～1.2m，壤土中为 0.6～0.8m，沙土中为 0.5m 左右。管道长度：有压管道 200m 以内，无压管道 50～100m，管道铺设坡度为 0.001。

② 滴灌：滴灌是通过管道输水系统，由滴头将水定时、定量，均匀而缓慢地滴到蔬菜根际的灌溉方式。滴灌不破坏土壤结构，土壤内部水、肥、气、热能经常性地保持良好的状态。

③ 微喷灌：又叫雾灌，采用低压管道将水流通过雾化，呈雾状喷洒到土壤表面进行局部灌溉。雾灌具有节水、节能、对作物无损伤、土壤不板结等优点，增产效果显著，在高温干旱季节进行雾灌的降温、增湿作用尤为突出，可增加湿度 30%，午间高温时可降温 3～5℃。

3.灌溉量

蔬菜整个栽培期内的灌水总量称为灌溉量。其单位可用毫米（mm）或吨每公顷（t/hm²）表示。灌溉量与蔬菜种类、降水量、栽培季节及灌水次数等因素有关。

蔬菜的一次灌溉量是指在一定土层内土壤水分由田间容水量降至生育受阻水分临界点时所消耗水分的总量。一次灌溉量的大小，随蔬菜种类、根系分布的深度、生育阶段、土壤质地及含水量等因素的变化而不同。

四、植株调整技术

1.整枝

对分枝性强、放任生长易于枝蔓繁生的蔬菜，为控制其生长，促进果实发育，人为地使每一植株形成最适的果枝数目称为整枝。在整枝中，除去多余的侧枝或腋芽称为"打杈"（或抹芽）；除去顶芽，控制茎蔓生长称"摘心"（或阄尖、打顶）。

整枝的方式和方法应以蔬菜的生长和结果习性为依据。一般以主蔓结果为主的蔬菜（如早熟黄瓜、西葫芦等），应保护主蔓，去除侧蔓；以侧蔓结果为主的蔬菜（如甜瓜、瓠瓜等），则应及早摘心，促发侧蔓，提早结果；主侧蔓均能正常结果的蔬菜（如冬瓜、西瓜、丝瓜、南瓜等），大果型品种应留主蔓去侧蔓，小果型品种则留主蔓并适当选留强壮侧蔓结果。

整枝方式还与栽培目的有关。如西瓜早熟栽培应进行单蔓或双蔓整枝，增加种植密度，而高产栽培则应进行三蔓或四蔓整枝，增加单株的叶面积。

整枝最好在晴天上午露水干后进行，以利整枝后伤口愈合，防止感染病害。整枝时要避免植株过多受伤，遇病株可暂时不整，防止病害传播。

2.摘叶与束叶

（1）摘叶 摘叶的适宜时期是在生长的中、后期，摘除基部色泽暗绿、继而黄化的叶片及严重患病、失去同化功能的叶片。摘叶宜选择晴天上午进行，用剪子留下一小段叶柄剪除。操作中也应考虑到病菌传染问题，剪除病叶后应对剪刀做消毒处理。摘叶不可过重，即便是病叶，只要其同化功能还较为旺盛，就不宜摘除。

（2）束叶 束叶是指将靠近产品器官周围的叶片尖端聚结在一起。常用于花球类和叶球类蔬菜。花椰菜束叶可防止阳光对花球表面的曝晒，保持花球表面色泽和质地；大白菜束叶可使叶球软化，同时也可以防寒。束叶应在生长后期，结球白菜已充分灌心，花椰菜花球充分膨大后，或温度降低、光合同化功能已很微弱时进行。过早束叶不仅对包心和花球形成不利，反而会因影响叶片的同化功能而降低产量，严重时还会造成叶球、花球腐烂。

3.花果管理

（1）疏花疏果 以果实为产品器官的蔬菜，疏花疏果可以提高单果重和商品质量。以营养器官为产品的蔬菜，疏花疏果可减少生殖器官对同化物质的消耗，利于产品器官的形成和肥大。如摘除大蒜、马铃薯、莲藕、百合、豆薯等蔬菜的花蕾均有利于产品器官膨大。同时也应及早摘除一些畸形、有病或机械损伤的果实。

（2）保花保果 当植株营养来源不足或遭遇不良环境条件时，一些花和果实即会自行脱落，应采取保花保果措施。生产上可通过改善肥水供应和植株自身营养状况，创造适宜的环境条件，控制营养生长过旺等管理技术保花保果，也可使用生长调节剂保花保果。

4.蔓生蔬菜的管理

（1）搭架技术 蔓生蔬菜栽培中常常需要支架。搭架的主要作用是使植株充分利用空间，改善田间的通风、透光条件。常以竹竿为材料。架型与适用蔬菜如表2-6所列。

表2-6 架型与适用蔬菜

架 型	适 用 蔬 菜
单柱架	分枝性弱、植株较小的豆类
人字架	菜豆、豇豆、黄瓜、番茄等较大蔬菜
圆锥架	单干整枝的早熟番茄以及菜豆、豇豆、黄瓜等
篱笆架	分枝性强的豇豆、黄瓜等
横篱架	多用于单干整枝的瓜类蔬菜
棚架	生长期长、枝叶繁茂、瓜体较长的冬瓜、长丝瓜、长苦瓜、晚黄瓜等

（2）绑蔓 对于支架栽培的蔓生蔬菜植物，植株在向上生长过程中依附架条的能力并不是很强，需要人为地将主茎捆绑在架杆上，以使植株能够直立地向上生长。对攀缘性和缠绕性强的豆类蔬菜，通过一次绑蔓或引蔓上架即可；对攀缘性和缠绕性弱的番茄，则需多次绑蔓。瓜类蔬菜长有卷须可攀缘生长，但由于卷须生长消耗养分多，攀缘生长不整齐，所以一般不予应用，仍以多次绑蔓为好。绑蔓用麻绳、稻草、塑料绳等，松紧要适度，不使茎蔓受伤或出现缢痕，也不要使它随风摇摆。采用"8"字扣较好。

（3）落蔓 保护设施栽培的黄瓜、番茄等蔬菜，生育期可长达八九个月，甚至更长，茎蔓长度可达6～7m，甚至10m以上。为保证茎蔓有充分的生长空间，需于生长期内进行多次落蔓。当茎蔓生长到架顶时开始落蔓。落蔓前先摘除下部老叶、黄叶、病叶，将茎蔓从架上取下，使基部茎蔓在地上盘绕，或按同一方向折叠，使生长点置于架上适当高度后，重新绑蔓固定。这种作业可以较好地调节植株群体内的通风透光。

五、化学调控技术

蔬菜化学调控技术就是在蔬菜生产中使用植物生长调节剂，克服生产中的不利因素，从而提高生产效率，达到在生产中高产、稳产、优质高效的目的。

1. 使用生产调节剂达到的效果

（1）防止徒长，培育壮苗　高温期育苗以及结果前期，当仅靠常规的栽培管理措施难以控制徒长时，用植物生长抑制剂喷洒或浇入地里，能够获得比较好的控制徒长效果。常用的有矮壮素（CCC）、比久（B9）、多效唑（PP333）、整形素、乙烯利等。

（2）促进营养生长，增加产量　赤霉素可明显促进茎的伸长，增加植株高度。芹菜、菠菜、茼蒿、苋菜等绿叶菜应用赤霉素处理，均可加速生长，增加产量。

（3）促进果实发育和成熟　低温期栽培果菜，果实的生长速度较慢，体积小，形状也不良，需要用果实生长促进剂处理，来加快果实的膨大速度，提早成熟。番茄进入转色期时，用乙烯利浸果，可使果实变为红色。用植物生长调节剂可促使瓜类蔬菜形成无籽果实，如用1％的NAA加1％的IAA羊毛脂涂抹西瓜雌花，可获得无籽西瓜，并促进果实的膨大生长。

（4）防止器官脱落　蔬菜植株的许多器官，如花、果实、叶、种子等在生长过程中，尤其是在遇到逆境如干旱、过湿、温度过高或过低、营养不足、机械损伤、病虫危害以及有害气体存在的条件下，往往出现脱落现象，这是植株对环境条件的适应现象。植株发生器官脱落以减少其蒸腾，使植株的营养物质对剩余的器官有一个较为充足的供应。应用防落素（PCPA）、萘乙酸、赤霉素及2,4-二氯苯氧乙酸（2,4-D）等防止茄果类、瓜类及豆类的落花落果，效果显著，同时对防止落叶也有效。

（5）控制瓜类的性别分化　瓜类蔬菜是雌雄同株异花植物，植物生长调节剂可以控制其性型分化，如乙烯利可以促进黄瓜、西葫芦、南瓜的雌花分化；赤霉素可以促进瓜类的雄花分化。

（6）促进生根　主要用于枝条扦插繁殖，提高成活率。

（7）提高植株的抗逆性　利用一些生长抑制剂如CCC、B9、PP333、ABA（脱落酸）等可控制生长，增强植株体内营养物质的积累，从而增强蔬菜植物的抗逆性。但使用不当常常会有副作用。

（8）蔬菜保鲜　保鲜剂主要是通过防止产品叶绿素分解、抑制呼吸作用、减少核酸和蛋白质降解，从而达到防止蔬菜组织的衰老变色和腐烂变质，延长蔬菜保鲜期。如甘蓝收获后，立即用30mg/L的6-苄氨基嘌呤（6-BA）喷洒或浸蘸叶球，可有效地延长其贮藏期；用10～100mg/L的B9或CCC在莴笋采收当天喷洒处理，可在8～22℃条件下延长其贮藏期。

2. 常用的植物生长调节剂

常用的植物生长调节剂见表2-7。

表2-7　常用的植物生长调节剂

种　类	作　用	浓度/(mg/L)	注意事项
2,4-D和防落素	防止脱落	常为10～30；大白菜25～50，结球甘蓝、花椰菜50～100	点抹花朵或花梗，严禁喷花 采收前或采后喷洒叶梢或根部
助壮素（缩节胺）和矮壮素（CCC）	抑制茎叶生长；促进根系生长	助壮素5～200；矮壮素200～300	茄果类定植前和初花期喷洒心叶，瓜类花期喷洒心叶，豆类花夹期喷洒心叶；矮壮素用灌根法
赤霉素	促进果实生长，提早成熟，茎节伸长，叶片扩大；打破种子休眠；提高发芽率	生长20～50；发芽5～20；马铃薯催芽2～5	马铃薯催芽，浸种1h
乙烯利	番茄、西瓜果实催熟；促瓜类雌花分化	果实催熟2000；雌花分化100～200	易溶于水及酒精、丙酮等有机溶剂中
吲哚乙酸、吲哚丁酸和萘乙酸	促进扦插的枝条、叶芽生根	100吲哚乙酸或50萘乙酸或二者混合液浸10min；或直接浸在吲哚乙酸0.1～0.2溶液中	保持白天22～28℃、夜间10～18℃，7d左右即可发根成苗

3.植物生长调节剂使用中的注意事项

（1）注意应用范围　防落素可安全有效应用于茄科蔬菜的蘸花，但如果喷施在黄瓜、青椒、菜豆上就会使幼嫩组织和叶片产生严重药害。因此在使用植物生长调节剂时，要注意使用范围，不能随意扩大。

（2）注意应用浓度　乙烯利应用在黄瓜上，应在花芽分化期，黄瓜 2.5~4 片真叶期喷施，使用浓度为 3000 倍液以上。如果黄瓜苗龄大，应用浓度过高，就容易产生药害。茄子、番茄用防落素正常浓度蘸花时，如果应用时不做标记，反复多次重复蘸，相当于应用浓度过大，同样也会产生药害。

（3）注意使用方法　用调节剂蘸花，并不是把整个花朵浸在调节剂药液中，而是用调节剂药液涂抹花柄，如果不注意使用方法，把花朵浸在药液中，就会产生药害，并造成灰霉病病菌的传播。

（4）注意环境温度　施用植物生长调节剂应在一定温度范围内进行，应用浓度还要随着温度的变化做相应的调整。高温时应用低剂量，低温时应用高剂量。否则，高温时用高剂量，易出现药害；而低温时用低剂量，又达不到增产效果。防落素在番茄上应用，即使在正常用量下，气温低于 15℃ 或高于 30℃ 都易产生药害。低温时易使番茄脐部形成乳突状药害，高温时则形成脐部放射状开裂药害。一般蘸花保果类调节剂里含有 2,4-D 等一些易飘移的化学成分，高温时施用易因飘移而造成植株叶片或相邻敏感作物药害。

（5）注意应用时间　花蕾保可安全有效地应用在黄瓜上，使用时间应在黄瓜生长中期，如果在黄瓜定植缓苗期，喷施花蕾保，就会造成黄瓜药害。

（6）注意正确诊断　错误诊断，会造成盲目使用植物生长调节剂。早春时因地温低，蹲苗时间长，植株根系活动弱，黄瓜、番茄易产生严重的花打顶和沤根现象。此时如果盲目大量喷施保花保果植物生长调节剂，用以刺激植物生长，就会加重花打顶、沤根生理障碍。

六、中耕、除草与培土

1.中耕

中耕是雨后或灌溉后在株、行间进行的土壤耕作。常结合除草同时进行。中耕在冬春季可提高土温促根系发育。中耕原理是通过破碎其板结层，增加土壤透气性，促进根系的呼吸和土壤中养分的分解，切断毛细管作用，减少土壤水分蒸发，使根系所处的土壤环境更适宜于蔬菜植物生长的要求。中耕程度可根据蔬菜根系的再生能力和分布特点决定，如番茄等蔬菜，根系再生能力强，切断老根后容易发生新根，可增加根系的吸收面积，因此可深中耕；而对于葱蒜类蔬菜等根系再生能力弱的种类来说，只能进行浅中耕。由于行距的不同，中耕深度也有差异，株行距小的作物宜浅中耕；株行距大的宜深中耕。中耕的深度一般为 6~9cm，次数依具体情况而定，一般多在封垄前进行。

2.除草

田间杂草生命力极强，如不及时除掉，就会大量滋生，不但争夺蔬菜植物生长的水分、养分和阳光，而且又是病原微生物潜伏的场所和传播媒介。除草方式主要有人工除草、机械除草和化学除草。人工除草有时结合中耕进行，方法是用小锄头在松土的同时将杂草铲出，比较费工，效率低，但除草质量好，目前仍是菜田主要的除草方式；机械除草效率高，但易伤害植株，且除草不彻底，多要辅助人工除草；化学除草是用化学除草剂在出苗前和苗期杀死杂草幼苗或幼芽，同时不影响蔬菜植物的正常生育。化学除草具有除草及时、效果好、减轻劳动强度、工效高、成本低等优点。但有时易产生药害，并且对无公害蔬菜产品的质量有一定影响。化学除草剂种类很多，应根据蔬菜种类合理选用。目前菜田化学除草多用土壤处理法，包括喷雾、喷洒、泼浇、随水入、药土法等。为达到安全和有效的除草目的，除严格掌握施药时期和采用安全的施药方法外，还必须确定适宜的施药量。

3.培土

培土是在植株生长期间将行间土壤分次培于植株根部的耕作方法，一般结合中耕除草进行。

北方地区的趟地就是培土的方式之一。

培土的作用有以下几方面。①软化产品器官，增进产品品质。例如石刁柏、大葱、韭菜、芹菜等。②促进地下根菜类和茎菜类产品器官的形成与肥大。例如萝卜、马铃薯、生姜、芋等。③防止植株倒伏、防寒、防热。④减少病虫害的发生。⑤加深耕作层，增加空气流通。

第六节 蔬菜无土栽培的形式与特点

蔬菜无土栽培是近百年来发展起来的一种栽培技术。凡是不用天然土壤，而用基质进行栽培（或仅育苗时用基质，定植以后不用基质）进行栽培蔬菜的方法，统称为无土栽培。

一、无土栽培的形式

无土栽培的类型和方法很多，目前还没有一个统一的分类方法。按照是否使用基质，可分为基质栽培和无基质栽培；按其消耗能源多少和对环境生态条件的影响，可分为有机生态型和无机耗能型无土栽培。现简要介绍如下。

（一）无基质栽培和基质栽培

1.无基质栽培

这种栽培法，一般是除了育苗时采用基质外，定植后不用基质，它又可分为水培和喷雾栽培两大类。

（1）水培 定植后营养液直接和根系接触，它的种类很多，我国常用的有营养液膜法、深液流法和浮板毛管水培法等。

① 营养液膜法（NFT）：栽培床内的营养液很浅，深度只有 0.5～1.0cm，植株根系处于薄层营养液中，较好地解决了根系氧气不足的矛盾，但根部温度受外界影响大，对水、电要求高。栽培系统主要包括栽培槽、供液系统、贮液槽、泵及控制系统。

② 浮板毛管水培法（FCH） 由浙江农业科学院和南京农业大学开发研制。它是在深液流法的基础上，增加一块厚2cm、宽12cm的泡沫塑料板，根系可以在泡沫塑料浮板上下生长，便于吸收水中的养分和空气中的氧气。

（2）喷雾栽培 简称雾培或气培，它是将营养液用喷雾的方法直接喷到植株根系上。植株根系是悬挂在容器中的内部空间，通常是用聚丙烯泡沫塑料板，在其上按一定的距离钻孔，将植株根插入孔内，根系下方安装自动定时喷雾装置，营养液循环利用，这种方法可同时解决根系吸氧和吸收营养元素的问题，但因设备投资大，生产上很少应用，多为展览厅展览用。

2.基质栽培

基质栽培是植物通过基质固定根系，并通过基质吸收营养液和氧气。它又可分为有机基质和无机基质两大类。

（1）有机基质 应用草炭、锯末、树皮、刨花、稻壳、菇渣、蔗渣和椰子壳纤维等，均可作为无土栽培基质。无土栽培基质应用最广泛的首推草炭，但由于草炭成本较高并且不能再生，目前各国都在寻找草炭的替代物以期降低生产成本和防止环境污染，如英国采用椰子壳纤维、加拿大用锯末、以色列用火山岩等均取得良好的结果。

（2）无机基质 无机基质的种类很多，应用最广泛的首推岩棉，在西欧北美基质栽培中占绝大多数。煤渣在我国北方无土栽培中的应用与日俱增，珍珠岩和蛭石在我国也是常用基质，陶粒则大多数在种花时使用，沙是应用最早的无土栽培基质之一，现在仍有不少地区还在应用。

基质可以单独使用，也可以混合使用。把有机、无机基质混合，可以增进使用效果。

（二）有机生态型和无机耗能型无土栽培

1.有机生态型无土栽培

由中国农业科学院蔬菜花卉研究所开发研制。它是采用槽培的方式，生产过程中主要使用有机肥，肥料均以固体形态施入，用固态肥代替营养液，灌溉时只灌清水，不使用传统无土栽培的营养液，耗能低，排出液对环境无污染，这种方法生产成本低，产品质量符合绿色食品要求，受到广大生产者的欢迎。

2.无机耗能型无土栽培

无机耗能型无土栽培是指全部用化肥配制营养液，营养液循环中耗能多，灌溉排出液污染环境和地下水。生产出的食品，硝酸盐含量超标，不符合绿色食品的生产要求。

毫无疑问，有机生态型无土栽培技术将会在我国无土栽培的发展中日益显示出它的作用和优越性。

二、无土栽培的特点

无土栽培的优点是能避免土壤传染的病虫害及连作障碍，这是目前温室生产中存在的主要问题之一；而且对于某些特殊的作物可以任意高度的多茬栽培，可以在一切不适于一般农业生产的地方进行蔬菜栽培，土地利用率高。与土壤栽培相比，在管理过程中，省去了中耕排、除草、土壤消毒等作业，减少了农药用量，节约了灌溉用水，因此可以省肥、省水、省工，减轻劳动强度。栽培环境干净，劳动条件舒适。提高了产品质量，而且产量高、无污染、无公害、洁净商品率高，易销售。

无土栽培的缺点是一次性设备投资大，营养液的配制、调整与管理、防止病害侵染，均需要有一定的技术和知识水平，需要通过培训才能掌握。蔬菜在营养液中生长缓冲力小，与土壤栽培相比，容易受温度、氧气多少等因素的影响，且能栽培的蔬菜种类受到一定的限制。

本 章 小 结

菜田选择应考虑经济地理区带和栽培环境。菜田规划要正确划分田区、田块；规划排灌和道路系统；设置田间保护系统等。土壤耕作主要有：耕翻、耙、松、镇压、混匀、整地、作畦、中耕、培土等；而菜畦常做成平畦、低畦、高畦、垄四种类型。蔬菜生产的季节性比较强，栽培季节因蔬菜种类、栽培方式、市场需求及生产条件而异；露地和设施蔬菜栽培季节应根据不同的生产目的而掌握不同的原则。蔬菜栽培制度主要包括轮作、间作、套作、混作、复种及排开播种等；轮作能合理利用土壤肥力，减轻病虫危害，科学运用轮作、间作、套作、混作和多次作，能最大限度地利用地力、光能、时间和空间，实现高产、优质和多种蔬菜的周年均衡生产。蔬菜的茬口分为季节茬口和土地茬口，应本着有利于蔬菜生产、有利于市场均衡供应、有利于提高土地利用率、有利于提高栽培效益和预防蔬菜病虫害的原则合理安排蔬菜茬口。栽培的蔬菜种子包括植物学上的种子、果实、营养器官及菌丝组织等。浸种和催芽是蔬菜种子最基本的处理。常用的播种方法是撒播、条播和点播。容器育苗、嫁接育苗以及无土育苗是现代育苗的主流，培育壮苗的主要措施有营养土育苗、变温管理、倒苗、分苗等。灌溉有传统和节水灌溉两种方式。施肥有基肥、追肥和叶面施肥，配方施肥是科学的施肥方法。植株调整的主要内容是搭架、绑蔓、落蔓、整枝、摘心、摘叶等。化学调控技术主要应用于防止脱落、促进果实成熟、培育壮苗、促雌花分化、防止徒长、促进生长、促进种子发芽等几个方面，应注意合理使用植物生长调节剂。蔬菜生长过程中应适时进行中耕、除草和培土。无土栽培的形式多样，并且具有鲜明的特点。

复习思考题

1.为什么要进行土壤耕作？土壤耕作的主要任务是什么？

2.菜畦有几种形式？各有何特点？如何应用？

3.什么是蔬菜栽培季节？怎样确定蔬菜栽培季节？

4.比较露地蔬菜和设施蔬菜在栽培季节确定原则上的异同点。

5.何谓连作和轮作？连作有何障碍？轮作有何原则？

6.何谓间作、套作和混作？举例说明。蔬菜间作、套作配置应注意什么？

7.露地蔬菜主要有哪些季节茬口？各茬口在生产安排和供应方面分别有哪些优点？

8.蔬菜生产上所称的种子含义是什么？

9.种子质量鉴定的主要内容有哪些？怎样操作？

10.蔬菜种子播种前主要有哪些处理？处理的目的是什么？

11.蔬菜育苗为什么要用培养土？如何配制？

12.蔬菜设施育苗的主要技术环节有哪些？

13.嫁接育苗有哪些优越性？如何选择嫁接方法？

14.容器育苗有什么好处？应注意哪些技术环节？

15.什么是无土育苗？基本设施有哪些？简易无土育苗有哪些？

16.蔬菜育苗中常出现哪些问题？如何预防和克服？

17.如何给蔬菜施肥？什么是配方施肥？

18.怎样根据生产季节和蔬菜种类选择定植方法？

19.影响蔬菜灌溉的因素有哪些？有哪些灌溉方法？

20.植株调整有什么作用？有哪些调整措施？

21.植物生长调节剂在蔬菜栽培上有哪些应用？使用的注意事项有哪些？

22.不同蔬菜如何进行中耕？除草方式有哪些？培土有什么作用？

23.蔬菜无基质栽培和基质栽培包括哪些类型？无土栽培有哪些特点？

实训一 主要蔬菜种子的识别

一、目的要求

学习从形态特征方面识别蔬菜种子的方法，掌握主要蔬菜种子的特征。

二、材料与用具

各种蔬菜种子（包括种、变种、品种），大白菜、甘蓝、大葱、洋葱和韭菜的新、陈种子样本；镊子、放大镜等。

三、方法与步骤

1.种子识别：仔细观察并记录各蔬菜种子的大小、形状、颜色、表面特征（花纹、棱或凹沟、茸毛等）；认真区别各种子间的味道；认真比较植物学上的"果实种子"与真种子的差别；仔细比较大白菜和甘蓝以及大葱、洋葱和韭菜种子间的区别。

2.新、陈种子识别：仔细比较新、陈种子在色泽、气味等方面的差异。

四、作业

1.列表说明所观察各种子的特点，并绘制种子形态示意图。

2.比较新、陈种子的主要区别。

实训二 蔬菜种子品质测定

一、目的要求

掌握蔬菜种子品质测定的一般方法。

二、材料与用具

喜凉和喜温性蔬菜种子各一份，视种子大小（重 10～200g）；发芽箱、烧杯、培养皿、温度计、天平等。

三、方法与步骤

1.种子净度：把种子分为两份，并分别称重；仔细清除混杂物后再称重，计算种子的净度。

2.种子千粒重：把去杂后的种子平铺在桌面上，呈四方形；按对角线取样，取出其中的两份混合，如此下去，直到种子只有千粒左右时，数出 1000 粒进行称重。

3.发芽率及发芽势：取上述纯净的种子，每 100 粒种子为 1 份，每种蔬菜各 2～3 份，置于垫有湿润吸湿纸的培养皿中，喜凉蔬菜培养温度 20℃，喜温蔬菜 25℃；2d 后每天记录发芽的种子粒数，直到发芽终止；根据测定结果计算发芽率和发芽势。

四、作业

根据所取蔬菜种子各项品质指标的测定结果，说明该种子的品质和使用价值。

实训三　蔬菜种子的播前处理

一、目的要求

掌握蔬菜种子浸种、催芽的操作方法，以及变温催芽技术。

二、材料与用具

有代表性的几种蔬菜种子；恒温箱、培养皿、温度计、滤纸、纱布、镊子等。

三、方法与步骤

根据不同蔬菜种类，采取一般浸种、温汤浸种与热水烫种等方法进行浸种，并按各种蔬菜种子发芽温度要求进行催芽；茄子实行常温催芽与变温催芽处理进行对照实验；分别统计发芽率和发芽势。

四、作业

1.记录各种蔬菜种子的发芽初期、盛期和终期。
2.比较茄子变温催芽的效果。

实训四　苗床制作和播种技术

一、目的要求

掌握苗床的制作、育苗土的配制和消毒方法，以及播种技术。

二、材料与用具

充分腐熟的有机肥、速效肥料、田土，福尔马林或农药，几种有代表性的蔬菜种子；铁锹、筛子、薄膜等。

三、方法与步骤

1.苗床准备：根据条件选择适宜建造某种苗床的位置，按要求做好苗床骨架。
2.育苗土制作：按照播种床和分苗床床土制作要求配制好育苗土。
3.床土消毒：用福尔马林或农药对育苗土进行消毒处理（也可用物理方法）。
4.床土铺设：将消毒后的床土分别按要求厚度均匀铺设在播种床和分苗床内。
5.播种技术：播前先对种子进行处理。育苗土装床后，搂平床面，浇足底水，水渗下后在床面薄薄撒一层育苗土。按照不同种子要求，采用撒播、条播或点播法播种，播后覆土。

四、作业

1.比较撒播、条播和点播的特点。

2.根据你所播种的种子出苗和生长情况，总结经验教训，并提出改进意见。

实训五 瓜类蔬菜嫁接技术

一、目的要求

学习瓜类蔬菜的嫁接原理和方法，掌握靠接和插接的技术环节。

二、材料与用具

符合靠接、插接要求的黄瓜苗和黑籽南瓜苗；双面刀片、竹签、嫁接夹、装好土的育苗钵。

三、方法与步骤

1.靠接技术：按以下顺序进行靠接，注意各环节的技术要求。
[南瓜苗去心]→[南瓜苗茎切接面]→[黄瓜苗茎切接面]→[接面插入贴合]→[固定接口]→[栽苗]

2.插接技术：按以下顺序进行插接，注意各环节的技术要求。
[南瓜苗去心]→[南瓜苗茎插孔]→[黄瓜苗茎切双斜面]→[斜面插入]

3.控制嫁接环境以及嫁接苗成活期间的温度、湿度和光照，一周后调查嫁接苗成活情况，并检查黄瓜和南瓜苗的接面愈合情况。

四、作业

1.记述黄瓜靠接和插接过程及各环节的技术要求。
2.描述两种嫁接法的接面愈合情况。

实训六 植物生长调节剂的应用

一、目的要求

了解主要植物生长调节剂的功效，掌握应用方法。

二、材料与用具

2,4-D、防落素、助壮素、乙烯利、赤霉素；小型喷雾器、毛笔，滑石粉、红土等。

三、方法与步骤

1. 2,4-D、防落素保花：用 $15\sim25mg/L$ 的 2,4-D，加少量的滑石粉或红土后点抹番茄的花梗或西葫芦的雌花柱头，或用 $25\sim50mg/L$ 的防落素喷花，分别处理 20 朵花。统计处理后的坐果率，并检查果实内有无种子。

2.赤霉素促进生长：用 $20\sim50mg/L$ 的赤霉素喷洒西瓜幼瓜或黄瓜幼瓜，处理 20 个幼瓜。与未处理的瓜进行比较，观察果实的生长速度变化情况。

3.助壮素抑制生长：在西瓜、黄瓜秧发生徒长初期，用 $100mg/L$ 助壮素喷洒心叶，每周 1 次，连喷 $2\sim3$ 次。处理后，观察处理株的心叶形态变化以及植株生长快慢的变化。

4.乙烯利促进雌花分化：黄瓜或西葫芦一叶一心期，叶面喷洒 $150\sim200mg/L$ 的乙烯利，$5\sim7d$ 后再喷 1 次，处理 20 株苗。调查植株雌花的发生率变化。

四、作业

根据实验结果说明各生长调节剂的主要功效以及使用要求。

第三章　无公害蔬菜栽培

【学习目标】

了解无公害蔬菜生产的重要意义，熟悉无公害蔬菜产品的检测标准，掌握发展无公害蔬菜生产的主要措施。

第一节　发展无公害蔬菜的重要性

一、无公害蔬菜和蔬菜的无公害生产

无公害蔬菜，是指产于良好生态环境，按特定技术操作规程生产，有害物质含量控制在安全允许范围内，并经政府指定机构检验，认定符合规定标准，允许使用无公害农产品标志的安全、优质、营养型蔬菜及其加工产品。

蔬菜无公害生产是指蔬菜生产过程中防止或避免有害物质污染，按照技术规程因地制宜采取相应措施，进行安全、营养、优质蔬菜的生产经营活动。一般来讲，无公害蔬菜应选择在无"三废"污染的田块进行生产，选用优质抗病品种，提倡使用有机肥，严禁使用剧毒、高残留农药，控制化肥施用量，大力开展生物方法防病治虫、严格产品的监督和检测等措施。

二、无公害蔬菜与绿色食品蔬菜的区别

按照绿色食品的定义，绿色食品蔬菜是无污染的安全、优质、营养类蔬菜的总称。"安全"主要是指蔬菜内不含对人体有毒、有害物质，或将其控制在安全标准以下，对人体健康不产生任何危害。"优质"主要是指蔬菜的商品质量，即个体整齐均匀、发育正常，成熟良好，质地及口味好，新鲜度高；商品规格整齐，在外观标准上符合销地市场的要求。"营养"主要是指蔬菜的内含品质，如维生素、矿物盐的含量等。

根据中国绿色食品发展中心的规定，通常将绿色食品蔬菜分为"AA"级和"A"级两个级别。

"AA"级绿色食品蔬菜指在生态环境质量符合规定标准的产地生长，生产过程中不使用化学合成的肥料、农药、激素和其他有害于环境和健康的物质，按特定的生产操作规程生产、加工，产品质量及包装经检测，符合特定标准，并经专门机构认定，许可使用"AA"级绿色食品标志的蔬菜。

"A"级绿色食品蔬菜指在生态环境质量符合规定标准的产地生长，生产过程中允许限量使用限定合成物质，按特定的生产操作规程生产、加工，产品质量及包装经检测，符合特定标准，并经专门机构认定，许可使用"A"级绿色食品标志的蔬菜。

"AA"级绿色食品蔬菜生产过程中，不能使用化学合成的肥料、农药、激素和其他有害于环境和健康的物质，与国际上的有机食品蔬菜是一致的。"A"级绿色食品蔬菜生产过程中，允许限量使用限定合成物质，是指可以用磷、钾化肥，但禁止使用硝酸盐化肥；化学合成的农药中，规定一些毒性不大、残效期限短的可以使用。无公害蔬菜的最高标准相当于"A"级绿色食品蔬菜。

在现实的环境条件下，完全不受任何物质污染的商品蔬菜是很难生产的。无公害蔬菜生产强调生产过程中的技术管理，但以产品质量为最终衡量标准。因而可以结合具体情况，利用现代科学技术，提高生产管理水平，获得无公害蔬菜产品是切实可行的，生产出"A"级绿色食品蔬菜也是可以实现的。因此无公害蔬菜强调其产品质量符合国家食品卫生标准，而在生产过程中还不可能完全以绿色食品的标准来衡量，其标准在目前不含有国家规定禁止含有的有毒物质，对有些

不可避免的有害物质则要控制在食品卫生允许含量范围以下。

三、发展无公害蔬菜生产的意义

无公害蔬菜生产不仅是保障食物安全、不断提高人民物质生活质量的需要，而且由于生产无公害蔬菜所用的化肥、农药以及其他化学合成物质的种类、数量等必须符合生产和环保要求，从而保护了农业生态环境。另外，无公害蔬菜符合出口蔬菜的标准，提高了我国蔬菜产品在国际市场上的竞争力，是提高我国农业经济效益、增加农民收入、实现农业可持续发展的迫切需要。

第二节　无公害蔬菜产品的检测标准

无公害蔬菜产品检测，在严禁使用剧毒农药的前提下，对低毒少残留的农药或部分重金属及硝酸盐的残留含量、工业"三废"中的有害物质含量、病原微生物的含量等必须进行化验测定，完全符合标准的可称为无公害蔬菜。

我国无公害蔬菜标准主要参照联合国粮农组织（FAO）和世界卫生组织（WHO），简称FAO/WHO有关标准，结合我国实际国情，根据我国有关标准制定的。

一、农药检测标准

国际上通用的农药检测标准是FAO/WHO 1983年在荷兰通过的允许农药残留量的世界统一标准，见表3-1；我国对"A"级绿色蔬菜中的农药残留限量也作了规定，见表3-2。

表 3-1　无公害蔬菜农药残留最高限量（FAO/WHO 1983）　　单位：mg/kg

农药名称	允许残留量	农药名称	允许残留量	农药名称	允许残留量
多菌灵	黄瓜 0.5，番茄 5.0	杀螟松	番茄 0.2	敌敌畏	新鲜蔬菜、番茄 0.5
甲基托布津	黄瓜 0.5，番茄 5.0，芸豆 2.0	马拉硫磷	番茄 3.0，茄子 0.5，甘蓝、菠菜 8.0	乐果	番茄、辣椒 1.0，其他蔬菜 2.0
敌菌丹	黄瓜 2.0，番茄、茄子 5.0，马铃薯 0.5	敌百虫	番茄、甘蓝 0.1，辣椒 1.0	五氯硝基苯	番茄 0.1，马铃薯 0.2，甘蓝 0.2
克菌丹	黄瓜、辣椒 10.0，番茄 15.0，菠菜 20.0	除虫菊类	蔬菜 1.0	西维因	黄瓜 3.0，叶菜类 10.0，番茄、茄子 5.0
灭菌丹	黄瓜 2.0，番茄 5.0	滴滴涕	根茎类 1.0，其他蔬菜 7.0		

表 3-2　我国"A"级绿色蔬菜中农药允许残留限量标准　　单位：mg/kg

农药名称	允许指标	农药名称	允许指标	农药名称	允许指标
六六六	≤0.2	乙酰甲胺磷	≤0.2	百菌清	≤1.0
DDT	≤0.1	喹硫磷	≤0.2	敌百虫	≤0.2
甲拌磷	ND	地亚农	≤0.5	辛硫磷	≤0.05
杀螟硫磷	≤0.2	抗蚜威	≤1.0	对硫磷	ND
倍硫磷	≤0.05	溴氰菊酯	≤0.5（叶菜类）	马拉硫磷	ND
敌敌畏	≤0.2	溴氰菊酯	≤0.2（果菜类）	多菌灵	≤0.5
乐果	≤1.0	氰戊菊酯	≤0.5（叶菜类）		
二氯苯醚菊酯	≤1.0	氰戊菊酯	≤0.2（果菜类）		

注：ND—不得检出。

二、重金属及有害物质限量

重金属及有害物质限量见表3-3。

表 3-3　重金属及有害物质限量 （GB 18406.1—2001）

项　目	指标/（mg/kg）
铬（以 Cr 计）	≤0.5
镉（以 Cd 计）	≤0.05
汞（以 Hg 计）	≤0.01
砷（以 As 计）	≤0.5
铅（以 Pb 计）	≤0.2
氟（以 F 计）	≤1.0
亚硝酸盐（以 $NaNO_2$ 计）	≤4.0
硝酸盐	≤600（瓜果类）；≤1200（根茎类）；≤3000（叶菜类）

三、硝酸盐含量检测标准

硝酸盐在人体内容易还原成亚硝酸盐，并进一步与肠胃中的胺类物质合成极强的致癌物质——亚硝胺，导致胃癌、食道癌。无公害蔬菜可食用部分硝酸盐安全限量标准见表 3-4。

表 3-4　无公害蔬菜可食用部分硝酸盐含量分级标准　　　　单位：mg/kg

级　别	一　级	二　级	三　级	四　级
硝酸盐	<432	<785	<1440	<3100
程度	轻度	中度	高度	严重
参考卫生标准	允许食用	不宜生食，可以熟食或盐渍	不宜生食或盐渍，可熟食	不允许食用

第三节　无公害蔬菜栽培的主要措施

一、选择环境质量符合标准的生产基地

无公害蔬菜生产，必须严格选择产地。在选择的过程中应注意：远离有大量工业"三废"的地方，并有良好的灌排条件。土壤重金属含量高的地区，或由土壤水源环境条件引起的人畜地方病高发区不能作为无公害蔬菜生产基地。同时，还应考虑到生产过程中的经济效益原则问题，即蔬菜产量和品质的提高、生产与消费、生产条件与技术之间以及国民经济的发展水平等的关系。

为了使无公害蔬菜的产品达到相应的标准，首先应检测蔬菜基地的环境质量标准。执行的标准均由法定部门认可，如绿色食品标准是由中国绿色食品发展中心颁发的分级标准；有机（天然）食品由国家环境保护局颁发的分级标准；目前许多省市还有无公害蔬菜的地方分级标准。这些分级标准均为参照国际和我国的有关标准制定。蔬菜生产基地的国家标准介绍如下。

1.无公害蔬菜灌溉用水质量标准

根据中国的农田灌溉水质标准（GB 5084—2005）所规定的指标（表 3-5 和表 3-6），目前的灌溉用水可分为 3 个等级：1 级水（污染指数<0.5）未污染；2 级水（污染指数为 0.5～1.0）为尚清洁（标准限量用）；3 级水（污染指数>1.0）为污染（超出警戒水平），只有 1、2 级水适合于无公害生产灌溉之用。农田灌溉水质标准适用于全国地面水、地下水和工业用水、城市污水作灌溉水源的农业用水。无公害蔬菜生产应尽量使用地下水（因为地表水和工业废水的水质很不稳定），并应符合加工用水标准（生活饮用水卫生标准 GB 5749—2006）。

2.无公害蔬菜土壤环境质量指标

生产无公害蔬菜的土壤，不仅应满足蔬菜生长发育对土壤生态环境的基本要求，而且还应达到允许生产无公害蔬菜的标准。无公害蔬菜生产基地，要求产地土壤元素位于背景值正常区域，

表 3-5　农田灌溉水质标准（GB 5084—2005）

序号	项　目		作　物　种　类		
			水作	旱作	蔬菜
1	生化需氧量（BOD$_{Cr}$）/（mg/L）	≤	60	100	40[1]，15[2]
2	化学需氧量（COD$_{Cr}$）/（mg/L）	≤	150	200	100[1]，60[2]
3	悬浮物/（mg/L）	≤	80	100	60[1]，15[2]
4	阴离子表面活性剂（LAS）/（mg/L）	≤	5	8	5
5	水温/℃	≤	35		
6	pH 值	≤	5.5～8.5		
7	全盐量/（mg/L）	≤	1000（非盐碱土地区）[3] 2000（盐碱土地区）[3]		
8	氯化物/（mg/L）	≤	350		
9	硫化物/（mg/L）	≤	1		
10	总汞/（mg/L）	≤	0.001		
11	镉/（mg/L）	≤	0.01		
12	总砷/（mg/L）	≤	0.05	0.1	0.05
13	铬（六价）/（mg/L）	≤	0.1		
14	铅/（mg/L）	≤	0.2		
15	粪大肠菌群数/（个/100mL）	≤	4000	40000	2000[1]，1000[2]
16	蛔虫卵数/（个/L）	≤	2		2[1]，1[2]

①加工、烹调及去皮蔬菜。

②生食类蔬菜、瓜类和草本水果。

③具有一定水利灌溉设施，能保证一定的排水和地下水径流条件的地区，或有一定淡水资源能满足冲洗土体中盐分的地区，农田灌溉水质全盐量指标可以适当放宽。

表 3-6　农田灌溉用水水质选择性控制项目标准值（GB 5084—2005）

序号	项　目　类　别		作　物　种　类		
			水作	旱作	蔬菜
1	铜/（mg/L）	≤	0.5	1	
2	锌/（mg/L）	≤	2		
3	硒/（mg/L）	≤	0.02		
4	氟化物/（mg/L）	≤	2.0（一般地区），3.0（高氟区）		
5	氰化物/（mg/L）	≤	0.5		
6	石油类/（mg/L）	≤	5	10	1
7	挥发酚/（mg/L）	≤	1		
8	苯/（mg/L）	≤	2.5		
9	三氯乙醛/（mg/L）	≤	1	0.5	0.5
10	丙烯醛/（mg/L）	≤	0.5		
11	硼/（mg/L）	≤	1（对硼敏感作物）[1]，2（对硼耐受性较强的作物）[2]，3（对硼耐受性强的作物）[3]		

①对硼敏感作物，如黄瓜、豆类、马铃薯、笋瓜、韭菜、洋葱、柑橘等。

②对硼耐受性较强的作物，如小麦、玉米、青椒、小白菜、葱等。

③对硼耐受性强的作物，如水稻、萝卜、油菜、甘蓝等。

周围没有金属或非金属矿山，并且没有农药残留污染，评价采用《土壤环境质量标准》（GB/T 15618—1995）中有关蔬菜部分的要求（表3-7）。同时要求有较高的土壤肥力，富含有机质，土壤结构良好，活土层深厚，供水、保水、供氧能力强，土壤稳温性好，酸碱度适宜。土壤评价采用该土壤类型背景值的算术平均值加2倍的标准差。主要评价因子包括重金属及类重金属（Hg、Cd、Pb、Cr、As）和有机污染物（六六六、DDT）。

表 3-7　无公害蔬菜土壤环境质量标准（GB 15618—1995）（蔬菜部分）　　单位：mg/kg

项　　目		一级	二级			三级
		自然背景	<6.5	6.5～7.5	>7.5	>6.5
镉	≤	0.2	0.3	0.3	0.6	1.0
汞	≤	0.15	0.3	0.5	1.0	1.5
砷	水田 ≤	15	30	25	20	30
	旱地 ≤	15	40	30	25	40
铜	农田等 ≤	35	50	100	200	400
	果园 ≤	—	150	200	200	400
铅	≤	35	250	300	350	500
铬	水田 ≤	90	250	300	350	400
	旱地 ≤	90	150	200	250	300
锌	≤	100	200	250	300	500
镍	≤	40	40	50	60	200
六六六	≤	0.05		0.5		1.0
滴滴涕	≤	0.05		0.5		1.0

注：1. 重金属（铬主要是三价）和砷均按元素量计，适用于阳离子交换量>5cmol（＋）/kg 的土壤，若≤5cmol（＋）/kg，其标准值为表内数值的半数。

2. 六六六为四种异构体总量，滴滴涕为四种衍生物总量。

3. 水旱轮作地的土壤环境质量标准，砷采用水田值，铬采用旱地值。

3. 无公害蔬菜大气环境质量标准

大气状况主要包括颗粒物、有害气体、有害元素和苯并芘等有机物，这些物质可通过气孔进入蔬菜作物体内，有些成分对蔬菜作物的生长发育有不良影响，间接地影响到蔬菜产品的品质，而另一类成分则非蔬菜生长发育所必需，它们可以在蔬菜植株体内积累与运输，从而直接地影响着蔬菜产品的品质。符合中华人民共和国国家标准 GB 3095—1996 一、二级标准的环境下所生产的蔬菜产品，才有可能是无公害产品（表3-8）。

除国家级的标准外，各省市区也在执行当地的地方标准。

农业环境的污染物主要包括重金属、有机氯、有机磷以及硝酸盐等。它们在农业生产过程中主要通过水、肥、气携带进入，并污染农田环境，同时还会继续对周围环境产生二次污染。因此，无公害蔬菜生产基地的环境除符合上述标准外，还应有一套保证措施，确保在今后的生产过程中环境质量不出现下降。

二、综合防治病虫害

无公害蔬菜的病虫害防治应贯彻"预防为主，综合防治"的植保工作方针，坚持以农业措施为基础，健康栽培为主线，通过栽培技术措施，改善和优化菜田生态系统；充分发挥菜地生态的

表 3-8　空气污染物三级标准浓度限制

污染物名称	取值时间	浓度限值/(mg/m³)		
		一级标准	二级标准	三级标准
总悬浮颗粒物(TSP)	日平均	0.12	0.30	0.50
	年平均	0.08	0.20	0.30
可吸入颗粒物(PM_{10})	年平均	0.04	0.10	0.15
	日平均	0.05	0.15	0.25
二氧化硫(SO_2)	年平均	0.02	0.06	0.10
	日平均	0.05	0.15	0.25
	1h平均	0.15	0.50	0.70
氮氧化物(NO_x)标准状态	年平均	0.05	0.05	0.10
	日平均	0.10	0.10	0.15
	1h平均	0.15	0.15	0.30
	植物生长季	1.2[2]		2.0[3]
二氧化氮(NO_2)	年平均	0.04	0.04	0.08
	日平均	0.08	0.08	0.12
	1h平均	0.12	0.12	0.24
一氧化碳(CO)	日平均	4.00	4.00	6.00
	1h平均	10.00	10.00	20.00
臭氧(O_3)	1h平均	0.12	0.16	0.20
铅(Pb)	季平均	1.50		
	年平均	1.00		
苯并[a]芘(B[a]P)	日平均	0.01		
	日平均	7[1]		
	1h平均	20[1]		
氟化物(F)[4]	月平均	1.8[2]	3.0[3]	
	植物生长季	1.2[2]	2.0[3]	

① 适用于城市地区;

② 适用于牧业区和以牧业为主的半农半牧区,蚕桑区;

③ 适用于农业和林业区;

④ 单位为 $\mu g/(dm^2 \cdot d)$。

注:本表摘自《环境空气质量标准》(GB 3095—1996)。

自然控制因素的作用,增强蔬菜对有害生物的抵抗能力;优化农业防治、物理防治;强化生物防治、生态防治,弱化化学防治,增加营养防治。使农业防治、生物防治、物理防治、化学防治综合利用。在化学防治过程中必须做到合理使用农药,遵循"严格、准确、适量"的原则,选择高效、低毒、低残留的农药品种,严禁使用低效、高毒、高残留以及具有三致(致癌、致畸、致突变)的农药。要适期防治,对症下药,并要严格执行农药安全间隔期,保证上市时产品中农药残留符合卫生标准。主要包括以下措施。

1.农业防治

(1)做好植物检疫、病虫预测预报工作　对于蔬菜种苗要加强检疫,防止危害性病虫及其他有害生物随着蔬菜的种苗在菜田传播和蔓延。根据蔬菜病虫害发生的特点和所处的环境,结合田间定点调查和天气预报情况，科学分析病虫害的发生趋势，及时做好防治工作，减少病虫害发生的概率。

（2）选用抗病虫品种　选择适合于当地保护地或露地栽培的抗逆性强、抗病、抗虫、商品性好的高产优质蔬菜品种，是防治病虫危害、夺取蔬菜优质高产的有效途径。如西红柿毛粉802有避蚜虫和防病毒病能力；西红柿佳粉10较耐抗病毒病、早疫病和晚疫病；丰抗70大白菜，较抗病毒病、霜霉病、软腐病等。

（3）培育无病壮苗　育苗床土应富含有机质，营养元素全，保肥保水透气，无病菌、无虫卵、无杂草种子，配制床土所用的有机肥应充分腐熟并经无害化处理后方可使用。播种前对种子进行严格的筛选和处理，最好采取物理方法消毒，若用化学处理一定要合理用药，以控制传播病害，促使苗齐、苗全、苗壮。

（4）有计划地轮作倒茬　同种蔬菜甚至同科蔬菜易发生相同病害，为防止病原的传播和蔓延，无公害蔬菜生产必须做到合理安排茬口，实行轮作2～3年以上非本科作物，最好是与葱、蒜等辣茬作物轮作。

（5）调整播种期和收获期，避开病虫危害　适当调整播期，尽量避开病虫害高发期或躲过适于病虫发生为害的气候条件，从而避免或减轻病虫害发生。如适期晚播，可防治秋大白菜病毒病。

（6）实行深翻垄作　进行无公害蔬菜生产要合理整地，播前深翻、晒白土壤并及时清理田园。

（7）清洁田园　保护地蔬菜及时摘除病枝残叶、病果，清理棚室。露地栽培及时清理前茬枯叶、杂草，带出田园，集中深埋或烧毁，减少病源、虫源。

（8）合理应用肥水　合理施肥可为蔬菜提供充足的营养物质，增强蔬菜对病虫草害的抵抗能力。肥料种类与对病虫的抗性有一定关系，一般增施磷、钾肥，特别是钾肥，能增强蔬菜的抗病虫害能力；氮肥施入过多则相反。因此，施肥应以充分腐熟并经过无害化处理后的有机底肥为主，并按各种蔬菜对氮、磷、钾养分需求的适宜比例进行配方施肥，适当施用一些微量元素肥料和优质的叶面肥。但施用限定的化肥必须在蔬菜作物收获前30d完成，叶面肥在采收前20d施完。

灌水、排水的目的是保持菜田良好的土壤水分状态。土壤缺水，易使土壤中盐分增多，矿质元素的移动性降低，使蔬菜缺水的同时，出现缺素。如番茄的脐腐病。但灌水过多或雨后菜田积水，不仅直接影响蔬菜根系的呼吸，而且诱发和加重病、虫害发生。如茄子绵疫病、辣椒疫病等病害都会在短短几天内暴发成灾。因此，应根据季节、天气情况、土壤质地、蔬菜的种类、不同的生育期、蔬菜的不同长相进行合理灌溉，同时注意排水防涝。

2.生物防治

（1）保护利用自然天敌　在自然界中，每一种生物都有自己的天敌，蔬菜害虫也不例外，这些天敌在自然界对菜田的害虫有着明显的控制作用。因此，在无公害蔬菜生产中，应充分保护利用这些害虫天敌防治蔬菜虫害。

（2）施用生物农药

① 苏云金杆菌：目前使用最广泛的细菌性微生物杀菌剂，对害虫以胃毒作用为主，对人畜无毒，对作物无害，对天敌安全。可防治菜青虫、小菜蛾。

② 杀螟杆菌：为好气性细菌杀虫剂，以胃毒作用为主，可破坏害虫胃肠，引起中毒，进入血液可导致败血病。对人畜无毒，对作物及天敌安全，较抗高温。可防治菜青虫、灯蛾、刺蛾、瓜绢螟、小菜蛾、夜蛾等。

③ 青虫菌：为好氧性细菌，杀虫速度较慢，菜青虫食用后，隔一天才能死亡，残效期为7～10d。对人、畜、作物、蜜蜂、天敌无害。

④ 白僵菌：为真菌微生物杀虫剂，可用于菜青虫、小菜蛾、棉铃虫等鳞翅目害虫的防治。另外还有农抗120（抗生素120）、BO-10、农用链霉素、井冈霉素、春雷霉素等。

3.合理使用物理防治

防治蔬菜病虫害应用的物理措施主要有：利用热来对种子和土壤消毒。目前对种子消毒有干热和湿热两种。干热处理：即将含水量低于10％的种子（番茄、黄瓜等）放在70％的温度下处理72h，对病毒、细菌、真菌都有效。但是处理时需要恒温箱，严格操作，以免伤害种子。湿热处理：主要指温烫浸种，关键是要在指定温度下保证足够的处理时间。利用光、色诱杀害虫或驱避害虫。

4.科学采用化学防治

在化学防治过程中必须做到以下几点。①农药品种的选择：必须选择低毒、低残留、且对天敌安全的农药。②农药使用原则：正确选择农药品种，严禁使用高毒、高残留农药。在农药用量、稀释倍数、施药方法及安全间隔期等方面，严格执行国家环保局发布的"农药安全使用标准"。③对症下药、杜绝无效用药。④根据病虫发生规律，适时用药。⑤轮换用药，降低抗性。⑥选择正确的施药方式。⑦严格执行农药安全间隔期限。即在最后一次用药后，隔一定的天数才能采收上市。

三、合理施肥

施肥过量，特别是施化肥过量是目前蔬菜污染的主要原因之一，因此，应大力推广科学施肥技术。首先要大力施用有机肥料。其次要提倡配方施肥，根据土壤中原有的营养成分基础，了解不同蔬菜生长发育所需的营养元素量；再合理适当地补充有机肥和化肥。这样就不会因土壤中营养成分过量而致蔬菜受污染。再次要应用天然肥料和生物肥料，使各元素间搭配合理，积极推广符合标准的蔬菜专用复合肥。这样可弥补生物肥料中含氮量不足的缺点，还可改善土壤生物的生态环境，增加微生物数量，使化肥不易流失。

1.增施有机肥

蔬菜易富集硝酸盐，化肥特别是氮肥的高用量又会引起蔬菜体内硝酸盐含量的升高。大量试验证明，单施化学肥料，蔬菜体内硝酸盐含量明显提高；而配合施用有机肥料时，硝酸盐含量则较低。为了保证蔬菜的优质高产和减少污染，应增施有机肥，减少化肥用量，在能够达到高产的前提下，生产出硝酸盐含量较低的优质蔬菜。同时也能增强土壤养分的缓冲能力，防止盐类聚集，延缓土壤的盐渍化过程。有机肥具有较强的酶活性，可以增加有益微生物群落，为微生物活动提供能源和物质。增施有机肥可诱导作物对病害的抗性，也可直接抑制有害菌的活性。

2.平衡施肥

平衡施肥是根据蔬菜作物的需肥规律、土壤养分情况和供肥性能与肥产效应，在施用有机肥的条件下，提出氮、铜、钙、硼等中微量元素的适宜量和配比，采用相应的施肥技术。平衡施肥能促进蔬菜作物得到充足的养分，并使各种营养元素之间保持适当的比例，达到全价营养，避免因某一种或几种元素过量或缺乏，而导致某些物质的积累或亏缺。平衡施肥不仅体现在降低蔬菜体内硝酸盐含量方面，而且还表现在提高蔬菜作物的抗病性，减少农药的使用次数和用量，降低农药残留量。

3.增施生物肥

合理施用生物肥料，有助于土壤中营养元素肥效的提高，可减少化肥的施用量。增施生物肥，不仅能释放土壤中的养分，供蔬菜作物利用，还能在一定程度上减轻病虫害的防治次数，减少农药残留量。一方面在蔬菜作物根系周围形成优势菌落，强烈抑制病原菌繁殖，使病虫害不易发生；另一方面，微生物在其生命活动过程中产生的激素类、腐殖酸类以及抗生素类物质，能刺激作物健壮生长，抑制病害发生。长期施用可起到用地养地相结合，逐年增加土壤中有机质含量，改善土壤理化性状，明显提高土壤中水、肥、气、热的综合作用。用的时间越长，地力越肥，增产越多，是一种可持续的良性循环，同时又是一项既能降低蔬菜体内硝酸盐含量，又能保持蔬菜高产的技术措施。

4.二氧化碳施肥

保护地栽培蔬菜的产量低于露地的产量，而且蔬菜体内硝酸盐含量普遍较高，这虽然与保护地栽培条件下施肥量显著增加、养分供应失衡有关，但也不能忽视另一个原因，那就是保护地条件下二氧化碳的供给不足。据测定，保护地设施中二氧化碳的浓度为 $300\sim700mg/L$，而蔬菜所需要浓度为 $1500\sim3000mg/L$，仅能满足蔬菜作物光合作用所需的 $1/5\sim1/15$。光合作用不足是造成蔬菜体内硝酸盐含量升高的一个不可低估的因素。这是因为，光合作用不足，合成的碳水化合物相对减少，造成碳氮代谢不平衡，蔬菜作物吸收的氮素不能及时转化为氨基酸和蛋白质，造成蔬菜作物体内氮素积累，减缓了硝酸盐的还原速度，造成了硝酸盐积累过量。为提高产量，改善品质，应加强保护地栽培蔬菜的二氧化碳施肥。

总之，在施肥过程中，应尽量避免施用有毒的工业废渣、生活垃圾等，合理施用化肥时，提倡施用最新发明生产的长效碳铵，控制缓施肥料、根瘤菌肥等高效、弊少的高科技化肥。

本 章 小 结

开展无公害蔬菜栽培具有重要意义，是蔬菜生产的发展方向。绿色食品蔬菜分为"A"级和"AA"级两个级别，"A"级绿色食品蔬菜是国内标准，无公害蔬菜相当于"A"级绿色食品蔬菜，"AA"级绿色食品蔬菜与国际上的有机食品蔬菜是一致的。无公害蔬菜产品的检测标准有《无公害蔬菜农药残留最高限量》、《重金属允许含量规定》、《可食用部分硝酸盐含量分级标准》等。生产无公害蔬菜的主要措施有：选择环境质量符合标准的生产基地；要求基地灌溉用水质量、土壤环境质量及大气环境质量达到无公害蔬菜生产的要求标准；综合防治病虫害：要优化农业防治、物理防治，强化生物防治、生态防治，弱化化学防治，增加营养防治；合理施肥：要大量施用有机肥料，提倡配方施肥，应用天然肥料和生物肥料，积极推广符合标准的蔬菜专用复合肥。

复习思考题

1. 什么是无公害蔬菜和蔬菜的无公害生产？
2. 绿色食品蔬菜分为哪两个级别？各级别的划分标准有什么不同？
3. 无公害蔬菜产品有哪些检测标准？
4. 生产无公害蔬菜主要有哪些措施？

实训　有机磷农药残留量的测定

一、定性检验——刚果红法和纸上斑点法

（1）目的要求　学习有机磷农药残留量的定性检验方法。

（2）材料与用具　各种蔬菜的植株，苯、甘油甲醇、溴、刚果红、2,6-二溴苯醌氯酰亚胺、乙醇；组织捣碎机，粉碎机。

1. 刚果红法

（1）原理　利用样液中的有机磷农药经溴氧化后，与刚果红作用，生成蓝色化合物，来鉴别样品是否存在有机磷农药。

（2）操作步骤　取经粉碎的样品用苯浸泡、振摇，用滤纸过滤，取滤液于蒸发皿上，加入 $100g/L$ 甘油甲醇溶液 1 滴，沥干，加 1mL 水混匀。将样液滴于定性滤纸上，挥发干。将滤纸置于溴蒸气上熏 5min，取出，在通气处将溴挥发尽。滴入 $5g/L$ 刚果红乙醇溶液，置于滤纸的点样处，如果滤纸显示出蓝紫色则表示样品中有有机磷存在。呈粉红色者则为溴的色泽。

2. 纸上斑点法

（1）原理　样液中的硫代磷酸酯类有机磷与 2,6-二溴苯醌氯酰亚胺，在溴蒸气作用下，形成各种有颜色的化合物，用以鉴定是否存在有机磷及是哪一种有机磷。

（2）操作步骤

① 2,6-二溴苯醌氯酰亚胺试纸。称取 0.05g 2,6-二溴苯醌氯酰亚胺，溶于 10mL 95%（体积

分数）乙醇中，将定性滤纸浸湿，晾干备用。

② 检验。吸取按刚果红法制备的样液，滴于 2,6-二溴苯醌氯酰亚胺试纸上，稍干，置于溴蒸气上蒸熏片刻，呈现出不同颜色的斑点，根据所显示斑点的颜色鉴别属于哪种有机磷农药。试验时，为防止色素干扰，试纸要临时配制。有机磷农药呈色反应如表 3-9 所列。

表 3-9 有机磷农药的呈色反应

农药种类	反应颜色	反应时间
3911	鲜黄,周围较深	5s～3min
1605	淡黄→紫红	30s～3min
1059	鲜黄→暗黄	30s～3min
4049	黄→黄棕	30s～5min
乐果	黄→橙黄	20s～5min
M-74	淡土黄→暗紫红	30s～5min
三硫磷	土黄→杏红	15s～5min
1240	鲜黄→暗黄	30s～3min

二、有机磷农药残留量的定量检测

1. 目的要求

学习有机磷农药残留量的定量检测方法。

2. 材料与用具

（1）仪器 组织捣碎机，粉碎机，旋转蒸发器；气相色谱仪：带有火焰光度检测器（FPD）。

（2）试剂 丙酮，二氯甲烷，助滤剂 Celiee545。

农药标准品：敌敌畏 99%，速灭磷顺式 60%，久效磷 99%，甲拌磷 98%，巴胺磷 99%，二嗪农 98%。

3. 原理

气相色谱法 将样品的峰高或峰面积与标准品相比较做定量分析。最低检出量为 0.1～0.25μg。

4. 操作步骤

（1）标准溶液的配制 分别准确称取标准品，用二氯甲烷为溶剂，分别配制成 1.0mg/mL 的标准贮备液，贮于冰箱（4℃）中。使用时用二氯甲烷分别稀释成 1.0μg/mL 的标准使用液。

（2）试样制备 取蔬菜样品洗净，晾干，去掉非可食部分后制成待测试样。

（3）提取 称取 50.00g 蔬菜试样，置于 300mL 烧杯中，加入 50mL 水和 100mL 丙酮（总体积 150mL）。用组织捣碎机捣 1～2min。匀浆液经铺有两层滤纸和约 10g Cellte545 的布氏漏斗，减压抽滤。从滤液中分取 100mL，移至 500mL 分液漏斗中。

（4）净化 向以上滤液中，加入 10～15g 氯化钠，使呈饱和状态。猛烈振摇 2～3min，静置 10min，使丙酮从水相中盐析出来，水相用 50mL 二氯甲烷振摇 2min，再静置分层。将丙酮与二氯甲烷提取液合并，并经装有 20～30g 无水硫酸钠的玻璃漏斗脱水，滤入 250mL 圆底烧瓶中。再以约 40mL 二氯甲烷分数次洗涤容器和无水硫酸钠，洗涤液也并入烧瓶中。用旋转蒸发器浓缩至约 2mL，浓缩液定量转移至 5～25mL 容量瓶中，加二氯甲烷定容至刻度。

（5）测定有机磷农药的残留量

① 气相色谱条件

色谱柱：a. 玻璃柱 2.6m×3mm，填装涂有 4.5%（质量分数）DC200＋2.5%（质量分数）OV-17 的 Chromosorb WAW DMCS（80～100 目）的载体。b. 玻璃柱 2.6m×3mm（i.d.），填装

涂有 1.5%（质量分数）DCOE-1 的 Chromosorb WAW DMCS（60～80 目）。

气体速度：氮气（N_2）50mL/min、氢气（H_2）100mL/min、空气 50mL/min。

温度：柱温 240℃，汽化室 260℃，检测器 270℃。

测定：吸取 2～5μL 混合标准液及样品净化液，色谱仪中，以保留时间定性。以试样的峰高或峰面积与标准比较定量。

② 结果计算

$$X_i = \frac{A_i \times V_1 \times V_3 \times E_{si} \times 1000}{A_{si} \times V_2 \times V_4 \times m \times 1000}$$

式中　X_i——i 组分有机磷农药的含量，mg/kg；

A_i——试样中 i 组分的峰面积，积分单位；

A_{si}——混合标准液中 i 组分的峰面积，积分单位；

V_1——试样提取液的总体积，mL；

V_2——净化用提取液的总体积，mL；

V_3——浓缩后的定容体积，mL；

V_4——进样体积，mL；

E_{si}——进入色谱仪中的 i 标准组分的质量，μg；

m——样品的质量，g。

三、作业

1. 掌握有机磷农药残留量的定性检验方法。
2. 掌握有机磷农药残留量的定量检测方法。

中 篇

露地栽培各论

第四章　瓜类蔬菜栽培

【学习目标】

了解瓜类蔬菜的特点，熟悉主要瓜类蔬菜的生物学特性、类型品种及茬口安排，掌握主要瓜类蔬菜的高产栽培技术。

瓜类蔬菜均以果实供食，同属葫芦科一年生草本植物，只有菜肴梨（佛手瓜）为多年生宿根植物。其中黄瓜栽培普遍，可以排开播种，周年供应；西葫芦适于早熟栽培，在初夏市场上颇受欢迎；西瓜、甜瓜为消暑珍品，大面积种植；冬瓜、南瓜是克服秋淡季的主要蔬菜；瓠瓜、苦瓜、丝瓜、蛇瓜、菜肴梨各具特殊风味及食用价值，多为零星栽培，是秋淡季的调节品种。

瓜类蔬菜的营养价值很高，果实中含有丰富的碳水化合物、维生素和矿物盐类。此外，还含有胨化酶，它可把不溶性蛋白质消化为可溶性蛋白质。

瓜类蔬菜起源于亚洲、非洲、南美洲等热带和亚热带地区，它们在系统发育方面有相同的渊源，迄今虽然分布地区很广，栽培历史很久，但在个体发育方面对环境条件的要求及植物形态上有许多共同之处，因此，在栽培技术上有很多共同特点。

瓜类根系一般都很发达，但容易木栓化，再生能力弱，育苗移栽时需护根。茎为草质蔓性，茎节上生有卷须，借以攀缘向上。需行支架栽培，也可爬地生长。节上易发生不定根，并易产生侧枝，主、侧蔓均可结瓜，但种和品种之间主、侧蔓结瓜的优势不同。随着茎蔓的生长，有陆续开花结果的习性。为了适当平衡其生长和发育，调节其营养生长和结果之间的关系，除通过施肥、灌水等措施外，尚需采用整枝、压蔓、摘叶等技术。

瓜类蔬菜基本上是雌雄异花同株，有些瓜类如黄瓜等具有单性结实能力，易天然杂交，采种时应注意隔离。很多瓜类蔬菜的性型具有可塑性，低温和短日照有利于花芽分化和雌花形成，因此，可以人为控制性型的变化。果实为瓠果，黄瓜、瓠瓜、丝瓜、蛇瓜等以幼嫩的果实供食，应分期采收，采收时要掌握可食成熟度；西瓜、甜瓜则以生理上成熟的果实供食；南瓜、冬瓜幼嫩或老熟的果实均可食用。

瓜类喜温热气候，不耐低温和霜冻，宜在温暖季节栽培。早熟栽培应进行保护地育苗。西瓜、甜瓜、瓠瓜、苦瓜、丝瓜等耐热性较强。瓜类一般都要求昼夜温差大、充足的光照，阴雨连绵、光照不足的情况下，植株生长不良，坐果减少，品质差，易感病。对湿度的要求种间差别很大，黄瓜、瓠瓜喜湿润为典型的热带雨林植物，西瓜、甜瓜宜干燥为典型的热带草原植物，南瓜、冬瓜、丝瓜对湿度的适应性较广。

瓜类同属一科，有相同的病虫害如霜霉病、白粉病、枯萎病、病毒病、炭疽病、蚜虫等，应采取综合措施加以防治。

第一节　黄　　瓜

黄瓜别名胡瓜、王瓜，属葫芦科1年生攀缘草本植物。中国黄瓜栽培始于2000年前的汉代。《齐民要术》中曾有"胡瓜"种植方法的记载，并作酱菜食用。至唐朝（8世纪上中叶）已于冬、春季利用温泉水加温进行保护栽培。近年来，中国北方地区日光温室栽培面积较大，再加上其他设施栽培和露地栽培，实现了周年均衡供应。

黄瓜以嫩果供食用，每100g鲜果中含水分97g、碳水化合物1.64g、蛋白质0.68g、脂肪

0.2g、钙 19mg、磷 29mg、铁 0.3mg、维生素 C 16mg 等。果实食用方法多样，可鲜食、凉拌、炒食，还可加工作泡菜、盐渍、糖渍、酱渍、干制等。

黄瓜起源地为喜马拉雅山南麓的印度北部至尼泊尔附近地区。黄瓜从原产地向东，经东南亚传入印度尼西亚，同时进入中国南部，后来逐步演化形成了华南型黄瓜。据历史记载，公元 2 世纪初，汉朝张骞出使西域，经丝绸之路将黄瓜引入中国北方地区种植，并被称之为"胡瓜"，逐步形成了华北型黄瓜。

一、生物学特性

（一）植物学特征

1.根

根系浅，需氧性较强，但主根深达 70~100cm，主要根群分布在 20cm 左右的土层内。根系耐旱力和吸收养分的能力都较弱。根木栓化比较早，断根后再生能力差，育苗移栽时必须保护好根系，黄瓜幼苗胚轴和茎基部有发生不定根的能力。

2.茎

茎蔓性、五棱、中空、上有刚毛。茎部叶节处除着生叶片外，还生有卷须、侧枝及雄花或雌花。茎的长度决定于类型、品种和栽培条件。茎的长短和侧枝的多少等特征和习性常是黄瓜植株调整的依据，而茎的粗细和节间的长短则是诊断植株强健与否的重要依据之一。

3.叶

叶互生，多为掌状五角形，叶面积较大，叶片薄，蒸腾作用强。表皮上有刺毛。叶片大小、厚薄、色泽及刺毛的强度是鉴别植株生长健壮与否的标志之一。

4.花

黄瓜是雌雄异花同株，是异花授粉植物。也有部分的雌雄异株类型，而大多是雌花占多数的类型，偶尔也出现两性花。花着生于叶腋间，黄色。一般雄花早于雌花出现，雄花常数个簇生，雌花多单生。通常每叶节可形成十余朵雄花，陆续发育和开放。花多在黎明开放。虫媒花，自然异交率 53%~76%。

5.果实

瓠果，果实内大部为子房壁和胎座，花托部分较薄，一般果皮部分为花托的外皮。果实为长棒形，果面平滑或有棱，大多表面有瘤刺，刺有黑白之分。黄瓜具有不经授粉受精而单性结实的习性，但授粉能提高结实率和促进果实发育。

6.种子

扁平，长椭圆形，黄白色。一般每个果实内含有 100~300 粒种子，千粒重平均 23g 左右。种子的寿命 2~5 年，因贮藏条件而不同，干燥贮藏时 10 年仍具有发芽力。

（二）生育周期

黄瓜的整个生育时期可分为发芽期、幼苗期、初花期（开花坐果期）、结果期和衰老期。

1.发芽期

从种子萌动到第一真叶露出"破心"止，约需 5~7d。此期生长所需水分，靠种子供给。栽培上要求满足发芽条件，给予较高的温湿度和充分的光照，使种子迅速发芽出土，出土后适当控制温度，促进子叶发育，防止幼茎徒长，为培育壮苗奠定基础。

2.幼苗期

从真叶出现到 4~5 片真叶展开止，需 30d 左右。此期是进行营养器官的生长和陆续分化花芽的时期。在温度与水肥管理方面本着"促""控"结合的原则来进行，促进根系发育良好，茎粗叶厚，减少营养物质的消耗，增强积累，以利雌花正常分化和形成，控制茎的徒长，为早熟丰产奠定基础。

3.开花坐果期

从现蕾到根瓜坐住，约 20~25d 左右。此期茎蔓明显伸长，花芽继续形成，花数不断增加。

应防止茎叶徒长，促使根系充分发育，以保持地上部与地下部、营养生长与生殖生长均衡发展。在水肥管理上要结合浇水追肥加强中耕，进行蹲苗。

4.结果期

从根瓜采收后至果实大量收获，一般 1 个月以上。结果期的长短是决定产量高低的关键。在栽培管理上必须供给充足的水肥，使秧壮瓜多，连续结果，不断采收。

5.衰老期

盛果期以后直到拉秧为衰老期，约 10～15d。这时根系吸收能力减弱，叶开始枯黄，病害大量发生，植株逐渐衰老，常出现畸形瓜。在栽培上应采取保秧、防止早衰的措施，延长结果期。

（三）对环境条件的要求

1.温度

黄瓜喜温暖，不耐寒冷。植株生育的界限温度为 10～30℃，适宜温度为 20～25℃。在不同生育时期对温度的要求有所不同。种子萌发时，需要 25～30℃ 的高温，低于 12～13℃，种子不萌发。幼苗期适温偏低，白天晴天温度不应超过 24～28℃，阴天温度应稍低于晴天，但不应低于 18～22℃，夜间保持 15℃ 左右，不应低于 10℃。开花结果期白天 25～30℃ 时，果实生长最快。

黄瓜对低温的忍耐力较弱，健壮植株在 0～2℃ 将会冻死，5℃ 时有受冷害危险，在 10～12℃ 下生长非常缓慢或停止生育。如种子经冷冻（−2～6℃）处理后，可在 10℃ 环境中发芽，经过低温锻炼的幼苗遇 5℃ 低温无冻害，甚至可以忍耐短时间 2～3℃ 的低温。因此，北方春黄瓜幼苗的低温锻炼是十分重要的。黄瓜对高温的忍耐能力较强，一般在 35℃ 左右同化量与呼吸消耗处于平衡状态。

黄瓜的根系对地温的反应比较敏感。当地温降至 8℃ 以下时，根系不能伸长，12℃ 以下时，根系的生理活动会受到阻碍，而引起下部叶片变黄，12～14℃ 以上时，根毛才开始发生。所以春黄瓜在育苗期和定植后，对地温的满足甚至比提高气温还要重要，因此春季露地定植时，地温宜在 12～14℃ 以上。但地温亦不宜过高，不可超过 32～35℃，地温过高，根系的呼吸量增加甚快，达 38℃ 以上时，根系就会停止生长，并引起腐烂或枯死。所以，在炎夏为使植株正常生长，采用夜间浇水或"涝浇园"以降低地温十分必要。

2.湿度

黄瓜根系浅，叶面积大而薄，蒸腾量大，在高温、强光和空气干燥的环境中，易失水萎蔫，影响光合作用。空气湿度以 70%～90% 为宜。湿度高，蒸腾作用受阻，又会影响水分和养分的吸收，同时叶缘有水滴，为病菌的蔓延创造了有利的条件。

黄瓜对干旱的气候条件适应能力较低，空气干燥，生长受抑制而减产。我国北方春黄瓜栽培期间空气干燥，仍能获得高产的主要原因之一，就在于菜园灌溉条件便利，土壤湿度得以充分提高的缘故。

黄瓜对土壤湿度要求很严，最适土壤相对湿度为 85%～95%。黄瓜虽喜湿，但又怕涝，如果土壤湿度过大、温度又低时，容易出现寒根、沤根和发生猝倒病。

3.光照

黄瓜和其他作物一样，正常生长和发育，在一天内必须有一定的光谱成分的光能，足够的强度和作用时间。光强度和光质与黄瓜同化量有密切关系，黄瓜的最适光照强度为 40～60klx。

黄瓜较耐阴。阴雨持续日久，叶片中干物质含量下降，植株软弱多病，并引起"化瓜"。而且阴天叶的蒸腾作用弱，使根的吸水受阻，一旦晴天，叶的蒸腾旺盛，根的吸水能力跟不上叶部的需要，致使叶内水分不足，光合作用下降，而影响生育。

光质对黄瓜的生育也有密切关系。橙红光与蓝紫光对黄瓜光合成的效果高，同时对其生长、形态的形成和花的性型分化都有密切关系。

4.气体条件

据测定，适宜温度光照条件下，黄瓜光合作用 CO_2 补偿点为 $69\mu L/L$、饱和点为 $1592\mu L/L$。

空气中 CO_2 浓度一般为 $330\mu L/L$。黄瓜根系呼吸强度大，要求土壤 O_2 供应充足。黄瓜适宜的土壤含 O_2 量为 $15\%\sim20\%$。因而，黄瓜栽培要求土壤通透性好，生产上适当增施有机肥，改善土壤理化性状，加强中耕等措施对于生长发育都是非常有利的。

5. 矿质营养

黄瓜结果期长，产量高，根、茎、叶等各个器官生长量大，因而对于矿质营养需要量也大。但由于黄瓜根系脆嫩、分布浅，其根系适应的土壤溶液质量分数为 $0.03\%\sim0.05\%$，土壤溶液质量分数过高，易于发生烧根现象。故黄瓜表现出喜肥而又不耐肥的特点，施肥管理应注意掌握"少量多餐"的原则。黄瓜吸收量较大的矿质营养元素依次为钾、氮、钙、镁和磷等。黄瓜施肥管理以氮、磷、钾为主，综合研究报道，每生产 1000kg 的黄瓜果实需吸收氮 $2\sim3$kg、磷 1kg、钾 4kg，氮：磷：钾基本为 $(2\sim3)：1：4$。因此，黄瓜施肥管理还应注意平衡施肥问题。

6. 土壤

黄瓜根系分布浅、好气性强，故以耕层深厚、疏松、透气性良好的壤土为好。沙质土壤中黄瓜早期发苗快，利于提早成熟，但植株易于老化，总产量较低；黏性土壤虽然保水、保肥力强，有利于中后期黄瓜生育，但往往前期生育迟缓，不利于早熟，早春或低温季节还易于导致沤根等。黄瓜在土壤 pH5.5～7.6 均能正常生长发育，但以 pH 6.5 左右最为适宜。黄瓜耐盐性差，生产上常由于过量使用化肥或连作等易造成土壤中盐类浓度增加而影响黄瓜的生育。采用黑籽南瓜作砧木嫁接后可提高黄瓜耐盐能力。

（四）花芽分化和性型决定

1. 花芽分化

一般黄瓜在第 1 片真叶刚出现时，就开始花芽分化。在花芽分化初期，表现为两性花，之后，由于条件的影响，则有雌雄之别。凡条件有利于雌蕊发育，则雄蕊退化而发展为雌花；若条件不利雌蕊发育，则雌蕊退化而形成雄花。当第 1 片真叶展开时，生长点已分化至 12 节，此时，第 9 节以内的各叶腋均已行花芽分化，但性型未定；第 2 片真叶展开时，叶芽已分化至第 14～16 节，第 3～5 节花芽的性型已定；当第 7 片真叶展开时，第 26 节叶芽已分化，花芽已分化至第 23 节，同时第 16 节以内的花芽性型已定。因此，当幼苗期结束时，植株基部和中部的花芽的性型就已决定。

2. 性别分化的环境条件

黄瓜花的性型表现不是固定不变的，其雌雄花的比例，除受遗传性支配外，还受环境条件的影响。白天在适温下，适当降低夜间温度，有利于体内营养物质的积累，能刺激花芽向雌性转化。当第 1 片真叶展开，到第 2 片叶还没展开前，夜间温度可控制在 12～14℃，当第 2 片叶展开，则夜间温度可降到 10～12℃，对降低雌花节位和增加雌花数目，有重要作用。大多数品种，当第 1 片真叶展开到第 5 片真叶展开时，给以 8h 以内的光照，对花芽向雌性转化比较有利。如果再增加苗床里二氧化碳的浓度，提高同化率，增加积累，更有利于雌花形成。在一定范围内，光照增强，能提高光合效率，增加养分的制造和积累，有利于雌花的分化。空气湿度和土壤含水量高时，有利于雌花的形成。氮和磷分期施用较一次施用有利于雌花的形成、雌花数增加。

3. 生长调节剂的影响

在幼苗长到 4～5 片叶时，喷乙烯利 100～200mg/L，可以促使植株形成雌花，而且雌花节位也有所下降。

（五）果实的发育

1. 果实发育的过程

黄瓜果实在发育过程中，最初是皮和胎座组织细胞数量的增加，然后是各细胞体积的膨大。在果实膨大的后期，种子才迅速发育，先是形成种皮，接着是胚的充实。黄瓜的产品是幼嫩果实，因此应在瓜条的长度和粗度达一定大小，而种皮刚开始形成时采收，亦可根据市场行情适时采收。果实夜间生长量比白天大，以下午 5～6 点钟生长最快，清晨较慢。

2.环境条件的影响

温度、光照、水分、营养等条件对果实生长都有直接影响。果实发育的适温,白天 25～28℃,夜间 13～15℃,气温过高,茎叶易老化,果实增长慢,果梗细长,果面无光泽,品质降低。特别是夜温高时,呼吸作用旺盛,营养物质消耗量大,运往果实的养分减少,果实发育瘦小。光照不足时,光合效能低,营养缺乏,果实生长缓慢,味变淡。可以采用控制浇水,适当增施磷肥,以调节在弱光下瓜体内氮素的平衡,促进代谢作用,使果实正常生长。

在果实发育期间,遇到不良的环境条件,往往产生尖嘴、大肚、蜂腰、僵果等畸形瓜,其原因如下:

① 在花芽发育时,光照不足,或夜温高,秧苗营养不足,使子房发育不良,在幼小时就变弯,多发育成弯曲瓜;

② 幼苗期施肥不当,或定植后浇水过早,使秧苗生长过旺,养分向生殖生长部位输送得少,果实过早停止发育,形成僵瓜;

③ 授粉不良或受精不完全,只是部分胚珠结成种子,此部分吸收的养分增多就膨大,没有形成种子的部分则不膨大,这样便产生尖嘴、大肚和蜂腰等畸形瓜;

④ 在高温、干燥条件下,植株衰老,或在生长过程中,水肥条件变化剧烈,也会发生畸形瓜。

黄瓜的苦味是由于果实中产生一种苦瓜素($C_{32}H_{50}O_8$)的物质而形成的。一般在果梗靠近果肩的部分,容易出现苦味。苦味是品种的遗传特性决定的,但也受栽培条件的影响。如氮素过多、水分不足、低温、光照不足、缺乏肥料和生育后期植株衰弱等,都会导致植株体内生理代谢失调而产生这种物质,致使出现苦味。

二、类型和品种

① 南亚型黄瓜:分布于南亚各地。茎叶果较大,单果重 1～5kg,易分枝;短圆筒形或长圆筒形;果皮色浅,瘤稀,刺黑或白色,皮厚,味淡。喜湿热,严格要求短日照。地方品种群包括锡金黄瓜、版纳黄瓜和昭通大黄瓜等。

② 华南型黄瓜:分布于中国长江以南及日本各地。植株较繁茂,耐湿热,为短日性植物;果实较小,瘤稀,多黑刺;嫩果绿色、绿白色、黄白色,味淡,老熟果黄褐色、具网纹。代表品种有昆明早黄瓜、广州二青、上海杨行、武汉青鱼胆等。

③ 华北型黄瓜:分布于中国黄河流域以北及朝鲜、日本等地。植株长势中等,对日照长短反应不敏感,较耐低温;嫩果棍棒状、绿色、瘤稀、多白刺,老熟果黄白色、无网纹。代表品种有新泰密刺、北京大刺瓜、唐山秋瓜等。

④ 欧美型露地黄瓜:分布于欧洲及北美洲各地。植株繁茂;果实圆筒形,中等大小,瘤稀,白刺,味清淡,老熟果浅黄或黄褐色;有东欧、北欧、北美等品种群。

⑤ 北欧型温室黄瓜:分布于英国、荷兰等。茎叶繁茂,耐弱光;果面光滑,浅绿色,果长达 50cm 以上。代表品种有英国温室黄瓜、荷兰温室黄瓜。

⑥ 小型黄瓜:分布于亚洲及欧美各地。植株较矮小,分枝性强;多花多果,果实小。代表品种有中国扬州乳黄瓜等。

中国各地栽培的黄瓜品种主要为华北型和华南型。华北型黄瓜按栽培季节可分为春、夏、秋三个类型。春黄瓜类型如长春密刺、北京大刺瓜、太原大白刺、西农58、鲁春26、津研 6 号等,夏黄瓜类型如截头瓜、郑州黑油皮,秋黄瓜类型如唐山秋瓜、津研 2 号等。近年来,还选育出了许多优良品种,华北型黄瓜如津春2、3、4、5 号,津杂2、3、4 号,津优1、2、3 号,津绿2、3、4 号等,中农2、4、5、7、8 号等。华南型黄瓜如云南昆明早黄瓜,浙江杭州青皮,上海扬行黑刺,江苏扬州笃瓜,湖南长沙朗梨早黄瓜,湖北武汉青鱼胆,四川成都寸金黄瓜,云南昭通大黄瓜,广东广州二青,沪58号、宝杨5号,湘黄瓜1、2、3号等。

三、栽培季节与茬口安排

从黄瓜对温度要求看，栽培上有一定的季节性，为了达到周年供应，除进行露地栽培外，还必须配合保护地栽培。北方春夏黄瓜于保护地（冷床、温床、温室等）内育苗，断霜后定植于露地，可根据当地终霜期推断适宜播种期，一般定植前30～45d播种。

黄瓜最适宜春季栽培，因为幼苗期有保护设备，气候比较适宜，且春季日照短，昼夜温差大，有利于植株的发育，并可促进花芽向雌性转化，降低雌花节位，定植后的气候条件正适合黄瓜生长和开花结果。北方各地黄瓜栽培季节见表4-1。

表 4-1　北方各地露地黄瓜栽培季节

地区 项目		北京	济南	郑州	西安	太原	兰州	乌鲁木齐	呼和浩特	哈尔滨	长春	沈阳
播种期	春茬	3月上旬至3月下旬	3月中旬	3月中旬	3月中旬	3月下旬	3月中旬	3月底至4月初	4月中上旬至4月中旬	4月中旬至4月下旬	4月上、中旬	3月底至4月初
	秋茬	7月初	7月中、下旬	6月中旬至7月中旬	7月上旬至7月中旬	6月下旬至7月上旬	—	6月中旬	—	—	—	7月上旬
收获期	春茬	5月上旬至7月上旬	6月下旬	5月中、下旬	5月下旬	6月上中旬至7月	6月上旬至7月下旬	6月中旬	6月中旬	6月下旬至7月上旬	6月中旬至7月上旬	6月上、中旬至7月
	秋茬	8月中旬至9月中旬	9月下旬	7月下旬至9月上旬	8月中旬至9月下旬	8月至9月	—	8月上旬	—	—	—	8月至9月

注：此表引自卢育华. 蔬菜栽培学各论. 北京：中国农业出版社，2000。

露地栽培由于中国各地气候条件差异较大，露地栽培茬口也有很大差异，如东北、内蒙古新疆等寒冷地区，无霜期只有90～170d，露地栽培一般每年种植1茬，产品供应期在6～8月份，由于气候冷凉、温差大、光照充足，在保障灌溉条件情况下产量较高，品质较好。华北地区无霜期一般在200d以上，可分为春茬、夏茬和秋茬栽培。春黄瓜是主要栽培茬口，由于气候温暖、光照充足，产量较高。夏茬和秋茬采收期主要瞄准7～9月份黄瓜供应淡季市场，播种或定植期相对灵活，既可于终霜后露地直播，又可以早春速熟蔬菜为前茬进行育苗移栽。由于夏、秋黄瓜生长期间高温、多雨，秋季温度下降快等原因，故田间生长期短，病虫害相对较多，产量也较低。

黄瓜茬口的安排应进行三年以上的轮作，连作能助长病害的蔓延。黄瓜结果多，需要土壤肥力较高，故前茬以选施肥较多的蔬菜为宜。春黄瓜一般以冬闲地、越冬蔬菜或小葱为前茬，后茬为架豆或秋菜；夏黄瓜前茬为绿叶菜，后茬为秋菠菜或移栽大白菜；秋黄瓜多以菜豆、葱蒜类、甘蓝、早番茄为前茬，以越冬菠菜为后茬。因多支架栽培，为提高土壤利用效率、增加单位面积产量、便于病虫害控制和土壤培肥等，可以考虑与矮生、耐阴作物如油菜、菠菜、韭菜、青蒜等进行间作套种。

四、栽培技术

（一）春黄瓜露地栽培技术

1. 育苗

培育适龄壮苗是早熟丰产的基础，育苗时应掌握以下环节。

（1）育苗场所　我国北方大多采用阳畦育苗，也可以采用电热温床、酿热温床或日光温室育苗。播种前苗床土壤应进行充分翻晒，以提高土壤温度，改善理化性状。

（2）浸种催芽　采用温汤浸种或热水烫种。催芽温度25～28℃，当种子萌动后适当降低到

18℃左右，以使幼芽粗壮。

（3）播种　选择适宜播期对培育壮苗有密切关系，播种过早，定植时苗龄过大，影响根系发育，促使植株早衰；播种过迟，雌花发生晚，影响产量。根据各地经验用保护根系措施培育黄瓜幼苗的苗龄以 5～6 片真叶为宜。播种前准备好播种床，浇足底水，水下渗后撒一层细土，点播。播种后用培养土覆盖，厚约 0.7～1cm。为防止"带帽出土"，播种时种子应平放，侧放或尖端向下都不易脱去种皮。

（4）分苗　北方部分地区当出苗后子叶开展时进行分苗，按行株距 9cm 左右移栽。为保护根系可利用营养土块、纸袋或营养钵育苗。

（5）苗期管理　苗期主要是温、湿、光、肥的调节。黄瓜喜温怕寒，质柔嫩，抗逆性比其他一般蔬菜差，掌握适宜温度是控制幼苗徒长而促进根系发育及花芽分化的有利措施。播种至出土前要提高温度，白天 30℃左右，夜间 20℃以上，以利早出苗。当有 2/3 的幼苗开始出土时，及时放风降温，白天 25～30℃，夜温控制在 18℃左右，防止形成高脚苗。出土后在床内撒一层薄土，以利保墒和防止土壤龟裂，并可扩大根系。第 1 片真叶出现前后，可再覆一层土，并逐渐加大通风量，以防止徒长。第 1 片叶出现后到四叶期是花芽分化期，适当降低夜温不仅可防止徒长，且有利雌花分化，白天 20～25℃，夜间 15～18℃。定植前 10～15d，逐渐加大白天放风量，减少夜间覆盖，进行幼苗锻炼。

苗期水分管理以出土前和缓苗期湿度较高，出土后和缓苗后应降低湿度。据测定，缓苗期的土壤含水量以干土重的 26%～29%为宜，其他时期控制到 20%左右。但不能缺水，如果蹲苗过度或长期缺水，容易出现"花打顶"现象，严重时植株不能继续生长和结果。

此外，还应视幼苗长相和土壤墒情等条件而定。一般子叶期水分不足或肥料过浓时，子叶小且色深，严重时子叶先端枯黄。养分不足时，子叶小且色浅。寒风突然袭击，叶缘变白，并向上反卷。水分不足时，叶和生长点生长慢、色深、少光泽，叶面不舒展。当水分过大时，叶大，生长快，叶肉薄色浅，叶上刺毛柔软。当土壤干时，叶色深，中午打蔫，可用小水轻灌，浇后合墒中耕，保持土壤疏松。

2. 整地施肥

黄瓜根系较浅，主要根系分布在表土层中，吸肥力弱，不耐过高的土壤溶液浓度。根群有氧呼吸较旺盛，因此，整地要深翻细耙，并经晾晒后提高土温，入春后整平作畦或垄。一般畦宽 1～1.2m，长 10m 左右，垄距 60～70cm。

黄瓜要求富于有机质、肥沃而保水保肥力强的土壤。施足底肥，每亩施腐熟厩肥 5000kg，或堆肥、土粪等 7500kg。施肥方法可在冬前结合深耕全园铺施，或留下一部分于定植时铺施畦面。与此同时，再施入过磷酸钙 25～30kg，或磷酸二铵 10～15kg。

3. 定植和密度

在当地终霜期后，10cm 地温稳定在 14～15℃时定植为宜。定植过早，易遭晚霜或寒潮的袭击，不发根，苗退绿变黄，定植过晚影响早熟。

定植方法，一是明水法，即按株距挖穴或开沟栽苗，覆土后浇水；二是暗水法，也叫座水栽苗，先开沟灌水，趁水湿坐苗，使根土密接，然后覆土或先覆半沟土，晒土 1～2d，趁中午高温时将沟封平。

架黄瓜可采用畦作，每畦栽两行，株距 20～30cm。垄作株距 25～30cm。地爬黄瓜行距 100～120cm，株距 25～35cm。

4. 田间管理

（1）中耕除草　春季定植后，田间管理的首要任务是促根快长。浇定植水后，要适时浅中耕，促进缓苗。经 4～5d 浇一次缓苗水后，应勤松土，一般连续 3～4 次。雨后和灌水后，适时中耕，清除杂草。黄瓜抗药性较差，许多除草剂不能在黄瓜上使用，可选择 25%胺草磷乳油、48%地乐胺乳油、33%除草通乳油、48%氟乐灵乳油等。

（2）灌溉和排水　根据黄瓜要求水分高而不耐涝的特性，既要注意需水时的灌溉，也要注意多雨时的排水。灌水时应引水从畦沟中浸灌，随灌随排，避免浸透时间长，发生烂根现象。

一般于定植后4～5d浇一次缓苗水，如土壤湿度大时，可只中耕不浇水。当第1雌花陆续开放，就要控制灌水，进入中耕蹲苗阶段。蹲苗期的长短和蹲苗期浇水与否，要视气候条件和秧苗生长情况而定。当叶色深绿，叶片增厚，刺毛变硬，根瓜已坐住，上部瓜纽已陆续形成，地上部稍显缺水，说明这时植株体内养分积累增多，并已转入生殖生长为主，即可结束蹲苗。蹲苗结束后，不可缺水，应加强灌水，否则会影响地上部的正常生长及根系扩展。根瓜采收后，灌水次数应逐渐增加，可根据情况3～5d灌一次水。盛果期需水量更大，应1～2d灌一次水。大水浸灌会引起枯萎病的发生，所以须做到小水勤浇、地面常湿，阴天不浇、晴天浇，中午不浇、早晚浇，浇后不积水。

(3) 追肥 黄瓜喜肥，但根系吸收力弱，对高浓度肥料反应敏感，因此应采取薄施勤施的追肥原则。定植缓苗后营养生长、器官分化与形成同时并进，生长迅速，结合浇水追施提苗肥，施尿素10kg/亩左右，或人粪尿750kg/亩或猪圈肥1000kg/亩。根瓜采收后可每隔8～10d追肥一次，防止脱肥早衰。盛果期可采取有机肥与无机肥交替施用，粪稀每次1000kg/亩左右，化肥浓度不能过大，约15kg/亩为宜。结合防病喷药时可进行根外追肥，用0.3%尿素和0.2%磷酸二氢钾进行叶面喷洒。

(4) 植株调整 合理地调整植株是协调营养生长与生殖生长平衡发展的技术环节之一。黄瓜开始抽蔓后，须立支架，随其生长要及时绑蔓，使茎蔓在架面上合理分布，以利通风透光。支架有大架、中架、小架。绑蔓一般在株高约25cm时开始，以后每隔3～4叶绑一次，绑在瓜下1～2节处。主蔓结瓜品种，于主蔓满架后摘心，不留侧枝。以侧蔓结瓜为主的品种，须在主蔓4～5片叶时摘心，促使早发侧枝，并选留2～3条侧蔓结瓜。主侧蔓均能结瓜的品种可在主蔓满架后摘心，侧蔓留1～2个果后，在果前留1～2片叶摘心。

5.采收

黄瓜以嫩瓜为产品，应及时采摘，迟收不但影响品质，而且延缓下一个瓜的发育。根瓜还应适当提早采摘。一般在谢花后8～18d采收。生长前期温度低，果实生长慢，由谢花到采收的日期较长，以后温度升高果实生长快，采收的日期较短。结果初期每隔3～4d采收一次；盛果期瓜秧发育快，应及时采收，一般1～2d采收一次。

(二) 夏、秋黄瓜栽培要点

夏秋黄瓜的生长正值高温多雨季节，对黄瓜生长极为不利，病虫害严重，植株生育不良，产量低。应根据炎夏气候特点，结合黄瓜生长发育规律，制订出相应的管理措施。

1.品种选择

应选择抗热、耐涝、抗病、高产品种。如津研1、2、5、7号，津春4、5号，津杂3、4号，中农2、8号等，各地区可选用本地区适于夏秋栽培的地方品种。

2.适期播种，合理密植

夏秋黄瓜多采用直播，也可育苗移栽。5～8月份均可播种，但夏黄瓜播种越晚温度越高，对植株生长的影响越大，应适当早播。秋黄瓜播种则不能过晚，应于当地初霜前100～110d左右播种，过迟生长期短，影响产量。与春黄瓜相比，夏秋茬黄瓜由于生长前期高温多雨，但中后期温度、光照逐渐减弱，适宜生长的时间较春季短，故适当增大栽培密度，一般应达到5000～5500株/亩，株行距（18～21）cm×（60～65）cm。

3.加强防涝措施

华北地区夏秋黄瓜生长期间正处雨季，因此应选择地势高、能排能灌、疏松肥沃地块。田间应有排水沟，畦不能过长，采用小高畦或垄栽培，涝能排、旱能灌，

4.增施肥料轻浇水

夏秋黄瓜需肥量多，为了加强黄瓜的抗逆性和提高产量，应施足基肥，及时追肥，多施速效肥料。但底肥不宜过多，应腐熟，铺匀，不可过深。在炎热的夏季，追肥不宜施粪稀，应于小雨之后结合中耕施化肥5～8kg/亩，并及时压清水。

夏秋黄瓜灌水量不能过大。夏季雨水多，须注意清沟排水，并于暴雨后及时浇井水，即热雨后"涝浇园"。秋季易干旱地区，须及时灌水，每次灌水量要小，采取小水勤浇的原则，避免大水漫灌，这样既可做到不旱、不涝、病害少，又能经常降温，起到改善小气候条件的作用。小苗时应以控水为主，出齐苗时浅耕一次，3～4片叶时再浅耕一次，促使根系发育。秋后逐渐冷凉时，水量应减少。

5. 采收

夏黄瓜生长快，瓜易老，须及早采收。秋黄瓜生长由快到慢，应适时采收。

第二节 西 瓜

西瓜别名水瓜、寒瓜、月明瓜，为一年生、蔓生草本植物，为夏季主要果蔬。以成熟果供食，营养丰富，并具有良好的药用价值，每100g果肉含水分86.5～92.0g，总糖7.3～13.0g，有丰富的维生素和矿物盐，清热解毒，对高血压、心脏病、肝炎、肾炎及膀胱炎有不同程度的辅助疗效。瓜瓢可作罐头，果汁可酿酒，果皮可作蜜饯、果酱并提炼果胶，种子可榨油、炒食和作糕点的配料。

据考证，西瓜起源于非洲南部的卡拉哈理沙漠，早在五六千年前古埃及就已种植西瓜，进入欧洲广泛种植后，经陆路从西亚经波斯（伊朗）、西域，翻越帕米尔高原，沿古代"丝绸之路"传入新疆，之后又传入内陆。

一、生物学特性

（一）植物学特征

1. 根

西瓜是深根系作物，主根入土深度达1m以上，侧根扩展范围3～5m，但主要根群分布在10～33cm土层内。西瓜根系发达，吸水能力强，叶片深裂，蒸腾量较小，因此西瓜是比较耐旱作物。西瓜根系不耐涝，涝淹时根系呼吸受阻，功能失调，尤其高温时涝害，即使短时间涝害，根系活动也会受到严重影响。

西瓜根系木质化程度出现早而且强，根系受损伤后恢复困难，新生根柔弱，所以西瓜是不太耐移栽作物，种植上一般不采取育苗移栽的措施。若早熟栽培，可进行护根育苗。

西瓜茎蔓能产生不定根，不定根部位在茎蔓贴近地表湿土处，尤其压蔓后易形成不定根。不定根长度多为30～50cm，而且不定根上还能生长侧根。不定根主要作用是固定秧蔓，防止秧蔓滚动，但也有吸收水分和营养的作用。西瓜根系易感枯萎病，因而不能连作。近年来通过嫁接预防枯萎病，可减轻连作障碍。

2. 茎

西瓜幼苗茎直立生长，成株茎匍匐蔓生长，茎蔓上密生绒毛。西瓜茎蔓分枝能力强，播种后30～40d，茎蔓基部形成4～6条侧枝，或称之为侧蔓。主蔓基部3～5叶腋中形成的侧蔓粗壮，能坐住瓜并形成产量，主蔓前端晚期发生的侧蔓一般不能坐瓜，多为无效生长。侧蔓的多少、长势强弱与品种特性关系密切。

叶腋间着生卷须、侧枝、花器等器官。卷须起攀缘作用，卷须形态、强弱还反映植株长势。普通品种西瓜节间平均长度为10cm左右，四倍体西瓜节间明显短缩，"丛生型"西瓜节间更短。通常栽培的普通西瓜在肥水大、田间郁闭、通风透光条件差下西瓜节间长。

3. 叶

西瓜叶片因着生位置不同，叶片的形状也有所不同。子叶为椭圆形，第1～2片真叶为基生叶，叶片小，缺刻浅或全缘，呈龟背形。此后的各真叶均呈掌状深裂形，叶面多绒毛，叶缘为钝锯齿形，叶柄长而空，叶脉为掌状网形脉。一般叶片为三深裂，每个裂片为羽状或二回羽状的浅裂或深裂，叶片表面有蜡质并密生绒毛。叶片从子叶开始由下而上单个叶片面积逐渐增大。单个叶片叶面积大小与品种有关，也受栽培条件影响。

4. 花

西瓜一般是同株雌雄异花，但也有部分植株和部分品种会出现完全花。西瓜花萼片 5 片，绿色。花冠筒状、黄色，上部分为 5 个裂片。雄花花冠基部有 3 个雄蕊，花药呈 S 形。雌花的雌蕊位于花冠基部，柱头三裂。子房下位，雌花现花时，子房形状、颜色与成熟果实相同。

西瓜为半日花，开花时间很短。晴天一般于早晨 6 时左右花冠开放并散播花粉，11 时左右花冠颜色变淡，开始闭花，16 时左右花冠合拢。雌花受精能力和雄花授粉能力不超过 2d，当天开放的花朵授粉受精最佳，坐果良好。

西瓜开花授粉与坐果是否顺利取决于植株生育状态和外界环境条件。植株健壮，雌雄花器大而且形状正常，开花早，授粉易且坐果顺利；天气晴朗，温度较高，昆虫活动频繁，对开花坐果有利。

5. 果实

西瓜果形有圆形、卵形、椭圆形、圆筒形。果实大小因品种不同而有很大差异，大者 10~15kg，小者仅 0.5~1kg。果皮颜色有黄、绿白、绿、深绿、墨绿、黑色等，间有细网纹或条带。果肉有乳白、淡黄、深黄、淡红、大红等颜色。果肉可溶性固形物 8%~10%，优良品种可达 11%~12%。

西瓜果实为瓠果，系受精子房发育而成。果实由果皮、果肉和种子三部分组成，果柄不脱落。果皮由子房壁发育成，其厚薄取决于品种特性和栽培条件。气温较低或坐瓜节位较低的条件下，瓜皮较厚。

果肉即通常所谓的瓜瓤，是由胎座组织发育而来的。西瓜为三心皮一心室多胎座的果实，一般具有 3 个侧膜胎座。果实成熟时，胎座细胞的中胶层离解，细胞间隙增大，形成大量巨形充满汁液的薄壁细胞，最大的薄壁细胞直径可达 3~5mm。瓜瓤色泽因其含有色素不同而有所不同。瓜瓤红色是因其含有番茄红素和胡萝卜素，其色泽深浅主要是由番茄红素的含量多少所决定。黄色瓜瓤主要含各种胡萝卜素，但不含番茄红素，因胡萝卜素含量多寡不一，黄色程度也不相同。白色瓜瓤含有黄素酮类，与各种糖结合成糖苷形式存在于细胞液中。

6. 种子

西瓜种子为扁平卵圆形，一端钝圆，一端窄尖，窄尖的一端称为喙，喙端为萌动种子胚根出口，称之为出芽孔。种皮平滑或具皱纹。种皮颜色分为白、黄褐、黑等颜色。每个西瓜内的种子为 200~500 粒，多则 700 粒，少则仅 150 粒。

种子寿命与贮藏条件有关，在一般贮藏条件下，种子使用寿命 3 年。

（二）生育周期

1. 发芽期

从种子萌动到真叶显露为发芽期。此期主要靠种子贮藏的养分生长。发芽期的长短与地温有关，如 10~20cm 地温为 17.5℃、18.8℃、20.6℃时，发芽天数分别为 10d、7d 和 6d。栽培上要防止出土后下胚轴徒长和低温为害。

2. 幼苗期

从真叶显露到 4~5 片真叶为幼苗期。在 15~20℃的温度下约需 20~25d。此期根系生长快，地上部生长缓慢，节间短，茎直立，叶片小，缺刻不明显。当幼苗期结束时，顶端已分化出 14~17 节，各叶腋进行侧枝、卷须和花芽分化。栽培上应采取中耕和轻施提苗肥，促使幼苗生长和器官分化。

3. 抽蔓期

从 4~5 片真叶开始，幼苗出现卷须，到留果节位的雌花开放为抽蔓期。气温在 20~25℃时约需 18~20d，地上部显著加快，节间加长，当蔓长达 33cm 时，匍匐生长，发生侧蔓，相继发生雄花和雌花。根系也迅速生长，主要根系已基本完成。此期是营养生长的主要时期，在栽培管理上，以促进茎叶生长为主，同时又要控制营养生长过旺。

4.结果期

从留果节位雌花开放到果实成熟为结果期。气温在 25～30℃时，约需 30～40d。此期是西瓜生长主要时期，又可分为坐瓜、膨瓜和成熟三个分期。

（1）坐瓜期　从留果节雌花开放到果实"退毛"为止，约需 5～6d。雌花受精后子房开始膨大，当幼果有鸡蛋大小时，果面茸毛渐稀，俗称"退乳毛"。退毛后说明果实已基本坐牢，整个植株由营养生长为主转向以生殖生长为主的新阶段。此期是坐果关键时期，栽培上要控制肥水，制约瓜蔓长势和人工辅助授粉，以达到坐果的目的。

（2）膨瓜期　从果实"退毛"到果实大小基本固定（也叫定个）为膨瓜期，约需 18～25d。此期为果实生长盛期，植株体内大量养分集中向果实转运，果实体积迅速膨大，重量急剧增加，平均每日果实鲜重增长量达 250g 以上是形成产量的关键时期。在栽培上应供给大肥、大水，促进果实肥大。

（3）成熟期　也叫变瓤期，果实"定个"到生理成熟为成熟期，约需 7～8d。此期糖分迅速转化，并具该品种固有的色泽，瓤肉紧密转为脆沙，种子逐渐成熟充实，而茎叶逐渐衰败。在栽培管理上要防止茎叶早衰，促进二茬瓜的成熟。

（三）对环境条件的要求

1.温度

西瓜喜高温干燥的气候，是瓜类中耐热性较强的种类之一。生育适温为 24～30℃（月均温 20～25℃），30℃同化作用最强。在日较温差大的情况下，有利于果实膨大和果实内糖分的积累。西瓜不耐寒，在－0.5℃时植株受冻，低于 10℃停止生长，受精不良，子房脱落。

西瓜种子在 16℃以上开始发芽，适温为 25～30℃，15℃以下和 40℃以上极少发芽。根伸长的最低温度为 8℃，根毛发生的最低温度为 14℃。因此，露地春播应在地温稳定在 15℃以上时开始播种。开花坐果适温为 25℃，低于 18℃以下，果实发育不良。果实膨大和成熟期以 30℃较为理想，温度低果实成熟推迟，品质下降。

2.光照

西瓜需要充足的光照，在 10～12h 以上的长日照下，才能生育良好。但苗期在短日照（8h）和较高的温度（27℃）下，有利雌花形成，雌花数增多，在长日照（16h）和高温（32℃）下则抑制雌花的发生。

3.水分

西瓜喜湿、耐旱、不耐涝，0～30cm 土层适宜的土壤含水量，幼苗期为田间持水量的 65%，伸蔓期为 70%，果实膨大期为 75%左右。土壤含水量低于 50%则植株受旱，影响正常生长和果实发育。西瓜要求空气干燥，空气相对湿度以 50%～60%为适。但花期授粉时，短时间较高的空气湿度有利于授粉、受精。

4.土壤与营养

西瓜对土壤的适应性较广，各种土质均可栽培，但以土层深厚、排水良好、肥沃疏松的沙壤土最好。适宜的土壤酸碱性为 pH5～7，总盐量在 0.2%以下。西瓜忌连作重茬，应实施 6～10 年轮作。西瓜需肥量较大。据试验，每生产 1000kg 果实需氮 4.6kg，磷 3.4kg，钾 3.4kg。增加磷肥可以促进根系生长和花芽分化，提高植株的耐寒性。钾肥可以提高植株的耐病性。生产上 3 者的比例以 3.28∶1∶4.23 为宜。

实践证明增施磷钾肥或施用磷钾含量较高的饼肥，能提高西瓜的含糖量。西瓜在不同的生育时期对三要素的吸收量差异较大。当植株形成营养体时吸收氮最多，而进入结果期以后，吸收钾最多。

二、类型和品种

根据西瓜对气候的适应性，分为 5 个生态类型。

① 新疆生态型：原产新疆，适应于干旱的大陆型气候，多数品种长势强、种子大，为大型

晚熟种。

②华北生态型：原产华北，适应于温暖半干旱气候，长势强或中等，果型大或中等，种子大，肉质沙或软。

③东亚生态型：原产中国东南沿海或日本。适应湿热气候，长势弱，果形小或中等，种子小或中等。早、中熟品种。

④俄罗斯生态型：原产伏尔加河中、下游和乌克兰草原地带，生长旺盛，多为中、晚熟品种，肉质脆，种子小。

⑤美国生态型：原产美国南部，适应于干旱沙漠草原气候。生长势旺，分枝中等，大果形晚熟品种，结实较少，含糖量高。

根据生长期长短可分为早熟、中熟和晚熟等品种。从开花到成熟 26～30d 为早熟种，30～35d 者为中熟种，长于 35d 为晚熟种。根据细胞学分为二倍体、三倍体和四倍体西瓜。按照用途可分为果用类型和籽用类型。籽用西瓜也叫"打瓜"，与果用西瓜相似，唯蔓叶较小，分枝多，不需细致整枝，每株留瓜 2～3 个。果实球形或短椭圆形，单果重 1～4kg，皮厚瓤少，味淡，生食价值不高。但种子大，单果有 400 余粒种子，千粒重 100g 左右，以采收瓜籽为主。

果用西瓜在我国各地栽培极为普遍。蔓长叶大，果实圆球形或椭圆形，单果重 5～25kg，小者也有 2～3kg。瓜瓤发达，汁多味甜。按种子的大小又可分为大籽型和小籽型。

近 20 年来，随着生活水平的提高，市场对西瓜的要求逐渐变化，现在对西瓜的要求是含糖量高且糖度梯度小、体积中等大小、果皮坚韧耐运输。20 世纪 80 年代以前种植传统品种的单瓜重量大，种子也大，千粒重达 100～150g；80 年代中后期种植中等大小的西瓜，种子大小中等，千粒重 40～60g，如中育 6 号等；90 年代以来多种植单瓜重 5kg 左右的小籽类型。目前生产上栽培的品种多为杂交 1 代，其中早熟品种有郑杂 5、7 号，京欣 1 号，抗病苏密，圳宝早佳，沪密 3 号，郑抗 6 号，冀西瓜 4 号，早巨龙，预西瓜 7 号，世纪春蜜，春蕾，春光，早春红玉，黑美人，黄小玉等，果实成熟期 30d 左右；中熟品种有新澄，聚宝 1 号，新红宝，金钟冠龙，西农 8 号等，果实成熟期 35d 左右；晚熟品种有红优 2 号，小籽马兰，果实成熟期 40d 以上。此外，还有一些三倍体无籽西瓜，如广西 2 号，邵阳 304 号，黑密 2 号，郑引 301，丰乐无籽 2、3 号，郑抗无籽 1、2、3、4 号，湘西瓜 14、18 号，密枚 1 号，农友新 1 号，津蜜 1 号，黄宝石无籽西瓜等。

三、栽培季节与茬口安排

我国各地种植西瓜十分普遍，由于气候差别，各地露地种植时间有很大差异（表 4-2）。西瓜为耐热作物，露地栽培应将生长期安排在炎热季节，同时必须地温稳定在 15℃才能播种或定植。西瓜露地栽培为春播夏收，由于不耐低温，幼苗出土或定植的最早安全期必须在当地晚霜过后。

表 4-2　我国北方西瓜主要产区的露地栽培播种期与收获期

地区 项目	东北地区		华北地区						西北地区		
	黑龙江泰来	辽宁盖平	山东昌乐	山东德州	河南开封	北京大兴	北京丰台	陕西周至	甘肃兰州	青海民和	新疆精河
栽培方式	露地直播	露地直播	育苗铺沙	露地直播	露地直播	露地直播	风障水瓜	露地直播	沙田直播	沙田直播	露地直播
播种期	5 月中下旬	4 月底	4 月初	4 月中下旬	4 月中旬	4 月中下旬	3 月底	4 月中旬	4 月中下旬	4 月中旬	4 月底
始收期	8 月中下旬	7 月下旬	7 月上旬	7 月下旬	7 月中下旬	7 月中旬	6 月下旬	7 月中旬	8 月上旬	8 月上旬	8 月下旬

西瓜严忌连作重茬，应实施严格轮作。轮作年限应根据土壤类型、品种和枯萎病发生程度而定，一般水旱轮作间隔 3～4 年，旱地轮作则需要 7～8 年，如连茬或轮作周期短，植株生长势减弱，果实变小，病害严重，产量下降甚至绝收。西瓜前茬以禾本科作物、甘薯、棉花较好，也

可以是各种秋菜如白菜、萝卜、胡萝卜等，后作可以是秋菜或小麦等。西瓜施肥量大，肥料种类齐全，深根改土效果好，是绝大部分农作物和蔬菜的理想前茬。此外，西瓜生长季节短、苗期长、行距大，适于间作套种越冬作物，如小麦、越冬菠菜、葱、早春矮生豌豆、青蒜、水萝卜、苗香、油菜等和大秋作物棉花、玉米、花生和红薯等。

在二季地区西瓜可以多茬栽培，但仍以春季露地栽培为主，面积大、产量高、质量好。由于市场需求和效益驱使，近年来多层覆盖早熟栽培发展趋势明显，一般能将上市期提前到 4 月中旬左右，上市时间再提前则与海南岛北运的西瓜同时上市，效益不理想。秋季栽培虽然很成功，但市场需求量少，故生产规模小。

四、栽培技术

（一）春季露地西瓜栽培技术

1.地块选择

西瓜对土壤的适应性广，在各种类型的土壤上都可种植，土壤溶液反应必须为中性或微酸性，土壤含盐量不能超过 0.2％。但是最好选用土层深厚、肥沃疏松的壤土或沙壤土。表层土壤为沙土，底层土壤为壤土地块种植西瓜最好。沙田种瓜，容易漏水、漏肥，要加强中后期管理。黏土地上种西瓜，应采用重施有机肥及冬前深翻等农业措施改善土壤通透性。西瓜不能连作，近几年内没有种植过西瓜的地块才能种植西瓜。

2.品种选择

早春露地栽培应选择适应性、抗逆性强，中果型、高产优质、耐贮运的品种。如新红宝、新澄、齐红、中育 6 号、聚宝 3 号、浙密 1 号等。

3.整地作畦

准备作瓜田的地块在秋收后深耕 20cm 以上，耙 2～3 遍后挖瓜沟。瓜沟也称丰产沟，即在西瓜种植行处先挖一深沟，填入熟土和基肥，然后作畦。一般按 1.6～1.8m 的行距，在西瓜种植行挖宽 50～60cm、深 40～50cm 的沟，将 20cm 深的熟土放在沟的南侧，20cm 以下的生土放在沟的北侧。

沟内集中施用基肥。基肥的种类可以是腐熟的农家肥、过圈粪等。基肥中可适当加入一些化学肥料。一般每亩施土杂肥 4000～5000kg 或圈粪 3000～3500kg，此外，加施过磷酸钙 40～60kg，硫酸钾 15～20kg，或复合肥 15～20kg。将粪肥和回填土壤均匀混合后回填到沟中。做畦方式有以下几种。

（1）背风畦 将回填瓜沟剩余的生土堆于瓜沟北畦，堆土高度 30cm 左右，南侧即朝向瓜沟一侧的坡势陡，另一侧坡势缓，有利于防风和提高瓜沟局部温度。整个瓜田横截面类似锯齿，故又称锯齿畦，瓜沟必须东西走向。

（2）大小畦 又叫平畦。做成两个大小不同平畦。小畦宽 50cm，瓜沟在小畦内，紧邻小畦做 1.2m 宽大畦，作爬蔓和坐瓜用畦。早春大畦浇水避免根系附近土温降低。

（3）龟背畦 将上述大小畦形式中的大畦畦面做成弧形突起，高于小畦呈龟背形，可减少因畦面积水而烂瓜，也有利于通风，但龟背畦面高度要适当。

4.育苗或直播

西瓜育苗方式比较多，可用阳畦冷床育苗、火炕温床育苗、电热温床育苗等多种方式。播种前精选种子，浸种催芽。浸种后要多次搓洗和淘洗，将种子表皮黏物洗净，晾干种子表皮水分，然后催芽。催芽的适宜温度 25～30℃。待种芽长度 0.3～0.5cm 时即可播种。

春季阳畦育苗适宜苗龄是 3 片叶左右，育苗天数 30d 左右。西瓜幼苗露地安全定植期向前推 1 个月即为阳畦育苗的适宜播种时期。中原各地西瓜露地安全定植期为断霜后，即 4 月中、下旬，因而阳畦育苗播种适期为 3 月中、下旬。

播种宜在冷尾暖头晴朗无风天气进行，播种后严密盖膜，傍晚及时盖草苫保温，促使幼苗尽快出土。出苗前宜保持苗床温度 30℃左右。当一半幼苗顶土时，降低床温，白天温度 22℃，夜间温度 15～17℃，以控制下胚轴徒长。当幼苗破心后，一般白天维持 27～30℃，夜间最低气温不低于 20℃。

西瓜苗床，自播种前浇足底水后，育苗期内一般不再浇水。

育苗期间，在不影响苗床温度前提下，尽量使幼苗充分见光。育苗后期，瓜苗较大，外界气温稳定在 20℃左右时，白天可将薄膜揭开，使幼苗直接见光。通风要由小到大逐渐进行，使幼苗有一个适应的过程。健壮幼苗长相是：子叶和真叶大而肥厚，颜色浓绿，下胚轴粗壮。叶片大但叶柄短粗，根系发达，根量多，白嫩根多。叶片上茸毛多并有蜡粉。定植前 5～7d 开始锻炼幼苗，加大通风量，逐步降低夜间温度。白天由局部揭膜放风逐步加大到全畦薄膜揭开，夜间逐步过度到不盖薄膜。但遇到大风、降温或寒流到来，夜间应注意覆盖，预防急剧降温冻坏幼苗。

西瓜育苗期或定植后一段时间里，栽培管理不当幼苗生长也不正常。幼苗叶片颜色灰暗，子叶翻卷、沤根、锈根，迟迟不长，即成为所谓僵苗。引起僵苗原因有连续低温多雨，地温长期低于 15℃，土壤水分多，或土壤过分干旱，土壤板结或土壤黏重，通气性差，根系缺氧，施肥量过大，尤其化学肥料施用过多，土壤溶液浓度过大等。

露地西瓜也可在适宜播种期直播或催芽后直播。

5.定植

西瓜属于耐热作物，对温度要求比较高。西瓜幼苗生育适宜温度 25～30℃。低于 12℃ 则停止生长，若长时间低于 5℃，植株就会受到冷害。因此西瓜露地适宜播种期和适宜的定植期气象指标是外界气温及 5cm 地温稳定在 15℃ 以上。农谚有"桃始花，种西瓜"之说，即物候期为桃树始花时是露地定植和播种西瓜始期。

定植密度应根据品种、栽培方式、土壤肥力、整枝方式等而定。植株行距一般为 1.6～1.8m，株距 0.4～0.5m。早熟品种或长势弱的品种宜密，一般为 1.35 万株/hm² 左右，中晚熟品种或长势强品种密度可适当小些，一般 1.2 万株/hm² 左右（见表 4-3）。

表 4-3 我国北方地区西瓜的栽植密度

地区	品 种 类 型	整枝方式	行株距/m	栽植密度/(株/hm²)
华北	大果型品种	6 蔓	3.0×1.0	3330
	大果型品种	3 蔓	(2.3～2.7)×0.8	5430～4635
	中小型品种	3 蔓	2.0×(0.6～0.7)	8490～7050
东北	小果型品种（一般）	双蔓	(1.7～1.8)×0.5	11700～10650
	小果型品种（盘蔓）	双蔓	(1.3～1.5)×0.5	15300～13200
	小果型品种	单蔓	(1.7～2.0)×(0.3～0.4)	19500～12450
	小果型品种（双行）	双蔓	(2.8～3.0)×(0.4～0.5)	17850～13200
新疆	大果型品种（双行）	双蔓	5.0×0.7	5700
	小果型品种（双行）	双蔓	4.0×(0.4～0.5)	10005

6.田间管理

（1）水分管理 定植时浇定植水，几天后缓苗，及时浇缓苗水，促进幼苗缓苗和生长。直播西瓜出苗后少浇水，以免降低地温。植株开始蔓性生长后，在植株南侧开沟浇水，小水缓浇，浸润幼苗根部。上午浇水，经中午阳光晒沟，下午再封沟。以后随着气温升高，幼苗长大，可采用明水畦面浇灌。

伸蔓期浇水前重后轻，使西瓜坐瓜期水分适当，有利于坐瓜。坐瓜节位雌花开放到花后 3～5d 是西瓜坐瓜时期，应当控制浇水，维持坐瓜期内尽量不浇水，一般情况下植株不萎蔫不浇水。

结果期是西瓜一生中需水量最大的时期，保证水分供应。退毛后及时浇膨瓜水，膨瓜水要由轻到重，前期轻浇，防止茎叶徒长，后期适当重浇，促进瓜膨大。开花后 5～6d 要小水轻浇，浇水后畦内无积水。幼瓜直径 10cm 左右时，适当重浇，增加浇水次数，每 3～4d 浇一水。西瓜直径 15cm 左右时，正是膨瓜期，需水量最大，可大水漫灌，天气干旱时，每隔 1～2d 可浇 1 次水。

西瓜浇水应看天、看地、看西瓜长势。晴天浇水，阴天不浇水，温度高可大量浇水，温度低不浇水或少浇水。中午时叶子或龙头处小叶向内并拢，颜色灰暗，龙头低垂，表示植株缺水；叶片或龙头处小叶舒展，叶色深绿有光泽，龙头高翘，或叶色浅淡，说明土壤水分多，需要控制浇水。

（2）追肥 定植以后可对幼苗追提苗肥。结合浇缓苗水，在植株附近划一浅沟，每株追施尿素 8～10g。西瓜伸蔓后，追肥可促进茎蔓生长，称为催蔓肥。在甩龙头前后每株施用腐熟饼肥 100g 或腐熟大粪干等优质肥料 500g，如果施用化肥则每株施用尿素 10～15g，过磷酸钙 30g，硫酸钾 15g。施用方法是在两棵植株间开一小沟，施入肥料。

膨瓜期是西瓜需肥量最大时期，也是追肥的关键时期，应及时施膨瓜肥。在西瓜有鸡蛋大小时，在植株一侧距植株 30～40cm 处开沟追肥，氮、磷、钾配合施用，也可以结合浇水追施少量腐熟有机肥。西瓜坐瓜后 15d 左右，果实长到碗口大小时，追施尿素或三元复合肥，随水冲施，或撒施后立即浇水。

西瓜生长期间，可结合喷药进行叶面追肥，药液中加入 0.2%～0.3% 的尿素或磷酸二氢钾（或二者各半），每 10d 左右喷洒 1 次。

（3）植株调整

① 整枝。西瓜整枝方式有单蔓整枝、双蔓整枝、3 蔓整枝、多蔓整枝和不整枝的放任生长。

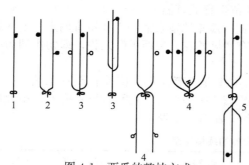

图 4-1 西瓜的整枝方式
1—单蔓式；2—双蔓式；3—3 蔓式；
4—4 蔓式；5—6 蔓式

单蔓整枝保留主蔓；双蔓、3 蔓整枝除保留主蔓外，在主蔓的基部选留一两个健壮侧蔓，主、侧蔓平行向前生长；放任生长是不进行整枝或适量疏摘。整枝要及时、分次进行，一般在主蔓长约 50cm、侧蔓长约 15cm 时开始整枝，每隔 3～5d 整枝 1 次，果实坐住后不再整枝（见图 4-1）。

② 盘条和板根。盘条是瓜蔓长 30～50cm 时，将主蔓和侧蔓（双蔓整枝）分别引向植株根际左右后斜方，弯曲呈半圆形后，瓜蔓龙头再回转朝向前方，将瓜蔓压入土中。板根则是在瓜蔓长 30～50cm 时，将主侧蔓向预定的方向压倒，使瓜秧稳定。目前，生产上多用板根代替盘条（见图 4-2）。

③ 压蔓。压蔓分明压和暗压两种，明压通常用压土块或加树枝或塑料夹卡的办法，将瓜蔓压在畦面上；暗压是将一定长度的瓜蔓全部压入土中，只露出叶片和生长点。一般每隔 20～30cm 压 1 次，主蔓压四五次，侧蔓压三四次。压蔓要求严格及时，以便调节营养生长和生殖生长的关系，使之有利于坐果。压蔓时要注意：坐果雌花前后 2 节不能压，以免损伤幼果，影响坐果；不能压住叶片，否则减少同化面积；瓜蔓分布均匀，以充分利用空间；茎叶生长旺盛时应重压、深压，植株生长势较弱时，应轻压。压蔓最好在午后进行，清晨茎蔓水多质脆，容易折断。

④ 留瓜护瓜。西瓜留瓜节位对果实的大小、产量的高低以及商品性的好坏关系极大，应根据品种、栽培方式、整枝方法及生育条件而定。最理想坐果节位是主蔓第 15～20 节、第二或第三雌花，或侧蔓的 10～15 节、第一或第二雌花。主蔓选留瓜时，在侧蔓上选留一花期相近的雌花作预备瓜，待幼瓜开始膨大时定瓜。定瓜时应选择子房肥大、瓜形正常呈椭圆形、瓜柄中等而弯曲、皮色鲜艳发亮的幼瓜，摘除留瓜部位较近或果型不正、带病果或受伤的幼果。当幼果坐住后，为保证西瓜正常发育，需及时顺瓜、荫瓜、垫瓜、翻瓜和竖

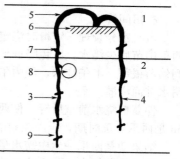

图 4-2 西瓜盘条示意图
1—瓜沟；2—爬蔓畦；3—主蔓；
4—侧蔓；5—盘条；6—地面；
7—压蔓；8—果实；9—摘心

瓜。顺瓜是在果实长到核桃大时，将瓜下面土壤做成斜坡高台，将幼瓜顺斜坡理顺摆好，使之顺利发育膨大；荫瓜是将坐果节位的侧蔓盘于瓜顶上，或用麦秸、稻草覆盖在西瓜上，以防夏季高温容易引发果皮老化、果肉恶化和雨后裂瓜等问题；垫瓜是在果实下面垫上草圈或麦草，以保证果实发育周正，防止污染及雨水浸泡，减轻病虫危害；翻瓜是在采收前 10～15d 顺一个方向翻转果实，每次翻转 90℃。一般翻瓜三四次瓜面色泽即可均匀。采收前 4～5d，当果实八成熟以上时，把瓜竖立起来，使果实发育更趋圆整，色泽良好。

⑤ 人工辅助授粉。西瓜是典型的虫媒异花授粉作物。当阴雨低温天气时，昆虫活动较少，应及时进行人工辅助授粉。每天 7～10h 为最佳时间，可将开放的雄花剥去花瓣，将花药轻轻涂抹留瓜节位上正在开花的雌花柱头上，1 朵雄花可授 2～3 朵雌花。要保护好雌花和雄花，避免雨淋水泡。下雨前用塑料袋或透水性差的纸袋分别将雄花和雌花套袋，或开花前 1d 傍晚将要开放的雄花装入塑料袋内，置于室内开放，只套雌花。次日上午雌花开放时取下套袋授粉，授粉后及时套袋。操作要细心，防止伤花。套塑料袋的已授粉雌花，晴天后及时取下。

7.适时采收

采收时期与西瓜品质密切相关，采收过早果实没有成熟，含糖量低，色泽浅，风味差；采收过晚，果实过分成熟，质地软棉，含糖量开始下降，食用品质降低。因坐果节位、坐果期的不同，果实成熟不一，应进行分次陆续采收。常用下列方法判断果实是否成熟：根据雌花开放后的天数判断，一般小果型品种 25～26d，早、中熟品种 30～35d，晚熟品种在 40d 以上；西瓜果面花纹清晰，具有光泽，脐部、蒂部略有收缩，是西瓜成熟的形态特征；果柄上茸毛稀疏或脱落，坐果节位的卷须枯焦 1/2 以上为西瓜成熟标志；果实相对密度 0.98 为适时成熟瓜，相对密度约为 1.0 是生瓜，相对密度 0.95 则为过熟瓜；西瓜放入水中，1/10～1/20 露出水面即为熟瓜；成熟果实用手指压其蒂部感到有弹力，稍用力即有果肉开裂的感觉；用手指弹西瓜，声音清脆为生瓜，沉稳、稍浑浊为熟瓜，沙哑则为过熟瓜或空心瓜。采收成熟度还应根据市场供应情况来确定。当地供应可采收 9 成熟瓜，于当日下午或次日清晨供应市场，运销外地采收 8 成熟瓜。

（二）无籽西瓜栽培要点

普通有籽西瓜经过化学药剂（一般有秋水仙碱溶液）处理，能获得细胞染色体加倍的四倍体类型。用四倍体西瓜做母本，普通二倍体有籽西瓜做父本杂交，形成三倍体种籽。三倍体植株可以正常开花，但具有高度不孕性，必须采用普通西瓜花粉进行授粉产生激素促进子房膨大，而形成无籽果实。

无籽西瓜抗病力强，中后期叶蔓生长旺盛，但幼苗生长势弱，抗逆性和抗病性都较弱。其栽培技术与普通西瓜基本相同，栽培特点如下。

1.选好品种

三倍体杂交种主要有无籽旭都、黑皮无籽、无籽旭密、无籽旭马、北京红花无籽等。

2.种子处理

三倍体西瓜种子种壳厚，胚不充实，比普通西瓜发芽困难，播前应进行种子处理。方法是用温水浸泡 24h，擦干，用钳子夹破种子尖端的 2/3，然后将种子放入 32～35℃恒温下催芽，经一昼夜，种子刚露胚根时即可播种。

3.播种育苗

无籽西瓜的幼苗，比普通西瓜生长慢，播种期要适当提早。又因其种子价格高，发芽率低，幼苗抗寒力极弱，成苗率低，所以不宜直播，应采用营养钵育苗，并在防寒设备好的保护地内进行。

出苗前要注意保温、保湿和防止鼠害。出苗后若发现种壳有"带帽"现象，要人工去壳。其他播种方法、苗床管理与普通西瓜相同。

4.定植与授粉植株的配置

无籽西瓜的幼苗是杂种一代，在倒蔓后杂种优势显著，生长旺盛，因此栽植密度要比普通西瓜为稀，株距 80～100cm。一般栽植密度为 6000 株/hm²。无籽西瓜的花粉发育不良，不能发芽，故不能刺激子房膨大，必须配置普通二倍体西瓜作授粉品种。其数量可按 4∶1 或 5∶1 配置，也可进行隔畦栽培。

5. 田间管理

无籽西瓜生长势强，生长量较有籽西瓜大，除适当稀植外，应加强植株调整，并注意人工辅助授粉。其他管理与普通西瓜相同。

第三节 南 瓜

南瓜属包括中国南瓜、西葫芦、笋瓜、黑籽南瓜和灰籽南瓜 5 个种。中国南瓜又称南瓜、倭瓜、饭瓜、番瓜等；笋瓜又称印度南瓜、玉瓜、北瓜、拉米瓜等；西葫芦又称美洲南瓜、角瓜、北瓜等，其中中国南瓜、西葫芦和笋瓜在世界各地被广泛栽培。南瓜嫩果和熟果均可食用，其中中国南瓜多食用老熟果，西葫芦和笋瓜则多食用嫩果。每 100g 南瓜鲜果肉中含水分 97.1～97.8g、碳水化合物 1.3～5.7g、维生素 C15mg、胡萝卜素 5～40mg。此外，还含有硫胺素、核黄素和尼克酸等多种维生素以及铁、钙、镁、锌等多种矿质元素。南瓜性甘温，入脾胃有消炎止痛、解毒等功效。果实可加工成果脯、饮料；种子中含有丰富的蛋白质和脂肪，含量分别高达40％和50％左右，其中不饱和脂肪酸高达 45％左右。经常食用南瓜种仁对男性前列腺炎、胃病、糖尿病等具有一定疗效，同时可起到降血脂、防止头发脱落、抗衰老等作用。

一、生物学特性

（一）形态特征

1. 根

南瓜、笋瓜都有很发达的根系，主根入土深可达 2m，为深根作物，主要根系分布深度达60～95cm，具有强的抗旱力和耐瘠薄力。西葫芦的根系不如前两种发达，其主根系主要是水平生长，分布直径 120～210cm，根群深 15～20cm。由于根系强大，南瓜常被用做黄瓜、西瓜、甜瓜等的砧木。

2. 茎

茎上有不明显的棱，生有白茸毛，分枝性很强。在叶腋处着生有侧芽、卷须和花芽。茎分长蔓和短蔓两种，茎节上能发生不定根。

3. 叶

单叶、互生，呈心脏形、掌状或近圆形。叶面有毛，粗糙，有的南瓜种叶脉交叉处带有白色斑纹。叶柄细长而中空。

4. 花和果实

南瓜花为单性花，雌雄同株异花。雌花和雄花均为单生，虫媒花。果实形状、大小和颜色等因种类、类型和品种而异。中国南瓜和笋瓜果实一般较大，而西葫芦则较小。果实形状有圆形、扁圆形、椭圆形和长筒形等。幼果暗绿色、绿色、白绿色或白绿间杂；老熟果灰绿色、橘红色或橘黄色等，间有斑点或条纹。果实表面光滑或具棱线、瘤状突起或纵沟等。果柄长短及基坐形状是种间分类依据之一。

5. 种子

南瓜种子多为卵形，扁平，乳白、灰白、淡黄、黄褐或黑色等。种子形状、颜色及有无周缘、种脐处珠柄痕形状等都是种间分类的重要依据。种子大小与种类、类型和品种等有关，千粒重 100～160g。种子寿命 5～6 年。

（二）对环境条件的要求

1. 温度

南瓜属喜温作物，但种间存在差异。中国南瓜适宜温度较高，一般为 18～32℃；其次为笋瓜，适宜温度范围为 15～29℃；而西葫芦对温度要求较低，适应温度范围为 12～28℃。温度达到 32℃以上可导致 3 种南瓜花器发育异常，40℃以上则停止生长。南瓜不同生长期对温度要求也有所不同。发芽期适温为 28～30℃，最高温度为 35℃、最低为 13℃；营养生长期温度保持在白天 25～32℃、夜间 13～15℃，有利于促进光合作用和花芽分化；开花结果期适温为白天 25～27℃、夜间 15～18℃，低于 15℃或高于 35℃，可导致花芽发育异常或花粉败育，尤其是对西葫芦，温度过高还可导致病毒病、白粉病等发生。中国南瓜和笋瓜根系伸长适宜土壤温度为 32℃，最低 8℃，最高 38℃；西葫芦根系伸长土壤适温为 15～25℃，最低为 6℃，根毛发生最低温度为 12℃，最高为 18℃。

2. 光照

南瓜属短日作物，中国南瓜、笋瓜和西葫芦在短日条件下均可促进雌花分化，一般以 6～12h 短日处理较为适宜。南瓜光补偿点为 1.5klx，光饱和点为 45klx。

3. 水分

南瓜根系强大，叶片有缺刻或被蜡质等，叶片水分蒸腾量比黄瓜小，使得南瓜具有较强的吸水、抗旱能力。中国南瓜和笋瓜对土壤水分要求并不严格，适宜土壤相对湿度和空气湿度为 60%～70%。但西葫芦则对湿度要求相对较高，适宜土壤相对湿度和空气相对湿度为 70%～80%；土壤缺水、空气干燥常造成病毒病发生严重；而空气湿度过高时又常造成灰霉病发生严重。3 种南瓜在空气相对湿度达 85% 以上时均不利于花药开裂，影响田间授粉。

4. 土壤及营养

南瓜对土壤条件适应性强，要求不严格，但仍以耕层深厚、肥沃的沙壤土或壤土栽培为好。南瓜适宜土壤 pH5.5～6.8。南瓜生长量大，根系吸收水肥能力强，每生产 1000kg 的南瓜需吸收氮 3～5kg、磷 1.3～2kg、钾 5～7.1kg、钙 2～3kg、镁 0.7～1.3kg。

（三）生育周期

1. 发芽期

种子萌动至子叶展平，第一真叶显露，约 10d 左右。

2. 幼苗期

从第一真叶显露到第五真叶展开，约 30d 左右。主、侧根生长迅速，节间开始伸长生长，卷须出现，早熟品种出现花蕾，有的品种出现雌花和分枝。

3. 抽蔓期

第五片真叶展开到第一雌花开放，约 10～15d。茎、叶生长速度加快，雄花陆续开放，为生长盛期。

4. 结果期

第一雌花开放到果实成熟，约 50～70d。根系生长速度降低，茎、叶生长与果实生长同时进行。果实各种结构分化完成，同化产物大量向果实运输。

南瓜果实硕大，有独占养分的特点。当一个南瓜生长时，其他南瓜往往落花或化瓜。必须第一瓜采收后才能坐第二个瓜。南瓜没有单性结实能力，必须授粉才能刺激南瓜生长。

（四）结果习性

南瓜、笋瓜的主蔓和侧蔓均能结果。短蔓种的西葫芦，侧蔓少或不发生，而以主蔓结果为主，主蔓 2～4 节便可着生雌花，雌花密。南瓜、笋瓜中的早熟品种在主蔓 5～7 节出现雌花，晚熟品种约在 16～18 节间或更晚出现雌花。

二、类型和品种

1. 中国南瓜

起源于中美洲，16 世纪传入欧洲，以后传入亚洲。主要分布于中国、印度、日本等亚洲国家。根据果实形状和蔓长度可分以下类型。

（1）根据果实形状分类

① 圆南瓜：果实扁圆或圆形，果皮多纵沟或具瘤状突起，多浓绿色、具黄色斑纹。代表品

种有大磨盘、柿饼南瓜、蜜枣南瓜、糖饼南瓜。近年来，各地选育的优良品种有无蔓4号、小青瓜和无蔓小青瓜、龙早面、寿星、一串铃等。

② 长南瓜：果实长形，头部大，尾部较小。果皮多为绿色，并具黄色花纹。代表品种有牛腿南瓜、黄狼南瓜、十姊妹南瓜、雁脖南瓜、骆驼脖南瓜、叶儿三南瓜以及博山长南瓜等。近年来，选育出的新品种有齐南1号、白沙蜜等。

（2）根据茎蔓长短分类

① 长蔓型南瓜：露地栽培条件下，茎蔓长度可达3m以上，主蔓第一雌花发生节位多在10叶节以上，且雌花节比例少。植株长势及分枝力强，耐热、抗病性强，果实大，单果重可达10kg以上，成熟晚，单株结果数少。

② 短蔓型南瓜：植株节间短，无明显主蔓，生长期内主蔓长度一般不超过50cm，主蔓上叶片密集呈丛生状。植株长势及分枝力稍弱。主蔓第一雌花节位多发生在6～9叶节，且雌花节比例高，某些品种雌花节比例可高达24％～40％。单株结果数多，单果重小，早熟。

2.西葫芦

原产于北美洲南部，现分布于世界各地，美洲、欧洲各地普遍栽培，类型和品种也较多。中国栽培面积一直较大。根据蔓的长短可将其分为以下3种类型。

（1）短蔓型 植株节间极度短缩，叶片密集于茎节处呈丛生状，株高多在0.5m以下，分枝能力弱。主蔓第一雌花节位多发生在4～6叶节，雌花比例高；果实发育速度快，早熟；抗寒性较强。代表品种有一窝猴、阿尔及利亚西葫芦、站秧等。近年来，阿太和早青、潍早1号以及从国外引进了黑美丽、灰采尼、纤手等品种都表现较好。

（2）长蔓型 主蔓节间长，植株生长旺盛，露地栽培条件下主蔓可达3m以上，分枝能力强；主蔓第一雌花节位发生晚结瓜部位分散，成熟期晚；抗病、耐热。各地栽培面积不大，目前现存品种也多为农家品种，如长蔓西葫芦、绿皮西葫芦等。

（3）半蔓型 其蔓长多在0.5～1.0m，生育特性、生态适应性等介于短蔓型和长蔓型西葫芦之间，在中国栽培很少，代表品种有昌邑西葫芦。

此外，西葫芦还有珠瓜和搅瓜2个变种。珠瓜栽培较少；搅瓜蔓较长，果实椭圆形，成熟时金黄色，果实经低温或高温处理后，果肉可被搅拌成丝状或面条状，可凉拌或炒食，质脆爽口，故又被称作金丝瓜、金瓜、面条瓜等。

3.笋瓜

起源于南美洲的玻利维亚、智利和阿根廷等地，现分布在世界各地。中国的笋瓜可能由印度传入，故又被称作印度南瓜。根据其茎蔓长短也可分为短蔓型、长蔓型和半蔓型笋瓜等。现有品种资源均为地方品种，如黄皮笋瓜、白皮笋瓜、花皮笋瓜、腊梅瓜、白玉瓜等。

4.黑籽南瓜

因种子黑色而得名。起源于中美洲高原地区，现主要分布于墨西哥中部、中美洲至南美洲等地。中国主要分布于云南、贵州部分地区，因果肉纤维多、品质差而多用作饲料。适宜条件下可多年生，对短日照条件要求较严格，光照长于13h的地区或季节不能形成花芽或难以正常开花坐果；分枝力强，根系发达，抗病、抗寒、抗旱能力强，对枯萎病免疫，是黄瓜等瓜类蔬菜理想的嫁接砧木。

5.灰籽南瓜

因种子灰色或有花纹而得名。起源于墨西哥至美国南部。生长势和抗病性都很强，果皮颜色多为绿色，间有白或黄白花纹。

中国南瓜及西葫芦还有裸仁类型，其种子没有坚硬的外种皮，而只有1层薄而柔软的绿色组织。此类南瓜大都果型小、果肉薄、纤维多、品质差，而瓜籽则用于加工或直接食用。

三、栽培季节与茬口安排

中国南瓜、笋瓜及长蔓型一般只适宜春夏露地栽培，栽培形式有爬地和支架栽培2种。而短蔓型西葫芦耐低温、弱光能力较强，而耐热性较差，可进行春早熟栽培。

西葫芦较耐低温，嫩果生长速度快，大多于早春育苗栽培或秋季种植，夏至前后播种时，因炎热季节温度过高，易引起病毒病，产量低。春季育苗早熟栽培苗龄约30～35d，在晚霜过后定植，如行直播时，宜使终霜结束后出土，各地可依苗龄和定植期以及晚霜终期推算出播期。北方温暖地区多在3月中旬播种育苗，4月下旬定植。寒冷地区在4月上中旬播种育苗，5月中下旬定植。晚熟种多为直播，北方温暖地区多在4月中下旬播种，寒冷地区一般于5月中旬前后进行。由于西葫芦较耐低温，所以西葫芦不仅可以春栽，而且秋季也能种植。

近年来西葫芦的病毒病和白粉病发生严重，为了减轻病害的发生，应该严格执行轮作制度，在同一地块至少隔1～2年再行栽培。前茬可种越冬菠菜或越冬小葱，在一年两作地区后茬可种秋菜；一年一作地区后茬可种越冬蔬菜或休闲。

四、栽培技术

（一）西葫芦露地春茬栽培技术

1.品种选择

宜选用适用性强、比较耐寒丰产抗病的矮秧品种，如花叶西葫芦、阿太西葫芦及早青一代。

2.播种及苗期管理

露地直播一般是催芽座水播种，选晴暖天气穴播，浇水后每穴播2～3粒种子，播后覆土3cm厚，及时耙平7～10d可以出苗。春季早熟栽培，多采用冷床或小拱棚育苗。育苗播种及苗期管理大致与黄瓜相同。但西葫芦幼苗子叶与真叶均比黄瓜大，苗距应大些，一般行株距均为10～12cm。出土后开始逐渐放风，放风量可比黄瓜大些，昼温维持20～25℃，夜温10℃左右，最低可保持6～8℃，使幼苗健壮，雌花分化多。

3.定植

定植前整地作畦时施足基肥。定植方式有沟栽、畦栽、垄栽三种。沟栽即座水稳苗，提前2d开沟晒土，然后灌水、摆苗、培土，使沟成垄。畦栽畦宽1～1.2m，长7～10m，穴栽或沟栽，前期温度低，发秧慢，但有利于密植。垄作垄宽60～70cm，前期地温高，但遇旱则不利。矮蔓型行株距70cm×（50～60）cm；长蔓型行距为1.5～2m，株距50cm。

4.田间管理

田间管理基本上与黄瓜相同。生长前期以中耕蹲苗为主，提高地温，促进根系发育，以后瓜秧生长期结合灌水进行松土培土。5～6片叶时，结合追肥灌一次催秧水，第1个瓜长至6～10cm时，为促进根瓜和茎蔓生长，开始灌水追肥，根瓜收后，为满足陆续绪果需要，可每隔3～5d浇一次水，保持土壤湿润。追肥2～3次，尿素每次10～15kg/亩，或粪稀500～1000kg/亩。

西葫芦是异花授粉植物，虫媒花，靠自然授粉，结果率不高，特别在阴雨连绵的天气，昆虫活动受阻，需进行人工授粉。西葫芦雌雄花开花前一日已具备受精能力，在开花后受精能力减退，所以必须在上午八时前授粉结束。如预测次日阴雨天，开花前一日，可摘雄花插于水中培养，次日雨中授粉后，将雌花缚住或以叶覆盖进行防雨。

此外，还可用生长调节剂处理。通常以30～40mg/L的2,4-D涂抹雌花花柄或柱头，不仅能保花保果，同时还可促进早熟3～4d。

5.收获

春季早熟栽培一般在播后50d左右出现雌花，花谢后7～10d，子房即迅速发育，达到嫩瓜食用成熟的标准。根瓜宜早收，以防坠秧，影响植株生长与后期产量。以后应在果皮尚未硬化前收获。

（二）西葫芦露地秋茬栽培技术

1.品种选择

秋播品种一般选用生长期短的花叶西葫芦，也有选用邯郸地区的农家品种"花皮"的，它前期植株发育快，抗病毒病的能力较强，瓜体膨大较快。

2.培育无病壮苗

播种育苗以 7 月中旬为宜。育苗床做成 1.0～1.2m 的窄畦，并在畦上搭 0.8m 高的拱架，用尼龙网做个罩子，防止蚜虫和白粉虱，雨天要遮雨，晴天要遮荫，减少病毒病。并要进行化控促瓜，可在 1 叶、3 叶期各喷一次 150mg/L 浓度的乙烯利和 50%CCC 水剂 1000 倍，防止徒长和促进雌花分化。当幼苗达 4 叶 1 心时即可定植。

3.适期定植

西葫芦喜肥，一般应每亩施腐熟有机肥 3000～4000kg 作基肥，并掺和 100kg 过磷酸钙、30kg 复合肥，施肥后按宽行 90cm，窄行 60cm 起 10～15cm 高垄，定植前先浇好底墒水，在 8 月上旬苗长到 4 叶 1 心时定植，株距 50cm，定植后浇足水。2d 后中耕保墒。从定植到结瓜前以控水、促根、发秧、防徒长为主，并要及时治虫。做到雨天及时排水。

4.加强田间管理

当第一个瓜坐稳后要结合浇水施 20kg 尿素，采收前再浇一次水，采收后每隔 7d 浇一次水；进入结瓜盛期可 4～5d 浇一次水，并结合浇水追肥 2～3 次，每次追施 15kg 尿素并加入适量钾肥；为促进坐瓜，必须坚持进行人工授粉的同时用 2,4-D 蘸花来保花保瓜，一般在上午 8 时用 25mg/L 2,4-D 涂花柄后，再把雄花扣到雌花上，以保花保果；西葫芦以主蔓结瓜为主，对侧芽应及早打去，并要对病老枝叶及时摘除；西葫芦以嫩瓜食用为主，必须要及时采收，一般花后 7～10d 即可采收。同时采收时应看瓜秧健壮情况，瓜秧生长健壮，第二个瓜坐稳时，摘第一个瓜，瓜秧长势弱，第一个瓜成形即摘，防止坠秧。

（三）南瓜露地栽培技术

1.整地施基肥

南瓜、笋瓜根系发达，冬前宜深耕；翌春浅耕平地作畦。南瓜蔓长，长势旺，宜作成宽 70～80cm 的播种畦和 2m 宽的爬蔓畦（夹畦）。播种畦要细平，爬蔓畦可粗平。一般施有机肥 4000～5000kg/亩。

2.播种

一般都行干子直播，也可催芽座水播种。每穴播 3～4 粒种子，穴距 44～50cm，每亩播种量 0.25～0.3kg。

3.田间管理

（1）间苗和定苗 第 1 片真叶展开时，间第一次苗，3～4 叶定苗。在间苗和定苗时要注意留强去弱。

（2）整枝压蔓 可根据栽培目的采用单蔓或多蔓整枝。对于主蔓结果早的品种采取单蔓整枝，令其主蔓结果，去其侧枝。对于主蔓结果晚，侧蔓结果早的品种采取多蔓整枝，在 6～7 叶展开时，留 5～6 叶摘心，根据植株生长情况决定选留 2～5 条侧枝，每条侧枝留 1～2 个果，在第 2 果上留 4～6 片叶摘心。压蔓起固定蔓叶的作用，使蔓叶分布均匀，促使发生不定根扩大吸收面积，又可抑制徒长，防止风害。在蔓上每隔 3～5 节的节处压土或埋入土中。摘心后压最后一道。每次压蔓时开 7～10cm 深沟，将蔓压入土中 1～2 节。

（3）垫草和覆盖 宜用草或瓜叶覆盖在瓜上以免灼伤，并宜在瓜下垫草，防止果实腐烂。

（4）灌水和追肥 开始爬蔓时追一次肥结合灌催秧水，果实发育期要肥水齐攻，一般追肥两次，结合灌水，以促进果实迅速膨大。

4.收获

一般第 1 瓜多作嫩食用，应该提早采收。开花后 40～60d 采收老熟瓜。老熟以后采收的，应在果皮硬化挂白霜时采收。南瓜果实即时贮藏，在 5～10℃ 和 70%～75% 的相对湿度条件下能贮藏 3～7 个月。

第四节 甜 瓜

甜瓜别名香瓜、果瓜、哈密瓜、梨瓜，为 1 年生攀缘草本植物，其果实甘甜芳香，是世界性高档水果。以成熟果实供食，每 100g 果肉含水分 81.5～94.0g、总糖 4.6～15.8g、维生素 C 29～39.1mg、果酸 54～128mg、果胶 0.8～4.5g、纤维素和半纤维素 2.6～6.7g，以及少量的蛋白质、脂肪、矿物盐等。甜瓜果肉性寒，具有止渴解暑、除烦热、利尿之功效，对肾病、胃病、贫血病有辅助疗效。甜瓜也可制作瓜干、瓜脯、瓜汁、瓜酱及腌渍品等。

甜瓜起源于热带非洲几内亚，经埃及传入中近东、中亚（包括中国新疆）、印度。在中亚进一步分化为厚皮甜瓜，成为次生起源中心，其后传入印度，分化为薄皮甜瓜，再传入中国、朝鲜、日本。中国华北地区是薄皮甜瓜次生起源中心。据记载，中国甜瓜已有 3000 多年的栽培历史，在长期生产实践中培育出众多优良品种，并逐步形成了一些著名的甜瓜产区，如新疆哈密瓜、甘肃白兰瓜、山东银瓜、江南梨瓜等。目前，中国各地均有甜瓜栽培，厚皮甜瓜主要在新疆、甘肃的河西走廊及内蒙古的河套地区栽培，薄皮甜瓜主要分布在东北、华北及长江中下游地区。

一、生物学特性

（一）植物学特征

1.根

根系发达，入土深度与扩展范围仅次于南瓜和西瓜，主根入土深度可达 1.2～1.5m，横向扩展范围半径达 2m 以上，但其主要根群分布在 30cm 范围内。根系呼吸能力强，因此在沙壤、耕作良好、透气性强的壤土和黏壤地块上根系生长良好。根系比较耐旱而不耐涝。

2.茎

甜瓜茎呈蔓性匍匐生长，易发生侧枝。侧枝的生长势优于主枝，任其自然生长时，主蔓长度不足 1m 时便可产生一级侧枝，俗称子蔓，而且子蔓生长势强，一级侧枝上还可着生二级侧枝，俗称孙蔓，依此类推，可产生多级侧枝。

叶腋间有幼芽、卷须。目前生产使用的品种或杂交种以侧蔓结瓜者居多。甜瓜茎蔓有发生不定根的能力。

3.叶

叶片圆形或近肾形，有时呈心脏形、掌形，叶缘锯齿状、波状或全缘。叶片颜色浅绿色或深绿色。叶片正反面及叶柄上生有绒毛，叶片背面叶脉上生有刺毛。

4.花

甜瓜栽培种多属雄花和两性花同株类型。花着生于叶腋，雄花单生或每叶腋中 3～5 朵丛生，雌花和两性花也多单生。花萼及花冠钟状多 5 裂、黄色。同一叶腋中的 3～5 朵雄花不同日开放，而是陆续开放。两性花柱头 3 裂，子房下位，柱头外围有 3 组雄蕊，花粉具有正常功能，因此甜瓜的杂交率比西瓜低。

5.果实

果实为瓠果，有圆、椭圆、纺锤、长筒等形状，成熟时果皮有不同程度的白、绿、黄和褐色，或附各色条纹和斑点，果实表面光滑或具网纹、裂纹、棱沟等，果肉为发达的中、内果皮，有白、橘红、绿、黄等色。有些品种的果实具有香气。薄皮甜瓜单瓜重量轻，多在 0.5kg 以下，厚皮甜瓜单瓜重量在 2～5kg 范围内。

6.种子

种子长扁圆形或披针形，大小各异，扁平，无胚乳。黄、灰或褐红等色.表面平滑或不平。种子寿命一般为 5～6 年。

（二）对环境条件要求

1.温度

甜瓜是耐热作物，不耐寒，遇霜即能冻死。在气温 30℃，地温 20℃，昼温 25～30℃，夜温 15～20℃条件下植株生长良好。根系伸长最低温度为 8℃，最适宜温度为 34℃。种子发芽适宜温度 28～32℃，发芽最低温度 15℃。开花期最低温度为 18℃，最适宜温度为 20℃。甜瓜对低温很敏感，当气温下降到13℃时生育停滞。甜瓜对高温适应力强，35℃时生长良好，甚至在40℃的高温条件下仍有相当的光合能力。厚皮甜瓜所要求的生长适宜温度比薄皮甜瓜高2℃左右。

2. 光照

甜瓜在强光照条件下生长良好，光饱和点55klx，光补偿点4klx，种植时应尽量让甜瓜有充分的光照。

长光照有利于甜瓜生长发育，甜瓜每天12h光照，形成的雌花多。若甜瓜每天光照长达14～15h，植株生长快，侧枝出现得早。

3. 水分

土壤水分充足而空气干燥的条件适宜甜瓜生长，空气相对湿度50%～60%为适宜湿度。甜瓜极不耐涝，土壤水分过多时，往往由于根系缺氧而窒息或易于感病。不同生育时期甜瓜耗水量不同。成熟期间较低土壤水分和较低空气湿度能提高甜瓜品质。

4. 土壤与营养

甜瓜对土壤的适应性较广，但土壤pH7～7.5、土层深厚、排水良好、肥沃疏松的壤土或沙壤土较好。甜瓜的耐盐碱性较强，幼苗能在总盐碱量1.2%的土壤上生长，但以土壤含盐碱量在0.74%以下，生长好，品质好。甜瓜忌连作，应实行4～6年的轮作。甜瓜需肥量较大。据试验，每生产1000kg果实需氮2.5～3.5kg、磷1.3～1.7kg、钾4.4～6.8kg。增加磷肥可以促进根系生长和花芽分化，提高植株的耐寒性；钾肥可以提高植株的耐病性。

（三）生育周期

1. 发芽期

甜瓜从播种到第一片真叶显露为发芽期，历时10～15d。管理重点是创造适宜条件使幼苗尽快出土。幼苗出土后适当降低温度防止下胚轴徒长。

2. 幼苗期

幼苗从第一真叶显露（露心）到4～5片真叶（团棵）为幼苗期，约25d左右。此时根部及茎叶生长量加大，从第一片真叶出现时苗端即开始花芽分化，幼苗期结束时苗端约分化20叶节。最初的花原基具两性，当花原基长0.6～0.7mm之后才有雄性、雌性或两性花的分化。在昼温30℃、夜温18～20℃、12h日照条件下花芽分化早，结实花（两性花和雌花）节位较低。

3. 伸蔓期

从第五真叶出现到第一结实花开放，需20～25d左右。伸蔓期植株根、茎、叶迅速生长，花芽进一步分化发育，植株进入旺盛生长阶段，幼苗由直立生长转变为匍匐生长，与花器官形成同时抽生子蔓。

4. 结果期

雌花开放到果实成熟。结果期长短因品种而异，早熟品种结果期一般为25～30d，中熟品种35d左右，晚熟品种35d以上。结果期又分为三个不同生育时期。

（1）坐瓜期　雌花开放到小瓜鸡蛋大小的一段生长期为坐果期，历时6～7d。植株内部的营养物质将由向茎叶运输转为向果实运输。

（2）果实膨大期　果实由鸡蛋大小膨大至果实基本达到品种特性所具有的大小为止。薄皮甜瓜需10～15d，厚皮甜瓜需25d左右。膨瓜速度是决定果实大小的主要因素，果实重量的3/4是在本期内形成。栽培上应加强肥水管理，防止叶、茎早衰。

（3）果实成熟期　从果实停止膨大到生理成熟叫成熟期。以昼温27～30℃，夜温15～18℃，昼夜温差13℃以上为好，同时要求充足日照。薄皮甜瓜需7～10d，厚皮甜瓜需15～20d。

果实成熟过程中，果实硬度、密度、颜色、营养成分和生物化学特性发生了显著变化。坐果后果实全糖含量缓慢增加，进入成熟期蔗糖含量急剧增加，最后占全糖含量的60%～70%。幼果维生素C含量最高，果实膨大时逐渐下降，成熟时又有增加。果实在成熟过程中，叶绿素逐渐消失，叶黄素、胡萝卜素、番茄红素逐渐显现而使果实具有各种颜色，果皮颜色由暗变亮，质地由硬变软、变脆，甜味增加，产生香味。为了提高果实品质，生产上常采取停止浇水、翻瓜和垫瓜等措施。

厚皮甜瓜的整个生育期 110～120d，而薄皮甜瓜整个生育期 80～100d。

二、类型与品种

目前一般把栽培甜瓜分为网纹甜瓜、硬皮甜瓜、冬甜瓜、观赏甜瓜、柠檬瓜、菜瓜（蛇形甜瓜）、香瓜和越瓜 8 个变种。根据生态学特性，我国通常又把甜瓜分为厚皮甜瓜和薄皮甜瓜两大生态型。

1.厚皮甜瓜

主要包括网纹甜瓜、冬甜瓜、硬皮甜瓜。植株生长势强或中等。茎粗叶大色浅，果实长圆、椭圆或长椭圆、纺锤形，有或无网纹，有或无棱沟，瓜皮厚 0.3～0.5cm，果肉厚 2.5～4.0cm，细软或松脆多汁，芳香、醇香或无香气。可溶性固形物含量 11%～15%，最多可达 20% 以上。一般单果重 1.5～5.0kg。种子较大，不耐高温，需要充足光照和较大的昼夜温差。厚皮甜瓜在世界各地都有栽培。中国厚皮甜瓜主要分布在新疆、甘肃等西北地区，近年来开始在华北种植。厚皮甜瓜主要品种有新疆哈密瓜中的黄蛋子、红心脆、黑眉毛、密极甘等，以及甘肃白兰瓜和麻醉瓜等。

2.薄皮甜瓜

又称普通甜瓜、东方甜瓜、中国甜瓜、香瓜。生长势较弱，叶色深绿，叶面有皱，果实圆筒、倒卵圆或椭圆形等，果面光滑，皮薄，肉厚 1～2cm，脆嫩多汁或面而少汁，可溶性固形物 8%～12%，皮瓤均可食用。单果重多在 0.5kg 以下，不耐贮运，较耐高湿。种子中等或小，在日照较少、温差较小的环境中能正常生长。中国广泛栽培，东北、华北是主产区。日本、朝鲜、印度及东南亚等国也有栽培。薄皮甜瓜类型很多，一般划分为 6 个种群。

① 白皮品种群：果皮白色，成熟时略显黄色，如山东益都银瓜、白糖罐、浙江雪梨等。

② 黄皮品种群：果皮橙黄色，果肉脆甜，如华东各地黄金瓜、广州密瓜、龙甜 1 号等。

③ 花皮品种群：果皮有绿色斑纹或条纹，果肉脆甜，如蛤蟆酥、黑龙江白沙密、河南王海瓜等。

④ 青皮品种群：果实浓绿或墨绿色，果肉脆甜，如羊角密、上海海冬青等。

⑤ 面瓜品种群：果肉多淀粉，质面不甜，如老头乐和河南、山东一带的楼瓜等。

⑥ 小籽品种群：种籽特小，如芝麻粒、兰州金塔寺瓜、皖北小麦瓜等。

三、栽培季节与茬口安排

甜瓜的基本栽培方式可分为露地栽培和设施栽培。露地栽培受制于温度、光照条件，应将果实发育阶段安排在当地高温干旱季节。因此，中国南北各地均采用春播夏收，只有无霜期较短的地区采用越夏栽培。黄淮海地区及长江流域，均为 4 月份播种，7 月份收获；东北、新疆、内蒙古及青海等地，5 月份播种，7～8 月份收获。在华北、东北等地，露地甜瓜栽培以薄皮甜瓜为主，在西北干旱地区则为厚皮甜瓜为主。

甜瓜忌连作，连作将造成枯萎病猖獗，应实施 5 年以上的轮作。大田作物是其良好的前茬，不宜与蔬菜及其他瓜类作物连作。薄皮甜瓜成熟早、生育期短、经济效益较好，是粮棉油等大田作物间作套种的理想作物。

四、栽培技术

（一）整地施肥

栽培甜瓜应选择背风向阳、地势高燥、灌溉方便的沙质土或壤土。熟荒地、河滩地或夜潮地也适宜栽培甜瓜。兰州一带利用特殊的"沙（砾）田"（即在地面上铺盖一层厚 6～10cm 的由卵石与粗沙粒混合成的沙砾层）种植白兰瓜，既早熟且又质量优良。新疆著名的哈密瓜产区，如鄯善等地均在含盐量高的下潮地或河流下游盐渍化程度较高的地区种植。

准备种植甜瓜的地块，秋收后进行深耕，开春后再进行耕翻耙耱，使耕层土壤细碎。旱作一般不作畦，灌溉栽培应按行距作畦，多作平畦，灌溉时进行畦面漫灌。也有临时开沟进行沟灌的作法。甘肃河西走廊栽培甜瓜，整地时分为旱塘和水塘两个部分。新疆栽培哈密瓜分为大沟、小沟两种栽培形式。华北和东北地区多用平畦种植甜瓜。

栽培甜瓜应重施有机肥作基肥，基肥用量占全部施肥量的70%左右。一般施有机肥3000～5000kg/亩，过磷酸钙30～50kg/亩。

（二）播种定植

生产上多用直播方法。直播或育苗移栽应在晚霜过后，10cm地温稳定在15℃以上进行。播种前浸种催芽，先用55℃温水浸种10min，水温降至30℃左右时，继续浸种8～10h。然后在适宜温度条件下催芽，约17～20h即可出芽。露地直播均用穴播法，每穴播种5～6粒或播芽3个左右。播种时常用点水播种或播芽，或浅播高覆土等做法达到增温保墒以利出苗的目的。

育苗须采用冷床营养钵、草钵等容器育苗，育苗天数30d左右，3～5片真叶时定植。

播种量因品种和密度不同而异。一般薄皮果实比较小，双蔓整枝品种，行距0.8～1m，株距20～30cm，密度2000株/亩。果实中、大型的品种，3蔓或4蔓整枝，一般行距1～1.2m，株距50cm左右，密度1500株/亩左右。厚皮甜瓜行株距（2～2.3）m×（40～70）cm，密度为400～800株/亩。

（三）田间管理

1.间苗和定苗

直播后约7～10d即可出土，待子叶展开，将要出现真叶时，进行第一次间苗，选优去劣；每穴留壮苗3～4株，2～3片真叶时，进行第二次间苗；每穴留壮苗2～3株，4～5片真叶时定苗。

2.铺草与压蔓

在土壤黏重或多雨地区及稻田栽培时，待蔓长30cm左右，雌花发生后，应在蔓下铺草。铺草可以增温保墒，防止泥污茎叶和果实腐烂，还能供卷须缠绕，避免风吹卷秧。压蔓可采用明压，用土块压蔓。

3.中耕与培土

早春苗期地温低，中耕不仅可以疏松表土，增加通透性提高地温，还有防旱保墒作用。直播的秧苗在子叶展开时即可进行浅中耕，一般只锄松表土，裂缝填平，拍碎土块，第二次中耕是在定苗或定植后进行一次细中耕，先除草，再结合打碎土块锄松表土。定苗或定植后，结合中耕应在根茎部培土，以固定瓜蔓，防止风害。培土也有保护根茎的作用。

4.灌水和追肥

甜瓜苗期以控为主，第一雌花开放前视地墒情况轻灌一次水，促进茎叶生长，为开花坐果打好基础。但在初花期和坐果期要控制灌水，防止茎蔓徒长，引起化瓜。坐果以后应灌水1～2次，以满足膨瓜期的需要，采收前一周应停止灌水。

甜瓜的追肥和西瓜一样不可忽视磷、钾肥的施用。施肥时必须注意三要素的配合。基肥以饼肥、人畜粪为好。苗期追肥以氮磷为主，结果期追肥应增施磷钾肥，以利提高产品质量。一般进行两三次追肥。第一次在苗期，施磷酸二氢铵10kg/亩或硫酸铵15kg/亩，株间穴施；第二次在坐瓜后，追施豆饼100～150kg/亩、硫酸钾10kg/亩，行间沟施。生长后期，可结合防病用0.3%～0.4%磷酸二氢钾和0.2%～0.3%尿素的混合溶液进行根外追肥。

5.摘心

甜瓜幼苗展开2～3片真叶或4～5片真叶时进行摘心。摘心就是把秧苗的生长点连同小叶一起摘除。摘心的目的是控制母蔓继续延伸，使母蔓上的腋芽，迅速地萌发出子蔓，利用子蔓开花结果。或再把子蔓的先端摘除，促使孙蔓基部第1～2叶位的雌花结果。

为了促进甜瓜早熟，待幼苗2叶1心时，用竹签细心地拨除生长点，这种方法比第3片真叶长出后摘心，早抽生子蔓4～5d。这样及早定心，采用"拨尖"的方法是促进早发子蔓的重要技术措施。

6.整枝

甜瓜的整枝方式，必须根据品种的结果习性来确定。另外，整枝方式还要考虑到土壤肥力、栽培密度和栽培习惯的不同等因素。

甜瓜整枝除某些特早熟品种，由于雌花出现早而多，可采用放任栽培不进行整枝或进行主蔓摘心外，生产中最常用的是双蔓整枝和4蔓整枝两种方式。双蔓整枝的比较早熟，一般栽培则多用4蔓整枝（图4-3）。双蔓整枝就是在幼苗4～5片真叶时进行主蔓摘心，选留两条健壮子蔓，垂直拉向瓜沟两侧，子蔓8～12片叶时摘心，选留子蔓中上部发生的孙蔓上留2～3叶摘心，为了早熟也可在2叶1心时，用细竹签拨除生长点，促生两条子蔓早发，以后不再整枝，利用子蔓和孙蔓结瓜。

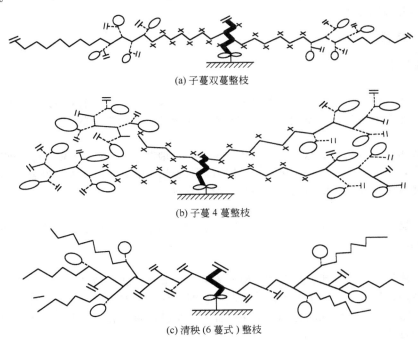

(a) 子蔓双蔓整枝

(b) 子蔓4蔓整枝

(c) 清秧(6蔓式)整枝

图4-3　甜瓜整枝示意图

4蔓整枝也在幼苗4～5叶时摘心，留4条子蔓四方伸出，当子蔓具有4～8片真叶时摘心，留叶少单瓜小，成熟早。也可在2叶1心时拨尖，使抽生两条子蔓，两子蔓5～6叶时摘心，使抽生孙蔓。两子蔓近根部长出的三条孙蔓摘除，只留近梢部的2～3条孙蔓。每株留蔓4～6条，结瓜4～6个。留4条蔓即4蔓整枝，留6条蔓即6蔓整枝。生产中还有8蔓整枝、12蔓整枝的，一般规律是留蔓多成熟晚、瓜个大、产量高。

甜瓜整枝工作一般是前紧后松，坐果前要摘心除杈，坐果后就不太严格了，后期田间封垄时，应及时摘除伸到畦边的蔓尖。

7.收获　果实达到生理成熟时，应及时采收和销售。采收过早，含糖量低，品质差；采收过晚，果实过熟而变软，影响产品的商品价值。鉴别甜瓜的成熟度，有以下两种方法。

（1）计算坐果天数　以雌花开放到果实成熟，一般早熟种约30d，中熟种35d左右，晚熟种多在40d以上。二棚瓜果实生育期比头棚少5d左右。

（2）察看果实成熟的特征　果皮显现出该品种固有的颜色，并光滑发亮，并有较浓的香味，指弹发出浑浊的"扑扑"声，用手轻捏或轻压感到有弹性或较软，果实较轻，放水中能漂起来，有的品种瓜蒂落离，或果柄与果实连接处，四周有裂痕。

收获时，宜选早晨露水退后进行，远运时，宜在下午采收。在搬运过程中要防止损伤，并按照标准进行采收、分级、清洗、涂蜡、包装等环节处理。

第五节　冬　瓜

冬瓜又名白瓜、水芝、枕瓜等，葫芦科冬瓜属的一个栽培种。起源于中国和东印度，广泛分布于亚洲热带、亚热带和温带地区，中国南北各地普遍栽培，而以南方栽培较多。嫩果及老熟果均可食用，嫩梢也可菜用。耐贮藏运输，供应期长，为我国夏秋重要蔬菜，对于调节蔬菜淡季供应有重要作用。每 100g 果实含水分 95～97g，以及多种维生素和矿物质。盛暑季节食用，清热化痰、除烦止渴、利尿消肿；果皮与种子具清凉、滋润、降温解热功效。还可加工成蜜饯冬瓜、冬瓜干、脱水冬瓜和冬瓜汁等。

一、生物学特性

（一）植物学特征

1.根

冬瓜根系入土较深，一般菜地中种植冬瓜，入土深度可达 0.7～1m，横向扩展 1.7～2.0m。冬瓜下胚轴和茎节着地处能生不定根，不定根有固定茎蔓、吸收养分的作用。

2.茎

冬瓜茎蔓生，呈五角形，绿色，表面生有刺毛。一般蔓生长 50～60 节，总长度可达 6～7m。茎分枝能力强，每节都发生腋芽，第 6～7 叶片以后的节间开始生长卷须及花器，卷须先端分成两杈。冬瓜侧蔓生长旺盛，侧蔓也生有卷须、花器官等。

3.叶

冬瓜叶片肥大，绿色、掌状，有 5～7 个浅裂。叶脉网状，叶柄粗长。叶片的正反两面及叶柄均着生茸毛。

4.花

冬瓜是雌雄异花同株。雌、雄花均 5 瓣花瓣和 5 片萼片。花瓣黄色，萼片绿色。雌花的雌蕊浅黄色，花柱短，柱头 3 裂。子房下位，雌花开放时子房已具有该品种冬瓜形状，雄花有 3 枚雄蕊，花丝长。第一雌花节位因品种和栽培条件而异。早熟品种雌花始花节位在 8～12 节，中、晚熟品种雌花始花节位在 15～20 节。

5.果实

冬瓜果实有圆形、方圆形、短圆柱形和长圆柱形。果实大小因品种而异，小型冬瓜果实不足 1kg，大型果实重达十几千克，甚至几十千克。嫩瓜和老熟瓜均可食用，但多以老熟瓜食用。冬瓜果实生长速度极快，从开花时几克重的子房发育成几十千克果实，仅需 40～50d。

6.种子

冬瓜种子扁、椭圆形，种脐一端稍尖。种皮光滑或边缘有突起。

（二）生育周期

小型冬瓜约 110～120d，大型冬瓜约 150～180d，但都经历如下 4 个时期。

1.发芽期

从种子萌动到出现第一片真叶为止，约需 15d。冬瓜种子的种皮厚，且内种皮透水性差，易在内外种皮之间形成水膜而影响透气性，造成发芽困难。生产上采用热水烫种措施进行浸种催芽，能使种子出芽整齐。

2.幼苗期

从第一真叶显露至开始抽蔓为止，约需 30～50d。这时植株长势直立，蔓叶的生长量较少，仅占整个生育期蔓叶生长量的 2‰～3‰，但根的生长较快，幼苗期结束时根的横向已有 60～100cm，深达 40cm 以上。冬瓜的幼苗怕低温高湿的环境。在 10℃ 以下时几乎停止生长，5℃ 左右就会冻坏。

3. 抽蔓期

从瓜蔓开始生长到现蕾为止约需 10～20d。此期营养生长逐渐加快，为花芽分化孕蕾期。要根据品种特性和采果要求，进行植株调整，促控结合，处理好营养生长与生殖生长的关系。同时注意压蔓，促进发生不定根，扩大吸收面积，使根深苗壮。

4. 开花结果期

由开始显蕾到果实成熟采收为止，占整个生育期的 1/3～1/2，约 50～80d。期间生殖生长与营养生长同时并进。坐果前重点调节植株的营养生长和生殖生长的平衡，坐果后要加强肥水供应工作。

（三）对环境条件要求

1. 温度

冬瓜对温度适应范围广而且耐热性强。不同生育期对温度要求不同。种子发芽需较高温度，30℃条件下种子发芽良好，低于 20℃种子发芽困难。幼苗期生长适宜温度 20～30℃。温度高于30℃时，幼苗生长快但细弱，低于 20℃幼苗生长粗壮，但生长速度缓慢。开花结果期适宜生长温度 25～30℃，果实和茎叶生长良好，温度低时果实生长缓慢。根系生长的最低温度为 12℃，根毛发生的最低温度为 16℃。

2. 光照

冬瓜是中等光照作物。充足光照有利于茎叶制造营养，果实生长良好。冬瓜属短日照作物，短日照和较低温下有利于雌花的开成。但多数品种对日照要求不严格。

3. 土壤与营养

冬瓜对土壤适应能力强，各种土壤都能种植冬瓜。为达到高产优质目的，宜选择土层深厚、土壤肥沃的沙壤或壤土种植冬瓜。冬瓜耐旱而不耐涝，种植冬瓜地块应排水良好，涝洼地块不能种植冬瓜。冬瓜需肥量不大，形成 1000kg 产品需氮 1.36kg，磷 0.50kg，钾 2.16kg。

4. 水分

冬瓜耐高温多湿，空气相对湿度 85％～95％时冬瓜生长良好。开花坐果期连续阴雨，不利于坐瓜，且易感病害。冬瓜坐果后需水分多，但果实采收前水分供应过多，则会降低果实品质及耐贮藏性。

二、类型与品种

按果皮颜色和蜡粉有无可分三类。

① 白皮或粉皮类型：果实被白蜡粉，果实越成熟，蜡粉越厚，较耐日灼病，如湖南粉皮、粉杂 1 号、南京笨冬瓜、武汉枕头冬瓜、安徽躁冬瓜、广东灰皮冬瓜、台湾圆冬瓜等。

② 青皮类型：果皮青绿，表面无白蜡粉，如广东青皮、广西玉林大石冬瓜、湖南龙泉冬瓜、福建沙县冬瓜、台湾青穀大冬瓜等。

③ 黑皮类型：果皮墨绿，表面无白蜡粉，如广东黑皮冬瓜，果肉厚，耐病，耐贮，品质佳。
按品种的熟性可分为三类。

① 早熟类型：主蔓第一雌、雄花发生早，着生节位较低，果实较小，每株采收数果，如南京狮子头、江西早冬瓜、广东盒冬瓜等。

② 中熟类型：主蔓第 10 节左右着生第一雌花，果实较大，如上海小青皮、成都大冬瓜等。

③ 晚熟类型：主蔓第 10 节以上着生第一雌花，果实大，如湖南粉皮、南昌扬子洲、广东青皮、广东黑皮等。

按果型大小可分为小型和大型两类。

① 小型冬瓜：每株可采收几个嫩果，果实多为圆形或短圆筒形。第 1 雌花发生节位，多在15 节以前，结瓜早，成熟早，单瓜重多数为 1～2.5kg。适于短期收获地区或保护地栽培。优良品种有北京一串铃、吉林小冬瓜、四川成都的五叶子冬瓜、南京的一窝蜂冬瓜、杭州的圆冬

瓜等。

②大型冬瓜：大型冬瓜是生产上栽培的主要品种。生长势强，中、晚熟，产量高。一般每株只留一果，第1雌花多着生在15～20节上，果形大，长圆筒形或短圆筒形，单果重10～15kg，也有50kg以上者。优良品种有广东青皮冬瓜、上海白皮冬瓜、云南大籽冬瓜、江西南昌杨子州冬瓜等。

三、栽培季节与茬口安排

冬瓜是典型的夏季蔬菜，在适宜的温度范围内，温度越高，生长发育越快。因此，必须把生育盛期安排在温度较高的季节。我国北方各省露地栽培都是早春播种育苗，使冬瓜坐果和果实发育置于高温季节，断霜后定植，入秋前后收获。如北京地区，早熟冬瓜一般在3月上中旬育苗，4月底定植，6月下旬至7月底收获，秋茬可接秋萝卜、白菜等；中熟栽培可于3月下旬播种，5月中下旬定植，7月下旬至8月上旬收获，秋茬种叶菜；晚熟冬瓜于4月下旬播种育苗，5月下旬至6月中定植，8月中下旬至10月上旬收获，秋茬接越冬根茬菜。北京以北或以西地区，各期约比北京后延15～30d；在北京以南或以东地区，各期约比北京提前15～30d。

由于冬瓜易感绵疫病、枯萎病，因此冬瓜种植忌连作，需要有3～5年以上轮作。其前茬可以是越冬菠菜、芹菜或春速生蔬菜如四季萝卜等。因冬瓜苗期生长缓慢，抽蔓以后又需较大面积任其生长，因此生长前期多与大蒜、圆葱、春甘蓝、春莴笋及早熟番茄套种。比较合理的间套作形式有：韭菜间作架冬瓜，番茄套种地冬瓜，架冬瓜套种甘蓝、绿叶菜类、洋葱、生姜、矮生菜、芹菜、莴笋等。冬瓜收获后，可接茬种秋大白菜、秋芹菜、秋莴笋等。冬瓜的栽培方式可分为地冬瓜、棚冬瓜和架冬瓜三种。棚的形式有高平棚、低弧形棚；架的形式有"一条龙"、"人字架"、"三角架"等。架冬瓜能较好地利用空间，有利于合理密植，使坐果整齐、果重均匀、成熟一致，比较稳产高产，并有利于间作、套作，增加复种指数，充分利用土地，比棚冬瓜省材料，因此，架冬瓜是目前较经济合理的一种栽培方式。

四、栽培技术

（一）培育壮苗

春季利用阳畦育苗，3月中、下旬播种，用种量2.55 kg/hm²。播种前7～10d处理种子，用70～80℃热水烫种并迅速搅动，待水温降低到30℃时，浸种8h，种子洗净，晾干种子表面水分，在25～30℃条件下催芽。催芽期间，每天清洗种子，晾干种子表皮水分继续催芽，并经常翻动种子包，促其透气，有利出芽。5～7d，幼芽长0.2～0.3cm时可进行播种。

冬瓜育苗与黄瓜相同，但幼苗生长温度要比黄瓜高。春季阳畦育苗期30～40d，幼苗具3～4片叶即可定植。

（二）整地与定植

冬瓜生长期长，生长量大，宜选择土壤肥沃、土层深厚地块定植冬瓜。定植前施腐熟优质圈肥，翻地混匀肥土，耙细整平做畦。

根据冬瓜前期与其他作物间套原则，地冬瓜整平土地后做大小畦。小畦宽60～80cm，大畦宽120～150cm，冬前做畦，小畦种越冬菠菜，大畦内栽圆葱、大蒜。春季做畦，小畦内种小白菜或栽油菜，大畦内栽春甘蓝、春莴笋等。大畦内圆葱、大蒜、春甘蓝、春莴笋收获后作为冬瓜的爬蔓畦。

架冬瓜做畦及间套方式与地冬瓜基本相同。如果不搞间套作，可做成2.4m宽的大畦种两行冬瓜，或做成1.2m宽畦种一行冬瓜。小型冬瓜株距30～35cm，大型冬瓜株距50～60cm。栽苗时要求带完整土坨，栽苗深度与苗坨高度一致，栽后浇水。

冬瓜根系发达，栽前应深耕，并整平耙细，注意防止田间积水而引起枯萎病和沤根现象的发生。除定植前施入大量有机肥外，在定植时，还应局部施入腐熟的有机肥每亩1500～2000kg，过磷酸钙20～25kg。

定植密度依品种、栽培方式与栽培季节不同而异，一般多采用支架栽培。华北地区大型冬瓜立架栽培，一般行距为83cm，株距为50~56cm，每亩1800~2000株。小型冬瓜行距50cm，株距33cm，每亩4000株。地冬瓜的行距1.7~2m，每亩500~800株。秋植冬瓜生长期短，果实发育条件不如春植冬瓜，因而应注意适当密植，提高产量。

（三）田间管理

1.植株调整

冬瓜生长势极为旺盛，主蔓每节都能发生侧蔓，而冬瓜一般以主蔓结果为主。为了培育健壮的主蔓，必须进行植株调整。

（1）整枝　整枝方式主要有下列几种。

① 坐果前留1~2个侧蔓，利用主侧蔓结果，坐果后侧蔓任其生长。主要适于地冬瓜。

② 坐果前摘除全部侧蔓，坐果后留3~4个侧蔓，主蔓打顶或不打顶。适于架冬瓜。

③ 坐果前摘除全部侧蔓，坐果后侧蔓任其生长。适于地冬瓜和棚冬瓜。

④ 坐果前后均摘除全部侧蔓，坐果后主蔓保持若干叶数后打顶，适于架冬瓜。

（2）盘条与压蔓　冬瓜第一雌花出现节位较高。在搭架栽培时，可将基部没有雌花的茎蔓绕架杆或将架外侧的茎蔓盘曲压入土中，而使主蔓的顶端接近架杆的基部，以便上架，这一措施生产上称为"盘条"。其好处是可节省土地面积，又可促进不定根的发生，扩大吸收面积和预防风害。地冬瓜一般多在坐果前后两节各压一道，待摘心后再压一道。

（3）摘心　摘心与当地的生长期和品种有关。生长期短的地区，应提早摘心，使养分集中供应果实的需要。早熟品种一般当主蔓长到13~16节时摘心，坐果位置在9~12节左右。中、晚熟品种以及在生长期长的地区，可在25~30节时摘心，使坐果在20~24节左右，留取的茎蔓长、叶片多，制造养分多，果实能充分生长而获得高产。

（4）留瓜、定瓜与护瓜　冬瓜坐果节位与果实大小有一定关系。冬瓜第一雌花出现后，每隔几节陆续出现雌花，早熟种每株留2~4个果实，中、晚熟种每株只留一个果实，多余的花、果都要摘除。生产上通常选留第2~3朵雌花发育成的幼果。

冬瓜果大且重，在果实发育过程中应及时做好吊瓜工作，使吊绳固定在瓜棚上承受瓜的重量。可用稻草、麦秆等垫瓜，并适当翻动果实，避免与地面接触而引起病害导致烂瓜；可用稻草、麦秆等遮盖，防止日烧。

2.施肥与灌溉

冬瓜结果数少，收获期比较集中，因此，冬瓜追肥也宜适当集中。在摘心与定瓜之后进行追肥较适宜。冬瓜根系强大，吸水能力也强，冬瓜叶面有刺毛，果实表面有白粉，因此，具有一定的抗旱能力，需水量较黄瓜为少。在水肥供应上宜采取"保、控、促"的技术措施，避免在大雨前后施速效肥，否则会导致疫病、枯萎病和果实绵腐病的发生与发展。

3.收获与贮藏

冬瓜从现蕾到开花约9d左右，由开花到成熟约35~45d。小型冬瓜收获期不严格，一般1~2.5kg即可采收，大型冬瓜达生理成熟度才可采收。生理成熟的特征是果实外皮坚硬而厚，果面茸毛脱落，果皮暗绿或白粉满布。采收时留果柄，以利贮藏运输。一般每亩5000kg左右，高产者已超过15000kg。

老熟冬瓜收获后选择通风、凉爽房屋或地下贮藏窖贮藏，地面铺一层麦秸或稻草，于清晨选择无虫口、无伤疤冬瓜带一段果梗收获，随收随单层平放或竖放于贮藏室内，竖放时瓜蒂朝上。贮藏期间要经常检查，及时清除烂瓜。贮藏得当，可贮存2~3个月。

本 章 小 结

北方地区种植的瓜类蔬菜主要有黄瓜、西瓜、西葫芦、甜瓜、南瓜、苟瓜、冬瓜等，它们同属葫芦科一年生草本植物，起源于热带和亚热带地区，对环境条件的要求及植物形态上有许多共同之处，在栽培技术上有很多共同特点：瓜类蔬菜喜温怕寒，除黄瓜外一般根系都很发达，但容易木栓化，再生能力弱，夏秋季栽培多以直播为主,为提早上市,春季栽培一般进行育苗移栽,要求进行护根育苗;茎为草质蔓性,需行支架栽培,也可爬地生长,节上易发生不定根,并易产生侧枝;随着茎蔓的生长,有陆续开花结果的习性,多为单性花,为了调节其营养生长和生殖生长之间的平衡生长,除通过合理施肥、灌水等措施外,尚需依其特点采用整枝、压蔓、摘叶等技术。瓜类蔬菜均以果实为产品,但种类不同采收时掌握的可食成熟度(商品成熟度)不同,黄瓜、西葫芦、菊瓜等以幼嫩的果实供食,应注意及时采收,西瓜、甜瓜则以生理成熟的果实供食;南瓜、冬瓜幼嫩或老熟的果实均可食用。瓜类蔬菜产量高,需肥水量大,生产中要求合理调节和供应肥水,以保证产量和品质。

复习思考题

1. 瓜类蔬菜有哪些共同特征?
2. 瓜类蔬菜的性型分化有何特点?在黄瓜育苗中怎样促进雌花形成的早而多?
3. 春黄瓜培育壮苗的技术关键是什么?
4. 根据黄瓜的形态特征应怎样进行肥水管理?
5. 西葫芦在栽培管理上有何特点?
6. 说明南瓜的整枝压蔓技术。
7. 说明冬瓜春季定植的适宜时期。小型冬瓜和大型冬瓜在栽培管理上有何异同?
8. 根据所学知识和实践,试说明西瓜、甜瓜的整枝技术。

实训一 瓜类蔬菜结果习性的观察及植株调整技术

一、目的要求

了解瓜类的结果习性及分枝状况,以便在栽培上采用相应的技术措施,为早熟、高产创造必要的条件。

二、材料与用具

1~2个品种的黄瓜、南瓜、西瓜、冬瓜、甜瓜的开花植株若干。

三、说明

瓜类的结果习性,大致可分为主蔓结果、侧蔓结果和主侧蔓均能结果三种类型。就自然分枝状况来说,早熟品种黄瓜、西葫芦分枝较弱,南瓜、西瓜、冬瓜、甜瓜等分枝力强,苦瓜的分枝力特强,侧蔓上又能发生大量的侧蔓,所以能形成繁茂的地上系统。

四、方法与步骤

1. 调查在自然条件下各种瓜类分枝及雌花着生的状况,并绘制结果及分枝的模式图。
2. 对甜瓜进行摘心试验,观察结果情况。
3. 对西瓜、南瓜、冬瓜等进行一蔓、双蔓、3蔓整枝,观察结果情况。

五、作业

1. 绘制各种瓜类结果及分枝模式图。
2. 记载各种瓜类分枝结果情况的观察结果。

实训二 西瓜、甜瓜的收获与品质鉴定

一、目的要求

学习并掌握判断西瓜、甜瓜成熟的标准与一般品质鉴定的方法。

二、材料与用具

二倍体西瓜、无籽西瓜、少籽西瓜、薄皮甜瓜等栽培品种；台秤、卡尺、糖度计、米尺、刀。

三、说明

西瓜与甜瓜成熟度与品质关系极为密切。未成熟的瓜，瓜瓤白色，含糖量少，不堪食用；过熟的瓜，胎座组织破裂，易发生倒瓤，品质变差。未成熟的甜瓜（薄皮甜瓜）常带苦味，过熟，肉质软，品质亦会降低。因此，掌握收获适期，是保证西瓜、甜瓜品质的重要措施。

鉴别成熟度的标准，可按下述原则进行。

1. 标记法：按品种熟性生长天数来确定。西瓜早熟品种从开花到果实成熟需 28～35d，晚熟品种需 40～45d。甜瓜，早熟种约 30d，中熟种 35d 左右，晚熟种 40d 以上，头茬瓜比二茬瓜成熟需多 3～5d。

2. 目测法：与果实同节的卷须上部枯黄，果实近果梗处果面茸毛完全消失，果面出现厚层蜡粉，发出强光泽，果实着地部分变成橘黄色，甜瓜果柄处稍生裂痕。

3. 积温计算法：每天平均气温累计相加，从西瓜开花到成熟，一般早熟品种为 700～800℃，中熟品种为 800～1000℃，晚熟品种为 1200℃左右。

4. 物理法：通过音感和密度鉴定成熟度。一手托瓜，一手拍瓜发出浊音，托瓜之手感到颤动，多表示瓜已成熟。生瓜比熟瓜重，甜瓜果实放水中能飘浮于水面，压之则稍感有弹力性反应。

四、方法与步骤

1. 根据西瓜、甜瓜雌花开放日期的记载，观察其成熟时的形态特征，在田间进行测定，并插上标记，每个品种选 4～6 个瓜，经过测查后采摘。

2. 将上述西瓜、甜瓜采收后，挂牌注明品种名称、采收时间、生长天数、采收人姓名。各组将瓜运回实验室，按下列表格记录。

项目\品种	果皮底色	花纹性	果重/g	果 形			果皮厚度	瓜瓤色泽	糖分/%	风味	可食部分重占/%	种子粒数		备注
				纵径/cm	横径/cm	指数						成熟的	未成熟的	

五、作业

1. 通过实习你认为怎样确定西瓜品质的优劣？你所鉴定的各品种有何优缺点？

2. 西瓜、甜瓜品质的鉴定在选种和商品生产方面有什么意义？

第五章 茄果类蔬菜栽培

【学习目标】
　　了解茄果类蔬菜的特点，熟悉其生物学特性、类型品种和茬口安排，重点掌握常见茄果类蔬菜如番茄、茄子、辣椒的高产栽培技术。

　　茄果类蔬菜是我国人民日常生活中最常食用的蔬菜种类之一，它主要包括番茄、茄子和辣椒等。茄果类蔬菜含有多种维生素，营养丰富，食用方法多样，在我国南北方都有普遍栽培。近年来，蔬菜育种事业快速发展，新品种不断涌现。

　　茄果类蔬菜有很多相似的生育特性，如都为喜温暖的蔬菜类型，对土壤等生活环境适应性强，顶芽生长到一定时期顶芽分化为花芽，生殖生长和营养生长同时进行等。茄果类蔬菜有共同的病虫害，应与非茄果类蔬菜进行轮作，以减少病虫害的发生频率和范围。

第一节　番　茄

　　番茄，茄科番茄属，浆果类。番茄原产于美洲西部的秘鲁和厄瓜多尔、玻利维亚的热带高原地区，别名西红柿、番柿等。16世纪作为观赏栽培植物引入欧洲，17～18世纪才传入我国。番茄富含多种维生素和矿物质，有很高的食用价值。

一、生物学特性

（一）形态特征

1. 根

　　根系发达，分布广而深。主根入土达100～150cm，分布半径150～250cm左右，有1～3级侧根，主要根群分布在30～50cm土层中。番茄根系再生能力强，栽培中多采用育苗移栽，伤主根，促进侧根发育，增加侧根、须根数量，培育苗壮。

2. 茎

　　合轴分枝，茎多为半直立型，个别品种为直立型，需搭架或吊蔓栽培。腋芽萌发能力极强，可发生多级侧枝，为减少养分消耗和便于通风透光，应及时整枝打杈，形成一定的株型。茎节上易发生不定根，利用这一特性，可通过培土、深栽，促使其发不定根，增大吸收面积，对于徒长苗还可利用这一特性深培土定植。

3. 叶

　　叶片形状有花叶型、皱叶型和薯叶型三种类型（图5-1）。单叶互生，羽状深裂，每叶有小裂片5～9对，叶片和茎上有银灰色茸毛及分泌腺，能分泌出特殊气味，因此虫害较少。

4. 花

　　完全花，花冠黄色。普通番茄为聚伞花序，小型番茄为总状花序。主要为自花授粉，也可异花授粉，天然杂交率4%～10%。普通番茄每个花序有小花4～10朵，小型番茄每个花序则着生小花数十

(a) 花叶型　　(b) 皱叶型　　(c) 薯叶型

图5-1　番茄叶片类型

（引自：韩世栋. 蔬菜生产技术.
北京：中国农业出版社，2006)

朵。番茄花的丰产形态是同一花序内开花整齐，花器大小中等，子房大小适中。番茄的花柄和花梗连接处有明显的向内的凹陷，称为"离层"，条件不适时易从此处落花。因此，为防止番茄落花而喷洒药剂时，可喷洒"离层"处。

5. 果实

多汁浆果，大型果实 5~6 个心室，小型果实 2~3 个心室。果形有圆形、扁圆形、卵圆形、梨形、长圆形等，颜色有粉红色、红色、橙黄色、黄色。

6. 种子

种子扁平，肾形，表面具茸毛。千粒重 3.0~3.3g，发芽年限 3~4 年。种子在果实内就已成熟，不发芽是因为果实内有抑制萌发物质。

（二）生长发育周期

1. 发芽期

种子萌动到第一片真叶显露，适宜条件下需 7~9d。番茄种子小，营养物质少，所以应选择粒大饱满的种子播种。

2. 幼苗期

第一片真叶显露到第一花序现蕾。此时期，幼苗在 2~3 片真叶时进行花芽分化。在日温 21~25℃、夜温 15~20℃ 条件下，花芽分化的小花多，质量好。

3. 第一花序现蕾到坐果

这一时期番茄营养生长和生殖生长并进，此时期管理重点是及时调节二者关系，既要保证植株有足够的营养开花结果，又要防止植株发生徒长。此时期需肥量较大，是肥水调节的关键时期。另外，此时期要注意保花保果，防止植株因营养不良或徒长而落花落果。开花坐果期对温度反应十分敏感，不高于 30℃ 昼温，不低于 15℃ 的夜温有利于开花坐果。

4. 结果期

第一花序坐果到拉秧。此时期也是保证产量的关键时期。无限生长类型的番茄只有在环境条件适宜、肥水充足的条件下才能无限生长。否则，会出现花打顶的现象而使果实生长周期缩短。所以在这一时期，管理重点还是在调节秧果关系上，既要防止旺长，又要保证充足营养供给。

（三）对环境条件的要求

1. 温度

番茄是喜温蔬菜，能耐不超过 35℃ 的高温。生长适温为 20~25℃，低于 15℃ 的温度会导致授粉受精不良或落花，低于 10℃ 的温度会引起植株生长不良，温度低于 5℃ 可能会导致冻害发生。番茄的不同生育时期需要的温度也有所不同：在发芽期，适宜的温度为 25~30℃；幼苗期适宜的生育温度为 20~25℃；开花结果期适宜的生育温度为 23~28℃；幼苗期夜温 15~17℃；开花结果期夜温 18~20℃。

2. 光照

为短日照作物，喜充足阳光。弱光常会引起落花，强光如果伴随高温干旱，则会引起卷叶、坐果率低或果面灼伤。

3. 水分

属半耐旱作物，60%~80% 田间最大持水量，40%~50% 空气湿度下生长良好。过高的空气湿度，阻碍正常授粉，易引发病害。

番茄各个生育时期对水分的要求也有不同：幼苗期植株生长较快，为防止徒长和病害发生，应适当控制灌水。开花期水分不宜过大，否则会引起授粉受精不良。结果期果实迅速膨大，对土壤水分需求量大。但水分过多会导致植株旺长甚至烂根，反而影响产量。另外结果期灌水要求均匀，忽干忽湿可能导致出现裂果。

4. 土壤营养

番茄对土壤要求不严格，但是土层深厚、排水良好、有机质含量高的土壤更适合番茄生长。番茄生长最适合的土壤酸碱度为 pH 值 6~7。

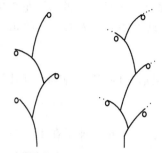

(a) 有限生长型　(b) 无限生长型

图 5-2　番茄的品种类型

二、类型与品种

生产上常根据分枝结果习性把番茄分为有限生长型和无限生长型两种类型（图 5-2）。

1. 有限生长类型

植株主茎生长到一定节位后，花序封顶，主蔓高度和主蔓上花序数的增加受到限制。此类型植株较低矮，结果集中，又称作自封顶类型。多为早熟品种，一般 6～8 节现蕾，每隔 2～3 叶一花序，2～3 花序后封顶，具有结实力强、熟性早、生长期较短、果实发育较快、叶片光合强度较高的特点。红果品种如红太阳、金棚 903、鲁番茄 5 号、合作 903 等；粉果品种如中杂 10 号、鲁番 7 号、春粉 2000、西粉 5 号、合作 906、豫番茄 1 号等。

2. 无限生长类型

主茎顶端着生花序后，不断由上位侧芽萌发代替主茎继续生长、结果，在肥水充足的情况下，无限生长，又称作非自封顶类型。多为中晚熟品种，一般 7～9 节现蕾，每隔 2～3 叶一花序，植株高大，生长期较长，熟性偏晚，产量高，品质佳。红果品种如以色列 189 和 144、百利、中杂 12 等；粉果品种如毛粉 802、佳粉 19、中杂 11 号、L-402、佳粉 17、中杂 101、豫番茄 6 号等。

生产上的加工品种主要有红玛瑙 140、213，新番 4、5 号，红杂 16、18、20、25 等；樱桃番茄品种主要有圣女果、豫艺红樱桃、串珠、黄珍珠、红洋梨、黄洋梨。

三、栽培季节与茬口安排

番茄不耐霜冻，也不耐高温，露地栽培整个生长期必须安排在无霜期内。栽培可直播，也可先在温室育苗，在适宜的温度条件下，移栽到露地。东北中部至北部、内蒙古等高寒地区，无霜期较短，夏季温度较低，多为春播秋收，一年一茬。在无霜期较长，但夏季温度高、炎热多雨地区，均以春播为主，如华北、长江流域等。为减少病虫害发生，应与非茄果类蔬菜进行 2～3 年的轮作。我国主要城市的露地番茄栽培季节见表 5-1。

表 5-1　我国北方主要城市露地番茄栽培季节

城市	栽培季节	播种期/(月/旬)	定植期/(月/旬)	收获期/(月/旬)	备注
北京	春番茄	2/上～2/中	4/下	6/下～7/下	设施育苗
	秋番茄	6/中～7/上	7/下	9/上～10/上	遮荫育苗
济南	春番茄	1/下	4/中	6/上～7/上	设施育苗
	秋番茄	6/上	7/中	8/中～9/中	遮荫育苗
西安	春番茄	1/上	4/上～4/中	6/中～6/下	设施育苗
	秋番茄	7/下	8/下	10/中～10/下	延后覆盖
郑州	春番茄	12/下～1/下	4/上	5/下～6/下	设施育苗
	秋番茄	7/中	8/上～8/下	10/中～10/下	延后覆盖
太原	春番茄	2/上～3/上	5/中	6/下～7/下	早熟栽培
	秋番茄	6/中	7/中	7/上～9/中 9/上～9/下	大架栽培
沈阳	春番茄	2/下～3/上	5/中	6/下～7/下	设施育苗
	秋番茄	6/上	7/中	9/上～9/中	
长春	春番茄	3/中	5/下	7/上～7/下	早熟栽培
		3/中	5/下	7/上～9/中	大架栽培
哈尔滨	春番茄	3/中	5/下	7/上～9/上	大架栽培

注：此表引自陈杏禹. 蔬菜栽培. 北京：高等教育出版社，2005。

四、栽培技术

（一）番茄春茬栽培

1.品种选择

要考虑品种熟性、抗病抗逆性、产量及品质，还要考虑市场对果实色泽的要求，符合销售地区的消费习惯，长途运输销售时还应考虑品种的耐贮运性。

2.培育壮苗

培育适龄壮苗是番茄早熟丰产的重要基础，春季定植大花蕾的番茄幼苗，应保证有 1000～1200℃ 的活动积温。如果出苗后日均温度保持 25℃，仅需 40～48d，20℃需 50～60d，15℃需66～80d 成苗。育苗期间一般维持日均温度 20℃（昼温 25℃、夜温 15℃），考虑到分苗后的缓苗期，以 70～80d 的育苗天数为适宜。如黄河中下游沿岸地区定植期在 4 月中旬，采用有土育苗时多在 1 月下旬播种；采用穴盘育苗一般在 2 月上中旬播种。

有土育苗的床土采用 6 份腐熟农家肥、4 份大田表土配制，催芽后播种，播前浇透底水。1m² 苗床播 8g 种子，覆土 1cm。播种后至 60% 种子出土，保持昼夜 28～30℃ 的高温，以利出苗。60% 出土至"吐心"，保持白天 20℃ 左右、夜间 10℃ 左右，以防形成高脚苗。番茄"吐心"至 2～3 片真叶展平，保持白天 25℃ 左右、夜间 15℃ 左右。2～3 片真叶展平时分苗，采用护根育苗措施，把幼苗分至直径 10cm 的塑料营养钵中，也可分苗到 10cm×10cm 见方的营养土方中。分苗营养土配比一般采用 4 份腐熟农家肥、6 分大田表土配成，1m³ 培养土中加烘干鸡粪 10kg。分苗后至缓苗前，保持白天 28℃ 左右，夜间 16℃ 以上，以利缓苗。缓苗后至定植前 1 周，白天23～25℃，夜间 12～15℃，定植前一周进行放风锻炼，白天 15～20℃，夜间 8～10℃。采用营养土方育苗时，于定植前 4～5d，进行"囤苗"，即把幼苗按土方面积切成 10cm³ 的土块，在苗床内移动位置，营养土方之间用潮土填充，使幼苗损伤的根系在苗床较高的温度下得到愈合并萌发新根，以利定植后的缓苗。

穴盘育苗时，常采用 50 孔穴盘，育苗基质可按 2 份草炭、1 份蛭石，或 6 份草炭、3 份花生壳粉、1 份烘干鸡粪，或 1 份草炭、1 份蛭石、1 份珍珠岩的比例配制。采用草炭、蛭石、珍珠岩做育苗基质时，每 50 孔穴盘添加 20g 烘干鸡粪、5g 尿素、7g 磷酸二氢钾补充营养，4 片叶前浇清水。4 片叶后，采用 5g 尿素、7g 磷酸二氢钾加 15kg 水配成的简单营养液补充肥水。

3.整地施肥

春季整地时每亩施优质腐熟农家肥 5000kg 左右，40cm 深翻，使粪土混合均匀，整平耙细，可沟施 50kg/亩的过磷酸钙或 25kg/亩的复合肥。有条件时基肥的 2/3 普施，1/3 垄施。

北方地区春茬番茄一般采取一垄双行高垄栽培，垄距 1.2m，其中垄宽 70cm，沟宽 50cm，垄高 15～20cm。

4.定植及密度

春茬番茄定植期应在晚霜过后，10cm 地温稳定在 10℃ 以上时进行。定植密度决定于品种、整枝方式、生长期长短等多方面因素。一般自封顶品种，采用改良单干整枝的行株距为（50～55）cm×（23～25）cm；无限生长类型的品种，采用单干整枝的行株距为（55～60）cm×（33～35）cm。

正常番茄幼苗的定植深度以子叶与地面相平或埋至第一片真叶为宜。番茄茎基部易生不定根，适当深栽可促进不定根的发生，但定植过深、土温低不利发根。对于徒长苗，可采用"卧栽法"。

5.田间管理

定植后 5～7d，心叶开始生长，发出新根。根据情况浇缓苗水，为防止地温下降，要少灌，然后中耕保墒适当蹲苗，促进根系向纵深发展。当第一穗果开始膨大（直径 3cm 左右），第二、三穗果开始坐果时结束蹲苗灌催果水，并每亩施尿素 10～12.5kg、硫酸钾 10～15kg。以后根据天气情况 5～7d 灌一次水，保持土壤湿润。第一穗果果实即将采收时，植株进入吸收营养的盛期，应进行一次追肥，促进第二、三穗果实的生长，防止植株早衰，追肥量与上次相当。此外，可在盛果期进行叶面喷肥0.2%～0.3%磷酸二氢钾1～2次，1%～2%过磷酸钙1～2次，为促进早熟丰产，还可喷施0.005%～0.01%的硼酸或硫酸锌等微量元素。在成熟采收前15～20d内，尽量不要喷药，以免采收后的果实农药残留太多。

6.植株调整

番茄植株具有枝繁叶茂、分枝性强、易落花果的特点，为协调番茄的营养生长和生殖生长的关系，在栽培的过程中应对其进行搭架、打杈、绑蔓、整枝、疏花疏果等植株调整工作，借以改善通风透光，增加产量。番茄的整枝方式主要有单干整枝、改良式单干整枝、双干整枝等。

（1）单干整枝 只保留主轴，摘除全部叶腋内长出的侧枝。无限生长类型品种及有限生长类型品种进行高密度栽培时，常采用此种整枝方法。

（2）改良式单干整枝 在单干整枝的基础上，保留第一花序下的侧枝，让其结一穗果后摘心。具有早熟、增强植株长势和节约用苗的优点。

（3）双干整枝 除主轴外，保留第一花序下的第一侧枝，该侧枝由于生长势强，很快与主轴并行生长，形成双干，其余侧枝全部除去。适用于生长旺盛的无限生长类型品种。

在整枝过程中，除应保留的侧枝外，其余侧枝全部去掉，即打杈。一般在侧枝长到4～5cm左右时再分次摘除，打杈过早会影响根系发育，打杈过晚又会消耗过多的养分。

对于无限生长类型的番茄，在植株生长到一定数量的果穗数时，需进行摘心，保证在有限的生长期内生长的果穗能够充分膨大和成熟，提高产量。

7.保花保果

番茄落花落果的原因很多，其中主要有以下两个方面。

① 营养不良：土壤营养不足、水分不足、根系发育不良、植伤过重、土温过低、光照不足、整枝打杈不及时，气温过低或过高和植株茎叶徒长等都可造成植株营养不良，从而导致营养不良性落花。

② 生殖发育障碍：气温过高或过低，开花期雨水不调都能影响花粉的发芽率和花粉管的伸长。花朵发育期遭遇低温、喷药不当等原因还可造成花朵畸形，引起生殖发育障碍。

此外，畸形花还可导致产生畸形果，氮肥过多也可促进畸形果的产生。

防止落花，须从根本上加强栽培管理，培育壮苗，协调水肥关系，及时进行植株调整等。人为地用生长调节剂进行喷花，可有效防止落花落果。目前国内生产中多采用浓度为25～50mg/L的番茄灵（对氯苯氧乙酸）和浓度为20～30mg/L的番茄丰剂2号等生长调节剂，在花期通过喷花、蘸花、抹花等处理进行保花保果。

8.采收

番茄以成熟着色的果实为产品，果实的成熟分为绿熟期、转色期、成熟期和完熟期4个时期，鲜食可在成熟期和完熟期采收；需长途运输并长期存放的可在绿熟期采收；转色期采收的番茄果实硬度好、耐贮运。绿熟期的番茄可用40%酒精喷洒，密封于20～24℃的环境中催熟，或用1000～4000mg/kg的乙烯利溶液浸果1min置于20～24℃的密闭环境中，经3～4d开始转红，这种方法催熟快，但色泽稍差。也可用500～1000mg/kg乙烯利喷洒植株上的绿熟果，催熟的果实色泽较好，但注意不要喷到植株上部的叶片上，以免发生药害。

（二）番茄夏茬栽培

黄河中下游夏茬番茄栽培对解决北方8、9月份的秋淡季果菜类供应具有重要作用。夏番茄的收获期正值南方炎热多雨季节，因此对北方来说夏番茄也是重要的南运蔬菜。另外，在北方小麦产区，进行小麦和夏番茄的轮作，对增加粮区农民的收入也具有重要作用。

1.适地栽培

北方6月份高温干旱，7～8月份高温多雨，因此，夏季番茄前期易发病毒病，中后期易发晚疫病。因此要选择在夏季小气候冷凉的地区进行栽培，如山区、丘陵、河谷地带等。

2.品种选择

生产上常用的品种有佳粉 10 号、毛粉 802、L402、中杂 9 号、金棚 1 号、粉都女皇、红宝石 2 号等，其中金棚 1 号、红宝石 2 号为耐贮运的硬肉质番茄品种。

3. 适期播种

确定播期的因素包括苗龄 30d、高温到来前封垄、8 月初开始上市等。夏番茄适宜播种期应在 4 月 25 日至 5 月 10 日，始收期在 8 月 5 日至 8 月 15 日。

4. 培育壮苗

为防止高温诱导病毒病发生，在夏番茄育苗时，第一是采用小苗分苗技术，即第 1 片真叶展平时进行分苗；第二是采用营养钵护根育苗技术，即采用营养钵为分苗容器；第三是采用遮阳育苗技术，即把原苗苗床、分苗苗床都建在遮阳防雨棚下，使苗床避免强光和高温。

5. 适期定植，合理密植

夏番茄前茬多为麦茬，麦收后及时整地，每亩施农家肥 3000～5000kg、尿素 15kg、硫酸钾 10～15kg、过磷酸钙 35kg 做基肥，深耕耙平后做垄。垄距 130cm，垄肩宽 70cm，垄沟宽 60cm，垄高 15～20cm。为防止夏季大苗定植伤根严重，夏茬番茄采用小苗定植技术，幼苗 4 片真叶展平即开始定植，定植株距 33cm，定植后浇透底水。

6. 排灌与追肥

番茄忌水淹，夏季雨后要注意及时排水。浇水宜在早晚进行，中午前后不宜浇水。夏季温度高，定植后不宜过度蹲苗，应视天气情况小水勤浇，结果期保持地面湿润。

结合浇水进行追肥，夏茬番茄追肥分 3 次进行：定植后缓苗结束时（定植后 4～5d），每亩穴施尿素 5kg，追肥后浇水；第一穗果第一个果实直径长至 3cm 时，浇催果水，每亩随水冲施尿素 10kg、硫酸钾 10～15kg；结果盛期进行追肥，每亩追施三元复合肥 20kg（15：15：15）。结果后期采用磷酸二氢钾 250 倍和尿素 400 倍混合液进行根外追肥。

7. 地面覆盖

为降低地温、防止雨水冲刷垄面损伤根系，防止高温和伤根诱发病毒病，夏番茄易采用地面覆盖。覆盖材料可采用黑色地膜，或谷壳、碎草、作物秸秆等，也可采用在地面撒种小白菜的方法。地面覆盖可保墒降温，防止暴雨冲刷垄面，免中耕损伤根系，减少病毒病的发生。

8. 植株调整

夏番茄采用单干整枝，为提早封垄，封垄前当侧枝长度达到 10cm 时才打掉，封垄后当侧枝长度达到 5cm 即打掉。8 月底、9 月初，当番茄有 5～6 穗果坐稳后对主蔓进行摘心，后茬不轮作小麦可推迟至 9 月中旬摘心。

9. 保花保果

夏季高温不利于夏番茄授粉受精，应用番茄灵 30～50mg/kg 进行保花保果。

10. 采收

夏番茄播后 100d 左右开始采收，一般于 8 月初开始采收，8 月下旬至 9 月下旬为采收盛期。

第二节　茄　　子

茄子，茄科茄属一年生草本植物。原产地为东印度，公元 3～4 世纪传入我国，在我国已有 1000 多年栽培历史。茄子适应性强，栽培管理较为简单，营养丰富，产量高。

一、生物学特性

（一）形态特征

1. 根

茄子根系发达，主根入土可达 1.3～1.7m，横向伸长可达 1.0～1.5m，主要根群分布在 33cm 以内土层中；根系木质化较早，再生能力差，不宜多次移植。

2. 茎

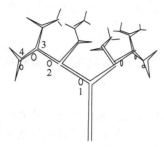

图 5-3　茄子分枝结果习性
1—门茄；2—对茄；
3—四母斗；4—八面风

茎直立，粗壮、木质化。有假二杈分枝特点：即主茎生长到一定节位后，顶芽变为花芽，花芽下的两个侧芽生成一对同样大小的分枝，如此循环往复。每一次分枝结一次果实，按果实出现的先后顺序，习惯上称之为门茄、对茄、四母斗、八面风、满天星（图 5-3）。实际上，一般只有 1~3 次分枝比较规律。

3. 叶

单叶互生，椭圆形，叶缘波浪状。茄子叶片（包括子叶在内）形态的变化与品种的株形有关：株形紧凑、高大的品种一般叶片较窄；而生长稍矮，叶片开张的品种叶片较宽。紫茄品种的嫩枝及叶柄带紫色，白茄和青茄品种呈绿色。

4. 花

两性花，花瓣 5~6 片，基部合成筒状，白色或紫色。花萼宿存，上具硬刺。根据花柱的长短，可分为长柱花、中柱花及短柱花。长柱花的花柱高出花药，花大色深，为健全花，能正常授粉，有结实能力。中柱花的柱头与花药平齐，能正常授粉结实，但授粉率低。短柱花的柱头低于花药，为不健全花，一般不能正常结实。茄子花一般单生，个别有 2~3 朵簇生的，但能坐果的往往只有一朵花，但也有同时着生几个果的品种。

茄子在 3~4 片叶开始花芽分化，自花授粉，晴天 7~10 时授粉，阴天下午才授粉；茄子花寿命较长，花期可持续 3~4d，夜间也不闭花，从开花前 1d 到花后 3d 内都有受精能力，所以茄子授粉受精比较容易成功。

5. 果实

浆果。果实形状有圆形、卵圆形、长形等，单果重约 50~300g。果实颜色有紫红、白、绿青等。圆茄品种果肉致密；长茄品种果肉质地细腻。

6. 种子

种子为扁平圆形或卵形，黄色或黄褐色，新种子有革质光泽。平均千粒重 4~5g，种子寿命 4~5 年，使用年限 2~3 年。

（二）生长发育周期

1. 发芽期

种子萌动到第一片真叶出现，需 15~20d。

2. 幼苗期

第一片真叶出现到门茄现蕾，需 50~70d。幼苗于 3~4 片真叶时开始花芽分化。

3. 开花着果期

门茄现蕾到门茄"瞪眼"，需 10~15d。茄子本身生长过程中萼片处伸长较快，果实基部萼片下缘处因果实伸长而显露出来，并且因为前期包裹在萼片里面，阳光照射少而呈现白绿色，称为"茄眼睛"。"茄眼睛"开始出现的时期称为茄子的"瞪眼期"。通常把"茄眼睛"消失作为采收的标志。开花着果期为营养生长为主向生殖生长为主的过渡期，此期应适当控制水分，促进果实发育。

4. 结果期

门茄"瞪眼"到拉秧为结果期。门茄"瞪眼"以后，植株进入果实生长旺盛时期，此时要注意加强肥水管理，保证有足够的营养供给茎叶生长和果实膨大。对茄与"四母斗"结果期，植株处于旺盛生长期，对产量影响很大，这一时期是产量和产值的主要形成期；"八面风"结果期，果数多，但较小，产量开始下降。

（三）对环境的要求

1. 温度

喜较高温度，是果菜类中特别耐高温的蔬菜。发芽适温 25~30℃。生长发育适温为 22~30℃。温度低于 20℃，植株生长缓慢，果实发育受阻；15℃以下花粉不能正常发芽，引起落花落果；10℃以下停止生长，0℃以下则会冻死。花芽分化适宜温度为日温 20～25℃，夜温 15～10℃。在一定温度范围内，温度稍低，花芽分化稍有迟延，但长柱花多；反之，高温下花芽分化提前，但中柱花和短柱花比例增加。

2. 光照

茄子对光照条件要求较高，光照弱或光照时数短，光合作用能力降低，长势弱，受精能力低，易落花，且花的质量降低（短柱花增多），紫色品种果实着色不良。

3. 水分

茄子根系发达，较耐旱。茄子生长发育期间需水量大，适宜土壤湿度为田间最大持水量的 70%～80%，适宜空气相对湿度为 70%～80%，空气湿度过高易引发病害。

4. 土壤营养

茄子对土壤适应性较强，但以在疏松肥沃、保水保肥力强的壤土上生长最好，适宜土壤 pH 为 6.8～7.3。茄子生长量大，产量高，需肥量大，对氮肥需求最多，其次是钾肥和磷肥。氮肥不足，初期对茎部影响不大，但下部叶片老化脱落，及时补充，可以恢复；在生育的中后期缺氮，开花数减少，花发育不良，短柱花增多，长柱花减少，影响产量。

二、类型与品种

根据茄子果形、株形的不同，可把茄子的栽培品种分为圆茄、长茄、矮（卵）茄三个变种（图 5-4）。

1. 圆茄（*S. melongena* var. *esculentum* Bailey）

植株高大茂盛，茎秆粗壮，叶大而肥厚。形状近球形，似牛心，也叫"牛心茄子"。果实颜色有紫黑色、紫红色、绿色、绿白色等，多属中、晚熟品种。果实肉质紧密，单果重量较大。属北方生态型，适应于气候温暖干燥、阳光充足的夏季大陆性气候。优良地方品种有北京圆茄、济南大红茄、河南糙青茄、山西短把黑、天津大敏茄等。

2. 长茄（*S. melongena* var. *serpentinum* Bailey）

植株高度及长势中等，叶较圆茄小而窄，分枝多。果实细长，果皮较薄，肉质松软细嫩，种子较少。果实有紫色、青绿色、白色等。单株结果数多，单果质量小，以中、早熟品种为多，是我国茄子的主要类型。长茄属南方生态型，喜温暖湿润多阴天的气候条件。主要优良地品种有北京线茄、辽宁柳条青、南京紫水茄、紫长茄等。

(a) 圆茄　　(b) 卵茄　　(c) 长茄

图 5-4　茄子的品种类型

3. 矮茄（*S. melongena* var. *depressum* Bailey）

植株低矮，长势较长茄弱，茎细、叶小，分枝多。着果节位较低，产量低，多为早熟品种。此类茄子适应性较强，果皮较厚，种子较多，品质较差。果实小，呈卵球形，有紫色、白色和绿色果色几种，可作观赏栽培。主要地方品种有北京灯泡茄、天津牛心茄、孝感白茄等。

三、栽培季节和茬口安排

三北高寒地区无霜期短，茄子栽培多为一年一茬，终霜后定植，降早霜时拉秧。华北地区多作露地春早熟栽培，露地夏茄子多在麦收后定植，早霜来临时拉秧。长江流域多在清明后定植，前茬为春播速生性蔬菜，后茬为秋冬蔬菜。

四、栽培技术

（一）茄子春茬栽培

1. 品种选择

以早熟为主要栽培目的时，应选择早熟品种；以丰产为主要栽培目的时，应选择中、晚熟品种。还要考虑市场对茄子色泽、形状的要求。

2. 育苗

苗龄90～110d。在温室内播种育苗，每亩用种50～75g，催芽后撒播于苗床，经35～40d当幼苗2～3片真叶时，采用营养钵分苗。幼苗生长期间白天温度控制在20～25℃，夜晚15～17℃，地温在15℃以上。定植前5d，进行低温炼苗以适应外界环境。

3. 定植

可在10cm地温稳定在12℃以上时即可定植。定植前施足基肥，每亩施腐熟有机肥5000kg以上。一般采用高垄栽培，行株距因品种而异，早熟品种（40～45）cm×40cm，中、晚熟品种（60～70）cm×（40～50）cm，定植后覆盖地膜。

4. 水肥管理

苗期及时进行中耕以疏松土壤，提高土温，促发新根和根系下扎。育苗移栽的茄苗可根据情况交一次缓苗水，但水量不宜太大。此后可及时进行中耕2～3次，并培土进行蹲苗。在门茄瞪眼期结束蹲苗，结合浇水，追一次"催果肥"，可选用优质农家肥或速效氮肥，如磷酸氢二铵20kg/亩或腐熟农家肥2000kg/亩。对茄子膨大期以后可每4～6d灌一次水。并每隔一水施一次速效肥料。

5. 植株调整

定植初期，保证有4片功能叶。门茄开花后，花蕾下面留1片叶再下面的叶片全部打掉；门茄采收后，在对茄下留1片叶，再打掉下边的叶片。以后根据植株的长势和郁闭程度，保证植株内部及株与株间有一定的通风透光。在植株生长过程中要随时摘除下部老叶和病叶，以改善通风透光条件，并减少消耗。

6. 保花保果

在茄子生育过程中，如花期遭遇15℃以下低温、弱光、营养不充足、病虫害等，会引起落花。提高坐果率的根本措施是加强管理，创造适宜植株生长的环境条件。此外，可采用生长调节剂处理，开花期选用30～40mg/L的番茄灵喷花或涂抹花萼和花瓣。生长调节剂处理后的花瓣不易脱落。

7. 采收

"茄眼睛"（萼片下的一条浅色带）消失是茄子达到商品成熟度的标准。采收时要用剪刀剪下果实，防止撕裂枝条。不要在中午气温高时采收，此时采的茄子含水量低，品质差。

（二）茄子夏秋茬栽培

1. 品种选择

由于茄子多在麦收后定植，因此要选用耐热、耐湿和抗病品种。

2. 育苗

4月下旬至5月上旬露地播种育苗，齐苗后及时间苗，1叶1心时分苗一次，苗龄60d左右。

3. 整地施肥

麦收后立即整地，重施有机肥，定植沟内每亩施过磷酸钙25～40kg、尿素10kg、硫酸钾20kg，按1.2m的垄距，做宽60～70cm、高15～20cm的小高垄。

4. 定植

每垄定植两行茄子，呈三角形，株距33～40cm。也可采用平畦定植，以后结合中耕，逐渐培土成垄，一方面防止高温伤根，另一方面也有利于排水降温、减轻病害。

5. 肥水管理

夏秋茄子生长期较短，需加强管理。定植后连续浇水两次，中耕蹲苗10d左右。"门茄"坐稳后追肥浇水。为防止雨季流失养分导致营养不足，一般15d左右追一次肥。浇水一般在早上或晚上进行。

6. 保花保果

夏秋茄子开花期环境温度高，短柱花较多，容易造成落花，产量不稳定，可喷 50mg/kg 防落素，提高坐果率。

7. 采收

夏秋茬茄子一般于 7 月下旬开始采收，由于此时春茄子果实的商品性已下降，因此，夏秋茄子能够获得较高的市场价格。

第三节 辣 椒

辣椒（*Capsicum annum* L.），茄科辣椒属植物。原产于南美洲的热带草原，明朝末年传入我国。我国辣椒栽培，南方以辣椒为主，北方以甜椒为主。辣椒果实中含有丰富的维生素和矿物质，其中维生素 C 含量极高，还含有辣椒素，能增进食欲、帮助消化。

一、生物学特性

（一）形态特征

1. 根

主根不发达，根系较浅，再生能力差。根量少、弱，不耐旱，不耐涝，茎基部不能发生不定根。初生根垂直向下伸长，主要根群分布在 30cm 土层中。辣椒的侧根着生方向与子叶方向一致，排列整齐，俗称"两撇胡"。

2. 茎

辣椒茎直立生长，茎基部木质化程度较强，腋芽萌发力较弱，株冠较小，适于密植。双杈或三杈分枝，在夜温低、生育缓慢、幼苗营养状况良好时分化成三杈的居多，反之双杈较多。

辣椒的分枝结果习性很有规律，可分为无限分枝与有限分枝两类型。根据辣椒分枝结果习性的不同可分为门椒、对椒、四母斗、八面风、满天星等。

3. 叶

单叶互生，卵形，全缘，叶端尖、有光泽，叶片可以食用。有少数品种叶面有茸毛。

4. 花

花朵较小，完全花，花冠白色或绿色。花朵单生或簇生，有 6 枚雄蕊，花药为浅紫色。营养不良时短柱花增多，落花率增高。辣椒的花芽分化在 4 叶期，育苗移栽应在花芽分化前分苗。常自交作物，天然杂交率在 10% 左右。

5. 果实

浆果，汁液少，果皮与胎座组织分离，胎座不发达，形成较大空腔。果形有灯笼形、方形、羊角形、牛角形、圆锥形等。成熟果实颜色多样，五色椒是由于一簇果实的成熟度不同而呈现出多种颜色。

果实胎座组织辣椒素含量最多，果皮次之，种子最少。一般大型果皮较厚，辣味淡，小型果皮较薄，辣味浓，适于干制。

6. 种子

种子扁平肾形，表面稍皱，淡黄色，有辣味。平均千粒重 6.0g。

（二）对环境条件的要求

1. 温度

辣椒对温度要求较为严格。发芽适温为 25℃，高于 35℃、低于 15℃不易发芽。幼苗期以日温 27～28℃，夜温 18～20℃比较适合，对茎叶生长和花芽分化都有利。开花结果期适温为日温 25℃左右，夜温 15～20℃，温度低于 10℃不能开花，已坐住的幼果也不易膨大，且容易出现畸形果。温度低于 15℃受精不良，容易落花；温度高于 35℃，花器官发育不全或柱头干枯不能受精而落花。高温还易诱发病毒病和果实日烧病。

2.光照

辣椒对光照要求不严格，属耐弱光作物。因此，栽培时可较其他蔬菜密植使之相互遮荫。辣椒对光周期要求不严，光照时间长短对花芽分化和开花无显著影响。辣椒种子属嫌光性，宜在黑暗条件下进行催芽。

3.水分

辣椒根系不发达，再生能力弱，因此不耐旱也不耐涝。苗期辣椒植株生长慢，植株小，应适当控制水分防止发生徒长和苗期病害。初花期湿度过大，易引起落花；初果期如空气湿度太小，会造成落果；果实膨大期对水分要求量大，此时缺水，会造成果面皱缩、弯曲、膨大缓慢、色泽枯暗。

4.土壤营养

辣椒根系不发达，再生能力弱，因此要求土质疏松、通透性好、排水良好的土壤。辣椒生长对土壤酸碱度要求不严，pH值6.2～8.5范围内都能适应。辣椒需肥量大，不耐贫瘠，但耐肥力又较差，一次性施肥量不宜过多。

二、类型与品种

辣椒的栽培种为一年生辣椒，根据果实形状又分为灯笼椒、长辣椒、簇生椒、圆锥椒和樱桃椒5个变种（图5-5），其中灯笼椒、长辣椒和簇生椒栽培面积较大。

1.灯笼椒

植株高大粗壮，叶片肥厚，椭圆形或卵圆形，果实较大，基部凹陷呈灯笼形状。味甜、稍辣或不辣。

2.长辣椒

植株分枝性强，叶片较小或中等，果实多下垂，长角形，先端尖锐，常弯曲，辣味强。多为中、早熟种，按果实的长度又可分为牛角椒、羊角椒或线辣椒三个品种群。

3.簇生椒

植株低矮丛生，茎叶细小开张，果实簇生、向上生长。果色深红，果肉薄，辣味极强，多作干椒栽培。耐热，抗病毒能力强。

4.圆锥椒

叶中等，果小，向上直立或斜生，果圆锥形，辣味强。

5.樱桃椒

植株与圆锥椒相似，果小，朝天着生，樱桃形，具有多种颜色，辣味强，作观赏用或作干辣椒都可。

图5-5　辣椒的品种类型

1—灯笼椒；2—长辣椒；
3—簇生椒；4—圆锥椒；
5—樱桃椒

三、栽培季节与茬口安排

露地辣椒多于冬春季育苗，终霜后定植，晚夏拉秧后种植秋菜，也可行恋秋栽培至霜降拉秧。长江中下游地区多于11～12月份利用温床育苗，3～4月份定植。北方地区则多于春季在保护地内育苗，4～5月间定植。辣椒的前茬可以是各种绿叶菜类，后茬可以种植各种秋菜或休闲。因为茄果类蔬菜有共同的病虫害，所以辣椒栽培应与非茄果类蔬菜轮作。

四、栽培技术

（一）辣（甜）椒春茬栽培

1.品种选择

主要根据市场需要选择品种，进行早熟栽培时应选择早熟品种。辣椒品种如湘研16号、豫艺农研13号、洛椒4号等；甜椒品种如中椒8号、11号，豫艺农研23号等。

2. 育苗

培育适龄壮苗是辣（甜）椒丰产、稳产的基础。在一般育苗条件下，要使幼苗定植时达到现大蕾的生理苗龄，必须适当早播，采用温室播种和温室或改良阳畦分苗的育苗设施。采用有土育苗时，早熟和中早熟品种育苗期一般为 85～100d；采用穴盘育苗，在温度条件和营养条件较好时，用 50 孔穴盘，培育日历苗龄 60d 左右现小蕾的幼苗较合适。

3. 整地施肥

辣椒不宜连作，一旦田间有疫病发生，连作后病害更重。应选择排灌方便的壤土或沙壤土。定植前深耕土地，施入充足的基肥，每亩撒施腐熟有机肥 5000kg，过磷酸钙 30～40kg、尿素 20kg、硫酸钾 15～20kg。辣椒忌水淹，定植前做好灌排沟渠，减轻涝害。

4. 定植

定植期因各地气候不同而异，原则是当地晚霜过后应及早定植，一般是 10cm 土温稳定在 12℃左右即可定植。黑龙江一般在 3 月中旬左右播种育苗，5 月定植；河南中部地区多在 4 月中旬定植。

辣椒的栽植密度依品种及生长期长短而不同，一般每亩定植 3000～4000 穴（双株），行距 50～60cm，株距 25～33cm。由于辣椒株型紧凑适宜密植，采用早熟品种进行提早栽培时，每亩可定植 5400～5600 穴（双株），增产效果明显尤其对早期产量。选用生长势强的中晚熟品种时，一般采用单株定植。定植时土面与营养钵土面相平即可。

5. 田间管理

根据辣椒喜温、喜肥、喜水及高温易得病、水涝易死秧、肥多易烧根等特点，管理中，定植后采收前主要是促根、促秧；开始采收至盛果期要促秧攻果；进入高温季节后应着重保根、保秧。

（1）水肥管理　待辣椒 3～5d 缓苗后可浇一次缓苗水，水量可稍大些，以后一直到坐果前不需再浇水。门椒采收后，为防止"三落"病（即落花、落果和落叶）和病毒病，应经常浇水保持土壤湿润，不可等到过度干旱之后再浇水。一般结果前期 7d 左右浇 1 次水，结果盛期 4～5d 浇 1 次水。辣椒喜肥又不耐肥，营养不足或营养过剩都易引起落花、落果，因此，追肥应以少量多次为原则。一般基肥比较充足的情况下，门椒坐果前可以满足需要，当门椒长到 3cm 长时，可结合浇水进行第 1 次追肥，可随水冲施尿素、硫酸钾。此后进入盛果期，根据植株长势和结果情况，可追施化肥或腐熟有机肥 1～2 次。

（2）植株调整　进入盛果期后，温光条件优越，肥水充足，枝叶繁茂，影响通风透光。结果中后期，应及时摘除老叶、黄叶、病叶，并将基部消耗养分但又不能结果成熟的侧枝尽早抹去，如密度过大，在对椒上发出的两杈中选留一杈，进行双干整枝。

6. 收获

春季辣椒多以嫩果为产品，一般在果实膨大充分、果皮油绿发亮、果肉变硬时进行采收。

（二）辣（甜）椒越夏茬栽培

黄淮地区夏季辣（甜）椒尤其是夏季麦茬辣椒栽培相当普遍。夏辣椒在北方秋淡季蔬菜供应中占有重要地位，也是北菜南运的重要蔬菜之一。

1. 品种选择

辣椒类型多选择湘研 16 号、19 号，豫艺墨玉大椒，中椒 13 号等；甜椒类型多选择中椒 4 号、8 号，湘研 8 号、17 号，豫艺农研 25 号等；彩椒很少。

2. 整地施肥

麦收后及时整地，每亩施农家肥 4000～5000kg，过磷酸钙 40kg、碳酸氢铵 80kg、硫酸钾 20kg 做底肥，深耕细耙，按垄距 90cm、垄基宽 60cm、垄沟 30cm、垄高 15cm 做栽培垄，高垄栽培有利于夏季防水淹。

3. 适期播种

采用露地育苗，苗高 15cm、60%现大蕾、20%开花的辣椒壮苗需 60d 左右。一般 4 月中旬前后为适播期，采用营养钵护根育苗，于 2～3 叶时分苗一次。

4.合理密植

越夏辣椒一般于 6 月中旬定植，一垄双行、单株定植时株距 20cm，每亩定植 7400 株；双株定植时，株距 28cm，每亩定植 10000 株左右。生长势强的品种也可采用 30cm 株距单株定植，每亩定植 5000 株左右。

5.肥水管理

辣椒忌水淹，尤其是夏季高温时，也不宜大水漫灌。前期 5～6d 浇一水，后期保持地面湿润。缓苗后结合浇水每亩追施尿素 10kg；门椒坐稳后追施催果肥，每亩施尿素 15kg；门椒和对椒收获后，植株大量开花，每亩穴施尿素 15kg、硫酸钾 15kg；立秋后每亩施尿素 15kg，促进秋后结果。

6.防病治虫

从苗床到拉秧，注意防止烟青虫、棉铃虫，防治病毒病、晚疫病。封垄前加强田间除草。

7.采收

越夏辣椒栽培，一部分以青椒满足 8、9 月份淡季市场需求，一部分以红椒销售给加工厂家，甜椒大都以青椒形式销售。

本 章 小 结

茄果类蔬菜主要包括番茄、茄子和辣椒等，我国南北方普遍栽培；茄果类蔬菜均为喜温暖的蔬菜类型，但种类之间特别是苗期对温度的要求稍有差别，对土壤等生活环境适应性强，根系再生能力强，栽培中多采用育苗移栽技术；茄果类蔬菜的苗期比较长，从 60～120d 不等，需要进行分苗、倒苗等，以利于壮苗培育；其茎的生根能力比较强，适宜深栽苗和培土；茄果类蔬菜顶芽生长到一定时期开始花芽分化，生殖生长和营养生长同时进行，在栽培过程中需要注意调节两者之间的平衡生长，特别是开花结果期的环境状况和水肥供应，防止落花落果；茄果类蔬菜一般植株较为茂盛，在栽培时，应根据具体栽培类型和品种特点确定栽培密度和植株调整方法，科学管理，注意保花保果确保产量和品质。

复习思考题

1.绘图比较番茄、茄子、辣椒的分枝结果习性。

2.简述茄果类蔬菜在生长发育和栽培习性上有哪些共同特点。

3.简述番茄的保花保果措施。

4.分析辣椒"三落"形成的原因，并提出防治办法。

5.简述茄果类蔬菜的需肥需水特点。

实训 茄果类蔬菜分枝结果习性观察与植株调整技术

一、目的要求

通过对茄果类蔬菜分枝结果习性的观察，学习、总结、掌握适合茄果类蔬菜的、能达到高产的植株调整方法。

二、材料与用具

处于结果期的番茄（包括有限生长类型和无限生长类型品种）、茄子、辣椒高产田。

三、方法与步骤

1.每种材料选取 10 株，观察开花、结果位置，和花朵数目并做记录（包括番茄有限生长类型和无限生长类型）。

2.对于辣椒和茄子，每类样本选择 10 株，进行双干整枝，门茄开花后，留一片叶打掉下面的叶片，门茄采收后，在对茄下留一片叶，其余叶片全部打掉。以后根据植株长势和茂盛程度继续进行整枝。

3.对无限生长类型番茄做10株的单干整枝、侧枝全部摘除，最后一个花序前留2片叶摘心，并做标记。另选10株无限生长类型番茄做双干整枝，主干结一穗果后，留一强壮侧枝，把主干和预留的侧枝分别作单干整枝。再选10株做连续换头整枝：头3穗果采用单干整枝，余下侧枝全部摘除。第一穗果开始采收时，在植株上部选留一

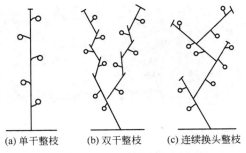

(a) 单干整枝　　(b) 双干整枝　　(c) 连续换头整枝

图 5-6　番茄整枝方式示意图

个健壮侧枝，作单干整枝，留3穗果摘心。当第4穗果开始采收时，再按上述方法继续整枝。番茄整枝方式如图5-6所示。

四、作业

在整个结果期，按每个选定样本已确定的整枝方式将整枝操作进行到最后完成。而后将已进行整枝的植株总产量和同样株数的没在选择范围内的植株总产量进行比较，并进行结果分析。

第六章　豆类蔬菜栽培

【学习目标】

了解豆类蔬菜的生物学特性，以菜豆、豇豆为例掌握豆类蔬菜的高产栽培技术。

豆类蔬菜包括菜豆、豇豆、蚕豆、豌豆、刀豆等，为豆科一年生或二年生的草本植物。除蚕豆、豌豆外，都原产于热带，不耐霜，宜在温暖季节栽培；属中光性作物，对日照时间要求不严格，但苗期短日照能促进花芽分化，降低第一花序着生节位；豆类蔬菜为直根系作物，根系再生能力弱，具根瘤，有固氮作用，不但用于食用豆荚和豆粒，有一部分豆类蔬菜还可用做牲畜的高蛋白饲料。豆类蔬菜喜排水良好、通透性好的土壤；适宜的土壤 pH 值 5.5～6.7；豆类蔬菜营养丰富，鲜美可口，除鲜食外，还可用于速冻、罐头等加工。

第一节　菜　　豆

菜豆，别名芸豆、四季豆等，豆科菜豆属一年生蔬菜，原产南美洲墨西哥热带地区，喜温蔬菜，16 世纪传入中国，在我国南北各地均有栽培。菜豆主要食用器官为新鲜嫩荚，可用于干制和速冻等加工。

一、生物学特性

（一）形态特征

1. 根

直根系，较发达，再生能力不强，主根入土可深达 80～90cm 以上，侧根横向扩展直径可达 60～70cm，主要根群多分布在 20～30cm 耕层中。侧根至细根都有根瘤分布。

2. 茎叶

茎细弱、蔓生种缠绕生长，分枝力强。初生叶为心脏形，单叶对生；以后真叶为互生三出复叶。

3. 花

总状花序，蝶形花，花梗发生于叶腋或茎的顶端，花梗上有花 2～8 朵。多为自花闭花授粉，当花朵开放时，已授粉完毕。花色有白、黄、红、紫等多种颜色。

4. 果实

荚果，圆柱形或扁带状，直或稍弯曲。嫩荚有绿、淡绿、紫红或紫红花斑等，成熟时黄白至黄褐色。

5. 种子

种子多为肾形，种皮颜色有黑、白、红、黄、褐和花斑等。千粒重 300～700g，种子寿命 2～3 年。

（二）生长发育周期

1. 发芽期

种子萌动到第一对真叶出现，约需 10～14d。种子萌动后，随着种子的发育，幼根先伸长，接着幼芽显现，下胚轴伸长下扎直至幼苗出土，真叶展开。整个过程经历了从依靠种子自身养分到幼苗自己能够制造养分的过程。

2.幼苗期

第一对真叶出现到 4～5 片真叶展开，约需 20～25d。此时期主要以营养生长为主，幼苗期末期开始花芽分化。

3.抽蔓期

4～5 片真叶展开到现蕾开花，约需 10～15d。此时期茎叶生长十分迅速，根瘤的固氮作用越来越强，花芽陆续分化发育。

4.开花结荚期

开花结荚到采收结束。不同的品种类型开花结荚期经历的时间不同。矮生种一般播种后 30～40d 便进入开花结荚期，历时 20～30d，蔓生种一般播种后 50～70d 进入开花结荚期，历时 45～70d。

（三）对环境条件的要求

1.温度

喜温但不耐霜冻，一般矮生菜豆较蔓生菜豆耐寒。发芽适温为 18～22℃，低于 8℃不能发芽。幼苗生育适温为 18～25℃，10℃以下生长不良。开花结荚适温为 18～25℃，若低于 15℃或高于 35℃，花粉发育不良，引起落花、落荚。另外，高温、干旱或营养不良的环境条件会导致豆荚纤维增多，品质恶化。

2.光照

喜强光，多为中光性品种，对日照长度要求不严格。弱光下生长发育不良，开花结荚减少。

3.水分

菜豆较为耐旱，在生长期间，土壤适宜湿度为田间最大持水量的 60%～70%，空气相对湿度保持在 55%～80%较好。开花结荚期湿度过大或过小都可能引起落花、落荚现象。

4.土壤和营养

在土层深厚肥沃、疏松透气的土壤上栽培菜豆更有利于根瘤繁殖和寄生，适宜土壤 pH 值 6.2～7.0，土壤过酸或过碱都会抑制根瘤菌活动。菜豆生育过程中需钾肥和氮肥较多，磷肥和钙肥次之。硼和钼能够促进根瘤菌活动对菜豆生长发育有良好的作用。菜豆对氯离子反应敏感，所以生产上不宜施含氯肥料。

二、类型与品种

依主茎的分枝习性一般分为蔓生种和矮生种。

1.蔓生种

为无限生长类型，主蔓可超过 2m，茎细弱，节间长，攀缘生长，需搭架栽培。陆续开花结荚，成熟较迟，产量高、品质好。主要品种如双青玉豆，丰收 1 号、12 号，35 号玉豆，佳绿，新双丰 3 号，哈菜豆 1 号、2 号、3 号、4 号，超长四季豆，白花架豆，芸丰，绿丰，双丰等。

2.矮生种

为无限生长类型，植株矮生直立，株高 40～60cm。通常主茎长至 4～8 节时顶芽分化成花芽而停止生长，叶腋可发生若干侧枝，侧枝生长一定长度后，顶芽也以花芽封顶。生育期可短达 35～40d，早熟，产量较低，可用于补充蔬菜淡季来栽培。主要品种如世纪美人、沙克莎、法国菜豆、施美娜、嫩绿等。

三、栽培季节与茬口安排

菜豆从播种到开花所需积温，矮生种为 700～800℃，蔓生种为 800～1000℃。我国除无霜期很短的高寒地区为夏播秋收外，其余各地均春、秋两季播种，并以春播菜豆为主。目前，为了延长生育周期，提高产量，露地栽培多采用春季温室育苗，外界温度适宜后再往露地移栽的生产方式。东北在 4 月下旬至 5 月上旬播种，华北地区在 4 月中旬至 5 月上旬播种，华南地区一般在 2 月份至 3 月份播种，一般多在 10cm 地温稳定在 10℃时进行移栽。

四、栽培技术

1.品种选择

露地栽培可选用早熟的矮生型或蔓生型品种，中、晚熟的蔓生型品种。要求品质好、产量高、抗性强，早熟品种要求有较强的抗寒性。压趴架一点红、大将军、紫花油豆等都是较受欢迎的品种。

2.整地施肥

每亩施入充分腐熟有机肥3000~5000kg，过磷酸钙50kg，草木灰100kg或硫酸钾20kg作基肥。撒施后深翻30cm，耙细耙平，然后按50~60cm行距起垄，垄高15cm。

3.直播或移栽

菜豆种子种皮较薄，露地直播前不宜进行烫种、浸种等处理，否则播后如遇天旱缺水，会使种子落干。为了提高产量，可用根瘤菌进行拌种，能够促进根瘤的大量形成，增强固氮效果。直播时按30~35cm左右行距开穴，每穴3株，可干播或座水，播后镇压。

为了缩短上市时间，可提前在温室里育苗，在生长季节到来时进行移栽。移栽方法与直播相似：幼苗3~4片叶时，按30~35cm左右行距开穴，明水法移栽。

4.田间管理

（1）水肥管理　移栽后3~5d幼苗即可缓苗。为使菜豆长势良好健壮，应创造一个疏松的土壤环境，爬蔓前视情况进行2~3次铲趟，松土培土。为避免因铲趟损伤茎叶花器，铲趟要在开花结荚盛期以前完成。有条件的话，在进入植株开花结荚期进行灌水，每10d左右浇一水，隔一水施一肥。每亩追施复合肥15~20kg，除此之外，还可增施一些微量元素钼肥，施用钼酸铵0.25kg/亩。

（2）防止落花　菜豆虽然分化花芽量很大，但是在不良的外界条件下，如果花期遇到超过30℃高温、大风、土壤干湿度不适、养分不足、弱光等，就会产生落花、落荚现象。所以真正成荚的花芽比例很小。在生产上可通过加强田间管理等方式来防止落花、落荚，还可以通过喷洒植物生长调节剂来防止落花、落荚，如喷洒萘乙酸5~25mg/L。

（3）植株调整　菜豆主蔓长至20~30cm时，需搭架引蔓。开花前，第一花序以下的侧枝打掉，中部侧枝长到40cm左右时摘心。主蔓接近架顶时进行落蔓，结荚后期，由于此时植株生长极为茂盛，应及时去除下部老蔓和病叶、黄萎叶，以改善通风透光条件，促进侧枝再生和部分潜伏芽开花结荚。

5.采收

菜豆矮生种一般播后50~60d就可以达到食用程度，进行采收，蔓生种一般播后70~90d就可以采收。采收标准为豆荚变粗，荚长而嫩，豆粒略鼓。采收时要注意保护花序和幼荚。

在栽培过程中，低温和高湿会导致菜豆很多病害的发生，如炭疽病、锈病等。可采用药剂拌种、加强田间管理、合理轮作、喷药等方法防治。

第二节 豇 豆

豇豆，别名长豆角、带豆、裙带豆等，原产于亚洲东南部热带地区，喜温暖，耐热性好。豆科豇豆属一年生草本植物，以嫩荚为产品，营养丰富，食用方法多样。茎叶是优质饲料，也可作绿肥。

一、生物学特性

1.形态特征

豇豆根系发达，较耐干旱，有根瘤，再生力弱。主要根群分布在15~25cm土层中。茎蔓呈左旋性缠绕，植株一般较为茂盛，应较普通菜豆稍稀植一些。基生叶对生，单叶，第3片真叶以上为三出复叶，互生。总状花序，花梗长，蝶形花，有紫红、淡紫、乳黄等几种颜色。线形荚果，每个花序结荚 2～4 个，因品种而异，荚长约 30～90cm。种子肾形，千粒重 300～400g。

2. 生长发育周期

豇豆的生长发育过程与菜豆基本相似。生育期的长短因品种、栽培地区和季节不同差异较大，蔓生品种一般 120～150d，矮生品种 90～100d。

3. 对环境条件的要求

(1) 温度　喜温暖，耐高温，不耐霜冻。种子发芽适温为 25～30℃，低于 8℃不能发芽，植株生育适温为 20～28℃，35℃以上高温仍能正常结荚，12℃以下左右生长缓慢，5℃以下受寒害。

(2) 光照　豇豆喜光，但也有一定的耐荫性。多数品种为中光性，对日照要求不严格。开花结荚期间需要充足的日照，弱光会引起落花落荚。

(3) 水分　根系发达，耐旱，不耐涝。适宜的空气湿度为 65%～70%，土壤湿度 65%～70%，过湿过干都易引起落花落荚，对产量及品质影响很大。

(4) 土壤营养　对土壤的适应性较强，土质肥沃、疏松透气的壤土适宜栽培菜豆，瘠薄的土壤上栽培仍可有一定收获。

二、类型与品种

豇豆根据茎的生长习性可分为蔓生型、半蔓生型和矮生型三种类型。

1. 蔓生型

主蔓、侧蔓均为无限生长，主蔓高超过 3m，需搭架栽培。陆续开花结荚，生长期较长，产量高，经济价值一般要好于普通菜豆。栽培品种如之豇 28-2、特选 2 号、之豇特长 80、之豇特早 30、之青 8 号、丰豇 1 号、之豇 844、红嘴燕、秋丰等。

2. 矮生型

茎直立，植株矮小，分枝较多，主茎 4～8 节后以花芽封顶，株高 40～50cm，无需搭架栽培。生长期较短，成熟早，收获期短而集中，产量较低，可作为春天蔬菜淡季的补充品种栽培。栽培品种如之豇矮蔓 1 号、五月鲜、方选矮豇、美国无支架豇豆等。

3. 半蔓生型

半蔓生型界于蔓生型和矮生型之间。

三、栽培季节与茬口安排

豇豆主要作露地栽培，当 10cm 地温稳定通过 12℃以上即可直播。豇豆是适合盛夏栽培的主要蔬菜，并且春、夏、秋均可栽培，关键是选用适当的品种。对日照要求不严的品种，可在春、秋季栽培；对短日照要求严的品种，必须在秋季栽培。

四、栽培技术

1. 品种选择

露地栽培应选择高产、优质、抗病、商品性好的中晚熟品种，如 901、五月鲜等。

2. 整地施肥

结合整地，每亩施入充分腐熟有机肥 5000kg、过磷酸钙 50kg、硫酸钾 15kg。撒施后深翻 20～30cm，使土肥混合均匀，整细耙平，然后按 60～75cm 行距起垄，垄高 15cm。

3. 直播或移栽

豇豆可露地直播，播前应根据需要选好种子，并进行晒种。直播时如土壤湿度较好，可干籽播种。如土壤湿度较干，可座水直播。为提高单产，可在播种时用根瘤菌拌种，拌种方法与菜豆相同。播种时行距 60～75cm，株距 25～30cm，每穴 3～4 粒种子，播后适当镇压。

为了延长生育期，提高产量，可提前在温室内利用营养钵进行护根育苗。播种前先浇足底水，每钵点播种子 3 粒，覆土 2～3cm。播后白天保持 30℃左右，夜间 25℃左右。子叶展开后，日温保持 20～25℃，夜温 14～16℃。加强水分管理，防止苗床过干或过湿。定植前 7d 低温炼苗。苗龄 20～25d，幼苗具 3～4 片真叶时可以进行移栽。每亩栽植密度为 3000～4000 穴。

4. 田间管理

（1）水肥管理　豇豆移栽后在管理上应采取促控结合的措施，防止徒长和落荚。在豇豆的整个生长发育期，为了创造一个疏松、湿润、温暖的环境，应对其进行 2～3 次的中耕、除草。移栽缓苗后，开花前随水追施硫酸铵 20kg/亩，过磷酸钙 30kg/亩，开花后，每 15d 左右叶面喷施 0.2% 磷酸二氢钾。

（2）植株调整　植株长至 30～35cm，主蔓长 30cm 左右时及时开始搭架绑蔓。主蔓第一花序以下萌生的侧蔓长到 3～4cm 时打掉，保证主蔓健壮生长。主蔓第一花序以上各节萌生的侧枝要留 1～2 片叶摘心，利用侧枝上发出的结果枝结荚。主蔓长至 15～20 节时打顶，促进主蔓中上部侧枝上的花芽开花结荚。

5. 采收

豇豆每个花序有 2～5 对花，在肥力充足、植株健壮的情况下，每对花芽都可能形成一对果实。豆荚达到商品成熟期，粗细均匀，豆粒将鼓之前及时采收。采收时，不要损伤其他花蕾和嫩荚。初期 5～7d 收获 1 次，盛果期 1～2d 收获 1 次。

本 章 小 结

豆类蔬菜主要种植的是菜豆（芸豆、四季豆）和豇豆（豆角），适宜温暖气候条件而不耐寒，豇豆较耐高温，栽培品种主要分为蔓生种和矮生种，以蔓生种为主；作为常见的露地栽培蔬菜，具有栽培面积广、适应性较强、管理方便的特点。豆类蔬菜根系发达，且具有根瘤，故生产中可适当减少氮肥施用量，注重磷钾肥的施用；生产中以直播为主，也可育苗移栽，但苗龄应短，定植不能太晚，一般以幼苗具有 3～4 片真叶为宜；田间管理前期要施量浇水、追肥，防止徒长，结果期加大肥水供应量。蔓生类品种需及时搭架和植株调整，注意肥水管理，减少落花落荚，适时采收荚果，以保证产量和品质。需要注意的是豆类蔬菜中含有一种有毒蛋白质——血细胞凝集素和一种胰蛋白酶抑制剂，能引起血液中的红细胞凝集。生食后会出现恶心、呕吐、腺体肿大等症状，甚至可能引起死亡。这些有毒物质在加热后即可失去活性，所以在烹制豆类蔬菜时，一定要烧熟。

复习思考题

1. 简述菜豆落花、落荚原因及防治方法。
2. 简述豆类蔬菜的肥水供应特点。
3. 绘图说明菜豆和豇豆的分枝结果习性。
4. 简述豆类蔬菜常见病虫害发生症状及防治方法。

实训　豆类蔬菜开花结果习性调查

一、目的要求

通过对豆类蔬菜分枝结果习性的观察，学习、总结、掌握适合豆类蔬菜的开花结果习性，为提高单产、增加经济效益打下坚实基础。

二、材料与用具

处于结果期的菜豆、豇豆高产田（包括蔓生类型和矮生类型）；记录本、记录笔。

三、方法与步骤

1. 每种材料选取 10 株，观察植株开花、结荚位置和情况，并做记录（包括蔓生类型和矮生类型)。

    2.每类样本选择5株,测量植株高度、侧枝生长结位、开花位置以及开花数目等。

四、作业

    1.绘图演示蔓生菜豆和矮生菜豆、豇豆的分枝习性和开花结果习性。

    2.把观测到的菜豆、豇豆的分枝数据和开花结果数据填入表6-1。

表 6-1　豆类蔬菜开花结果习性调查表

种 类	品 种	株 数	开花顺序	数据名称	调 查 结 果	备 注
			第一花序	花朵数目		
				开花结位		
				结果数目		
			第二花序	花朵数目		
				开花结位		
				结果数目		
			第三花序	花朵数目		
				开花结位		
				结果数目		

第七章 白菜类蔬菜栽培

【学习目标】
　　了解白菜类蔬菜的形态特征及异同点，掌握主要白菜类蔬菜的栽培技术。

第一节 大 白 菜

　　大白菜又称结球白菜，原产我国，有悠久的栽培历史。大白菜的营养价值很高，含有大量的维生素和矿物盐，食之鲜美可口，深受消费者欢迎。目前，山东、河北、河南是全球三大生产区。大白菜生产除秋季种植的冬贮供应的大白菜外，春季大白菜、夏季大白菜、早秋大白菜生产正在迅速发展，使大白菜在某些地区达到了周年生产和供应。

一、生物学特性

（一）植物学性状

1. 根

　　大白菜根系较发达，为直根系，主根基部肥大，尖端向下延伸长达 60cm，其上发生很多侧根，主、侧根上分根很多，形成很密的吸收根网，主要根群分布于耕作层中。

2. 茎

　　在营养生长期，茎为变态短缩茎，呈球形或短圆锥形，茎部的顶芽为活动芽，侧芽为潜伏芽，因而形成单芽叶球。如在成球以前，顶芽受伤，则侧芽会提早萌发，影响包心，降低商品价值。生殖生长时期，短缩茎顶端发生花茎，高 60～100cm。

3. 叶

　　大白菜的叶片为异形变态叶，全株先后发生子叶、基生叶、中生叶、顶生叶和茎生叶（图 7-1）。

　　子叶肾形、对生，有叶柄；基生叶（又叫初生叶）对生，与子叶垂直排成十字形；中生叶着生于短缩茎中部，包括幼苗叶和莲座叶，互生，椭圆形（幼苗时）或倒卵圆形（莲座叶）；顶生叶

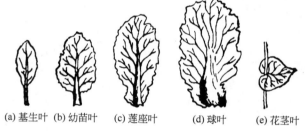

(a) 基生叶　(b) 幼苗叶　(c) 莲座叶　(d) 球叶　(e) 花茎叶

图 7-1　大白菜的叶型

（引自：孙新政. 蔬菜栽培. 北京：中国农业出版社，2000）

即球叶，着生于短缩茎的顶端，互生；茎生叶着生在花茎（茎）和花枝上，呈三角形，叶柄不明显，叶面有蜡粉。

4. 花、果实及种子

　　总状花序，十字形花冠花瓣互生 4 枚，鲜黄色，雄蕊 6 枚，雌蕊 1 枚，异花授粉，虫媒花。果实为长角果，种子为球形，千粒重为 2.6g。

（二）生长发育周期

　　从播种到种子收获的整个生育期可分为营养生长和生殖生长两个时期。营养生长期又可分为发芽期、幼苗期、莲座期，除散叶种外，还有结球期和休眠期（图 7-2）。生殖生长期又可分为抽茎（薹）期、开花期和结实期。

1.营养生长期

(1) 发芽期　从种子萌动至真叶显露，即"破心"为发芽期。在适宜的条件下，发芽期需 5～6d，当基生叶展开达到和子叶同等大小，并且与子叶垂直交叉呈"十"字形，这一长相称为"拉十字"，是发芽期结束的临界特征。

(2) 幼苗期　从"拉十字"至形成第一个叶环为幼苗期，即从真叶显露到第 7～9 片叶展开。到幼苗期结束，叶丛成盘状，这一长相称为"团棵"，这是幼苗期结束的临界特征。幼苗期的生长天数：早熟品种为 12～13d，晚熟品种为 17～18d。此期植株会形成大量根。

(3) 莲座期　从团棵到第 23～25 片连座叶全部展开并迅速扩大，形成主要的同化器官，为莲座期。在莲座叶全部长大时，植株中心幼小的球叶以一定的方式抱合，称为"卷心"，这是莲座期结束的临界特征。莲座期的日数：早熟品种为 20～21d，晚熟品种为 27～28d。

(4) 结球期　从心叶开始抱合到 2 叶形成为结球期。植株大量积累养分，贮藏于心叶，形成肥大叶球。结球期时间较长，约占全生长期一半时间。结球期可分为前期、中

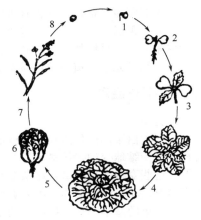

图 7-2　大白菜生育周期示意图
1—种子休眠期；2—发芽期；3—幼苗期；
4—莲座期；5—结球期；6—休眠期；
7—抽薹期；8—结果期
(引自：孙新政. 蔬菜栽培.
北京：中国农业出版社，2000)

期和后期。前期，叶球的外层叶片迅速生长，形成叶球的轮廓，称为"抽筒"。中期是叶球内的叶片迅速生长，充实内部，称为"灌心"。结球前期和中期是叶球生长最快的时期，后期叶球的体积不再增加，只是继续充实内部，养分由外叶向叶球转移。在结球期，浅土层发生大量的侧根和分根，出现"翻根"现象。

(5) 休眠期　叶球形成后遇低温而被迫进入休眠。在冬季贮藏过程中植株停止生长，处于休眠状态，依靠叶球贮存的养分生活。

2.生殖生长期

(1) 抽薹期　经休眠的种株于第二年春天再开始生长，球叶由白变绿，发生新根并抽生花薹，花薹开始伸长即进入抽薹期，到植株开始开花时，抽薹期结束。

(2) 开花期　从植株始花到全株开花结束为开花期，约 30d。此期花枝生长迅速，分枝性强。

(3) 结实期　植株谢花后进入结实期，此期花茎和花枝停止生长，果荚和种子旺盛生长，直到果荚枯萎，种子成熟。

(三) 对环境条件的要求

1.温度

大白菜是半耐寒蔬菜，喜冷凉气候。生长期间的适温在 10～22℃之间，高于 25℃生长不良，10℃以下生长缓慢，5℃以下停止生长。耐轻霜而不耐严霜。在适宜的温度范围内，较大的昼夜温差有利于大白菜正常生长。大白菜春化适宜温度为 2～4℃，春化时间 14d 以上。

2.光照

大白菜是长日照蔬菜，但对日照时数要求不严格，一般在 12～13h 的日照和较高的温度（约 18～20℃）下，就能通过光周期阶段。大白菜在营养生长期需要充足的阳光，光照不足光合作用减弱，叶片变黄、叶肉变薄，叶球坚实程度会受影响。

3.水分

大白菜对土壤湿度要求较高，在不同生长时期对水分的要求不同，苗期对水分要求不多，莲座期需水量较多，但酌情进行中耕蹲苗。结球期需水量最大，须经常保持土壤湿润，保证叶球迅速生长。大白菜要求空气相对湿度为 70%左右，高湿环境不适合生长。

4.土壤和矿质营养

以土层深厚、疏松、富含有机质的砂壤土、壤土和黏壤土为宜。土壤酸碱度最好是中性或弱碱性。大白菜以叶球为产品，需要充足的氮肥；磷能促进叶原基的分化，使球叶分化增加；钾能使叶球紧实，产量增加，提高品质。因此要注意适当增施磷、钾肥。另外，大白菜生长还需要一定的钙、硼等元素，植株缺钙易发生"干烧心"。

二、类型与品种

1.类型

根据大白菜的进化过程、叶球形态和生态特性，大白菜分为散叶、半结球、花心、结球 4 个变种，其中结球变种栽培最为普遍，结球变种又可分为 3 个基本生态型，即卵圆形、平头形、直筒形。这些变种或生态型互相杂交并进行人工选择，形成平头直筒形、平头卵圆形、圆筒形、花心直筒形、花心卵圆形 5 个次生类型。4 个变种、结球变种的 3 个基本生态型、5 个次生类型是我国大白菜的基本类型。按叶球的结球方式可分为叠抱、合抱、拧抱、花心 4 种（图 7-3）。

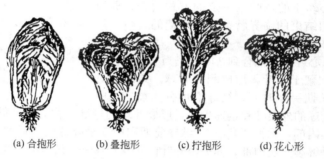

(a) 合抱形　(b) 叠抱形　(c) 拧抱形　(d) 花心形

图 7-3　大白菜的结构类型

（引自：焦自高，徐坤. 蔬菜生产技术.
北京：高等教育出版社，2002）

2.品种

（1）秋白菜　要求对三大病害有较强的抗性，品质好，产量高，且有一定的耐低温能力，早秋栽培的结球白菜品种还要有一定的耐热能力。如豫白 4 号、6 号、7 号、9 号、10 号，鲁白 11 号，秦白 3 号、4 号、5 号、6 号，晋菜 3 号，青杂 5 号，中白系列品种，秋珍白 6 号、11 号，北京新 3 号义和系列，德高系列等。

（2）夏白菜　要求耐热性强，生长期短，生长速度快，能在较高的温度条件下正常结球，且品质较好。如豫早 1 号、2 号，新早 56，青研 1 号，夏阳，夏白 45、50，超级夏王，夏优 1 号、2 号、3 号，优夏王，亚蔬 1 号，德阳 01，青夏 1 号、3 号，义和夏等。

（3）春白菜　要求冬性较强，耐抽薹，生长期短，前期能耐一定的低温，后期能耐一定的高温。如小杂 55、56，鲁春白 1 号，春珍白 1 号、6 号，春冠，春秋王，春秋 54，春大将，京春早，胶春王，义和春，新早 56 等。

三、栽培季节与茬口安排

1.栽培季节

大白菜以秋播为主（本节主要以秋播为例讲述大白菜栽培技术）。为了争取较长的生长期以达到增产的目的，常利用幼苗期具有较强的抗热能力的特点提前播种，但播种过早易染病毒病。推迟播期又会缩短营养生长期以致包心松弛，影响产量和品质，所以，大白菜的适播期较短。各地区都有比较明确的适宜播种期，如山东地区大白菜稳产播种期是 8 月上中旬，最迟不超过 8 月 5 日。具体播种期还要考虑品种、栽培技术和当年的气候因素。一般抗病品种和生长期长的品种都应早播种，早熟品种可晚播。

近几年来，为了丰富市场大白菜的供应，除秋季栽培外，春、夏、早秋大白菜的栽培面积，也在不断扩大。春季栽培大白菜一般利用设施育苗，华北地区的播种时间是 3 月中下旬，苗龄 30~35d，于 4 月中下旬露地定植；夏季大白菜一般在 6~7 月份露地直播，播后 60d 左右即可收获。

2.茬口安排

各地大白菜生产的茬口都不同。这里仅以华北区为例，分别按下列两种情况，说明其安排的要点。

（1）在近郊专业化菜地　一般多选用豆类、瓜类、茄果类、大蒜、洋葱等茬地接种大白菜。其中，葱蒜茬口有减轻土传病害的优点；西瓜、黄瓜、甜瓜和茄果类的茬地，由于施用肥料多，有提高地力的好处；早熟栽培的腾茬早，有提前翻耕晒垡等优越性。

（2）在粮区季节性菜地　大白菜栽培主要接小麦、油菜、马铃薯等茬地，和专业菜地相比较，有避免与同科蔬菜连作或邻近而减免感染病虫害危害的好处。在一年三主作区，冬小麦收获后，播种一茬玉米或谷子，待夏作物腾茬后，及时将育好的大白菜秧苗接茬定植，可收到充分利用土地增产、增益的效果。

四、栽培技术

1.整地施基肥

大白菜根系主要分布在浅土层中，适当加深耕作层，可以促进根系向深层延伸。前茬作物收获后，应及时深耕土地，耕深为 20~25cm，并施有机肥作基肥，使土层深厚、肥沃而疏松混入过磷酸钙 25kg，或混入复合肥 15~20kg。因大白菜生长期长、生长量大，需肥多，每亩施腐熟、细碎的有机肥 5000kg。肥要施匀，力求土壤肥力一致，基肥的 2/3 要结合前期深耕施入，耙地时再把其余的 1/3 耙入浅土层中。

北方栽培多采用作平畦或高垄。平畦宽度一般为 1.0~1.5m，每畦栽培两行。高垄每垄栽培 1 行，垄高 10~18cm，垄距 60~75cm。在雨水多、地下水位高、土质较重、排水不良的地区，起垄宜高些。一些干旱少雨的地区，以平畦栽培为好。不论平畦或高垄，都应做到畦面平整，垄、畦不宜过长。用机井灌溉时水量很大，应在菜地周围留好排水沟。

2.合理密植

大白菜种植密度决定于选用品种特性，也与自然条件和栽培的具体情况有关。一般生长期 60~70d 早熟的小型品种，可密植至 3000~4000 株；80~90d 的中熟、中型品种约为 2000~2500 株；100d 左右晚熟的大型品种仅 1500~2000 株。它们的行距幅度差别很大，行距在 50~80cm 之间，株距在 40~70cm 之间。

3.播种、育苗

（1）直播　直播有条播和穴播两种方法，条播是在垄面中间，或在平畦内按 50~70cm 的行距开约 1.0~1.5cm 深的浅沟，沿沟浇水，水渗完后，然后将种子均匀播入沟内，再覆土平沟，每亩用种量 125~200g。穴播时按 45~65cm 间距，开直径 12~15cm，深 1.0~1.5cm 的浅穴，按穴浇水，水渗完后，每穴均匀播入种子 5~6 粒，播后平穴，每亩用种量为 100~125g。

苗出齐后及时定苗，一般分三次间苗，直播应抓紧，早间苗，分次间苗。第一次在幼苗"拉十字"时间去出苗过迟生长拥挤的细弱幼苗，苗距 4~5cm；第二次间苗在 2~3 片叶时，苗距为 7~10cm；第三次在幼苗长出 5~6 片叶时进行，苗距 10~12cm；待大白菜"团棵"时定苗。无论间苗或定苗都要注意选留生长健壮、无病虫害和具有本品种特征的幼苗，间去杂苗、弱苗和病残苗。间苗或定苗最好在晴天中午进行，因为此时病、弱苗会萎蔫，很易辨别。间苗时发现缺苗应及时补栽。

（2）育苗移栽　育苗移栽便于苗期集中管理，便于控制温度和水分条件，同时也有利于延长前作的生长期。一般苗床宽 1.0~1.5m，长 8~10m，栽植每亩约需苗床 35m²，每 35m² 苗床内应施充分腐熟的底肥 200kg、硫酸铵 1.0~1.5kg，并可施入适量一些过磷酸钙和草木灰。育苗大白菜的播期应比直播提前 3~5d。

苗床播种多采用条播的方法，提前浇足底水，保证幼苗顺利出土，待床土干湿适宜时，每隔10cm开深1～2cm的浅沟，将种子均匀撒入沟内，然后轻轻耙平畦面，覆盖种子。每35m² 的苗床约需种子100～120g。播种面积大时，也可以用撒播法，在播后可进行地面覆盖，待幼苗出土后及时揭去覆盖物。

注意及时间苗，苗距8～10cm，并要定期喷药防治病虫害。

4. 定植

定植时的适宜形态是苗龄20d左右、5～6片真叶。起苗时要多带土，少伤根，移栽应选晴天下午或阴天进行，以减轻幼苗的萎蔫，栽苗时，先按一定行株距定点挖穴，栽苗深度要适宜。在高垄上应使土挖与垄面相平，在平畦上则要略高过畦面。以免浇水后土壤下沉，淹没菜心而影响生长。定植后要立即浇足水。

5. 水肥管理

（1）浇水 如果浇足了底水，定植后一般不用浇水。例如，高温干旱年份，雨水少、气温高，土壤水分蒸发快，土壤表层极易干燥，容易造成已发芽的种子不能出苗。因此，菜农在干旱之年提出"三水齐苗"的经验，即播种后当日浇一次水，供给种子发芽所需水分，幼苗顶土再浇第二水，湿润土面促进幼苗出土，幼苗出齐后浇第三水，密封土缝，保护幼根在浇第一、二次水时，可以隔一沟浇一沟。浇水量的大小以不淹没垄面为度。

白菜齐苗以后到"团棵"，虽然生长速度很快，但植株生长量不大，所需水分不多，通常年份苗期不宜浇水过多，以免幼苗生长瘦弱。但在干旱年份应适量浇水，一方面供给幼苗生长需要的水分，另一方面可以降低地温，保证幼苗健壮生长，减轻病毒病。直播者一般在间苗后浇一次，定苗后再浇一次，浇水时间最好在傍晚或早晨。

莲座期浇水要掌握"见干见湿"的原则，即地面发白时再浇，保证充分供水，又防止浇水过多引起植株徒长，而延迟结球。生产上应采取蹲苗措施，即在包心前10～15d浇一次透水，然后中耕保墒，保持土壤稍干状态，进行蹲苗，当叶片变厚、叶色变深，略有皱纹，中午稍有萎蔫，早晚恢复正常，特别是当植株中心的幼叶也呈绿色时，就标志着蹲苗结束。蹲苗是在一定时间内保持土壤水分的稳定性，促使根系下扎、叶片厚实，积累养分，由长外叶转到长球叶的一种技术措施。蹲苗要因品种、土质、气候等具体条件来决定。在干旱年份蹲苗时间要短；雨水充沛年份，可适当放宽；在砂质土壤或一些瘠薄地栽培时不宜蹲苗。蹲苗不可过度；否则，植株受抑制过重，影响生长而延迟成熟。

蹲苗结束以后，大白菜心叶已向内弯曲生长，开始包心，叶球生长很快，这时要浇一次大水，浇完第一次水隔2～3d浇第二水，以免土壤发生裂缝，而使侧根断裂、细根枯死。以后5～6d浇一次水，始终保持土壤湿润，到收获前5～7d停止浇水，以免叶球含水量过多而不耐贮藏。

（2）追肥 白菜苗期生长速度很快，必须供应足够的养分。适时施用少量速效氮肥，既能促进幼苗苗壮生长，又能增强幼苗的抗病力，为后期生长打下良好基础。种肥应在播种前施于播种沟或穴中，并与土壤混合均匀。提苗肥多在第二次间苗后在植株附近撒肥，种肥或提苗肥的量掌握在每亩用硫酸铵10～15kg，苗期还应对小苗、弱苗施偏肥，促使小苗长成大苗。在苗期发现病毒病症状时，应及时进行追肥和浇水，增强幼苗的抗病力。

为了促进莲座叶旺盛生长，团棵时重施一次发棵肥，发棵肥应以速效氮肥为主，适量配合磷、钾肥，既可防止外叶徒长，又能促进根系发育和增强对霜霉病的抵抗力，每亩施人粪尿1000～1500kg或硫酸铵15～20kg和过磷酸钙10kg，草木灰50～100kg。氮素化肥应在团棵以后施入。有机肥一般在定苗后施入。施用有机肥和化肥时应在距离植株8～10cm处开穴施入。

结球期是吸肥量最多时期，占总吸肥量的60%～70%。在结球前期、中期，温度适宜，日照较长，是叶球生长最快的时期，因此，结球期追肥重点应放在前期，促使叶球外叶迅速生长。因此施肥浓度不宜过大，并应掌握"少吃多餐"的原则，结球期一般追肥2～3次。第一次在蹲苗结束后，结合浇水进行，重点追肥。最好施用大量肥效持久的完全肥料，特别是要增施钾肥。每亩施人粪尿1000～1500kg（或硫酸铵15～25kg）、草木灰50～100kg（或硫酸钾15kg）、过磷酸钙 10kg。进入结球中期，叶球内部球叶正在继续生长，应施一次灌心肥，使大白菜充分灌心，防止外叶早衰。到结球后期，为了使大白菜叶球充实和防止白菜早衰应再追施少量化肥。

6.中耕、除草、培土

大白菜中耕次数一般为 3～4 次，深度 4～10cm，在间苗后或雨后进行。中耕必须早进行，并要做到"干锄浅，湿锄深"，开头浅、中间深，开盘以后不伤根，"深锄垄沟，浅锄垄帮"。待外叶封垄，根系布满全畦，就要停止中耕，以免伤根、损叶。每次中耕应结合起垄培土。

7.未熟抽薹的原因与防止

春季栽培结球白菜很容易发生未熟抽薹现象，这是因为春季气温低，日照由短到长，很容易满足大白菜抽茎所需的温度和光照条件。防止大白菜未熟抽茎，是春季栽培的关键，为此，必须采取与秋播不同的技术措施。

（1）选择适宜春播的品种　春季大白菜生长期比秋季短，应选用早熟耐抽薹的品种，如春秋王、强势、鲁春白 1 号、春夏 50 等。

（2）设施育苗　白菜在营养生长期的不同分期内，遇到 2～10℃的低温，都能迅速完成春化过程。在 10～15℃条件下，时间较长也能完成春化。所以，一般在终霜前后播种才能避免未熟抽薹，但此时直播生长适期太短，植株生长不良，产量低、品质差。因此，春季栽培最好先在温室、阳畦等设施内育苗，然后移栽于露地，尽量避免低于 10℃的低温出现，这样就可以提早播种，从而延长白菜的生长期，抽茎率也较低。在天气转暖，夜间温度不低于 8～10℃时定植。

（3）加强肥水管理　加强肥水管理，促进营养生长可抑制未熟抽薹。这就要求选择肥沃的土壤栽培大白菜，多施速效性基肥，使生长前期营养条件良好，以加速营养生长，抑制发育，使其在花芽分化前就形成更多的叶片，苗期气温和地温低，应不浇或少浇水，以免降低温度，莲座期以后随着气温升高，酌情增加浇水量，保持土壤湿润，莲座期干旱会影响莲座叶的生长和球叶的分化，而有利于花芽分化。在结球前期、中期各施一次化肥，浇水要掌握见干见湿，不能浇水过多以免高湿高温引发病害。

（4）拔除易抽薹的植株　春播大白菜因植株存在的个体差异和不同植株所处的条件不完全一致，所以，叶丛生长速度也有差异，抽薹有早有晚。在栽培上可在早期拔除早抽薹的植株，留下抽茎晚的植株。

8.采收

北方大部分地区秋播大白菜收获多在 10 月下旬至 11 月上中旬，严寒地区还需提前。作为贮藏供冬春食用的中熟、晚熟品种，应尽可能延迟收获。应在低于 -2℃ 以下寒流来临之前抢收完毕。收获后先晾晒，待外叶萎蔫、根部伤口愈合后，再进行贮藏或销售。

第二节　甘　蓝

甘蓝亦称结球甘蓝，别名包菜、圆白菜、卷心菜等，起源于地中海至北海沿岸，是十字花科芸薹属能形成叶球的一个变种。结球甘蓝以叶球为食用器官，适应性强，抗寒，抗病，产量高，品质好，易栽培，耐贮运。我国各地普遍栽培。

一、生物学特性

（一）植物学性状

1.根

主根系，分布广，较浅，呈圆锥形，主要根群分布在 33cm 左右的土层内，根群横向生长半径约为 80cm，但因根系不深，抗旱能力较差，要求湿润的土壤环境。

2.茎

茎分为营养生长期的短缩茎和生殖生长期的花茎。在叶球外着生叶的茎称为外短缩茎；在叶球内着生叶的茎称为内短缩茎，即叶球中心柱。一般内短缩茎越短，叶球越紧密，品质越好，进入生殖生长阶段后短缩茎顶端，抽生的花薹称为花茎，花茎可分枝生叶和形成花序。

3. 叶

包括子叶、基生叶、幼苗叶、莲座叶、球叶和茎生叶。子叶2片，肾形，对生，叶片较厚。基生叶2片，对生，与子叶呈十字形排列。莲座叶叶柄短，叶片大，呈宽倒卵形、宽椭圆形或圆形，暗绿色，有蜡粉。莲座叶形成后进入包球期，发生的叶片中肋向内弯曲，包被顶芽，合称叶球。球叶无叶柄、黄白色。茎上的小叶为茎生叶，互生，无叶柄或叶柄很短。

4. 花

总状花序，完全花，4片花瓣，呈十字形，6枚雄蕊。异花授粉，虫媒花。

5. 果实和种子

长角果。种子圆球形，千粒重3.3～4.5g。种子使用年限为2～3年。

（二）生长发育周期

结球甘蓝为二年生蔬菜，第一年进行营养生长，形成叶球，经过冬季低温完成春化阶段，至翌年春季通过长日照和适温条件下，抽薹、开花、结实。整个过程可分为营养生长期和生殖生长期。

1. 营养生长期

（1）发芽期 从播种到第一对基生真叶显露为发芽期。季节不同，发芽期长短不一，夏、秋季节8～20d，冬、春季节15～20d。

（2）幼苗期 从第一片真叶显露到第一叶环形成（一般早熟品种生长5片叶，中、晚熟品种生长8片叶），即达到"团棵"时为幼苗期，幼苗期一般为25～30d，但随育苗季节的不同而异。

（3）莲座期 从第二叶环出现到形成第三叶环，达到开始结球时为莲座期，依品种不同，一般为25～40d。此期叶片和根系的生长速度快，要采取适当控制肥水和及时中耕的措施，此期结束时，中心叶片开始向内抱合。

（4）结球期 从开始结球到叶球形成为止为结球期。品种间结球期长短有差异，一般为25～40d，此期生长量最大应及时追肥浇水，促进球叶扩展，叶球充实。

2. 生殖生长期

（1）抽茎期 从种株定植到花茎长出为抽茎期，需25～30d。

（2）开花期 从始花至全株终花为开花期，依品种的不同，长短不一，花期25～40d。

（3）结实期 从谢花到角果黄熟为结实期，需40～50d。

（三）对环境条件的要求

1. 温度

甘蓝起源于温暖湿润地区，喜凉爽，较耐寒。不同生长发育阶段，对温度的适应能力不同，种子发芽适温为18～20℃；幼苗比较耐寒，经过低温锻炼的健壮幼苗，一般能忍受较长期-1～2℃低温及较短期的-3～5℃的低温；叶球生长适温为17～20℃；结球期的抗热性较差，气温高于25℃，影响包心，品质和产量下降，甚至腐烂。叶球较耐低温，能在5～10℃的条件下缓慢生长，但成熟的叶球抗寒能力弱，遇-3～-2℃的低温易受冻害。

结球甘蓝是冬性较强的绿体春化型蔬菜，当幼苗长到一定大小，并感受0～10℃的低温一定时间，就容易完成春化阶段而抽薹。生产上要避免未熟抽茎现象的发生。

2. 湿度

结球甘蓝的根系浅，吸收力不强、外叶大蒸腾作用强，故适宜在比较湿润的环境下生长。一般在80%～90%的空气相对湿度和70%～80%的土壤湿度条件下生长良好。土壤水分不足，空气又很干燥，则结球期延后，叶球松散，叶球小，茎部叶片容易脱落，严重时不能结球。

3. 光照

结球甘蓝属于长日照蔬菜。适宜强光照，喜晴朗天气，但在自然环境中，往往因过强光照而伴随高温的影响，造成生长不良。结球甘蓝属长日照作物，但不同类型的品种，对光照条件的要求不完全一致。通过春化阶段后长日照有利于抽薹开花，牛心尖球形、扁圆形品种完成阶段发育对光照要求不严格，而圆球形品种必须经过较长的光周期，才能顺利完成阶段发育，抽薹、开花。

4.土壤及矿质营养

结球甘蓝对土壤的要求不严格，适应性较强，以中性或微酸性（pH 5.5～6.5）土壤为好，且可耐一定的盐碱性，在含盐总量达 0.75％～1.2％的盐碱地上仍能正常生长。应选择土质肥沃、疏松和保肥、保水力良好的土壤栽培，生长期间还应施大量肥料。结球甘蓝生长早期消耗氮素较多，到莲座期对氮素的需要量达到高峰，叶球形成期则消耗磷、钾较多。施肥时要在施足氮肥的基础上，配合磷、钾肥的施用效果好，净菜率高。

二、类型与品种

1.类型

按植物学特性可分为普通甘蓝、紫甘蓝、皱叶甘蓝；按叶球形状可分为扁球形、圆球形、尖球形（图 7-4）；按栽培季节及熟性可分为春甘蓝、夏甘蓝、秋冬甘蓝等；按成熟期还可分为早熟、中熟、晚熟三种类型。

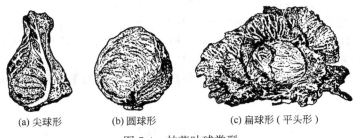

(a) 尖球形　　　　(b) 圆球形　　　　(c) 扁球形（平头形）

图 7-4　甘蓝叶球类型

（引自：孙新政. 蔬菜栽培. 北京：中国农业出版社，2000）

2.主要品种

（1）早熟品种　主要有鸡心，牛心，中甘 8398，中甘 11 号、12 号、18 号、22 号，洛甘 1 号，鲁甘蓝 2 号，春甘 45，争春，报春，迎春，津甘 8 号，西园 2 号，强夏，春棚极早，三季绿等。

（2）中熟品种　主要有京丰 1 号，中甘 8 号、16 号、19 号、20 号，庆丰 1 号，夏光，园春，一叶罩顶，秋锦，苏甘 9 号，东农 609 等。

（3）晚熟品种　主要有晚丰，秋丰，寒光 1 号，新丰，惠丰 1 号、3 号，世农 205，黄苗等。

目前，除普通甘蓝外，紫甘蓝的栽培面积也在逐步扩大，常用的紫甘蓝品种有红亩、巨石红、宝石红、紫甘 1 号、德国紫甘蓝、鲁比紫球等。

三、栽培季节与茬口安排

1.栽培季节

可分为春季、夏季、秋冬栽培等栽培形式。

（1）春季栽培

中、早熟品种多采用塑料拱棚（小棚、中棚或大棚）、改良阳畦、简易温室等设施，华北地区在 12 月底至翌年 1 月上旬利用阳畦播种育苗，或于 1 月中下旬利用温室或温床育苗，华北地区在 3 月中旬定植，河南、山东南部在 2 月中旬定植；早熟春甘蓝也可进行露地栽培，一般要覆盖地膜，播种期比设施栽培者晚 10d 左右，华北地区在 3 月下旬至 4 月初定植，黄河中下游地区在 2 月底定植。中、晚熟春甘蓝露地栽培，华北地区在 12 月下旬至翌年 1 月上旬播种，3 月底至 4 月初露地定植，6 月底至 7 月初收获。这种栽培方式的设施较简单，生产成本不高，经济效益高。

（2）夏季栽培　选择耐热品种，于 4 月至 5 月分批育苗，5 月至 6 月定植，盛夏季节采收。

（3）秋冬季栽培 选用抗病、耐热的中晚熟品种，从 6 月中下旬至 8 月中下旬均可育苗，由于地区不同，播种期和品种生育期不同，收获期有差异，一般早熟品种可从 10 月初陆续上市，晚熟品种上市较晚。

2. 茬口安排

各地甘蓝生产的茬口都不同，我国北方春、夏、秋均可露地栽培。以华北区为例，以春、秋两茬栽培为主，亦可进行多茬栽培。前茬作物应是非十字花科作物。

四、栽培技术

1. 播种育苗

春早熟甘蓝栽培需要温床育苗。用电热温床育苗时，可按 $50W/m^2$ 的功率密度布埋电热线；阳畦作为播种畦时，宜用新薄膜和苇毛苫作为覆盖物。播种前 7~10d，育苗畦施肥、整地，或调制好培养土填入畦内。每平方米播种 5~8g。播种后出苗前，苗床温度白天 20~25℃，夜间 15~10℃为宜。出苗后通风降温，白天 18~20℃，夜间 8~10℃。选晴暖天气，揭开薄膜适当间苗，苗距 2~3cm。3 叶期进行分苗。分苗后白天畦温控制在 25℃左右。缓苗后，应及时进行通风，白天畦温控制在 20℃左右，夜间不低于 10℃为宜。秧苗达 4~5 片叶后，夜温尤其不能偏低，以减少适于春化的低温影响，避免定植后发生先期抽薹。结球甘蓝适龄壮苗的形态特征是：秧苗有 6~8 片真叶，叶丛紧凑，叶色深，叶片厚，外茎粗壮，根系发达。早熟甘蓝在温室、温床育苗的适宜苗龄为 4~5d。

夏、秋季节育苗，要搭荫棚，降低光照强度，避免阳光直射，降低温度，并可防止暴雨冲击。

2. 整地施肥

育苗畦应建在向阳、背风、易灌水、肥沃的地块。于土壤解冻后，每亩施腐熟有机肥 5000kg，再浅耕一遍，肥土混匀后做平畦或垄。垄、畦不宜过长，一般以 8~10m 为宜，平畦不宜过宽，以 1m 宽为宜。这样浇水量小，不致降低地温。各地做畦方式有所不同，但应以能合理密植为宜。露地栽培，有条件的地区可在定植前 7~10d 在做好的畦或垄上覆盖地膜，夜间加盖草苫子以提高地温。

3. 定植

春季塑料拱棚栽培，要求表土温度达到 5℃以上，具有 5~6 片叶时定植，要选择寒流结束、天气转暖、晴朗无风的日期定植。定植株行距 35cm×40cm，定植前按株行距再条施或穴施部分肥料，每亩施腐熟大粪干 700kg 或复合肥 25kg。定植时要选择健壮生长、叶片肥厚、叶色深的植株。要先开穴，按穴浇水，然后摆苗，水渗完时封土。切忌定植后大水漫灌。在定植后要盖严棚膜，有条件的地方可以扣小拱棚，提高温度。早春气温较低且不稳定，有时还会受到寒流影响，为此，定植后要闭棚 10d 左右，缓苗后开始放风。

春季露地栽培，也要选晴天带土挖定植。尽量多带土，少伤根。习惯垄作的地区，要将幼苗定植在阳半坡上，这样地温高，利于缓苗。覆盖地膜者，定植时要用土将定植孔周围封严，防止大风吹入地膜下面将膜吹走。定植后立即浇水，以利成活。

4. 肥水管理

塑料拱棚栽培者，定植后塑料棚内气温低，蒸发量也不大，一般不急于浇缓苗水，幼苗开始生长时可进行中耕，以利保墒并提高地温，促进根系的恢复和生长。定植后 10d 左右浇小水，有条件的地方可浇粪稀水。适当蹲苗后，大多数植株已进入莲座期，每亩随水追施尿素或硫酸铵 10~15kg，以后每隔 10~15d 浇水一次，连浇 2~3 次，就可以收获上市。

露地栽培者，定植后 5~7d 浇缓苗水。不覆盖地膜者，浇缓苗水后中耕蹲苗，蹲苗 7d 后浇粪稀水，而后继续蹲苗。心叶开始向里翻卷是结球的预兆，此时结束蹲苗。进入莲座期，植株要形成强大的同化器官，吸收水肥较多，可进行第一次追肥。每亩施尿素或硫酸铵 20kg 左右，促进结球，并结合施肥浇水，浇水量可大些。为满足其迅速生长对水分的要求，以后每隔 5~7d 浇一次水，连浇 3～4 次水就可收获。覆盖地膜的田块要随水施肥，一般比不覆盖地膜者少浇水 2～3 次。

5. 中耕、除草

不覆盖地膜者，一般在浇缓苗水后开始中耕，以提高地温，保持土壤水分，控制外叶徒长，进行蹲苗。蹲苗期间要浇一次小水，而后继续中耕，中耕深度为 3～4cm，苗周围划破地皮即可，要清除田间杂草。进入结球期，植株封垄，停止中耕。覆盖地膜者，可在垄间浅中耕。

6. 未熟抽薹的原因与防止

（1）未熟抽薹发生的原因　结球甘蓝是冬性较强的绿体春化型蔬菜，不同品种通过春化阶段的时间长短也不同，一般早熟品种需 45～50d，中、晚熟品种需 80～90d。早熟品种的幼苗要在茎粗 0.6cm 以上，最大叶宽 6cm 以上，具有 7 片真叶以上；中、晚熟品种的幼苗，茎粗要在 1cm 以上，最大叶宽 7cm 以上，具有 10～15 片真叶。幼苗接受的低温范围是 0～10℃，而 1～4℃最迅速，15.6℃以上不能通过春化阶段。结球甘蓝一旦通过春化阶段，就很容易发生未熟抽薹现象。

① 与品种的关系。不同品种的冬性强弱不同，抽茎率也不同。北京早熟、迎春等品种冬性较弱，未熟抽茎率为 20%～60%，而中甘 11 号、中甘 12 号、中甘 8 号、中甘 15 号等品种冬性较强，不易发生未熟抽茎。

② 与播种期的关系。同一品种播种期愈早，通过春化阶段的机会愈多，发生未熟抽薹的概率愈大。

③ 与幼苗大小的关系。定植时幼苗愈大，未熟抽茎率愈高。因此，在育苗期间必须防止幼苗生长过快。

④ 与育苗期间温度管理的关系。低温是引发未熟抽薹的重要因素，因只有满足一定的低温条件，甘蓝才能通过春化阶段，但易发生未熟抽薹。

⑤ 与定植早晚的关系。早熟甘蓝如果定植太早，特别是定植后受到"倒春寒"的影响，很容易发生未熟抽薹。但也不宜太晚，须防受冻死苗。

（2）防止未熟抽薹的措施

① 选用耐寒性强的品种。如中甘 11 号、中甘 12 号、鲁甘蓝 1 号、8398 等品种冬性较强，未发生过大面积未熟抽薹现象。

② 适时播种，适时定植。不要过早播种或提前定植。

③ 加强苗期管理。播种后要加强管理，特别是对温度、水分、光照的控制，防止幼苗徒长。

7. 采收

一般早熟甘蓝在叶球长到 400～500g 即可开始收获上市。早熟品种上市越早、价格越高。但在市场价格平稳时，可适当延迟收获，以提高产量和产值。

第三节　花　椰　菜

花椰菜，又名菜花或花菜，是甘蓝的一个变种，食用由肥嫩花枝短缩而成的花球，含粗纤维少，品质细嫩，易消化，营养丰富，味道鲜美，深受消费者欢迎。

一、生物学特性

（一）植物学性状

花椰菜根系较强大，须根发达，多集中于土壤表层，根系再生能力强，适合育苗移栽。茎较结球甘蓝粗而长，茎上着生叶片，下部叶片脱落后可看到明显的茎秆。茎顶端着生肥大的花球，若不采收，在适宜条件下任其生长，则花枝会伸长，并开花、结荚。

花椰菜的叶一般比结球甘蓝叶狭长，有蜡粉，在即将出现花球时，心叶向内卷曲或扭转，可保护花球免受阳光照射而变色或免受霜害。

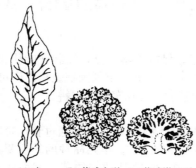

(a) 叶　　(b) 花球全形　(c) 花球纵切面

图 7-5　花椰菜

（引自：孙新政. 蔬菜栽培.
北京：中国农业出版社，2000）

花椰菜的花球，由花茎、花枝、花蕾短缩聚合而成，是养分贮藏器官。一个花球约由 80 多个花球体组成（见图7-5）。在适宜温度下花球逐渐松散，花茎、花枝迅速发育而伸长，花蕾也逐渐膨大，继而开花结实。花为雌雄同花的完全花，异花授粉。

花椰菜的果实为长圆筒形角果，内有种子 10～20 粒。种子近圆形，褐色，千粒重 2.5～4.0g。

（二）生长发育周期

花椰菜一年生或二年生，其生长发育过程可分为营养生长期和生殖生长期。

1. 营养生长期

又可分为发芽期、幼苗期二莲座期。发芽期：从播种至子叶展开，真叶显露，需 10～12d；幼苗期：从真叶显露至第一叶序 5 片叶形成，需 20～30d；莲座期：从第一叶序形成至花芽分化，需 20～40d。莲座期结束时，开始孕育并逐渐形成花球。

2. 生殖生长期

又可分为花球生长期、抽薹期、开花期、结荚期。花球生长期是营养生长阶段的完成，已进入生殖生长初期。花球生长期：从花芽分化至花球充实适于采收，时间长短因品种而异，需 20～50d；抽薹期：从花球边缘开始松散，花薹伸长至初花为抽薹期，需 6～10d；开花期：从初花至整株花谢为开花期，需 24～30d；结荚期：从花谢至角果成熟。

（三）对环境条件的要求

1. 温度

花椰菜属半耐寒性蔬菜，喜冷凉气候，忌炎热干旱，也不耐霜冻，它的耐热耐寒能力都不如结球甘蓝。气温过低时，不易形成花球；气温过高，花球松散，丧失商品价值。种子发芽适温为 25℃左右，营养生长适温范围为 8～24℃，花球的生育适温为 15～18℃。8℃以下，花球生长缓慢。在 0℃以下时，花球易受冻害。温度高于 25℃时，所生花球小，花枝松散，品质差。

2. 光照

花椰菜可在种子萌动后在较高的温度下通过春化，对日照长短要求并不严格。生长期间要求充足光照。

3. 水分

花椰菜性喜湿润，耐旱、耐涝能力都较弱，对水分要求较严格。在整个生长过程中，需要充足的水分，特别是在叶簇旺盛生长和花球形成时期，需要大量水分。若水分不足，生长受抑制，水分过多时，影响根系生长。

4. 土壤与矿质营养

花椰菜对土壤的要求比结球甘蓝严格，喜质地疏松，耕作层深厚，富含有机质，保水、排水良好的肥沃土壤。在整个生长期内，特别是叶簇旺盛生长时期，要供应充足的氮素营养，氮能促进茎叶生长和花球发育膨大。而在花芽分化和花球发育过程中，还需大量磷、钾营养。磷能促进花芽中细胞分裂和生长。钾是整个生育期所必需的，用量最大的元素。花椰菜对硼、铝等微量元素十分敏感，缺硼时常引起茎轴中心形成空洞，严重时花球变成褐色，味苦。缺铝时新叶呈鞭状，或花蕾发育不良。要适量施用硼、铝肥。

二、类型与品种

按花球成熟的早晚，可将花椰菜的品种分为早熟、中熟、晚熟与四季品种四种类型。不同类型花球发育对温度要求有较大差异，早熟品种要求不严格，22～23℃以下即可发育花球；晚熟品种要求严格，只在 10℃左右才能进行花球发育；中熟和四季品种居中。

① 早熟品种：定植后 40～60d 收获，花球重 0.3～1.0kg，冬性较弱。主要品种有龙峰特大60 天、日本雪山、京研 45 号、秋玉、夏雪 50、雪峰魁首等。

② 中熟品种：定植后 70～90d 收获，花球重 1.5kg 左右，冬性较强，较耐热。主要品种有龙峰特大 80 天、荷兰雪球、福农 10 号、珍珠 80 天、雪莲、雪盘、艾菲等。

③ 晚熟品种：定植后 100～120d 收获，花球重 1.5～2.0kg 或 2.0kg 以上，耐寒性和冬性都较强。主要品种有龙峰特大 120 天、上海早慢种、淄菜花 1 号、申花 5 号、杭州 120 天、兰州大雪球等。

④ 四季品种：主要为春季栽培，亦称春花椰菜。生长期与中熟品种相近，约 90d，生长势中等，单球重 1.5kg 左右，耐寒性强，花球发育要求温度约 15℃。主要品种有瑞士雪球、法国雪球等。

三、栽培季节与茬口安排

花椰菜的播种、育苗与栽培季节因地区和品种特性不同而异。花椰菜采用早熟、中熟、晚熟品种，分期播种。华北地区多在春秋两季栽培，春季栽培于 2 月上旬、中旬在保护设施中育苗，3 月中下旬定植，5 月中下旬开始收获；秋季栽培于 6 月下旬至 7 月上旬露地育苗，8 月上旬定植，10 月上旬至 11 月上旬收获。也可露地栽培中晚熟品种，于 11 月假植于假植沟、阳畦、大棚等设施中，翌年 1 月至 2 月收获。但在北方地区，则由于生长期较短，春茬栽培需采用中熟、早熟品种；秋茬栽培可根据当地气候特点，采用早熟、中熟、晚熟品种。

四、栽培技术

1.育苗

花椰菜育苗方法与结球甘蓝大致相同，但技术要求较为精细。春季要在温室、温床、普通阳畦等保护设施内育苗，夏季可在露地育苗，但要在苗床上搭小拱棚，其上覆盖塑料薄膜或遮阳网，降温防雨。苗床土要肥沃，床面易平整。

播种通常采用撒播法，每 10m² 左右的苗床需播种子 50g。最好进行分苗，分苗可使幼苗根系发达，抗性增强，定植后成活率高、缓苗快，生长整齐健壮，分苗对早熟品种在高温季节育苗尤为重要。一般于幼苗具有 2～3 片真叶时，按幼苗大小分级分苗，苗间距为 7cm×10cm。边移苗、边浇水、边遮荫，提高成活率。当幼苗达到 5～6 片真叶，早熟品种日历苗龄 25～30d，中、晚熟品种日历苗龄 35～40d 时定植。

2.整地施肥

选择疏松肥沃和保肥、保水强的土壤种植并施足基肥。结合翻耕每亩施腐熟有机肥 5000kg、过磷酸钙 20kg、草木灰 75kg。早熟品种基肥以速效性氮肥为主，粪肥或氮素化肥与腐殖质混合。中、晚熟品种，宜厩肥配合磷、钾肥。花椰菜对硼、铝肥敏感，定植前可每亩施硼砂 15～30g、铝酸铵 15g，用水溶解后拌入其他基肥中施用。

3.定植

花椰菜喜湿润环境，但耐涝力较差，所以在多雨地区及地下水位高的地方都应采用深沟高畦栽培，以利排水，这是花椰菜栽培成功的一个关键，其他地区可作平畦栽培。定植时，尽量带土坨，少伤根。若温度过高，最好在傍晚定植，浇足定植水，减少蒸腾量，保证幼苗成活。

花椰菜定植的行株距因品种而异，早熟品种为（60～70）cm×（30～40）cm；中、晚熟品种为（70～80）cm×（50～60）cm。

4.肥水管理

肥水管理的关键是使花球在形成前达到一定的同化面积，满足叶簇生长对养分和水分等条件的要求，促进叶簇适时旺盛生长，为获得产量高、品质好的花球打下良好的基础。

花椰菜整个生长期间，对肥水的要求较高。前期追肥以氮肥为主，到花球形成期，须适当增施磷、钾肥。一般花椰菜定植后植株缓苗开始生长时，进行第一次追肥，每亩施硫酸铵 15～

20kg，并浇水。第一次追肥后 15～20d，植株进入莲座期，进行第二次追肥，每亩施腐熟的粪干或鸡粪 400～500kg，浇水 1～2 次，促进莲座叶生长。叶丛封垄前，结合中耕适当蹲苗。

在花球直径达 2～3cm 时，应结束蹲苗，进行第三次追肥，最好每亩施氮、磷、钾复合肥 20～25kg，并浇水。此后要保持地面湿润，不能缺水。特别是在叶簇旺盛生长和花球形成时期，需大量水分，但切忌漫灌，防止土壤积水。

5. 中耕、除草、束叶

一般在生长期中耕 3～4 次，结合中耕清除田间杂草。后期中耕可适当进行培土，以防止植株后期倒伏。一般在花球形成初期，将老叶内折，盖住花球，但不要将叶片折断，可避免阳光直射，防止花球颜色变黄、浅绿或发紫。保持花球洁白，使花球品质柔嫩。在有霜冻的地区，将内层叶上端束扎起来，可防止霜冻。

6. 花球异常与防止

生产中常遇到花球异常现象，如毛花、青花、紫花、散花等，影响花椰菜的产量和品质，应采取相应的措施加以克服。

（1）毛花 花球表面上形成绒毛状物的现象。多在花球临近成熟时骤然降温、升温或重雾天发生。防止措施是适时播种，适期收获。

（2）青花 花球表面花枝上绿色包片或萼片突出生长，使花球表面不光洁，呈绿色，多在花球形成期连续的高温天气下发生。防止措施是适期播种，躲过高温季节。

（3）紫花 花球表面变为紫色、紫黄色等不正常的颜色。在突然降温情况下，花球内的糖苷转化为花青素，使花球变为紫色。在秋季栽培，收获太晚时易发生。防止措施是适期播种，适期收获。

（4）散花 花球表面高低不平，松散不紧实。产生原因主要是收获过晚，花球老熟；水肥不足，生长受阻，蹲苗过度，温度过高，病虫危害等。

7. 采收

花球形成和成熟期往往很不一致，可分期、分批采收。采收的标准是花球充分长大、洁白鲜嫩、球面圆整、边缘尚未散开时分期采收。收获过早，影响产量；过晚，花球松散，品质降低。采收时，每个花球外面留 3～5 片小叶，以保护花球，避免在包装运输过程中受到损伤或污染。

8. 假植贮藏技术

假植贮藏就是在秋末将露地栽培的未长成的花椰菜植株挖出，假植在一定设施中，在避光的条件下，利用茎叶中的养分，使花球继续生长，可在冬季收获上市的贮藏方式。

（1）栽培技术 选用日本雪山、京雪 88 等中、晚熟品种，于 7 月中下旬在露地播种育苗，苗龄为 30d，8 月中下旬定植。

（2）假植设施 可用于花椰菜假植的设施种类较多，日光温室、废旧房舍、假植沟、大棚均可，其中以塑料大棚最经济。

（3）假植前的处理 挖株前 1～2d 用 20×10^{-6} 的 2,4-D 溶液喷雾，防止落叶。11 月上旬用铁锹将花椰菜植株带根挖出，放置在阴凉处，预冷 24h，散发热量。具有大花球（花球重大于 1.5kg）的植株在预冷后要将老叶片的先端去掉 1/3～1/2。假植前叶片不可带露水。

将分级后的花椰菜分别假植在不同的位置，将带土坨的植株一株挨一株摆放在一起，土坨过小或散开者可培一些土。在大棚出入口一端假植大花球花椰菜，里面为中花球花椰菜，最里面为小花球花椰菜。每隔几行立两个 0.5m 高的小立柱，其上横向绑一道竹竿，防止花椰菜倒伏。摆放 10～15 行后，留出 40cm 宽的过道。假植后，在棚的四周作土埂，浇小水，然后覆盖薄膜和草苫。

（4）假植期间的管理 假植初期，在棚的北侧开通风口降温，以后，白天要关闭所有通风口，而夜间打开通风口降温。严冬季节夜间一般不再通风。花椰菜假植的适宜温度为 0～10℃，不可低于 −2℃。假植 14d 后，叶片直立起来，说明根系已经愈合。此后，花椰菜叶片在早晨有受冻症状，这是正常现象，但如果早晨叶片表面有水珠，则说明温度过高，要加强通风；否则，会散球，水滴落在花球表面，会增强呼吸作用，使其变黑，降低品质。对于管理假植花椰菜来讲，降温和保温同样重要。

（5）采收　花椰菜假植的时间一般为30～100d，一般在春节前采收完。采收时将植株拔起，去掉外叶，只留2～3片内部小叶，以免碰伤或污染花球。

五、青花菜栽培技术要点

春季利用露地种植青花菜，为了实现丰产高效，又能满足市场需求。在栽培上必须抓住以下五项栽培技术。

1.适时播种

春季露地种植青花菜可用抗病性强、耐高温、结球紧实而整齐的黑绿、茳京绿等品种。长江中下游地区3月下旬至4月上旬在小拱棚里播种，每亩用种15g左右，播种苗床7～8m²，播后覆盖1cm厚的过筛细土，每天早晚洒一次水。当幼苗长有2～3叶时分苗一次，5～6叶时就可移栽。

2.适龄定植

定时选苗龄在25～30d，有5～6片真叶、茎粗壮、根系发达、无病虫的壮苗定植，并浇足定根水，第二天再浇一次活棵水。株行距为（40～45）cm×50cm，每亩栽3000株左右。

3.科学培管

定植10d左右追施尿素10kg作提苗肥，20d左右秆株进入旺盛生长期追施复合肥20kg作为促长肥；现蕾后追施尿素15kg作为蕾肥。同时叶面喷施0.3％的硼肥和0.05％～0.1％铜酸铵各两次。主花球收后追肥、浇水促侧花球发育，这就需要浇"三水"，一是浇足定根水，二是4～5d浇稀大粪水1000kg作绿苗水，三是浇促蕾水，在主花球长到3～6cm时及时浇水，若遇阴雨天气，及时清沟防涝。与此同时还要作好"三抓"，一是抓好中耕培土，在浇缓苗水3～4d时进行中耕并适当培土；二是抓扶芽，只采收主花球，对早期出现的侧枝芽要用手抹去；三是抓整枝，采收侧花球的留4～5个侧枝，其余的侧枝打掉。

4.防病治虫

花椰菜主要是三病两虫，即黑斑病、霜霉病、黑腐病和菜青虫、小菜蛾。防治黑斑病可用3％多菌清600～1000倍液或4％农抗120水剂1200～1500倍液；防治黑腐病可用72％农用链霉素200mg/kg加10％过磷酸钙浸出液或用新植霉素100mg/kg防治；防治霜霉病可用特立克或绿泰宝600～800倍液；防治菜青虫、小菜蛾可用"虫瘟一号"病毒B型800～1500倍液或用杀螟杆菌100～150g兑水30～50kg喷雾防治效果相当好。

5.适时采收

青花菜采收时期比较短，必须适时采收。一般采收标准为花球充分长大，色彩翠绿，球面稍凹，花蕾紧密，花球坚实。采收过早会影响产量，宜在早上露水干后采收。用小刀斜切花球基部带嫩花茎7cm，侧花球带嫩花茎7～10cm。青花菜不耐贮运，采收后及时包装后销售，在运输过程中要防震防压。

本 章 小 结

白菜类蔬菜都属于十字花科芸薹属植物，其中栽培最普遍的是大白菜、结球甘蓝和花椰菜；白菜类蔬菜起源于温带，喜温和冷凉的气候，适宜栽培季节为秋季，各地应根据气候条件适期播种，并通过选种、精细播种、覆盖等措施，力争一播全苗；定植前结合整地施足底肥，定植时浇足定植水，科学进行田间管理，产品器官形成前10～15d，应适当蹲苗，防止徒长；产品器官形成期保证水肥供应，产品器官形成后及时收获；往往有较好的产量和品质表现，而且是冬季贮藏菜的主要种类。春季栽培应注意品种选择，提早育苗，低温前期育苗应注意控制幼苗的大小，并加强管理，防止为使低温通过春化而造成先期抽薹现象。青花菜作为营养型蔬菜，很受人们喜爱，种植面积有逐渐扩大的趋势。

复习思考题

1.白菜类蔬菜有哪些共同特性？

2. 春播和秋播的大白菜栽培技术要点是什么？
3. 常用的结球甘蓝品种有哪些？
4. 如何防止结球甘蓝未熟抽薹？
5. 青花菜栽培技术要点有哪些？
6. 花椰菜与结球甘蓝对环境条件要求有何异同？

实训　白菜类蔬菜植株形态与产品器官结构观察

一、目的要求

认识白菜类蔬菜植株的形态特征和种子结构观察。

二、材料与用具

大白菜、结球甘蓝、花椰菜三种有代表性的蔬菜及三种蔬菜的种子；台秤、粗天平、菜刀、刀片、培养皿、镊子、放大镜。

三、方法与步骤

1. 取有代表性的大白菜、结球甘蓝和花椰菜全株，分别观察根、茎、叶部的形态特征。
2. 取有代表性的大白菜、结球甘蓝和花椰菜种子，分别观察种子的外部形态和内部构造。

四、说明

本实验内容可结合当地实际观察。

五、作业

1. 能准确识别出大白菜、结球甘蓝和花椰菜种子。
2. 绘出大白菜、结球甘蓝和花椰菜种子结构图。

第八章　根菜类蔬菜栽培

【学习目标】

了解根菜类蔬菜的种类与特点，熟悉其生物学特性和品种类型，掌握主要根菜类蔬菜的栽培技术。

凡是以肥大的肉质直根为产品的蔬菜都属于根菜类。我国目前栽培最广的根菜类蔬菜有萝卜、胡萝卜、大头菜、牛蒡等。它们多是原产温带的二年生植物，少数为一年生及多年生植物。它们既可鲜食、熟食，又可加工，如腌渍、制干、榨汁等，还可长期贮藏。如中国江苏扬州晏种萝卜头、常州玫瑰大头菜、浙江萧山萝卜干、河南杞县酱胡萝卜、陕西泾阳胡萝卜蜜饯等，都在国内外市场上久享盛誉。此外，有些种类如心里美、青圆脆、板叶卫青是非常好的水果型萝卜，质脆味甜。心里美、点点红等类型还适于雕花塑形。根菜类收获时，地上部分大量的莲座叶是良好的青饲料。

肉质直根从外部形态来看，可分为根头部、根颈部和根部三部分（图8-1）。

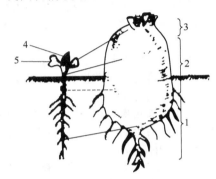

图 8-1　萝卜的肉质根
1—根部；2—根颈部；3—根头部；
4—真叶；5—子叶
（引自：韩世栋. 蔬菜栽培.
北京：中国农业出版社，2001）

（1）根头部　也即短缩茎，上面着生芽和叶片。

（2）根颈部　由下胚轴发育而成。为主要食用部分。表面没有叶痕和侧根。

（3）根部　由胚根上部发育而成，其上着生许多侧根。

根菜类肉质根在解剖学上有如图8-2所示的萝卜、胡萝卜、甜菜三种类型。

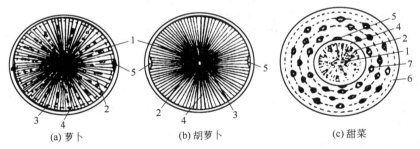

(a) 萝卜　　　　(b) 胡萝卜　　　　(c) 甜菜

图 8-2　萝卜、胡萝卜、甜菜根的横切面
1—初生木质部；2—次生木质部；3—形成层；4—次生韧皮部；
5—初生韧皮部；6—周皮；7—维管束

第一节　萝　卜

萝卜，别名莱菔、芦菔，属十字花科二年生蔬菜，原产于我国和地中海沿岸。

一、生物学特性

（一）植物学特征

1.根

直根系作物，播后40～50d主根可深达1m左右；主要根群分布在20～40cm的疏松而肥沃的耕作层内；易发侧根，主根受伤害后形成畸形根。肉质根的重量差异大，小的单根只有十几克，如四季萝卜；大的10～15kg，如拉萨大萝卜。肉质根形状有长圆筒形、圆锥形、圆形、扁圆形等；根皮颜色有绿、红、白、紫等色，肉质呈白、淡绿、紫红等色。品种不同，肉质根入土深浅也不同。

2.茎

萝卜的茎有出苗后的幼茎、营养生长时的短缩茎和顶芽抽生后的花茎。

3.叶

叶丛生于短缩茎上，按其形态可分为板叶（枇杷叶）和花叶（羽状叶）两种类型。叶色有深绿、浅绿等。叶片生长方向有直立、平展、下垂等方式。

4.花

萝卜属十字花科；总状花序、主茎花先开，全株花期30d。花的颜色不同，有白、淡紫和淡红色，为完全花，异花授粉，虫媒花。留种时必须注意隔离。

5.果实与种子

果实为长角果，成熟时不开裂，种子成熟一般比白菜晚半个月左右。种子为褐色，千粒重为7～15g，使用年限1～2年。生产上宜用当年新种子。

（二）生育周期

萝卜为二年生草本植物。秋萝卜第一年营养生长时期形成肥大的肉质根，经贮藏休眠，第二年进入生殖生长时期，抽薹开花。但若春季播种，也能在一年内完成整个生长发育周期。

1.营养生长时期

包括以下几个阶段。

（1）发芽期　种子萌发到第一片真叶显露，需5～7d。注意土壤湿润易出苗。

（2）幼苗期　从第一片真叶显露到第5～7片真叶展开，肉质根下部外层表皮破裂，露出新的皮层，俗称"破肚"时止。"破肚"是幼苗期结束，也是肉质根膨大的开始。大中型萝卜约需20d、小型萝卜需5～10d。

（3）莲座期（叶生长盛期或肉质根生长前期）　由"破肚"到"露肩"，需20～30d。此期适量供应肥水，防止叶片疯长影响肉质根的膨大。

（4）肉质根生长盛期　从"露肩"到肉质根的充分膨大采收，大约需要40～50d。此期应给予充足的肥水，防止土壤忽干忽湿。

2.生殖生长时期

肉质根经低温冬贮，翌年春季定植，植株抽薹开花结籽。萝卜从显蕾至开花需20～30d。花期30～40d，谢花至种子成熟需30d左右。该期还需适当供给肥水，促进花茎产生分枝，促进坐荚以及籽粒饱满。

（三）对环境条件的要求

1.温度

萝卜原产温带，属半耐寒性蔬菜，喜温和冷凉的气候，且有一定的耐寒力。2～3℃时种子可发芽。茎叶生长适温15～20℃。肉质根膨大适温15～18℃。6℃以下，生长缓慢易通过春化阶段，造成未熟抽薹；低于0℃，肉质根易遭受冻害。萝卜从播种到采收的温度由高到低较好。秋冬萝卜的产量较高。

2.水分

萝卜叶大、根浅不耐旱。土壤适宜含水量：发芽期和幼苗期80%，叶片生长盛期60%，肉质根膨大时 70%～80%。空气湿度以 80%～90% 为宜，干旱和炎热影响产量，且肉质根容易糠心、味苦、味辣、皮粗糙。莲座期适当控制灌水；"露肩"后，保持土壤湿润。供水不匀易使肉质根开裂。

3. 光照

萝卜属长日照作物，要求中等光照强度。因此长日照下易抽薹，短日照下营养生长期延长，利于有机物质的积累和贮藏。在叶和肉质根生长盛期，光照充足，使同化产物增加。光照不足，则肉质根不能充分肥大而减产。

4. 土壤及营养

栽培萝卜以湿润、肥沃、排水良好而深厚的沙壤土为最好。土壤黏重、太浅，易引起直根（商品萝卜）粗糙和分叉。土壤适宜的 pH 值为 5.0～8.0。萝卜幼苗期、莲座期对氮的需求较多，追肥应以适量氮肥为主。基肥一定要施入磷肥，据测定，华北大部分地区土壤中都缺乏磷。中层一定要注意钾肥的施用，多施草木灰或其他钾肥，可提高萝卜品质。勿用新鲜厩肥和未腐熟的肥料。

二、类型与品种

依据肉质根皮色可分为白皮萝卜、青皮萝卜、红皮萝卜；依据肉质根的大小可分为大型萝卜、中型萝卜和小型萝卜；依据其用途可分为生食类型、熟食类型和加工类；依据其植株叶缘有无缺刻可分为板叶类型和花叶类型。依据栽培季节可分为秋冬萝卜、冬春萝卜、春夏萝卜、夏秋萝卜及四季萝卜五大类型。

（1）秋冬萝卜　立秋至处暑播种，立冬前后收获，生长期 70～120d。多为大型或中型品种，产量高，品质好，耐贮运。优良品种有浙萝 1 号、潍县青、北京心里美、天津卫青 1 号、豫萝卜 1 号、沈阳红丰 1 号、广东白玉萝卜等。

（2）冬春萝卜　于长江流域，晚秋至初冬播种，以露地越冬，翌年 2～3 月采收，耐寒性强，不易空心，抽薹迟，是解决当地春淡的主要品种。如杭州觅桥大缨洋红萝卜、武汉春不老、成都春不老、鄂萝卜 1 号等。

（3）春夏萝卜　春季播种，夏季收获，生育期 45～70d，多为中型品种，产量较低，供应期短，如栽培不当易抽薹。补充 5 月份的蔬菜淡季。主要品种有南京五月红及泡黑红、陕西野鸡红、山东寿光春萝卜、北京六缨水萝卜等。

（4）夏秋萝卜　夏季播种，秋季收获，生长期 50～90d。正值夏季高温，必须加强管理，这类萝卜耐热、耐旱、抗病虫能力强。优良品种有南京中秋红、成都满身红、武汉热杂 4 号、正大夏长白、北京热白萝卜、广东短叶 13 等。

（5）四季萝卜　均为小型萝卜，生长期很短，极早熟。露地栽培除严寒、酷暑季节外，随时可播种，该类型萝卜耐热、耐寒，适应性强，抽薹迟。如上海小红萝卜、南京扬花萝卜、烟台红丁、成都枇杷缨萝卜等。

三、栽培季节与茬口安排

根据萝卜在营养生长各阶段对温度的要求，并将肉质根膨大盛期安排在日均温度 15～20℃ 的条件下。在华北地区，秋冬萝卜适宜播种期为 8 月上旬。高温干旱年份宜晚播；天气凉爽湿润可早播。生育期为 80～100d，10 月下旬至 11 月上旬收获。春夏萝卜应在 10cm 地温稳定在 8℃ 以上，夜间最低温度 5℃ 以上播种。华北地区一般在 3 月下旬至 5 月上旬播种。

萝卜前茬最好是瓜类、葱蒜、豆类或茄果类蔬菜。在粮菜轮作区，秋冬茬可以小麦为前茬，其他还可以土豆、甘蓝或春玉米为前茬。为减少病虫害的发生，避免与十字花科蔬菜连作。秋萝卜可以和大田作物如玉米间作套种。

四、栽培技术

1. 品种选择

栽培季节、生态条件不同，适宜品种不一样。萝卜的优良地方品种很多，一般选用当地纯度高的地方品种，对当地气候较适应，尤其是秋冬萝卜和冬春萝卜。

2. 整地、作畦、施基肥

萝卜根系发达，宜选择土层深厚、富含有机质、保水、保肥、排灌方便、pH 5～8 的沙壤土和壤土。前茬收获后立即清田，深翻、晒透、耙松、耙细、整平。播种前整地及施足基肥，一般施充分腐熟的优质厩肥 60000～75000kg/hm²、草木灰 750kg/hm²、过磷酸钙 375～450kg/hm²，全面撒施，深耕 20～30cm，耙细、作畦或垄。畦长 20m 左右，宽 1.2～1.5m，出土大的品种宜采取平畦栽培，潍县萝卜产区均采用平畦栽培。北方地区秋冬萝卜多采用垄栽，垄距 40～60cm，高 20～30cm。大型萝卜耕深 35cm 以上，中型萝卜 30cm 左右深，小型萝卜 15cm 深。

3. 适时播种

播种期应根据品种的生物学特性和市场需求来确定。在四川及重庆的大部分地区，秋冬萝卜一般于 8 月上旬至 9 月上旬播种；冬春萝卜一般于 10 月下旬至 11 月中旬播种。春夏萝卜一般于 3～4 月播种。夏秋萝卜一般于 7 月下旬至 8 月上旬播种。四季萝卜除严寒季节外均可播种，春秋季可排开播种，陆续上市。

萝卜播种采用直播。播前清选种子，同时造好底墒。秋萝卜多直接在畦上点播或条播。点播挖 3cm 深的穴，每穴 3～5 粒种子，用种量 4.5～7.5kg/hm²；条播开 3cm 深的沟，将种子播在沟内，将土推平、踏实，用种量 7.5～10.5kg/hm²。

4. 田间管理

（1）间苗、定苗 幼苗出土后间苗 3 次。第一次在子叶充分肥大、真叶顶心时，点播的每穴留 2～3 株苗，条播每 3cm 留 1 株苗；第二次在 2～3 片真叶时，去杂、去劣拔除病苗，保留符合本品种特性，子叶舒展、叶色鲜绿，根须长短适中，较粗壮的幼苗；第三次在 4～5 片真叶期（"破肚"）定苗，每穴留 1 株。定苗的株行距依品种而定。如心里美为 20cm×50cm，石家庄白萝卜为 33cm×53cm 等。

（2）中耕、除草、培土 秋冬萝卜播种后和幼苗期正是高温多雨季节，易滋生杂草，应及时中耕除草 2～3 次，使土壤保持疏松状态。当第二个叶环的叶子多数展出后，再浅中耕 1～2 次，并在封垄前进行培土。长根型品种需培土护根，以免肉质根弯曲、倒伏。生长后期除老叶通风，植株封垄后停止中耕，人工除草。

（3）肥水管理 秋播萝卜播种后立即浇水 1 次，保持畦面湿润，若天气干旱，应勤浇小水，防止种子落干，保持土壤相对湿度 80%。雨天注意防涝。幼苗期需水量较少，叶片生长盛期需水多，后期适当控水蹲苗防徒长。萝卜肉质根生长盛期，对水分需求量增加，应经常保持土壤湿润，直至收获。浇水要均匀，忽干忽湿易造成裂根。收获前 5～7d 停止浇水，以提高肉质根的品质和耐贮藏性能。

生长期短的萝卜在施足基肥时少追肥。大型种生长期内追肥 2～3 次。定苗后进行第一次追肥，每亩施氮、磷、钾复合肥 10～15kg。到肉质根"露肩"时，进行第二次追肥，用肥量 15～25kg，促莲座叶生长；肉质根生长盛期需肥量最大，应及时进行第三次追肥，用肥量 25～30kg。在萝卜开始膨大期和膨大盛期叶面喷 0.1% 硼砂，有利于肉质根肥大。生长期长的大型萝卜可增加 1 次施肥。追肥需结合浇水冲施，切忌浓度过大及离根部过近，以免烧根。

（4）收获 萝卜的收获期因品种、气候条件及供应要求而定，当肉质根充分膨大、具有本品种特征、基部已"圆腔"、叶色黄绿时可收获。秋冬萝卜播种的多为中、晚熟品种。华北地区 10 月中下旬至 11 月上旬初霜前收获，过晚易糠心和受冻害。收获后堆于田间，天冷后切去根头窖藏。萝卜产量品种间差异很大，大型品种每亩产量为 5000～10000kg，小型品种为 3000kg 左右。

五、影响肉质根品质和产量主要问题及克服办法

1. 叉根

又叫歧根，主要是主根生长点受到破坏或主根生长受阻而造成侧根膨大所致。表现为肉质根

短小、细弱、分叉。造成叉根的原因主要有以下几个方面。一是土壤物理性状差，土壤过于坚硬或土中有石块。应选择疏松的壤土，深翻、晒垡、整细。二是施用了未腐熟的有机肥，肥料发酵产热产生烧根现象，注意施用腐熟的有机肥。三是土壤害虫的侵害，侧根膨大成歧根。地下主要害虫有：蝼蛄、蛴螬、小地老虎等。可用毒饵诱杀。四是种子生活力弱，应选用饱满的新种子播种。

2. 裂根

萝卜肉质根开裂的现象。一般有三种情况：一是沿直根纵向开；二是在靠近叶柄部横向开裂；三是在根头部呈放射状开裂。在开始裂根时，一般直根表面呈龟裂状，随后龟裂面积逐渐增大。裂根的主要原因是土壤水分供应不均匀造成。防止措施主要是选择肉质根含水较少、肉质致密的品种；合理灌水，避免忽干忽湿，保持土壤有均匀的湿度；同时还应注意适时收获。

3. 未熟抽薹

又称先期抽薹，即肉质根尚未发育完全就出现抽薹的现象。萝卜在北方春夏栽培或高寒地区秋冬栽培中，种子萌动后遇低温，或使用陈种子，播种过早，又遇高温干旱以及品种选用不当，管理粗放等，就会发生未熟抽薹，从而直接影响或抑制了肉质直根的肥大和发育。所以严格选择冬性强、抽薹晚的春萝卜栽培品种并使用新种子，适期播种，加强肥水管理。注意入窖前削掉根头。

4. 糠心

又叫空心，萝卜的肉质根于生长后期或贮藏期，常发生的一种木质部心组织出现空腔的现象。在萝卜肉质根迅速膨大时，较远木质部的薄壁细胞组织处于"饥饿"状态，产生细胞间隙出现气泡而形成空心。预防糠心的方法有：①选用不易糠心的品种。②加强水肥管理，均匀供应水分。③适时播种。④在肉质根形成初期，可在叶面喷洒5%的蔗糖溶液，或5mg/L的硼溶液，每7~10d喷一次，共喷2~3次，可减少糠心的发生。⑤贮藏时覆土不可过干。

5. 辣味与苦味

肉质根辣味是由于肉质根中辣芥油量过高而产生。主要是由于干旱、炎热，肥水不足，病虫危害等而造成。苦味主要是由于高温、干旱或偏施氮肥，而磷、钾肥不足引起肉质根中苦瓜素（一种含氮的碱性化合物）含量增加造成。消除辣味和苦味须加强肥水管理。

第二节 胡 萝 卜

胡萝卜又叫红萝卜、黄萝卜、番萝卜、丁香萝卜、黄根、金笋等，原产于近东平原，属伞形科胡萝卜属的二年生草本植物，是冬春季主要蔬菜之一，每100g鲜重含1.67~12.1mg胡萝卜素，含量高于番茄5~7倍，食用后在体内转变为维生素A，可防止夜盲症和呼吸道疾病。胡萝卜耐贮藏，食用方法多样，可炒食、蒸食、煮食或生食，但生食只能吸收胡萝卜素的10%，如与油、肉类烹调可大大提高吸收率；也可腌渍、榨干、晒干、作泡菜，还可加工成果汁、果茶、制成蜜饯等。

一、生物学特性

（一）植物学特征

1. 根

深根性较耐旱，根系可深达2m，宽达1m，主要根群分布在20~40cm土层中。其真根占肉质根的绝大部分，肉质根的表面相对4个方向有纵列4排侧根（细根），因此比萝卜更易产生叉根。胡萝卜肉质根的次生韧皮部特别发达，是主要食用部分。木质部较小称为心柱。根表面有凹沟或小突起的气孔，便于根内部与土壤中的气体进行交换。在黏重土壤里气孔扩大，使根皮粗糙，甚至形成瘤状畸形根。因此，胡萝卜应栽培在疏松的壤土中。

2.茎

营养生长期有出苗后的幼茎和肉质根膨大后的短缩茎，短缩茎上着生叶片。通过春化阶段以后，高温和长日照下顶芽抽生花茎。

3.叶

胡萝卜出苗后先长出1对披针形的子叶，为根出叶，其后生出真叶，真叶丛生于短缩茎上，为三回羽状复叶。叶色浓绿面积小，叶面密生茸毛较耐旱。

4.花、果实和种子

花枝顶端着生复伞形花序，完全花，白色或淡黄色，异花授粉，虫媒，易自然杂交。双悬果可分成两个独立的半果实，有4～5条小棱着生刺毛，栽培上称为种子。带刺毛会使播种不均匀且不利吸水、发芽。种子寿命一般4～5年，千粒重1.0～1.5g。种子无胚乳，发芽率低，出土缓慢。

（二）生育周期

胡萝卜为二年生作物。第一年为营养生长时期，形成肥大的肉质直根，并通过低温春化；第二年在高温长日照条件下抽薹、开花、结实。

1.营养生长期

分为发芽期、幼苗期、叶片生长盛期和肉质根生长期4个时期，历时90～140d。还要经过冬季贮藏期。

（1）发芽期 从播种到子叶展开、真叶露心，需10～15d。胡萝卜发芽过程对生活条件要求较为严格。胡萝卜的"种子"透性差、发芽期长，出苗困难，保持土壤疏松、透气及良好的温、湿条件，是确保苗齐、苗全的关键。

（2）幼苗期 由真叶露心到长5～6片叶，约25d。生长适宜条件是23～25℃，光照充足，足够的营养面积和肥沃、湿润的土壤。注意及时除草和适度浇灌。

（3）叶片生长盛期 又称莲座期，从5～6片真叶展开到团棵，约30d。叶面积扩大，肉质根开始缓慢生长，生长中心仍在地上部分。前期促叶片快长，注意通风透光；后期适当蹲苗，肥水不宜过大，以利于养分向肉质根运转。

（4）肉质根生长期 从团棵到收获，约50～60d。此期要增加肥水，保持最大的叶面积，使营养物质向肉质根运输贮藏。促进肉质根迅速膨大，是需肥水最多的时期。

（5）贮藏期 肉质根收获以后.冬季贮藏越冬，适宜窖温为0～3℃。

2.生殖生长期

肉质根经冬季休眠，通过春化阶段，第二年春定植田间、抽薹、开花和结果。由于胡萝卜生长要求植株长到10片叶后，在1～3℃条件才能完成春化，因此很少未熟抽薹现象。

（三）对环境条件的要求

1.温度

胡萝卜为半耐寒性蔬菜，性喜冷凉，其耐寒性和耐热性均比萝卜稍强，可以比萝卜提早播种和延后收获。4～6℃时，种子可萌动，发芽的最适温度为20～25℃。茎叶生长的适温为23～25℃，幼苗能耐短时间-4～-3℃的低温和27～30℃的高温。肉质根肥大期的适温是13～20℃，此时胡萝卜生长快、根形整齐，品质好。3℃以下停止生长，高于24℃，根膨大缓慢；色淡，根形短且尾端尖细，产量低，品质差。昼夜温差大有利于同化物向肉质根积累。开花结实期的适温是25℃左右。

胡萝卜属绿体春化型植物。早熟品种5片真叶、晚熟品种10片真叶，在1～3℃下60～80d通过春化阶段。春播胡萝卜要注意防止先期抽薹。

2.光照

胡萝卜属长日照作物，属于中等光照强度植物。生长期间光照充足，肉质根大，品质好。否则产量和品质都下降。

3.水分

胡萝卜根系发达，侧根多，耐旱性较强，但过干会肉质根小而粗糙易糠心。水分过多，前期叉根或抑制根发育；后期使根表皮粗糙，次生根的发根部突出。为了获得优质高产，在干旱时仍需灌溉，保持土壤含水量60%～80%。

4. 土壤和养分

胡萝卜要求土层深厚、肥沃、保墒、排水良好、pH 5～8的壤土或砂壤土，否则易发生歧根、裂根、甚至烂根。耕作层深至少25cm。每生产1000g胡萝卜需吸收氮3.2g、磷1.3g、钾5g，胡萝卜对钾肥的需求量最大，氮、磷、钾配合下，注重增施磷、钾，钾肥有利于丰产和改善品质。胡萝卜对于土壤溶液浓度敏感，幼苗期不宜高于0.5%，成长期最高为1%，施肥时切忌浓度过高。

二、类型与品种

依据肉质根的颜色分类可分为紫色、紫红、红色、橘红色、橘黄色、黄色、浅黄色等。据测定，肉质根的颜色与胡萝卜素含量之间关系很大，一般认为颜色越深胡萝卜素含量就越高。但就红色和黄色品种比较而言，黄色品种胡萝卜素含量总高些。按皮色分为红、黄、紫三类。根据肉质根的长度可把胡萝卜分为长根种和短根种；根据根形可分为长圆柱形、短圆柱形、长圆锥形和短圆锥形等。

1. 长圆柱形

肉质根长圆柱形，根长30～60cm，肩部粗大，尾部钝圆，晚熟。生育期150d左右。主要品种有上海长红胡萝卜、江苏扬州红1号、北京京红五寸和春红五寸1号、三红胡萝卜、济南胡萝卜、青海西宁红等。

2. 短圆柱形

根长25cm以下，短柱状，尾部钝圆，侧根少。中早熟，生育期90～120d，代表品种有陕西的西安齐头红，大荔野鸡红，岐山透心红，华北、东北地区的三寸胡萝卜。目前常用于加工的多为进口的杂交种。

3. 长圆锥形

肉质根圆锥形，细长，一般长20～40cm，先端尖，味甜，耐贮藏，多为中、晚熟品种。如北京鞭杆红、济南蜡烛台、天津新红胡萝卜、日本新黑田五寸等。

4. 短圆锥形

肉质根圆锥形，根长不足20cm，早、中熟，冬性强，耐热，产量低，春栽抽薹迟；如烟台三寸、江苏四季胡萝卜、河南永城小顶胡萝卜、红福四寸、从荷兰引进的巴黎市场、内蒙古金红1号等。

品种优良的胡萝卜品种的基本特征是：叶丛小、肉质根肥大，胡萝卜素和可溶性固形物等营养物质含量高，质脆汁多，表皮光滑，形状整齐，入土浅，圆柱形，不开裂，不分叉，次生韧皮部与次生木质部的比值大于2，不易抽薹。

三、栽培季节与茬口安排

胡萝卜适于冷凉气候，秋冬季栽培可获得优质、高产。西北和华北及长江下游地区，多在大暑与立秋间播种，10月底至11月上中旬上冻前收获完毕。东北及高寒地区则提早到6月份开始播种，秋季收获。近年来春夏胡萝卜栽培增多，适宜的播种期应在10cm地温稳定在8℃以上，夜间最低温度5℃以上。3月中旬播种，6月下旬至7月上旬采收。须选用冬性强、晚抽薹、生长期较短、较耐热的胡萝卜品种，可于春季栽培。当10cm地温稳定在7～8℃时播种，不宜太早。80～90d收获。夏秋胡萝卜在6月下旬播种，10月份采收。

秋胡萝卜的前作适宜春甘蓝、春花菜、菜豆、豇豆、茄果类、葱蒜和瓜类等蔬菜及水稻、小麦等。

四、栽培技术

1. 整地、施基肥、做畦

胡萝卜肉质根入土较深，耐旱性较强，怕积水，因此土层深厚、疏松透气、排灌良好、富含有机质的砂壤土或壤土，是胡萝卜优质高产的重要条件。否则，产量低，外皮粗糙，品质差，易形成畸形根。地选好后，耕前施足基肥、施腐熟粪肥 37500～60000kg/hm²、过磷酸钙 150～225kg/hm²、草木灰 66600kg/hm²，耙平作畦。作畦方式因地区而异，北方少雨地区多用低畦，然后整细耙平以备播种。

2. 播种

播种前 7～10d 晒种、并搓去种子上的刺毛，用 40℃温水浸泡 2h。晾干水分，置于 20～25℃，黑暗下催芽，胚根露出种皮时播种，播量加大以保全苗。

胡萝卜宜条播，7月上旬至下旬进行。按行距 15～20cm，开沟深、宽各 1.5～2cm，顺沟播种，耙平稍镇压，覆草或地膜保湿。直播 10d 出苗，催芽 7d 出苗。

秋胡萝卜夏末播种，勤浇水或畦面覆草遮荫来降温、保湿，使土壤相对湿度在 65%～80%。春季栽培地温低，出苗前不宜浇水，用地膜覆盖利于出苗，幼苗出土后要及时破膜，以免灼伤幼苗。播种后出苗前可用 25%除草醚 0.75～1kg，加水稀释或 150～200 倍后喷洒土面。

3. 田间管理

（1）间苗 间苗 2～3 次，去劣存优。第一次在幼苗 1～2 片真叶时，按 3～4cm 距离留苗。幼苗 4～5 片真叶时间苗或定苗。中小型品种定苗距离为 10cm，大型品种为 13～15cm。

（2）除草 高温雨季，在播种后到出苗前，25%除草醚可湿性粉剂 0.75～1kg，配水 60～100kg 稀释，喷洒可控制杂草 20d。也可用除草剂 1 号、利草净等。条播地块，在第一次浅中耕时除草，平畦撒播的可以拔除杂草。

（3）浇水 种子发芽慢，从播种到出苗需浇水 2～3 次。土壤湿度维持在 65%～80% 为宜，过干、过湿均不利种子发芽。幼苗期浇水视具体情况定。叶片生长盛期应控水、中耕蹲苗，防止叶部徒长。当肉质根有手指粗，直径 0.6～1.0cm 时，应浇水结束蹲苗。此后 5～7d 浇一次水，水量不宜过大，但需保持土壤湿润。

（4）追肥 肉质根迅速肥大后，结合浇水，每亩追施硫酸铵 10～15kg 或人粪尿 500kg。以后每隔半月施人粪尿 500kg，再施 2 次。胡萝卜对肥料的浓度很敏感，施肥时切忌肥料浓度过高。

4. 收获

心叶呈黄绿色，外叶稍呈枯黄状，有半数叶片倒伏，根部停止肥大时及时收获；早收产量低，甜味淡；过晚肉质根硬化，心柱加粗，质地变劣，华北地区多在 10 月下旬至 11 月初收获。每百斤一堆，去叶盖草帘或 5cm 厚的土预贮。冬储采用沟窖埋藏法，贮藏适温为 0～3℃，适宜相对湿度为 90%～95%。春播胡萝卜于 6 月下旬到 7 月初及时采收，以防抽薹和遇雨腐烂。春胡萝卜每亩产量一般为 2000～3000kg，秋胡萝卜每亩产量一般为 4000～5000kg。

第三节 根用芥菜

根用芥菜，又名大头菜、大头芥、辣疙瘩、芥菜疙瘩等。属十字花科芸薹属芥菜种中以肉质根为食用器官的变种。一年、二年生草本植物。原产于中国，南北方均有栽培。以云南、四川、重庆、广东、浙江、山东、辽宁、江苏等地最著名。食用的肉质根有圆锥形和圆柱形。以腌渍加工为主，制成盐大头菜，有名的云南大头菜，江苏常州的五香大头菜、玫瑰大头菜等就是用它加工而成的。它们还是出口商品之一，每年大量运销东南亚各地。农家自己也可将大头菜加工成咸菜，味道鲜美。

一、生物学特性

大头菜根较深，根群主要分布在 30cm 的土层内。根头较大，上面着生叶片，根部灰白色，侧根较多。整个生育期约 120d。肉质根有圆锥形、圆柱形和扁圆柱形等类型，长 10～20cm，横径 7～11cm，上粗下细。肉质根有些全部埋入土中，有些大部分露在地面。露在地面的部分为淡绿色，埋入土中的部分为灰白色。

　　大头菜叶椭圆或倒卵圆形，有板叶和花叶两个类型，叶片较薄，绿色，叶面粗糙。叶的产量与根的产量接近，从地上部的叶片数量就可以推测地下部分肉质根的产量。营养生长期茎短缩，进入生殖生长期后，茎伸长可产生分枝。花冠黄色，完全花，长角果熟后易开裂。种子红褐色，圆形或椭圆形，千粒重为 1g。

　　根用芥菜适应性强，为半耐寒性蔬菜，耐短期霜冻，喜冷凉湿润。生长适温叶片为 15～20℃、肉质根膨大为 13～15℃。根用芥菜为种子春化感应型，冬性弱，适于秋冬季栽培。生长期间要求光照充足，通过春化阶段后，在 12h 以上的长日照下抽薹、开花、结实。土层深厚、肥沃、疏松透气、pH 5.0～7.0 的黏壤土，有利于肉质根的发育。肉质根长到拳头大时要适当灌水。大头菜对肥料的要求以氮肥最多，钾肥次之，磷肥再次之。钾肥可追施，或在前期施入草木灰作基肥。生长中后期气候凉爽，昼夜温差较大有利于光合产物的积累和肉质根的肥大；到后期气温降低到 6℃以下，生长缓慢，已到采收期。

二、类型与品种

　　依肉质根的形状，分为圆柱形、圆锥形和近圆球形三类。

　　1. 圆柱形

　　肉质根长 16～18cm，粗 7～9cm，上下大小基本接近。主要品种有四川缺叶大头菜和小叶大头菜、昆明花叶大头菜、湖北来凤大花叶、广东粗苗等。

　　缺叶大头菜为四川省内江市地方品种。株高 49～53cm，叶长椭圆形，长 15cm 左右，横径 9cm 左右，入土约 3.0cm 左右，皮色浅绿，地下部皮色灰白，表面较光滑。单根鲜重 450～500g，亩产 2500kg 左右。在内江市近郊 8 月下旬至 9 月上旬播种，第二年 1 月中、下旬收获。

　　2. 圆锥形

　　肉质根长 12～17cm，粗 9～10cm，上大下小，类似圆锥形；如四川白缨子大头菜和合川大头菜、江苏大五缨大头菜和小五缨大头菜、济南辣疙瘩、湖北襄樊狮子头、昆明油菜叶、浙江慈溪板叶大头菜、云贵鸡啄叶等。

　　济南辣疙瘩产于济南郊区。叶大直立，浓绿色，叶片上部不分裂下部裂成小叶片。肉质根为长圆锥形，平均长 20cm，横径 10cm 左右。肉质根多 0.6kg，大的 1kg 以上。皮厚，肉质坚实，适于腌制酱菜。生长期 100d 左右。

　　3. 近圆球形

　　肉质根长 9～11cm，粗 8～12cm，纵横径基本接近。如四川文兴大头菜及马鞭大头菜、广东细苗等。

　　花叶大头菜为云南省昆明市地方品种。株高 38～40cm。叶椭圆形，叶缘全裂。肉质根短圆柱形（接近圆球形），纵径 10.5cm 左右，横径 8cm 左右。单根鲜重 350～400g，入土 3.5cm 左右，皮色浅绿。地下部灰白色，表面粗糙易裂口。在昆明市郊区 8 月下旬至 9 月上旬播种，第二年 2 月上、中旬收获，亩产 2500kg。

三、栽培季节与茬口安排

　　多秋播。东北和西北地区 7 月上、中旬播种，10 月上、中旬收获；华北和淮河以北地区 7 月下旬至 8 月上旬播种，10 月下旬至 11 月中旬收获；长江以南及四川、云南等省 8 月下旬至 9 月上旬播种，翌年 1 月份收获；华南地区 9～10 月份播种，12 月份至翌年 1 月份收获。

　　根用芥菜的前作一般是各种夏季作物，如菜豆、茄果类、瓜类以及大蒜、小麦等。如果前作是大田作物则更好。

四、栽培技术

　　1. 整地施肥

选择土层深厚、肥沃、疏松透气的黏壤土，以基肥为主，提前半月结合整地每亩施 4000kg 腐熟的有机肥。肥料要充分腐熟、捣碎。深耕土地 25～30cm，耙细整平做垄，垄距为 55～ 60cm，以利于肉质根膨大和排水。

2. 播种期

大头菜种植多在秋季播种，秋季降温较快而冬季严寒的地区宜早秋播种，降温较缓且冬季不寒冷的地方宜稍晚播种。播种过早易发生先期抽薹，播种过晚，肉质根不能充分肥大而影响产量。

3. 管理

（1）高垄直播　垄距 50cm，垄高 15cm，垄背宽度 20～25cm。垄面土细碎平整，垄高要均匀。用竹棍在垄背中央划浅沟，捻籽条播，用锄板轻推覆土，踩实，覆土厚不超过 1cm，浇水。每亩用种量为 200～250g。

（2）育苗　育苗播种期较直播早 7～10d，栽 1 亩地需苗畦 40～50m²，每亩用种量 50～80g。苗龄为 20～25d，4～5 叶移栽，株行距为 （17～25)cm×(33～50)cm。

4. 间苗和定苗

子叶展开后进行第一次间苗，主要是疏开单株。2～3 叶时进行第二次间苗，株距 4～5cm。植株 5～6 叶时定苗，株距 17～25cm，每亩留苗 3000 株。定苗后及时浇水，中耕除草，往垄上培土。蹲苗抑制叶片生长过旺。

5. 肥水管理

植株 12～13 叶，肉质根迅速膨大时，应结束蹲苗。浇水追肥，亩施硫酸铵 20kg。以后 6～ 7d 浇一次水，并追肥 3 次。在第一次追肥后半个月进行第二次追肥，灌稀粪水或化肥。在霜降至立冬间第三次追肥，促肉质根膨大。

6. 收获

基部叶片已枯黄，叶腋间抽生侧芽，肉质根由绿变黄时即可收获，早收产量低，迟收品质硬化。根用芥菜怕霜，10 月中、下旬收获，收前浇水 1～2 次。收获时去叶子削净侧根毛。洗净加工，将根形整齐、不裂口、无病虫害的疙瘩用于腌渍。一般每 666.7m² 产量为 3000～4000kg。

本 章 小 结

直根膨大而成肉质根的蔬菜植物为根菜类蔬菜，我国北方地区栽培面积较大的主要有萝卜、胡萝卜和根用芥菜，它们多是原产温带的二年生植物；根菜类蔬菜宜在土层深厚、疏松及保水、保肥能力强的壤土或轻壤土栽培，适宜春秋两季栽培，尤以秋季栽培较为普遍。除根用芥菜育苗移栽外，其他根菜类蔬菜不适合育苗移栽应直播；播种前深翻土壤，施足底肥，基肥中要增加磷、钾肥的用量，有机肥应充分腐熟后施用，并且要均匀施肥，避免烧根；播种后创造适宜条件，保证苗全、苗齐、苗壮；肉质根膨大前注意蹲苗，防止叶片徒长；产品形成期均匀浇水、合理追肥，保证肉质根膨大及品质的提高，同时要注意适期采收。

复习思考题

1. 简述秋季萝卜栽培的技术关键。
2. 影响肉质根质量的因素如糠心、裂根、歧根、辣味、苦味、未熟抽薹等，产生的原因有哪些？如何防止？
3. 胡萝卜种子发芽困难，需要采取哪些措施来提高出苗率？
4. 根用芥菜在你地区何时播种？
5. 根据对环境条件要求、应选择什么样的地块种萝卜，对整地有哪些要求？
6. 根菜类蔬菜主要包括哪些种类，有何异同点？

实训　根菜类蔬菜肉质根形态与结构观察

一、目的要求

了解根菜类蔬菜肉质根的外部形态特征及内部结构特点。

二、材料与用具

萝卜、胡萝卜、根用芥菜等根菜类蔬菜的成株标本数个；放大镜、水果刀、尺子等。

三、方法与步骤

1.外部形态观察：观察根头、根茎和根部的形态特点，萝卜、胡萝卜和根用芥菜肉质根上的侧根列数以及根头、根茎与根部三部分比例大小。

2.观察萝卜和胡萝卜肉质直根的分叉、开裂、空心。绘图说明。

四、作业

1.绘图比较萝卜、胡萝卜、根用芥菜的肉质直根的外形，注明各部分名称及不同之处。

2.绘图说明萝卜、胡萝卜肉质直根分叉、开裂、空心的结构，并和正常根进行对比。

第九章 薯芋类蔬菜栽培

【学习目标】

了解薯芋类包括的种类、栽培通性，熟悉其生物学特性、主栽品种和茬口安排，掌握主要薯芋类蔬菜的栽培技术。

薯芋类蔬菜是以淀粉含量比较高的地下变态器官（块茎、根茎、球茎、块根）供食用的蔬菜总称。中国栽培的薯芋类蔬菜种类十分丰富，按照对温度的要求，薯芋类蔬菜可分为两类：一类喜冷凉气候，耐轻微霜冻，如马铃薯、菊芋等；另一类喜温暖气候，不耐低温霜冻，如生姜、山药、芋等。

薯芋类蔬菜都是无性繁殖作物，繁殖系数低，生产上繁殖材料用量大，发芽期较长，多催芽后栽种；由于产品器官形成于地下，土壤温度、湿度、肥沃程度和透气性对产品的产量和质量有很大影响。富含有机质、疏松透气肥沃的土壤有利于薯芋类蔬菜的栽培；在产品器官旺盛生长期，除山药外都要进行培土，造成黑暗条件，以利于变态的根和茎的膨大生长。薯芋类蔬菜忌连作，连作病害严重，常导致减产。

第一节 马 铃 薯

马铃薯，别名土豆、山药蛋、洋芋等，是茄科茄属中能形成地下块茎的一年生草本植物。块茎富含淀粉、蛋白质、矿物盐，营养丰富，食用方法多种多样，既可作菜又可作粮食、饲料，还可作为食品或工业原料，用途极广，深受各国人民喜爱。马铃薯生长期短、产量高、耐运输贮藏，能与玉米、棉花等作物间套，被誉为不占地的庄稼，在我国广泛栽培。

一、生物学特性

（一）形态特征

1. 根

马铃薯根系是在块茎萌动后当芽长 3～4cm 时，由芽基部紧靠种薯的几个短缩茎节发生出来，称初生根或芽眼根，形成主要吸收根系。以后随着芽的伸长生长，在地下茎的各个节上发生一些不定根，称为匍匐根，匍匐茎的各个节上也能发生 3～5 条匍匐根，长约 20cm 左右，围绕着匍匐茎，均为次生根。初生根和次生根组成一个有大量分支的须根系，起吸收作用。

马铃薯用块茎繁殖的植株无主根，只有须根，根系一般为白色，也有少数品种的根系为棕褐等色，根系主要分布在 30cm 土壤表层中。它们最初与地平面倾斜生长，达到 30cm 左右转而向下垂直生长，植株正下方没有根系。根系的数量、分支多少、入土深度和分布范围受品种特性和栽培条件两者的共同影响。由种子产生的实生苗的根系则有所不同，用种子直播的实生苗根系入土较深，为直根系，主要根系分布在植株正下方。

2. 茎

马铃薯的茎分地上和地下两部分。直立生长在地上部分的为地上茎，高 20～70cm，呈三角形或多角形，有直状或波状茎翼，是识别不同品种的依据，一年生，最初直立生长，后局部倒伏，呈绿色或附有紫色斑点，主茎以花芽封顶。地下茎呈负向地性生长，一般有 6～8 节，与地上茎形态基本相同，也具有节间，只不过其叶片退化成细小的鳞片，侧枝变态生长成为匍匐茎，呈水平方向伸展，分布在耕作层内，匍匐茎生长到一定时期亚先端积累养分膨大生长，形成仍然具有茎结构的变态器官即产品器官，称为块茎。匍匐茎呈横向生长，覆土过浅或栽培条件不良时，匍匐茎露出地表直立生长成为地上茎。同样，地上茎的腋芽本应该发育成侧枝，深覆土埋在地下时便发育成匍匐茎。根据这一特点生产上往往采取深覆土措施来增加匍匐茎的数量从而提高产量。

匍匐茎最先于地下茎的基部茎节上发生并横向生长，具有伸长的节间，茎端变成钩状。匍匐茎入土多集中在 5～10cm 表土层中，匍匐茎长度 3～10cm，栽培上宜选匍匐茎短的品种，以利马铃薯收获及与其他作物间套。匍匐茎能形成二三次分枝。匍匐茎节上着生由叶片退化成的鳞片叶，鳞片叶分布顺序同地上茎的叶片分布。当匍匐茎发育到一定时期，在特定条件下亚先端膨大生长，形成块茎。一般情况下每一地下茎能发生 4～8 条匍匐茎，约 50%～70% 的匍匐茎能形成块茎，不能形成块茎的匍匐茎发育后期自行萎缩。

块茎是匍匐茎亚先端形成的短缩肥大变态茎。块茎的形状有圆、椭圆、卵圆、扁圆等形状，皮色有红、紫、黄、白等色，薯肉有黄色和白色两种。块茎与匍匐茎相连的一端为薯尾，相对一端为薯顶。块茎上有芽眼，愈近顶端，芽眼愈密，芽眼由芽和芽眉组成。芽眉是变态叶鳞片脱落后的叶痕。每个芽眼中有 3 个芽，居中主芽，两侧各为一个副芽。主芽具有明显的顶端优势，副芽一般不萌发，只有主芽受到抑制或使用生长调节剂处理才能萌发。薯顶芽眼分布较密，发芽势较强。生产中切块时采用从薯顶至薯尾的纵切法。块茎上均匀分布皮孔是块茎与外界交换气体的通道。

3. 叶

叶为奇数羽状单叶。马铃薯的初生叶为单叶，心脏形或倒心脏形，全缘。以后发生的叶为奇数羽状复叶，由顶生小叶、侧生小叶和数枚小叶柄上及小叶之间中肋上着生裂片叶组成。

4. 花

马铃薯为天然自花授粉植物，花序为伞形花序或分枝型聚伞形花序，花冠漏斗状，花瓣有白、浅红、紫红及蓝紫色，无蜜腺，着生在茎的顶端，早熟品种第一花序，中晚熟品种第二花序开放时，地下块茎开始膨大，因此花序的开放系马铃薯植株由发棵期生长转入结薯期生长的形态标志。

5. 果实与种子

马铃薯果实为浆果，球形或椭圆形，青绿色。种子小，呈芝麻状，千粒重 0.4～0.6g，每果含种子 80～300 粒，可贮藏 4～5 年。马铃薯用种子播种生长期较长，管理费工，现有的马铃薯品种多数是杂种，后代因性状分离，所结薯块大小、形状、皮色、肉色很不一致。大多数马铃薯品种花而不实，只有少数品种结果，果实生长与块茎争夺养分，对产量形成不利，蕾期摘除花蕾有利于增产。

（二）生长发育周期

全生育期分为休眠期、发芽期、幼苗期、发棵期和结薯期等几个不同时期。

1. 休眠期

收获后的马铃薯块茎呈休眠状态，休眠是生长和代谢的停滞状态，马铃薯块茎休眠属生理性休眠。因品种和贮藏温度不同，休眠期长短不一，温度 0～4℃，块茎可长期保持休眠。在 26℃左右，因品种不同休眠期从 1 个月左右到 3 个月以上。

马铃薯休眠期的长短意义重要，休眠期长有利于贮藏和延长市场供应。种薯通过休眠后播种才能迅速出苗整齐，种薯适时接触休眠对生产有利。马铃薯休眠期的解除以芽有无可见生长为标志，用赤霉素打破休眠，此外，提高贮藏温度、切块、切伤顶芽、用清水多次漂洗切块等也都可以解除休眠。

2. 发芽期

从块茎上的幼芽萌动至出苗是发芽期。块茎只有解除休眠后才能萌动生长，第一段生长的中心在芽的伸长、发根和形成匍匐茎，营养和水分主要靠种薯贮藏的营养，按茎叶和根的顺序供给，种薯和发芽需要的环境条件，影响到生长的速度和好坏。与此同时，还有主茎第二、第三段茎、叶的分化和生长。当幼芽出土时主茎上的叶原基已分化完成，顶芽变成花芽，呈圆球状。有效地调节幼苗的生长，使种薯所贮藏的营养大部分为新生苗利用，是栽培中的关键。

幼苗出土的快慢主要取决于种薯的状态和发芽时所处的条件。播种时完全解除休眠的块茎，出苗快，温度适宜出苗，否则出苗慢。因种薯休眠解除程度、栽培季节和栽培措施不同，出苗时间长短不一，需20～35d。发芽快慢和长势的好坏是马铃薯稳产、高产的基础。

3. 幼苗期

从幼苗出土到幼苗完成一个叶序的生长过程为幼苗期。此期匍匐茎全部形成，并且先端开始膨大。早熟品种第6叶、晚熟品种第8叶展平，俗称团棵。是幼苗期结束的形态标志，团棵前后开始形成块茎。幼苗期历时15～20d。

幼苗期仍以根、茎、叶的生长为中心，但生长量不大，展叶速度较快，约2d发生1片叶。幼苗期虽短暂，但茎叶分化很快，主茎及其他器官分化完毕且主茎顶端已经分化花蕾，侧枝、叶开始生长，在出苗后7～8d地下匍匐茎开始水平方向生长，团棵前后开始形成块茎。因幼苗期短暂，因此出苗后应抓紧各项栽培措施促进根、茎、叶的生长。

4. 发棵期

从团棵到现蕾，此时第12或第16叶展平，早熟品种以第一花序开花且完成第二个叶环生长；晚熟品种完成第二叶序生长且第二花序开花为发棵期结束标志，历时25～30d。

发棵期内主茎、叶片已全部长成，并有分枝及分枝叶的扩展，侧枝陆续形成。根系继续伸展扩大，生长中心由茎叶向产品器官转移，块茎膨大到鸽蛋大小、幼薯渐次增大。

5. 结薯期

由主茎顶端显现花蕾到收获时止为结薯期，一般在30～50d。此期以块茎膨大和增重为主。发棵期末叶面积达到高峰，进入结薯期基部叶片开始枯黄脱落，叶面积开始负增长、植株同化产物向块茎运输速度加快，块茎膨大速度随之加快，尤其开花时块茎膨大速度达到高峰期，块茎产量一半以上是在结薯期内形成的。此期要维持植株茎叶正常功能，减缓叶面积负生长速度，提高光合生产力和延长光合产物生产时间，并使光合产物顺利向块茎输送，从而获高额产量。

（三）对环境条件的要求

1. 温度

马铃薯是喜凉作物。一般块茎在4℃以上芽眼就能萌发，但萌芽速度极其缓慢，12～18℃发芽较好。茎叶生长适温为20℃左右，块茎膨大的土壤适温为16～18℃，25℃以上不利于块茎发育，而利于芽的生长；块茎膨大适宜气温是15.6～18.3℃，如果高于21.1℃块茎生长速度迅速下降，块茎形成最高气温为26.7～29.4℃。块茎膨大要求较低的夜温，以12～14℃为宜，适宜的土壤温度是16～18℃，25℃以上时输送到块茎里的养分不积累，而用于芽的生长。土壤温度高于29℃时块茎生长几乎受到抑制。不同品种对温度要求有差异，但温度过高或过低对产量都有明显的不良影响。

2. 光照

发芽期要求黑暗条件，黑暗有利于成苗，光线抑制芽的伸长生长，促进芽加粗、组织硬化和色素产生。幼苗期和发棵期长光照有利于茎叶生长和匍匐茎的发生。

较强的光照有利于马铃薯的光合作用。光照不足，茎叶徒长，结薯延迟。长日照促进茎叶生长和开花，结薯期适宜短光照，短日照有利于块茎的形成，且成薯速度快，一般在每天11～13h日照下，马铃薯发育良好。

3. 水分

发芽期间种薯中所含水分就能满足生长的需要，但土壤中水分含量影响初生根的生长和茎的伸长，播种前必须保证土壤水分充足；幼苗期前期保持干旱，后期湿润有利于幼苗生长；发棵前期要求土壤水分充足，后期要逐渐降低，防止茎叶徒长；结薯期块茎以细胞分裂和膨大为主，要求土壤水分供给充足且均匀。

4. 土壤及营养

由于块茎在地下形成，适宜的土壤是土层深厚、质地疏松透气、排水良好、富含有机质的轻沙壤土和壤土，pH 5.6～6；黏重土壤，会导致植株矮化，叶片皱缩并且分枝弱，不利于根系发育和块茎膨大。

钾肥的吸收最多，钾肥充足对马铃薯的生长发育和产量形成非常重要，其次是氮、磷。

二、类型与品种

我国地域辽阔，马铃薯的类型比较丰富。马铃薯品种按皮色可分白皮、黄皮、红皮和紫皮等；按茎块形状分圆形、椭圆形、长筒形和卵形种；按薯块颜色分黄肉种、白肉种。在栽培上通常依块茎成熟期分为早熟种，中熟种、晚熟种。根据用途可分为糖用品种、菜用品种、加工品种、饲用品种。

(1) 早熟品种　从出苗至块茎成熟为 50～70d。植株低矮，产量低，淀粉含量中等，不耐贮存，芽眼多而浅。优良品种有丰收白、白头翁、泰山 1 号、红纹白、郑薯 2 号、丰实 26、克新 4 号等。

(2) 中熟品种　从出苗到块茎成熟需 80～90d。植株较高，产量中等，薯块中的淀粉含量中等偏高。优良品种有克新 1 号、克新 3 号、协作 33 和乌盟 601 等。

(3) 晚熟品种　从出苗到块茎成熟需 100d 以上，植株高大，产量高，淀粉含量高，较耐贮存。优良的品种有高原 3 号、高原 7 号、沙杂 15、虎头等。

三、栽培季节与茬口安排

在无霜期 100～130d 的地区，一般春种夏收或春种秋收；无霜期在 200d 以上，且夏季高温多雨地区，一般分别于春、秋季栽培。

马铃薯栽培分为单作和套作两种种植方式，纯作便于机械化生产和管理；马铃薯植株矮小，生长周期短，可以和各种高秆、生长期长的喜温作物如棉花、玉米、茄子、中幼年果树等进行套作。

四、栽培技术

(一) 整地施肥

地势平缓、中性或偏酸性、疏松、肥沃的壤土或沙壤土、排灌方便的地块适宜于马铃薯种植，马铃薯的整地施肥技术因地因时而异。北方地区，在前茬作物收获后立即结合施肥进行秋耕，最好施有机肥，根据地力和施肥种类适当补充化肥，深翻 20～25cm，为春播作好准备。基肥也可在春季土壤解冻后、播种前结合浅耕耙地施用，为播种后出苗和正常生长创造有利条件。结合施用种肥，应拌以防治地下害虫的农药。

(二) 种薯处理和育苗

播种前应进行种薯处理。于播种前 30～40d 将出窖的种薯置于 10～15℃条件下 15d 左右，这一措施为暖种。播种前催芽是春季提早上市的重要措施，催芽可以促进早出苗，并增加在田间生长时间，提高产量。催芽可以把马铃薯的物候期提早 7～10d。催芽时间一般在当地马铃薯适宜播种期前 20～30d 进行。催芽的方法有切块催芽和整薯催芽。

待幼芽刚刚显露时即可切块，切块催芽因为打破了种薯的顶端优势，切块后各切块上的芽眼得到了相似的养分条件，萌芽速度快，大小也一致。切块也是淘汰病薯的过程。种薯切块（图 9-1）一定要大小均匀不可过小（切成小片或挖芽眼），以免切块失水、养分不足而影响幼苗的发育，适宜种薯单块重 20～25g。每个薯块上不少于 2 个芽眼。切块应切成立体三角形，多带薯肉。

切刀消毒液可用 75% 的酒精或开水把沾有青枯病、环腐病菌的刀刃和切板擦净。切到病薯要随即剔除，同时将切刀再次消毒。切好的种薯置于 10～15℃黑暗条件下催芽，使伤口愈合，

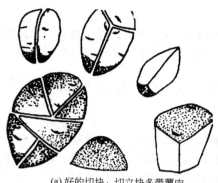

(a) 好的切块：切立块多带薯肉

(b) 不好的切块

1—切小块；2—挖芽眼；3—切薄片

图 9-1　种薯切块

然后播种。也可切块后用草木灰拌匀，促进伤口愈合。

当顶部芽长 1cm 大小时，为避免幼芽黄化徒长和栽种时碰断，将种薯放在散射光或阳光下晒种炼芽，保持 15℃ 左右，约 20d，在这个过程中幼芽生长受到抑制，芽体增粗变绿并硬化，芽端分化程度加强。不断地发生叶原基和形成叶片，以及形成匍匐茎和根原基，使发育提早。同时，晒种能限制顶芽生长而促使侧芽的发育，使薯块上各部位的芽都能大体发育一致。暖晒种薯一般可增产 10% 以上，因而是行之有效的增产措施。但暖晒种薯不应时间过长，否则造成芽衰老，容易引起植株早衰。

一般为了节约种薯或前作尚未收获时应采用育苗移植。春薯于晚霜前 20～30d 播种，播种后覆土 3～4cm，保持 15～20℃ 土温。栽植前低温锻炼幼苗几天。

（三）播种

马铃薯块茎形成时的适宜土壤温度 16～18℃，昼夜气温 24～28℃/16～18℃，播种时 10cm 地温稳定地回升到 5～7℃，或以当地断霜期为准，向前推 30～40d 为适宜播种期。适期早播种可增加产量。

马铃薯的播种密度依地理环境、土壤肥力、栽培条件、种薯大小、品种、播种早晚及每穴苗数而定。一般晚熟品种宜稀，早熟品种宜密。春薯宜稀，秋薯、夏薯或冬薯要密，适宜的叶面积指数为 3.5～4，每亩播种 4500～6000 块，保持茎数 8000 左右。

马铃薯有垄作、畦作等几种方式，东北、华北等地垄作较多。马铃薯的播种深度对产量和薯块质量影响很大。应以土壤墒情和土壤种类而定，一般情况下 7～10cm，培土过浅，地下匍匐茎就会钻出地面，变成一根地上茎的枝条，不结薯。

（四）田间管理

1. 出苗前的管理

从播种到出苗约 30d 左右。由于播种方法、杂草和土壤情况各不相同，管理上略有不同，主要的目的都是创造有利的土壤环境条件，保持土壤疏松透气，适温和清除杂草，使出苗整齐粗壮。春马铃薯发芽期内温度较低，且蒸发量少，在墒情比较好时不必浇水。北方播种后地温尚低，需经 20～30d 才能出苗，应及时松土、锄灭杂草，出苗前如果异常干旱，应及时浇水并中耕防止板结。

2. 幼苗期的管理

幼苗期的管理主要是提高土温，防除杂草，保好墒情，促进生长。马铃薯出苗后应进行中耕松土，提高地温，促进马铃薯根系的生长，苗期中耕力求深，灭尽杂草。在施足基肥的基础上，马铃薯应进行追肥。在施足基肥的基础上，幼苗期要早追肥，追肥以速效氮为主，施肥后浇水。幼苗期浇水后应立即进行中耕保墒、提高地温。

3. 发棵期管理

发棵期的管理是促进植株生长，只要措施是土壤耕作、疏松土壤、提高土温、防除杂草。发棵期内不旱不浇，干旱年份浇 2～3 遍水。发棵期追肥要慎重，一般情况下不追肥。若需要补肥时可在发棵早期，或等到结薯初期，切忌发棵中期追肥，否则会引起植株伸长。发棵期浇水与中耕相结合，浇水后及时中耕培土，待植株拔高封垄时进行大培土，培土时注意保护茎及功能叶。

4. 结薯期管理

结薯期的管理主要是促进地下产品器官形成，控制地上部徒长，同时防止植株过早衰老，延长结薯期可增加产量。结薯期是块茎主要生长期，需水量较大，土壤应保持湿润，一般情况下应连续浇水。早熟品种在初花、盛花和终花，晚熟品种在盛花、终花和花后，周内连续 3 次浇水，对产量的形成有决定意义。群众总结的规律是"头水晚，二水赶，三水四水夺高产"。对块茎易感染腐烂病害的品种，结薯后应少浇水或及早停止浇水。

（五）采收贮藏

一般情况下，植株达到生理成熟期即可及时收获。生理成熟期的标志是大部分茎叶由绿变黄，地上部部分倒伏，块茎停止膨大，块茎容易从植株上脱落。

收获应选在晴天，土壤适当干爽、霜冻来临之前进行。收获时要避免损伤。收获时要及时剔除镐伤、腐烂薯，装筐运回，不能放在露地，要防止雨淋和阳光的曝洒。刚刚收获的薯块带有大量的田间热和自身呼吸而产生的热量，要求贮藏场所阴凉、通风，薯块不宜堆积过高，堆高以30～50cm为宜。贮藏期间应翻倒几次，拣去病、烂、残薯，装入透气的筐和袋子里架起来贮藏。

第二节 生 姜

生姜，简称姜，别名黄姜，是蘘荷科姜属多年生草本植物。原产于中国及东南亚等热带地区。

一、生物学特性

（一）形态特征

1.根

生姜用姜块行无性繁殖，所以没有主根，属浅根性作物，根的数量少而短，须根，主要根群分布在半径40cm和深30cm的土层内，土表10cm以内占60%～70%。根系生长缓慢，分枝少，主要根群集中在姜母的基部。

根的形态包括纤维根和粗短的肉质根，纤维根从幼芽基部发生，为初生的吸收根，以后因芽的基部膨大成姜母，故吸收根多分布在姜母的基部。吸收根缓慢生长成须根系，具有0.5cm左右。肉质根着生姜母及子姜的茎节上，兼有吸收和支持植株直立的功能。

2.茎

包括地上茎和地下茎两部分。姜发芽后首先长出地面的是地上主茎，直立生长，绿色，茎端由叶片和叶鞘包被，一般高66～100cm。地上茎中有的品种分枝数少，茎秆粗壮，称疏苗类型，有的品种分枝数多，茎秆较细称密苗类型。

茎在地下部分则发育成肉质根状茎，外皮有淡黄色、灰黄色和肉黄色等。鳞芽及节处呈紫红色或粉红色。地下茎既是产品器官，又是繁殖器官。根状茎的顶端有潜伏芽眼，可萌发成新的植株。根茎的形成过程是：当种姜发芽出苗后，逐渐长成主茎。随着主茎的生长，主茎基部逐渐膨大，形成一个小根茎，通常称为"姜母"。姜母两侧的腋芽可继续萌发出2～4根姜苗，即一次分枝，其基部逐渐膨大，形成一次姜块，称为子姜。子姜上的侧芽继续萌发，抽生新苗，为第二分枝，其基部膨大形成二次姜块，称为孙姜。如此继续发生第三、第四、第五次姜块，天冷时停止生长发育，地下根状茎则是有一个姜母和两侧多级子姜、孙姜等发育共同形成的姜球。在一般情况下，生姜的地上部分分枝越多，地下部分姜块也越多，姜块也越大，产量也越高。

3.叶

姜的叶片包括叶片和叶鞘两部分。叶片长披针形，绿色，叶片互生。叶片下有革质不闭合的叶鞘包着茎部，叶鞘绿色狭长，具有保护和支持作用。叶片具有叶舌，与叶鞘相连处有一孔，叫叶孔，新生叶从此孔抽出。

4.花

花为穗状花序，花茎直立，高约30cm，由叠生苞片组成，苞片边缘黄色，每个苞片都包着一个单生的绿色或紫色小花，花瓣紫色，雄蕊6枚，雌蕊1枚。夏秋之间于地下茎抽生花茎。北方地区很少开花。

（二）生长发育周期

生姜为多年生宿根草本植物，但在我国作为一年生作物栽培。生姜为无性繁殖的蔬菜作物，播种所用的"种子"就是根茎，它的整个生长过程基本上是营养生长的过程。按照其生长发育特性，全生育期可以分为发芽期、幼苗期、旺盛生长期和根茎休眠期4个时期。

1. 发芽期

从种姜幼芽萌发开始，到第1片姜叶展开需40～50d为发芽期。发芽经过萌动、破皮、鳞片发生第一、二、三、四等轮纹期，即幼芽上依次出现一、二、三、四等节位。此期生长量很小，主要依靠种姜的养分生长发芽。因此，在栽培上必须注意精选种姜培育壮芽，加强发芽期管理，为其创造适宜的发芽条件，保证顺利出苗，并使苗全、苗旺。姜芽生长状态如图9-2所示。

2. 幼苗期

从展叶开始，到地上茎长到3～4片叶时，基部形成姜母，姜母具有两个较大的侧枝，地下根茎的子姜已成笔架状，即"三股杈"时期，为幼苗期，需65～75d。此期，开始依靠植株吸收和制造养分，生长较慢，生长量较少，以主茎和根系生长为主。在栽培管理上，应着重提高地温，促进发根，消除杂草，进行遮荫，培育好壮苗。

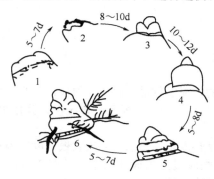

图9-2　姜芽生长状态

1—芽萌动期，芽微凸，姜皮明亮；2—破皮期；3～5—第一、二、三轮纹出现期；6—第四轮纹出现期，幼根已发育

3. 旺盛生长期

幼苗期后为茎、叶和根茎旺盛生长期，也是产品形成的主要时期。历时70～80d左右，旺盛生长前期以茎叶为主，后期以根茎生长和充实为主。地上茎发生大量侧枝，叶片数目迅速增加，叶面积急剧扩大，根系大量发生，在子姜生长的同时，形成子姜、曾孙姜。姜球数量随分枝数量增加而增加，但膨大量较小。旺盛生长后期，生长中心由地上部转向地下部，同化产物主要向地下运输，姜球膨大快。在盛长前期应加强肥水管理，促进发棵使之形成强大的光合系统，并保持较强的光合能力；在盛长后期，则应促进养分运输和积累，并注意防止茎叶早衰，结合浇水和追肥进行培土，为根茎快速膨大制造有利的条件。

4. 根茎休眠期

姜不耐寒、霜，北方地区不能在露地生长，一般在霜降之前收获，收获后入窖贮藏，迫使根茎进入休眠，安全越冬。在贮藏过程中，需要保持适宜的温度和湿度，既要防止温度过高，造成根茎发芽，消耗养分，也要防止温度过低，避免根茎遭受冷害或冻害。适宜的贮藏温度是11～13℃，空气相对湿度大于90%。

（三）对环境条件的要求

1. 温度

生姜要求温暖的环境条件，在16℃开始发芽，22～25℃条件下发芽较快，易培育壮芽。若催芽期间变温处理，即前期20～23℃，中期25～28℃，后期20～22℃，可使芽粗壮。茎叶生长期以20～28℃为宜，根茎生长期，要求一定的昼夜温差，白天最好保持20～25℃，夜间保持17～18℃，有利于光合产物的制造和积累。

姜能忍受高温，在40～50℃的高温下仍能正常生长；15℃以下的低温植株生长停滞，茎叶遇霜即枯死，所以秋季气温降到15℃时要及时收获。

2. 光照

生姜生长喜阴不耐强光，不同时期对光照要求并不相同。发芽要求黑暗条件，幼苗要求中强光，但不耐强光，光照过强，植株矮小，叶片发黄，叶片中叶绿素减少，因而生产上应采取遮荫措施造成花荫状，以利幼苗生长，但连续阴雨、光照太弱对姜苗不利。生姜发芽阶段及根茎在土中膨大需要黑暗。旺盛生长期也不耐强光，但因群体大，植株自身互相遮荫，故要求较强光照。

生姜对日照长短要求不严格，在长短日照下均可形成根茎，但以自然光照条件下根茎产量高，日照过长或过短对产量均有影响。

3.水分

生姜为浅根性作物，吸收水分和养分能力弱，而叶片的保护组织亦不发达，水分蒸发快，因而不耐干旱，也不耐涝，对水分要求严格。苗期生长量小，需水不多，旺盛生长期需水量大，需保持土壤湿润。为了满足其生育之需，要求土壤始终保持湿润，通常土壤相对湿度70%～80%时有利于生长。

4.土壤及营养

生姜对土壤的适应能力比较强，而土壤深厚肥沃、有机质丰富、通气良好、便于排水呈微酸性反应的肥沃壤土对形成高产优质的产品有利。在沙性土中栽培，生姜发苗快，保水保肥力差，有机质含量低，产量也较低，但所产的生姜光洁美观，含水量少，质粗味辣。黏性土保水保肥力强，有机质含量高，土质肥，产量也较高，但含水量多，质细嫩，味淡。生姜喜微酸性土壤，pH为5～7时姜生长良好，盐碱涝洼地不适宜于种生姜。

生姜为喜肥耐肥作物，但根系不甚发达，吸肥能力较弱，对养分要求比较严格。姜需施足有机肥，改善土壤性状和根系的环境条件，同时需要施用氮、磷、钾全元素肥料，以吸收钾最多，磷最少。在旺盛期吸肥量最大，应加强肥水管理，防止植株脱肥早衰。生姜要求营养全面，不仅需要氮、磷、钾、钙、镁等元素，还需要锌、硼等多种微量元素。在生姜栽培中，需要施用完全肥，如果缺少某种元素。不仅会影响植株的生长和产量，而且也会影响根茎的营养品质。

二、类型与品种

按照生姜的根茎或植株的用途可分为食用药用型，食用加工型和观赏型三种类型。根据植株形态和生长习性姜可分为疏苗型和密苗型两种类型。

（1）疏苗型　植株高大，茎秆粗壮，分枝少，叶深绿色，根茎节少而稀，姜块肥大，多单层排列，其代表品种如山东莱芜大姜、广东疏轮大肉姜、安丘大姜、藤叶大姜等。

（2）密苗型　生长势中等，分枝多，叶色绿，根茎节多而密，姜块多数双层或多层排列，其代表品种如山东莱芜片姜、广东密轮细肉姜、浙江临平红瓜姜、江西兴国生姜、陕西城固黄姜等。

我国姜的品种很多，各地比较优良的品种有山东莱芜片姜、安徽铜陵白姜、浙江新丰红爪姜、陕西城固黄姜、湖北的来凤姜、江西兴国姜、福建竹姜和河南鲁山张良姜，还有湖北的枣阳生姜、贵州遵义的白姜、云南玉溪的黄姜、陕西汉中的黄姜、四川的健为姜和东北的丹东姜等。

三、栽培季节与茬口安排

生姜为喜温暖、不耐寒、不耐霜的蔬菜作物，所以必须宜将生姜的整个生长期安排在温暖无霜季节中。确定生姜露地栽培的播种期一般是当地春季断霜后且最低温度稳定在15℃以上，秋季初霜到来前收获。一般要求适宜于生姜生长的时间要达到135～150d以上，尤其是根茎旺盛生长期，要有一定日数的最适温度，才可获得较高的产量。我国东北、西北高寒地区无霜期过短，露地条件下不适宜于种植生姜。

我国生姜的播期从南向北逐渐推迟，广东、广西等地冬季无霜全年气候温暖，1～4月均可播种，长江流域各省露地栽培一般于谷雨至立夏播种，而华北一带多在立夏至小满播种。现在有些生姜产区采用塑料大、中棚或地膜覆盖等保护措施栽培生姜，可以适当提早播种或延迟收获，从而延长生姜生长期，收到显著增产效果。

姜瘟病菌可在土壤中存活2年以上，为减少土壤病原菌数量，姜需进行2～3年轮作，以农作物作前茬较好。姜生长前期需遮荫且生长量小，可与麦、大蒜、春马铃薯、架豆等作物间套作。

四、栽培技术

1.选择种姜和培育壮芽

种用生姜应选择品种纯正、上一年成熟、无病具有本品种特征的高产地块选留。收获后选择姜块肥大、芽头饱满、个头大小均匀、皮色黄亮、肉质新鲜、不干缩、不腐烂、未受冻、质地硬、无冻害、无病虫、无机械损伤的健康姜块做种用，严格淘汰姜块瘦弱干瘪，肉质变褐及发软的种姜。

培育壮芽是生姜优质丰产的首要措施。壮芽从其形态上看，芽身粗壮，顶部钝圆，弱芽则芽身细长，芽顶细尖。培育壮芽的主要措施是晒姜、困姜和催芽。

晒姜和困姜要求播种前一个月左右，从贮藏窖中取出种姜，用清水洗净泥土，平铺在避风向阳处，在阳光下晾晒1～2d。通过晒种，能提高姜体温度，打破休眠，促进发芽，减少姜块中的水分，防止催芽和播种后种姜腐烂。晒种后还可使病姜干缩变褐，症状明显，便于及时淘汰。晒姜宜适度，不能曝晒。晒种时随时翻动姜块，中午光照过强时需适当遮荫。晒后再于室内堆放2～3d，姜堆上盖以草帘，保持11～16℃左右，促进种姜内养分分解，谓之困姜，目的是促进发芽的生理生化活动，有利于出芽。一般晒姜和困姜交替2～3次后即可开始催芽。北方4月下旬开始催芽，适宜温度为22～25℃，催芽20d左右，幼芽长1～2cm，粗1～1.5cm左右为壮芽。

晒、困后的种姜可置于各种适宜的容器中进行催芽，催芽可促使种姜幼芽尽快萌发，使种植后出苗快而整齐，因而是一项很重要的技术措施。催芽的方法较多，可以因地制宜，加以采用。催芽时姜块较大，播种前需把种姜掰成小块，一般种姜块重50～75g左右为宜。姜块过小，出苗迟，幼苗弱，产量较低，姜块太大，用种量太多。每块保留一个短壮芽，去掉侧芽、弱芽。掰块时淘汰病姜和无芽姜块，同时将种姜块分级，分级播种，使幼苗长势一致。

催芽的适宜温度为22～25℃。变温催芽，前期20～30℃，3～5d后升温至25～28℃，相对湿度75%～80%。姜芽萌发后降至20～20℃。当姜堆上层种姜芽长至0.5～1.2cm、芽基部见到根突起时开始播种。

2. 整地作畦

姜生长期长，产量高，需肥量大，播种前结合秋翻施足基肥。基肥最好选用优质腐熟的农家肥。土壤解冻后，要求深耕20～30cm，并反复耕耙，充分晒垄，然后耙细作畦。作畦形式因地区而异，整平耙细，准备播种。华北地区，夏季少雨，一般采用平畦种植，只在大田四周开围沟，在超过20m以上的长形田块开腰沟。田内种植沟的开法和施基肥等项仍与南方大致相同。

3. 播种

当5cm地温稳定在16℃以上后进行播种，应选晴暖天气进行。播前，把已催好芽的大姜块掰成70～80g重的小种块，每个种块选留1～2个肥胖的幼芽，其余芽除掉，以便使养分集中供应主芽，保证苗壮苗旺。掰姜的过程实际上又进行了块选和芽选。如种植时天气干旱，需提前一天在种植沟中浇水，待水渗下后才可种植。排放种姜时，按株距20cm左右逐一排放于种植沟内，姜芽一律朝南，并稍将芽头下撇，使姜块略向南倾斜，以便将来采收，随即盖细土4～5cm。

种姜多采用平播法，即把种姜水平压入土中，使姜芽方向一致，朝南或东南，或种姜立放，姜芽一律向上。播种量由种姜块大小和播种密度而定。生姜开沟施肥、播种如图9-3所示。

4. 田间管理

（1）遮荫　入夏以后，在当地气温常达25℃以上，插荫草时大多数姜产区采取以下重要措施，一般于播种后趁土壤湿润，在沟南侧7～10cm处插一排高70～80cm的高秆秸秆，或用遮阳网搭荫棚，棚高1.3～1.6m左右，为姜遮阳。

入秋以后，气温转凉，气温降到25℃以下，及时拆除遮荫物，以增强光合作用和同化养分的

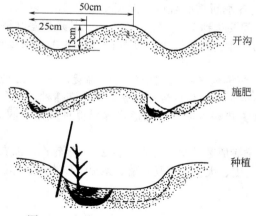

图9-3　生姜开沟、施肥、播种示意图

积累。

（2）灌溉排水　在浇足底水的情况下，除非土壤特别干燥处，一般不浇水。幼苗出土前不必浇水，以免降低地温。大部分幼苗出土后连浇 2 次水，之后勤中耕，防止土壤板结，提高地温，促根系扩展，促进幼苗的生长。幼苗期长，生长缓慢，但其根系弱，吸水能力弱，土壤要保持湿润。进入旺盛生长期后，正是姜株分枝和姜块膨大时期，需水量大，要早晚勤浇凉水，保持地面湿润，每 4～5d 浇水一次，促进分枝和膨大。收藏前 1 个月左右应根据天气情况减少浇水，促使姜块老熟。收获前 3～4d 停止浇水，使收获姜块干净，便于保存。雨季来临，要及时清沟排水，降低地下水位，使根不受涝而免遭腐烂。

（3）追肥　姜极耐肥，除施足基肥外，应多次追肥，一般应前轻后重。幼苗前期苗高 30cm，发生 1～2 个分枝时适当追壮苗肥。八月上旬结合拆除荫草进行第二次施肥，此时姜由茎叶生长为主转向地下根状茎生长，加大追肥量对根状茎生长有利。9 月上中旬根茎旺盛生长期，为促进姜块迅速膨大，防止早衰，应追 1 次补充肥，以速效化肥为主，结合浇水再追肥一次，追施尿素或复合肥。

（4）中耕除草和培土　生姜生长期间要多次中耕除草和培土，前期每隔 10～15d 进行 1 次浅锄，多在雨后进行，保持土壤墒情，防止板结。到株高 40～50cm 时，开始培土，将行间的土培向种植沟。待初秋天气转凉，拆除遮荫草后进行培土，以后结合浇水中耕培土 3～4 次，逐渐把垄面加宽增厚。培土可防止新形成的姜块外露，促进块大、皮薄、肉嫩。培土过浅产量受影响。

5.收获

生姜的采收可分为收种姜、收嫩姜、收鲜姜三种。

（1）收种姜　成熟后种姜既不腐烂也不干缩，可与鲜姜同时收获或提前收获。提前收获，于幼苗后期选择晴天收获，前一天浇小水使土壤湿润，具体方法是：顺着生姜摆种方向，用窄形铲刀将土层扒开，露出种姜后，左手压住姜苗不动，右手用窄形刀片将种姜从根茎上切下，然后及时封沟。

（2）收嫩姜　初秋天气转凉，在根茎旺盛生长期，植株旺盛分枝，形成株丛时，趁姜块鲜嫩，提前收获，谓收嫩姜。嫩姜组织鲜嫩，含水量较高，辣味轻，纤维少，适宜于加工腌渍，酱渍和糖渍。

（3）收鲜姜　姜栽培的主要目的是收获鲜姜，一般在当地初霜来临之前，植株大部分茎叶开始枯黄、地下根状茎已充分老熟时采收。要选晴天挖收，一般应在收获前 2～3d 浇一次水，趁土壤湿润时收获，收获时可用手将生姜整株拔起，留 2cm 左右的地上残茎，摘去根，不用晾晒即可贮藏，以免晒后表皮发皱。

第三节　山　药

山药，又名薯芋、白苕、长芋、山薯等，属薯蓣科薯芋属多年藤本单子叶草本植物，食用部分为地下块茎，富含淀粉、蛋白质，碳水化合物，并含有维生素和胆碱等，营养价值较高。

一、生物学特性

1.形态特征

（1）根　山药根系有主根和须根之分，栽植山药栽子萌芽后，茎基部发生的根系为主根，呈水平方向伸展达 1m 左右，主要分布在 20～30cm 土层中，起吸收作用。块茎上着生有须根。

（2）茎　山药为多年生藤本植物，茎细长右旋，长可达 3m 以上。块茎形状有长圆柱形、圆筒形、纺锤形、掌状和团块状。皮色有红褐、黑褐和紫红等颜色，肉白色，也有淡紫色，表面密生须根。

（3）叶　山药的叶单生，互生，至中部以上对生。叶三角状、卵形至广卵形，基部戟状心形，先端锐长尖，叶柄长。叶腋常生球形珠，芽名"零余子"，俗称"山药蛋"。

（4）花 山药为雌雄异花异株。总状花序，雄花直立，雌花下垂，2～4 对腋生，花极小，白色，蒴果扁圆形，具三翅，表面常被白粉。花期 6～9 月份。栽培种很少结实。

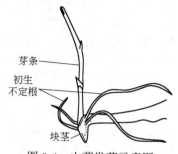

芽条
初生
不定根
块茎

图 9-4　山药发芽示意图

2.生长发育周期

（1）发芽期 从休眠芽萌动到出苗为发芽期，约需 35～40d 左右。山药发芽示意如图 9-4 所示。

（2）发棵期或地上生长初期 幼芽出土到显现花蕾或叶腋产生气生块茎为止，需 60d。此期以茎叶生长为主，地下部生长缓慢。

（3）块茎生长盛期 从花蕾显现茎叶生长基本稳定，此期是茎叶芋块茎生长主要时期。需 60d 左右。

（4）块茎生长后期 茎叶不再生长，块茎体积不再增大，但重量仍有增加。

（5）休眠期 初霜后地上部茎叶渐枯，块茎进入休眠状态。

3.对环境条件的要求

山药茎叶喜高温、干燥、畏霜冻，最适生长温度为 20～25℃，块茎耐寒，在土壤冻结状态下也能露地越冬，最适生长温度为 20～24℃。喜光，耐阴。对土壤的适应性强，以排水性能良好，土层深厚，疏松肥沃的砂壤土为适宜。黏土栽培，块茎形态不良，须根增多。

二、类型与品种

栽培山药分为田薯和普通山药两种类型。普通山药又名家山药，茎圆形无棱翼，按其块茎形态分为三个变种，即扁块种、圆筒种和长柱种。田薯又名大薯，茎多角形并具棱翼，依块茎形状分为三个变种，扁块种、圆筒种和长柱种。主要分布在南方各省，北方较少。

现在主要的栽培品种有河南怀药、太谷山药、沛县水山药、细毛长山药、粗毛长山药、牛腿、麻山药。

三、栽培季节与茬口安排

北方山药一年只能栽培一茬，一般要求土壤温度稳定在 10℃时栽植，秋末霜降前收获。华北大部分地区在 4 月中、下旬种植，东北多在 5 月上旬种植。可单作，也可间作。春季可与速生蔬菜间作，夏季与茄果类蔬菜间作，秋季可与秋菜间套作。一般情况下应与其他作物轮作。在同一地块上，每年隔行挖沟，可三年不重沟。为减轻病害，最好与其他作物轮作。

四、栽培技术

1.整地及施基肥

选择疏松肥沃、土层深厚的砂质壤土栽培山药。用充分腐熟的有机肥撒匀后耕翻 30cm 左右。利用冬闲挖沟，沟深与山药产品器官长度相等，一般 1m 左右，沟距 60～80cm，沟宽 30cm 左右。经日晒风化后，选择晴天，按照原土顺序填入沟内，每填 10～15cm 踏实一次，踏实方法是两脚贴沟壁踏，中间留一条松土，如此分层踏实，直至沟变成垄，等待播种。

2.栽植

（1）山药栽子栽植法 10cm 地温稳定在 10℃时栽山药栽子，于畦中央开 10cm 深沟，施少量种肥后，将栽子平放沟中。株距 15cm，最后覆土 10cm。

（2）山药段子栽植法 将地下茎横切成长 4～7cm 的小段，作种直播于大田。山药段子繁殖出芽较晚，在正常播期应提前 15～20d。

（3）零余子栽植法 选大型零余子按 1m 畦两行，株距 8～10cm 栽植。第一年形成小山药，30cm 长。秋后挖取整个块茎栽植，用于更换老山药栽子。

3.田间管理

（1）疏苗　山药出苗后，应及早疏去弱苗，每穴保留1～2株健苗。

（2）搭架、整枝、理蔓　当芽长到1cm时，将多覆的土扒开成沟，以便浇水。伸蔓后及时支架，一般用人字架，高150～200cm。利用茎的右旋生长特性，引蔓上架，生长前期将主茎基部妨碍通风透光的侧枝，应及时摘除，入伏以后及时摘除零余子，使养分集中供应块茎。

（3）浇水　播种前浇足底水，生育前期即使稍有干旱，一般也不浇水，以促使块茎向下生长。如果过于干旱，也只能浇小水。块茎膨大时期注意浇水，始终保持湿润，雨涝及时排水。每次浇水后，应及时中耕松土除草。

（4）施肥　出苗后穴施提苗肥。在块茎和茎叶迅速生长期，结合浇水施用复合肥。在整个生育期应分2～3次追肥。

4.收获

霜降前后，茎叶枯黄时收获块茎。一般在土壤冻结前，将山药采挖完毕。一般收获从畦的一端开始，先挖出60cm×60cm的坑，人坐于坑沿，然后用山药铲沿着山药在地面下10cm处两边的侧根，铲除根侧泥土，一直铲到山药沟底见到块茎尖端。最后，用铲轻试尖端已有松动时，一手提住山药栽子的上端，一手沿块茎向上铲断其后的侧根，直到铲断山药栽子贴地层的根系。挖掘时应保持山药的完整性，一次采挖干净。

第四节　芋

芋，又名芋艿、芋头、毛芋，属天南星科多年生单子叶草本植物，作一年生植物栽培。芋的食用部分为球茎，富含淀粉及蛋白质，供菜用或粮用，也是淀粉和酒精的原料。

一、生物学特性

（一）形态特征

1.根

芋的根为白色肉质纤维根。初生根多着生在种芋的顶端。新生幼苗出土后，着生位置则在幼苗基部。基部膨大生长后形成母芋，根实际上着生在球茎的基部节上。根毛少，肉质不定根上的侧根代替根毛作用，吸收力较强。

2.茎

芋的茎短缩，形成地下球茎，是食用部分及繁殖材料。有圆球形、椭圆形、卵圆形、圆筒形等多种形状。球茎上具有明显的叶痕环，节上有棕色鳞片毛，是叶鞘的残迹。球茎节上均有腋芽，其中部分健壮腋芽能发育成为新的球茎，有的品种则发生匍匐茎，顶端膨大成球茎。

作繁殖材料的球茎称为种芋。种芋萌发后形成的植株茎短缩，基部逐渐膨大为球茎，称之为母芋。母芋每伸长一节，地面上就长出一个叶片，供给植株光合营养。当地上部光合产物丰富时，母芋中下部的腋芽会膨大而形成小的球茎，称为"子芋"。在适宜条件下子芋形似母芋又形成新的小球茎，称"孙芋"。如此而曾孙芋、玄孙芋等。

3.叶

叶互生，叶片盾状卵形或略呈箭头形，先端渐尖。叶腋处的叶面常具有暗紫色斑，有密集的乳突，存蓄空气形成气垫。叶柄色绿、红、紫或黑紫色。从子芋和孙芋上生长的叶片，通称为儿叶片。结构和性能与主茎上的叶片无异。

4.花

野生芋为佛焰花序，长6～35cm，自上而下为附属器、雄花序、中性花序及雌花序，在温带很少开花，热带和亚热带只有少数品种开花，多不结籽。北方芋不开花，用赤霉素处理结合短日照处理，能使植株开花，开花率仅达40％左右。

（二）生长发育周期

1.出苗期

从播种到第一片叶露出地面 2cm 左右，种芋可分化出 4～8 条根，4～5 片幼叶，属自养阶段。

2. 幼苗期

出苗到第五片叶伸出，茎基部开始膨大，逐渐形成母芋，此期植株生长缓慢。

3. 叶和球茎并长期

从第五片叶伸出到全部叶片伸出，植株共生长 7～8 片叶片，母芋、子芋迅速膨大，历时约 40～50d，球茎分化、膨大与叶片生长并进，是一生中最旺盛生长阶段。

4. 球茎生长盛期

此期叶片全部伸出到收获为止。母芋、子芋等球茎继续膨大，其含水量下降，叶片内的同化物向球茎转移加快，历时 60d 左右。

5. 休眠期

收获贮藏后，块茎顶芽处于休眠状态。

（三）对环境条件的要求

1. 温度

芋喜温暖气候，生长发育要求较高的温度。10℃开始发芽，生长期间要求 20℃以上的温度，适宜的生长温度为 25～30℃，超过 35℃生长不良。球茎适宜的生长的温度为 27～30℃，气温低于 10℃基本停止生长。

2. 湿度

芋原产沼泽地带，芋叶、根及叶柄组织均显示其水生植物特征，除水芋栽于水田外，旱芋也应选湿地栽培才能生长良好。母芋膨大时并开始形成子芋，需水量逐渐增多，夏季高温正是芋生长旺盛时期，需水量大，叶面积大蒸腾量大，更需要大量的水分，土壤湿润、空气湿度大有利于生长。生长后期需水量逐渐减少。

3. 光照

芋为短照植物，芋对于光照强度要求不严，甚至在长久荫蔽散射光下也能良好生长，但短日照有利于球茎的膨大。

4. 土壤和营养

芋产品器官在地下形成，适宜的土壤是土层深厚、质地疏松、排水良好、富含有机质的轻沙壤土和壤土。对钾肥要求较高，钾可加强光合作用强度，增加淀粉含量，芋对土壤酸碱度适应性广，但以 pH 5.5～7.0 为适宜生长的范围。

二、类型与品种

我国栽培芋头历史悠久，生态条件多样，形成了丰富的类型和品种。芋分叶用芋和球茎用芋两个变种。

1. 叶用芋变种

以无涩味或涩味淡的叶柄为产品，球茎不发达或品质低劣，不能供食，一般植株较小，如广东红柄水芋、浙江宁波水芋、四川武隆叶菜芋等。

2. 球茎用变种

以肥大的球茎为产品，叶柄粗糙、涩味重，一般不食用。依母芋和子芋发达程度及子芋着生的习性分为以下类型。

（1）魁芋类型　植株高大，以食用母芋为主，子芋较少、较小，有的仅供繁殖用。母芋重可达 1.5～2.0kg，占球茎总重量的一半以上，品质优于子芋。淀粉含量高，为粉质，肉质细软、香味浓、品质好，这类芋头性喜高温、生长期长，在我国南方较多。如福建竹芋、福建桶芋、台湾面芋、福建白芋、广西荔浦芋等。

（2）多子芋类型　子芋大而多，无柄，易分离，品质优于母芋，质地一般为黏质，母芋重量小于子芋总重。其中有水芋，如宜昌白荷芋、宜昌红荷芋；旱芋，如上海白梗芋、广州白芽芋、福建青梗无娘芋、台湾乌播芋、成都红嘴芋、浏阳红芋；水旱芋，长沙白荷芋、长沙乌荷芋等。

（3）多头芋类型　球茎分蘖丛生，母芋与子芋及孙芋无明显差别，互相密接重叠，球茎质地介于粉质与黏质之间，一般为旱芋，广东九面芋、江西新余狗头芋、福建长脚九头芋、四川莲花芋等。

三、栽培季节与茬口安排

芋的生长期长，应适当早播，延长生长期，由于芋不耐霜冻，所以播种期以出苗后不受霜冻的前提下早栽、早发根、苗壮，在植株进入高温季节前已达到旺盛期，北方各地一般一年只种植一茬，春种秋收。春季 5cm 地温稳定在 12℃ 时为适宜播种期，一般在终霜过后开始种植。秋季 10cm 地温降至 12℃，在北方多在霜降前后收获。

芋忌连作，产量低且腐烂严重，连作一般减产 20%～30%，一般实行 3 年以上的轮作，深翻 40～50cm，然后整好备用。

四、栽培技术

1. 整地及施基肥

要选择有机质丰富、土层深厚、肥沃、保水的壤土或黏土。芋头根系分布较深，直播或育苗栽植地块应秋耕晒垡，使土壤疏松，芋的生长期长，需肥量大，结合整地重施有机质含量多的、充分腐熟的有机肥。

2. 催芽育苗、定植

严格选择顶芽充实、球茎充实，形状整齐，单重 50g 以上的芋作种芋。芋生长期长，催芽育苗可以延长生长季节，提高产量。早春提前 20～30d 在冷床育苗，床温保持 20℃ 左右的温度和适宜湿度，当种芽长 4～5cm，露地无霜冻时，及早栽植。

芋较耐荫，应适当密植。为了便于培土，现在一般采用大垄双行栽培。一般大行距 70cm 左右，小行距 25cm，株距 0.45cm 左右，密度为 4.5 万～4.7 万株/hm²。

3. 田间管理

（1）浇水　干旱不利于芋的生长，但土壤过湿甚至积水也不利于芋的生长。出苗前一般不浇水，否则地温降低，土壤板结，不利于发根、出苗。幼苗期气温较低，生长量小，维持土壤湿润即可，防止积水，以免影响根系生长。中、后期生长旺盛及球茎形成时需充足水分，应及时灌溉。

（2）施肥　芋需肥量高，除基肥外，应采取分次追肥，促进生长和球茎发育。追肥原则是苗期轻或不追肥，在子芋和孙芋生长旺盛时期大量追肥，最后一次追肥应施长效肥并配合钾肥。

（3）中耕　出苗前后结合追肥应多次中耕、除草、疏松土层，增加地温，促进生根、发苗，发现缺苗时及时补苗。

（4）培土　幼苗期中耕结束时并覆平栽培沟，培土的目的是顶芽抽生，促进子芋、孙芋膨大，并增加侧根生长，增进吸收及抗旱能力，并调节温、湿度。一般在 6 月份地上部迅速生长，母芋迅速膨大，子、孙芋形成时培土，以后每 20d 进行 1 次，厚约 7cm，共进行 2～3 次。

4. 采收

霜降前后叶变枯黄是球茎成熟象征。收获前不应浇水，采收之前几天割去叶片，伤口愈合后在晴天挖掘，收获时切勿造成机械损伤，收获后去除残叶，不要摘下子芋，晾晒 1～2d，选择高燥温暖处窖藏或在壕沟内，用土层积堆藏。顶层盖 35cm 厚土层，使堆内温度稳定在 10～15℃，不能受冻，也不能高于 25℃，否则会引起烂堆。

本 章 小 结

薯芋类蔬菜是以淀粉含量比较高的地下变态器官供食用的蔬菜。中国北方栽培的薯芋类蔬菜主要包括喜冷凉气候、耐轻微霜冻的马铃薯和喜温暖气候、不耐低温霜冻的生姜、山药、芋等。薯芋类蔬菜都是无性繁殖作物，繁殖系数低，发芽时间长，用种量比较大；春季播种前应先对播种材料作催芽、切块等处理；由于产品器官形成于地下，土壤湿度、温度、肥沃程度和透气性对产品的产量和质量有很大影响，故要求土质疏松肥沃，土层深厚和通气良好；生产上宜采取深耕，施足基肥，有的还需垄作或高畦栽培，栽培过程中需要多次培土。薯芋类蔬菜苗期的耐旱能力较强,喜欢半干半湿;产品形成期需水量大,且对缺水反应敏感,应勤浇水,浇小水。较喜欢磷、钾肥,应进行配方施肥和深施肥。

复习思考题

1.马铃薯种薯播种前需进行哪些处理?
2.姜块是怎样形成的?
3.种姜有哪些处理方法?
4.栽培山药时,选择繁殖方法的依据是什么?
5.芋田间管理的技术关键是什么?
6.根据马铃薯的生物学特性,并结合当地的自然及栽培条件,制定马铃薯高产栽培的技术措施。

实训 马铃薯播前种薯处理技术

一、目的要求

掌握马铃薯种薯选择的方法,催芽及切块技术。

二、材料与用具

马铃薯种薯、切刀、消毒液等。

三、方法与步骤

1.种薯选择

精选种薯的标准:具有本品种特征,薯块完整,无病虫害,无伤冻,薯皮光滑,色泽鲜艳的幼嫩薯块作种。对窖藏期间已发芽的种薯,应将幼芽全部掰掉,以利健壮幼芽的快速生长。

2.种薯催芽

(1)药剂处理 用 $0.5×10^{-6}～1×10^{-6}$ 的赤霉素浸泡种薯切块 $5～10min$,或用 $0.5×10^{-5}～1.5×10^{-5}$ 赤霉素浸泡整薯 $1h$,此法适用于休眠期较长或休眠强度较强的种薯。

(2)室内催芽 一般是在春播前的 $15～20d$ 从窖中取出种薯,放在温暖向阳的房子内摊开,温度保持在 $15℃$ 左右为宜。为了均匀见光,每隔几天把种薯上下翻动一次,翻动次数应根据种薯摊放厚度而定,待芽眼萌动后即可播种。

(3)晒种催芽法 种薯出窖后,选择背风向阳的地方做床,宽 $1m$,深 $10～15cm$,长度据种薯数量而定,先在床底铺一层秸草,然后再放进种薯。为了防止种薯受冻,夜间及寒潮来临时需用草帘覆盖,白天去掉覆盖物。在催芽期间,每隔 $3～5d$ 应上下翻动一次,使之受光均匀,经 $20d$ 左右,种薯的皮变青、薯变软,芽眼现白点或长出绿色短而壮的芽时即可播种。

3.种薯切块

(1)切刀消毒 为防止环腐病和青枯病借切刀传染,切刀应严格消毒,可用两把刀边切边将刀轮流在沸水中煮 $5min$ 消毒,或用 75% 的酒精消毒。种薯切好后要放在阴凉通风处晾干水汽后再播种。为促进早发芽,切口应靠近芽眼,切口还可沾抹一些草木灰。从外地引种时,为防止种薯带病(疮痂病、黑腥病和黑痣病)传染,播种前应对种薯进行消毒。一般用 0.5% 福尔马林溶液浸种 $20～30min$,浸后捞出闷 $6～8h$。

(2)切块 要切成块,不能切成片,更不可削皮挖芽和去掉顶芽。一般每块的重量不应低于 $15g$,$30g$ 左右的小薯可以纵切为两半;$60g$ 左右的中薯可纵横切开;$120g$ 左右的大薯可实行斜切,每块重量以 $25～30g$ 为宜。切后放在通风阴凉处摊开,待切口愈合后即可播种。

四、作业

分析、总结马铃薯播前种薯处理的注意事项。

第十章　葱蒜类蔬菜栽培

【学习目标】

了解葱蒜类包括的种类、栽培通性，熟悉葱蒜类的生物学特性、当地主栽品种及茬口安排，掌握主要葱蒜类蔬菜的栽培技术。

葱蒜类蔬菜，属于百合科葱属的二年生或多年生草本植物，大蒜、洋葱、大葱、韭菜在我国普遍栽培。葱蒜类蔬菜为须根系，喜湿，具有短缩的茎盘、耐旱的叶形以及具有贮藏功能的鳞茎；在冷凉气候条件下生长良好，喜温、耐寒性强、耐旱性弱。在阶段发育上为低温长日照植物，低温季节地上部枯萎，以地下根茎越冬，高温季节营养生长停滞或被迫休眠，在低温条件下绿体通过春化，然后在较高温度和长日照条件下抽薹开花。有共同的病虫害。

第一节　大　蒜

大蒜别名蒜、胡蒜。属百合科葱中以鳞芽构成鳞茎的栽培种，一、二年生蔬菜。以其蒜头、蒜薹、蒜黄、嫩叶（青蒜或称蒜苗）为主要产品供食用。大蒜各器官形态图如图 10-1 所示。

一、生物学特性

（一）形态特征

1.根

弦线状须根系，着生于短缩茎基部，有初生根，次生根和不定根之分。由种瓣背腹面基部，先形成根原基，其突起伸长形成的根为实生根；在其腹面基部"茎盘"的外围陆续长出的根为次生根；而在烂母期前后长出的第二批新根则称为不定根。属浅根性作

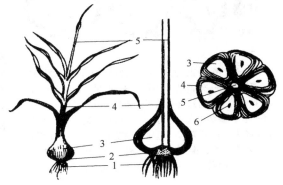

图 10-1　大蒜各器官形态图
1—须根；2—茎盘；3—鳞茎；4—叶鞘；5—花薹；6—芽孔

物，根群在种瓣的外侧多，内侧较少，主要根群集中于 5～25cm 的土层内，横展直径约 30cm。根毛极少，吸收力弱，具有喜湿、耐肥、怕旱的特点。

2.茎

大蒜植株的茎为地下茎，营养生长期茎短缩呈不规则盘状，称为茎盘。茎盘基部和边缘生根，其上部长叶和芽的原始体，顶芽则位于茎盘上端中部，被层层叶鞘包围。茎盘承托假茎、蒜薹和蒜头，并起输导作用。生殖生长期顶芽分化为花芽，以后抽生成花薹即蒜薹。同时内部叶鞘的基部开始形成侧芽，逐渐发育成鳞芽。

3.叶

叶由叶片及叶鞘组成。叶片扁平披针形、绿色，叶表有蜡粉，可减少叶面蒸发，耐旱。叶较直立，叶面积小。叶鞘圆筒状，环绕茎盘而生，多层叶鞘套合着生于短缩茎盘上，形成假茎。互生，对称排列，着生方向与蒜瓣的背腹连线垂直。叶数因品种不同而异，叶数越多，假茎越粗。鳞茎膨大时，叶片营养运贮于鳞芽中，鳞茎成熟时，外层叶鞘基部的营养物质转运到蒜瓣，叶片

逐渐干枯，而后干缩成膜状包被着鳞茎，具有保护作用。

4. 花茎和气生鳞茎

大蒜花茎即蒜薹，一般长 60～70cm，圆柱形，实心，在花茎顶端着生总苞，包裹着花序，总苞内着生多个气生鳞茎和发育不完全的紫色小花，无种子，花与鳞茎一般混生，当小鳞茎的生长抑制了花的发育时，花器则中途凋萎，气生鳞茎可播种繁殖。

5. 鳞茎

即蒜头，包括鳞芽、叶鞘和短缩茎三部分，是鳞芽的集合体，也是大蒜的主要器官。鳞茎的形状因品种不同，而有圆、扁圆或圆锥形等。鳞芽多近似半月形，紫皮蒜种多较短，白皮蒜种较长，独头蒜形如圆球，其结构与一般鳞芽相同。

（二）生长发育周期

从蒜瓣播种到形成新的蒜瓣、休眠，而完成生育周期。春播大蒜当年完成生育周期，生育期短，为 90～110d，秋播大蒜两年内完成生育周期，生育期长达 220～250d。整个生育周期可分为萌芽期、幼苗期、花芽及鳞芽分化期、蒜薹伸长期、鳞茎膨大期和生理休眠期。春播大蒜鳞茎形态，变化纵剖面如图 10-2 所示。

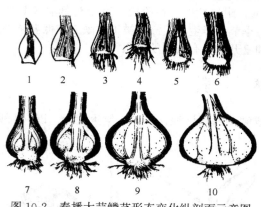

图 10-2 春播大蒜鳞茎形态变化纵剖面示意图
1—种瓣；2—幼苗期（4 周）；3—退母、花芽、鳞芽
开始分化（6 周）；4—蒜薹开始伸长（7 周）；5—蒜
薹伸长、鳞茎膨大（9 周）；6—蒜薹继续伸长、鳞茎
继续膨大（10 周）；7—甩尾、鳞茎继续膨大（11 周）；
8—采薹、鳞茎继续膨大（12 周）；9—鳞茎迅速膨大
（14 周）；10—鳞茎长起、起薹（15 周）

1. 萌芽期

从解除休眠下地播种到初生叶伸出地面为萌芽期，一般约需 10～15d。此期根系以纵向生长为主，芽鞘破土长出幼叶，生长点陆续分化出幼叶。萌芽期根、叶的生长依靠种瓣供给营养。

2. 幼苗期

从初生叶展开到花芽、鳞芽开始分化。秋播则需 5～6 个月，春播蒜仅 25d 左右。此期根系由纵向生长转向横向生长，增长速度达到高峰，新叶分化完成，展叶数占总叶数的 50% 左右，叶面积约占总叶面积的 40% 左右，植株由异养生长逐渐过渡到自养生长阶段，幼苗后期母瓣内养分逐渐消耗殆尽，开始干瘪，所以又叫"退母期"。

3. 花芽和鳞芽分化期

从花芽和鳞芽开始分化到分化结束，生产上称为"分瓣期"，约需 10～15d。一般花芽分化早于鳞芽分化。此期植株的生长点形成花原基，同时在内层叶腋处形成鳞芽。

4. 蒜薹伸长期

花芽分化结束到蒜薹甩尾采收为止，约需 30d。此期营养生长和生殖生长齐头并进，分化的叶已全部长成，叶面积、株高达到最大值，鳞芽缓慢生长，是大蒜植株旺盛生长时期，是鳞芽的膨大前期，也是水肥管理的重要时期。

5. 鳞茎膨大期

从鳞芽分化结束到鳞茎采收为止，约需 50d。鳞芽膨大前期与蒜薹伸长后期重叠，因为营养物质主要用于蒜薹的伸长，所以采薹前鳞芽膨大生长缓慢，蒜薹采收后，顶端优势被解除，鳞芽得到充足的养分而迅速膨大，进入鳞芽膨大盛期。鳞芽膨大盛期叶片不再增长；鳞芽膨大后期，随着叶片、叶鞘种的营养物质向鳞芽中转移，地上部逐渐枯黄变软，外层鳞片则干缩呈膜状。

6. 生理休眠期

大蒜鳞茎收获后即进入休眠期。休眠期的长短与品种有关，一般早熟品种的休眠期约 65～75d，而晚熟品种休眠期仅 35～45d。秋播时为打破生理休眠，可采用剥除包裹蒜瓣的鳞膜和切

除蒜瓣尖端一部分的方法。

（三）对环境条件的要求

1. 温度

大蒜喜冷凉气候，其生长适宜温度为 12～25℃。大蒜通过休眠后，蒜瓣在 3～5℃就可萌芽，12℃以上发芽迅速加快，22℃左右为发芽最适温度。幼苗生长的适宜温度为 14～20℃，蒜薹伸长和鳞茎膨大期的适宜温度为 15～20℃，生长后期的适温为 25℃左右。当气温超过 26℃植株生长缓慢，叶子发黄，地上部逐渐干枯，鳞茎停止发育进入休眠期。大蒜属绿体春化型，一般蒜萌动到幼苗期，如遇 0～4℃的低温，经过 30～40d 即通过春化阶段。

2. 光照

大蒜抽薹和鳞茎的形成都需要长日照的诱导，这个长光照的临界长度则因品种而异。大蒜的低纬度类型，对低温要求低，短日照下（8～10h）也能随着温度的升高而形成鳞茎，早熟；高纬度类型，要求在一定时间的低温（5℃下 3 个月）和长日照（大于 14h）才能形成鳞茎，中晚熟。因此，大蒜应注意不同纬度间相互引种时鳞茎的形成对光周期的要求。光照时数不足，则只长蒜叶而不能抽薹和形成鳞茎。

3. 水分

大蒜叶片属耐旱生态型，但根系浅吸收水分能力弱，因而喜湿怕旱，对土壤水分要求较高。萌发期要求土壤湿度较高，以利于发根萌芽；幼苗前期土壤湿度不宜过大，防止种瓣湿烂；退母期要提高土壤湿度，防止土壤过干，促进植株生长，减少"黄尖"；蒜薹伸长期和鳞茎膨大期是大蒜生长旺盛期，是大蒜需水最多的阶段，要经常保持土壤湿润；在鳞茎接近采收时，应控制浇水，降低土壤湿度，以促进鳞茎成熟和提高耐藏性，以免湿度过大，使叶鞘基部腐烂散瓣，蒜皮变黑，从而降低品质。

4. 土壤营养

大蒜对土壤适应性广，但根系弱小，以土层深厚、疏松、排水良好、微酸性、富含腐殖质的壤土为宜，土壤瘠薄、有机质少、碱性大、早春返碱的地块不宜栽培大蒜。最适土壤酸度为 pH 5.5～6.0，过酸根端变粗，停止或延长生长，过碱则种瓣易烂，小头和独瓣蒜增多，降低产量。

二、类型与品种

大蒜品种繁多，按鳞茎大小可分为大瓣蒜和小瓣蒜；按蒜薹有无、叶片质地可分为有薹蒜和无薹蒜；按每一鳞茎的蒜瓣的多少，可分为多瓣蒜和独瓣。按对低温或长日照的感受性不同可分为低纬度类型和高纬度类型；按鳞茎外皮色泽的不同分为白皮蒜和紫皮蒜。

（1）白皮蒜类型　鳞茎外皮白色，生长势较强，生育期较长，耐寒性较好，耐贮藏，具有味辣、香浓、味足的特点。这种类型有大瓣种和小瓣种。大瓣种每头 5～8 瓣，蒜瓣均匀，叶数较多，假茎较高，蒜头大，辣味淡，成熟晚；小瓣种瓣数较多，多者达 20 余瓣，较早熟，耐寒、耐贮藏。

（2）紫皮蒜类型　鳞茎外皮浅红色或深紫色，大多属早熟种，辛辣味浓，品质好，蒜头大小不一，蒜瓣数因品种不同差异很大，一般每头 4～10 瓣，多者达 20 瓣以上。

主要栽培品种有紫家坡紫皮蒜、阿成大蒜、开原大蒜、北京紫皮蒜、河北定县紫皮蒜、天津宝坻六瓣红、嘉定白蒜、苍山大蒜、徐州白蒜、白皮马芽蒜、安丘大蒜和川西大蒜等。

三、栽培季节与茬口安排

适宜的栽培季节确定，是获得蒜薹和蒜头双丰收的重要措施，栽培季节要根据大蒜不同生育期对外界条件的要求以及各地区的气候条件来定。

大蒜可春播或秋播，在北纬38°以北地区，冬季严寒，幼苗露地越冬困难宜春播；北纬35°～38°之间地区，可根据当地气温及覆盖栽培与否，确定春播还是秋播。一般在冬季月平均温度低于−5°的地区，以春播为主。春播宜早，一般在日平均温度达 3～6℃时，土壤表层解冻，可以操作，即应播种。

秋季播种大蒜，幼苗有较长的生长期。与春播大蒜相比，秋播延长了幼苗生育期，蒜头和蒜薹产量都较高。因此，凡幼苗能露地安全越冬的地区和品种，都应进行秋播。在秋播地区，适宜播种的日均温度为 20～22℃，应使幼苗在越冬前长有 4～5 片叶时，以利幼苗安全越冬。一般华北地区的播种期在 9 月中下旬，秋播不可过早，否则植株易衰老，蒜头开始肥大后不久，植株枯黄，产量下降；亦不可过迟，否则蒜苗生长期短，冬前幼苗小，抗寒力弱，不能安全越冬，而且由于生长期短，影响蒜头产量。

大蒜忌与葱、韭菜等百合科作物连作，应与非葱蒜类蔬菜轮作 3～4 年。春播大蒜多以白菜、秋番茄和黄瓜等蔬菜为前茬，冬季休闲后播种。秋播大蒜，以豆类、瓜类、茄果类、马铃薯、玉米和水稻等作物为前茬。

四、栽培技术

1.品种选择

大蒜多选用薹、蒜两用品种，根据各地的生态条件，选择适宜的生态型品种，宜选用抗病虫、高产、优质、耐热、抗寒的品种。

2.整地施肥

大蒜的根吸水肥能力较弱，故要选择土壤疏松、排水良好、有机质含量丰富的田块，要求精细整地，深耕细耙，施足底肥、整平畦面。秋播地一般深耕 15～20cm，结合深耕施腐熟、细碎的有机肥，并配施磷、钾肥后，及时翻耕，耙平作畦，畦宽 1.3～1.7m，畦长以能均匀灌水为度，挖好排水沟。在整地作畦时，地表面一定要土细平整、松软，不能有大土块和坑洼。

3.选种及种瓣处理

大蒜属无性繁殖蔬菜，其播种材料是蒜瓣。播种前选种是取得优质、高产的重要环节之一。播前进行选头选瓣，应选择蒜头圆整、蒜瓣肥大、色泽洁白，顶芽肥壮，无病斑，无伤口的蒜瓣作种。种蒜大小对产量影响很大，大瓣种蒜贮藏养分多，发根多，根系粗壮且幼芽粗，鳞芽分化早，生产出的新蒜头大瓣比例高，蒜头重，蒜薹蒜头产量高，种蒜效益也可以提高。但种瓣并不是越大越好，选瓣时应按大（5g 以上）、中（4g）、小（3g 以下）分级，分畦播种，分别管理，应选用大、中瓣作为蒜薹和蒜头的播种材料，过小的不用。选瓣时去除蒜蹲（即干缩茎盘）。

4.播种

大蒜株形直立，叶面积小，适于密植。蒜薹和蒜头的产量是由每亩株数、单株蒜瓣数和薹重、瓣重三者构成的，合理的播种密度是大蒜优质高产的关键。密度的大小与品种特点、种瓣大小、播期早晚、壤肥力、肥水条件及栽培目的等多种因素有关。在一定密度范围内，加大密度可提高单位面积蒜头、蒜薹的产量，超过一定密度范围后，随着密度的增加，蒜头会减小，小蒜瓣比例增多，蒜薹变细，商品质量下降。

大蒜播种的最适时期是使植株在越冬前长到 5～6 片叶。此时植株抗寒力最强，在严寒冬季不致被冻死，并为植株顺利通过春化打下良好基础。大蒜播种方法有两种：一种是插种，即将种瓣插入土中，播后覆土，踏实；二是开沟播种，即用锄头开一浅沟，将种瓣点播土中。开好一条沟后，同时开出的土覆在前一行种瓣上。播后覆土厚度 2cm 左右，用脚轻度踏实，浇透水。播种密度行距 20～23cm，株距 10～12cm。沟的深度以 3～5cm 为宜，不能过深或过浅。

大蒜播种深浅与覆土的厚薄和植株生长发育、蒜头产量有密切关系，一般深 2～3cm。播种过深，出苗迟，假茎过长，根系吸水肥多，生长过旺，蒜头形成受到土壤挤压难于膨大；播种过浅，种瓣覆土浅，出苗时容易"跳瓣"，幼苗期容易根际缺水，根系发育差，越冬时易受冻死亡，而且蒜头容易露出地面，受到阳光照射，蒜皮容易粗糙、组织变硬、颜色变绿，降低蒜头的品质。

5.田间管理

大蒜播种后的田间管理，要以不同生育期而定。

春播大蒜萌芽期，若土壤湿润，一般不浇水，以免降低地温和土壤板结，影响出苗。秋播大蒜根据墒情决定浇水与否，若墒情不好，播后可浇 1 次透水，土壤板结前再浇一次小水促出苗，然后中耕疏松表土。

春播大蒜出苗后要少灌水，以中耕、保墒提高地温为主，一般于"退母"前开始灌水追肥。秋播大蒜出苗后冬前控水，以中耕为主，促进扎根。4～5 片叶时结合浇水追施尿素。封冻前适时浇冻水，北方寒冷地区还需要盖草防冻，保证幼苗安全越冬。立春后，当气温稳定在 1～2℃ 以上时要及时逐渐清除覆草，然后浅中耕，浇返青水并追肥，每次浇水后及时中耕保墒。

蒜薹伸长期是大蒜植株旺盛生长期，也是水肥管理的主要时期，应保持土壤湿润，当基部的 1～4 片叶开始出现黄尖时及时浇 1 次水，并适当追肥，使植株及时得到营养补给，促进蒜薹和鳞芽的生长。一般约 4～5d 灌水 1 次，保持地面湿润。于"露苞"时结合灌水追肥 1 次，大水大肥促薹、促芽、催秧，使假茎上下粗度一致，采薹前 3～4d 停止浇水，以免脆嫩断薹。

采薹后大蒜叶的生长基本停止，其功能持续 2 周后开始枯黄脱落，根系也逐渐失去吸收功能，要及时补充土壤水分，并追施 1 次催头肥，延长叶、根寿命，防止植株早衰，促进鳞茎充分膨大。以后每隔 3～5d 浇 1 次水，收蒜头前 1 周停水，以防湿度过大造成散瓣，同时有利于起蒜，提高蒜头的耐贮性。

6.采收

（1）采收蒜薹　一般蒜薹抽出叶鞘，并开始甩弯时，是采收蒜薹的适宜时期，一般从甩尾到采薹约 15d，最迟应在总苞变白时采收。采收蒜薹早晚对蒜薹产量和品质有很大影响。采薹过早，产量不高，易折断，商品性差；采薹过晚，虽然可提高产量，但消耗过多养分，影响蒜头生长发育，而且蒜薹组织老化，纤维增多。采薹最宜在晴天的中午或下午，此时植株水分减少，叶鞘较松软，叶鞘与蒜薹容易分离，并且叶片有韧性，不易折断，可减少伤叶。采薹方法有提薹、夹薹和划破叶鞘取薹的办法。

（2）收蒜头　在蒜薹采收后 20～30d 即可开始采收。适期收蒜头的标志是：叶片枯黄，上部叶片退色成灰绿色，叶尖干枯下垂，假茎处于柔软状态，为蒜头收获适期。收藏过早，蒜头嫩而水分多，叶中养分尚未完全转移到鳞芽，组织不充实，不饱满，贮藏后易干瘪；收藏过晚，蒜头容易散头，拔蒜时蒜瓣易散落，失去商品价值。收藏蒜头时，硬地应用锨挖，软地直接用手拔出。收蒜时，用蒜叉挖松蒜头周围的土壤，将蒜头提起抖净泥土后就地晾晒，后一排的蒜叶搭在前一排的头上，只晒秧，不晒头，忌阳光直射蒜头，防止蒜头灼伤或变绿。经常翻动 2～3d 后，当假茎变软后编成蒜辫在通风、遮雨的凉棚中挂藏。

第二节　韭　菜

韭菜，又名韭，起阳草，属于百合科多年生宿根蔬菜。原产我国，分布广泛，韭菜以嫩叶和柔嫩的花茎为主要食用器官，鲜嫩芳香，营养丰富，南北各地均有栽培。

一、生物学特性

（一）形态特征

1.根

弦线状须根系，根着生于根状茎基部，主要根群分布在 10～30cm 的耕层内，除吸收机能外，还有一定的贮藏功能，可分为吸收根、半贮藏根和贮藏根。春季萌发吸收根和半贮藏根，其上可发生 3～4 级侧根；秋季发生短粗的贮藏根，不发生侧根。随着株龄的增加，植株不断分蘖，新根不断增生，老根则逐渐枯死，使新老根系不断更替，生根的位置、根系在根茎上也逐年上移，谓之"跳根"。生产上需不断培土或盖土肥，防止根茎裸露，使其正常生长。根的寿命长，为 1～2 年。

2.茎

分为营养茎和花茎两种。茎由胚芽发育而成，1～2年生韭菜的营养茎为短缩的茎盘，根茎顶端生叶，基部产生不定根。随着株龄的增长，营养茎不断向上生长，由逐次发生的分蘖和茎盘连接成杈状分枝，称根状茎。根状茎是贮藏营养的重要器官。叶鞘抱合成"假茎"，假茎基部膨大呈葫芦形，是贮藏养分的器官。

通过春化进入生殖生长期后，鳞茎的顶芽分化为花芽，在长日照下，抽生花茎，称为韭薹，顶端着生伞形花序，嫩茎可以食用。

3.叶

韭菜叶簇生，每株有5～9片叶，叶由叶片及叶鞘组成，叶片扁平带状，是主要的同化器官和产品器官。叶鞘闭合形成筒状"假茎"。叶面覆有蜡粉，耐旱。叶的分生带在叶鞘基部，收割后可继续生长。叶鞘基部膨大，形成葫芦状小鳞茎，具有贮藏养分的功能。

4.花

伞形花序，未开放前由总苞包裹，每序有花20～30朵，花冠白色或粉红色，两性花，异花传粉。幼嫩花薹和花均可以食用。韭菜属绿体春化类型，当年播种的韭菜未经秋冬低温春化极少抽薹；二年生以上的韭株多于大暑至立秋抽薹，立秋至处暑开花。

5.果实与种子

韭菜的果实为蒴果，子房上位，3室，每室含种子2粒。当果实成熟时，种子便崩裂出来。种子黑色，盾形，表皮布满细密皱纹，背面凸起，腹面凹陷，千粒重约4g左右，寿命1～2年。

（二）生长发育周期

韭菜的生育期可划分为营养生长和生殖生长两个阶段。一年生韭菜一般只进行营养生长；二年生以上的韭菜，营养生长和生殖生长交替进行。韭菜的生长状态如图10-3所示。

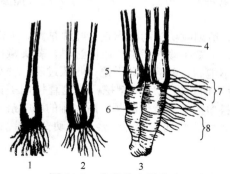

图10-3 韭菜的生长状态
1——一年苗，不分蘖；2——一年苗，分蘖；
3—多年生植株；4—叶片；5—鳞茎；6—根
状茎；7—新根；8—老根
（仿顾智章. 韭菜、葱、蒜栽培
技术. 北京：金盾出版社，1991）

1.营养生长时期

韭菜从播种到花芽分化为营养生长期，可划分为发芽期、幼苗期和营养生长期三个阶段。

（1）发芽期 从播种后种子萌动到第一片真叶显露为发芽期，历时约10～20d。

（2）幼苗期 从一片真叶出土到定植为幼苗期。此期地上部生长缓慢，根系生长占优势，根系生长较快，构成须根系，植株瘦小，历时约60～80d。

（3）营养生长期 从定植之后到花芽开始分化为止。此期随着叶数、根量的增加，植株大量分蘖，营养充足时一年可分株4～5次，由1株可分生为10余个单株。此期应加强肥水管理，若营养不足，则很少或不能发生分株。

2.生殖生长期

韭菜属绿体春化型，只有植株达到一定的大小，积累一定量的营养物质后，才能感受低温完成春化，分化花芽，然后在长日照条件下抽薹、开花，进入生殖生长阶段。二年生以上的韭菜，营养生长与生殖生长交替进行，每年秋季抽薹开花。

（三）对环境条件的要求

1.温度

韭菜喜冷凉气候，耐寒力极强，不耐高温。叶子生长的适宜温度为12～24℃，当气温超过25℃植株生长缓慢，纤维增多，品质下降。高于30℃时，叶子发黄，甚至枯萎。韭菜是耐寒的蔬菜，叶子能忍耐−5～−4℃的低温，甚至更低些。地下根茎在气温至−40℃时也不致遭受冻害。翌春当温度上升至2～3℃时，韭菜开始返青，萌发新叶。

2.光照

韭菜在中等光照强度条件下生长良好，耐阴，光补偿点为1220 lx，光饱和点为40 lx，适宜光强为20～40 lx。叶片生长要求光照强度适中，光照过强时植株生长受到抑制，纤维增多，叶肉组织粗硬，品质显著下降，甚至引起叶片凋萎；光照过弱时植株的同化作用减弱，叶片发黄，叶小，分蘖少，产量低。

韭菜属长日照植物，植物通过低温春化后，在长日照下通过光照阶段后才能抽薹开花结种子。

3.水分

韭菜根系吸收力弱，喜湿，要求土壤经常保持湿润，才能满足植株生长发育的需要。如果土壤缺水，叶肉组织往往粗硬，纤维增多，品质降低。韭菜叶片狭长，面积小，表面覆有蜡粉，角质层较厚，气孔深陷，水分蒸发较少，具有耐旱的特点，生长要求较低的空气湿度，适宜的空气湿度为60～70%。对土壤湿度要求较高，为80%～95%。

4.土壤营养

韭菜对土壤的适应性强，但以土质疏松、保土层深厚、保水保肥能力强的壤土栽培效果较好。韭菜成株对轻度盐碱有一定的适应能力，土壤酸碱度以pH 5.6～6.5为宜。喜肥力中等，对肥料的要求以氮肥为主。氮肥充足，叶片肥大柔嫩，色深绿，产量高。多年生的韭菜田每年施用1次硫、镁、硼、铜等微量元素肥料可促进植株生长健旺，增加分蘖，延长采收年限。

二、类型与品种

韭菜常以其耐寒性的强弱，叶子的形状及叶子的长短、颜色和分蘖习性等作为分类的依据。但也可以依食用器官不同可分为根韭、花韭、叶韭和叶花兼用韭4个类型。普遍栽培的为叶韭和叶花兼用韭，两类韭菜按叶片宽窄又分为宽叶韭和窄叶韭。

（1）宽叶韭　又称大叶种，叶片宽厚，叶鞘粗壮，品质柔嫩，香味稍淡，产量高，易倒伏。较优良的品种有雪韭、天津大黄苗、北京大白根、791韭菜、寿光马蔺韭等。

（2）窄叶韭　又称小叶种，叶片狭长，叶鞘细高，纤维稍多，香味较浓，直立性强，不易倒伏。较优良的品种有北京铁丝苗、保定红根、太原黑韭、诸城大金钩等。

三、栽培季节与茬口安排

韭菜适应性广又极耐寒，长江以北的地区韭菜冬季休眠，可利用各种设施进行囤韭或盖韭栽培，供应元旦、春季及早春市场的需要。在华北地区春播最迟不超过5月上旬。播期在5月下旬时，到8月中下旬幼苗还未达定植标准，需至翌春定植。这样就延迟了收割时间。

四、栽培技术

韭菜可用种子或分株繁殖，分株繁殖系数低，植株生活力弱，寿命短，产量偏低，生产上多用种子繁殖。

（一）直播或育苗

1.播种期

韭菜的播种期因各地气温而异。总的原则是：只要地温达到2～3℃，韭菜种子能够发芽就可播种。而以春播的栽培效果最好。春播的养根时间长，并且春播时宜将发芽期和幼苗期安排在月均温15℃左右的月份里，有利于培育壮苗。秋播时应使幼苗在越冬前有60余天的生长期，保证幼苗具有3～4片真叶，以保证幼苗安全越冬。

2.整地作畦

韭菜育苗床应选择在通透性好、能浇易排、土质肥沃、沙壤土地块。结合整地施足充分腐熟的有机肥，进行1次深耕，并以行距宽而丛距密的方式进行作畦整地，北方地区多用平畦，育苗畦宽1.7m，直播畦宽1.3～2.2m。

3. 种子处理

在土壤墒情好、播种期早时，可用干籽播种。其他季节应采用催芽处理。韭菜催芽是在播种前4~5d进行，催芽时，用20~30℃的清水浸种24h，洗净后控去水分，用湿布包裹，置于15~20℃的环境中催芽，约3~4d，80%的种子芽尖初露即可播种。

4. 播种方法

干播时，苗畦整平后，在畦面按行距10~12cm，开深1.5~2cm、宽2~6cm的浅沟，沟内撒种，并覆细土1~1.5cm厚，耙平畦面，用脚轻度踩实，浇明水，要始终保持土壤湿润，直至出苗。湿播时，育苗畦整平后，先浇大水，待水渗下，稍晾不黏时，撒种。撒后上覆细土2~3cm。用种量一般为7.5~10g/m²。

直播多用开沟条播或穴播，按30cm间距开宽10~12cm、深6~8cm的浅沟，蹾平沟底浇水，水渗后按宽5cm条播，再覆土。用种量3.5~4.5g/m²。

5. 苗期管理

湿播出苗后，畦面干旱时浇一小水或播后覆地膜增温保墒促出苗。干播出苗阶段应保持地面湿润，应采取先促后控的管理原则。株高6cm时结合浇水追肥1次，以后保持地面湿润；株高10cm时结合浇水进行第二次追肥；株高15cm时结合浇水追第三次肥。待苗长出5片真叶时，苗高约17~20cm，根已扎得稍深，此时应进行蹲苗，控制浇水，防止秧苗徒长和倒伏，使根系下扎，生长健壮。一般10~14d浇水。播种较晚的韭菜苗，生长后期正值雨季，多雨积水，易造成倒秧烂苗；应及时排水防涝，并减少浇水，加强蹲苗。

（二）定植

春季或初夏播种的韭菜，定植期宜早不宜晚；夏、秋季播种的，定植期宜于翌春晚些时间定植。定植后，外界气温在20~25℃时，最有利于缓苗和植株充分发育。

定植前结合深翻施入腐熟的农家肥。耙平后做畦，北方干旱缺水，宜做成1.2~1.5m宽的平畦，畦埂应高至13~15cm，以备每年培土后畦面不断升高。定植前1~2d苗床浇起苗水，起苗时多带根抖净泥土，将幼苗按大小分级、分区栽植。

定植方法有宽垄丛植和窄行密植两种，前者适于沟栽，后者适于低畦。沟栽时，按30~40cm的行距、15~20cm的穴距，开深12~15cm的马蹄形穴植穴，每穴栽苗20~30株。低畦栽，按行距15~20cm、穴距10~15cm开马蹄形定植穴，每穴定植8~10株。

定植深度以叶片与叶鞘交接处与地面相齐平为准。此处是韭菜的生长点所在，如埋土过深，则抑制了秧苗的生长；埋土太浅，则根系太近地表，影响根系生长发育。栽后立即浇水，促发根缓苗。

（三）田间管理

1. 定植当年的管理

定植后及时灌水，促进缓苗。到新叶出现，新根已经发生时，再灌1次缓苗水，促进发根长叶，而后中耕蹲苗，以促进根系下扎，有利于新叶分化，保持土壤见干见湿。夏季要排水防涝，防止积水淹死幼株。入秋以后，降雨减少，天气凉爽，气温在15~25℃之间，日照充足，适宜叶片旺盛生长。此时也是分蘖旺盛的时期。因此，应加强肥水管理。一般每7~10d浇一次水，保持土壤见干见湿。结合灌水追肥3~4次。寒露后减少浇水，保持地面见干见湿。浇水过多会使植株贪青旺长，致使回根晚，影响根系养分积累而降低抗寒力。立冬之后，根系活动基本停止，叶片经过几次霜冻后枯黄凋萎，被迫进入休眠。上冻前应浇足稀粪水。

2. 定植第二年及以后的管理

（1）春季管理 春季是韭菜旺盛生长、产量形成和采收的主要时期，主要管理任务是灌水追肥，促进生长。

春季土壤解冻前，未返青时应及时清除地面枯叶杂草。土壤解冻10cm以上时锄松表土，培土2~3cm促返青，发出新芽时，可撒施1次稀人粪尿，并中耕松土，促进幼芽萌发生长。

早春气温低，土壤蒸发量很小，多浇水或早浇水有降低地温、抑制生长的副作用。而过度干旱会使韭菜生长缓慢，纤维增多，降低品质。只要土壤墒情好，地表下5cm深处的土壤呈湿润状态，即不用浇水。浇水时水量宜小，能渗透地下10～15cm深即可。一般条件下，在苗高15cm左右，收获前5～7d浇1次水，以使产品脆嫩，改善品质。土壤墒情好时，也可在第一刀收后，过3～4d再浇第1次水。忌收割后立即浇水，造成病菌入侵而发生病害。

(2) 夏季管理　韭菜不耐高温，注意控水养根，及时清除田间杂草，雨后排涝，防止倒伏和腐烂。应适量追肥，及时除草，为秋季生长作准备。韭菜于7～8月间抽薹开花结实，要消耗大量的营养，影响植株生长、分蘖和营养积累。因此，除留种田外，应及时剪除花薹，以利于养根。

(3) 秋季管理　秋分后每7～10d，结合浇水追1次肥，连续追肥2～3次。10月中旬后停肥，并减少浇水，保持地面见干见湿。10月下旬至11月上旬逐步停水，上冻前浇足稀粪水。

(4) 越冬期管理　因第二年以后的韭菜发生"跳根"，多在冬季进行培土。一般于植株地上部干枯、进入休眠期后，给畦面铺施一层土杂肥，也可盖一层土，为新根发生创造适宜的土壤条件。

(四) 采收

韭菜叶部再生能力强，一年可多次收割，为了持续高产，要严格控制韭菜的收割次数。定植当年以养根为主不收割，2年以上韭菜收割3～4次为宜。春季韭菜生长速度快，可收割2～3次。夏季不收割。秋季可收割1～2次或不收，秋分后不再收割，以增加根茎养分积累，利于养根。

韭菜收割以晴天清晨为好，收割时注意留茬高度，最适宜下刀部位应在鳞茎3～4cm的叶鞘处，以后每割一刀，都应比前一茬高1cm左右。

第三节　大　　葱

大葱属百合科葱属二三年生草本植物，原产于我国西部及中亚、西亚地区。大葱食用部分是肥大的假茎（葱白）和嫩叶，富含蛋白质和碳水化合物，维生素A、维生素B、维生素C含量也比较高，还含磷、铁等矿物质。大葱可周年供应。大葱幼嫩时可食嫩叶，长大后以食用葱白为主。食用嫩叶时的幼葱称作小葱或青葱，一年可栽培多茬；食用葱白的成葱称作干葱，耐贮藏，以秋冬供应为主。

一、生物学特性

(一) 形态特征

1.根

白色弦丝状，为浅根性须根系，发根力强，在生长盛期根的数量多达百条以上，长约30～40cm，主要分布在27～30cm土层中。次生根发生在茎基部，随着茎盘的长大，不断发生新根，葱根无形成层，增粗不明显，而加长生长较快。根毛少，吸收能力差。

2.茎

营养生长期茎为变态的短缩茎，成圆锥形，由管状的叶鞘基部包裹，幼叶藏于叶鞘内，与多层叶鞘共同组成假茎，俗称"葱白"。假茎为棒状，假茎基部略肥大包裹着短缩茎，入土部分为白色，地上部黄绿色。顶部各节着生一片叶，底部各节着生不定根，茎的下部密生须根。花芽分化后，茎盘顶芽伸长为花茎，中空，内层叶鞘基部可萌发1～2个腋芽，形成分蘖，发育成新的植株。大葱茎盘纵剖面如图10-4所示。

3.叶

大葱的叶由管状叶身和筒状叶鞘两部分组成。叶片中空，翠绿或深绿色，长圆锥形，表面有蜡质物，耐旱。绿叶下部白色的葱白为叶鞘，因品种不同而长短不一，层层包裹形成假茎。假茎基部略肥大包裹着短缩茎。大葱的叶鞘既是营养贮藏器官，又是主要的产品器官，叶身生长越壮，

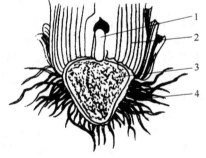

图10-4　大葱茎盘纵剖面
1—花茎；2—假茎；3—茎盘；4—须根
（仿顾智章. 韭菜. 葱、蒜栽培技术.
北京：金盾出版社，1991）

叶鞘越肥厚，假茎越粗大。假茎的长度因品种不同而长短不一，同时还与培土密切相关，通过多次培土，为假茎提供黑暗、湿润的环境，可使叶鞘不断伸长、加粗，提高产品的质量和产量。

　　4. 花、果实和种子

　　春夏季抽生花枝，花茎短肥中空，先端形成圆头状的花苞，花苞破裂出现伞形花序，有膜状总苞。每序上着生小花朵，花白色或紫红色，虫媒花。结实后老叶枯黄，种子成熟。蒴果，种子盾形，种皮黑色，三角形，千粒重 3～5g，发芽率一般只能保持一年。

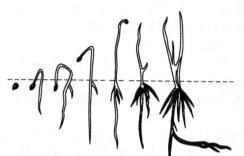

25/9　2/10　4/10　5/10　6/10　11/10　24/11（日／月）
播种　弯钩（打弓）伸腰（直钩）出直叶　越冬

图 10-5　大葱种子发芽过程

（二）生长发育周期

　　大葱属二年生耐寒性蔬菜，可分为营养生长期和生殖生长期两个时期，历时 21～22 个月之久。

　　1. 营养生长期

　　从种子萌动到花芽开始分化为大葱营养生长期，包括发芽期、幼苗期、葱白形成期。

　　（1）发芽期　从播种到子叶出土直钩为发芽期。需 7℃以上有效积温 140℃，最适温度 20℃左右，约需 14d。大葱种子发芽过程如图 10-5 所示。

　　（2）幼苗期　从第一片真叶出现到定植为大葱幼苗期，春播 80～90d，秋播则长达 8～9 个月之久。一般将秋播大葱的幼苗期划分为生长前期、休眠期和生长盛期。

　　（3）葱白形成期　定植后经过短期缓苗进入葱白形成期。初期生长缓慢，秋凉后假茎迅速伸长和加粗。霜冻后，停止旺盛生长，生长点开始分化花芽。叶身和外层叶鞘的养分向内转移，充实假茎。此期在日均温 20～25℃下叶片和全株重增加最快，13～20℃最适于假茎膨大，需 90d 以上。

　　2. 生殖生长期

　　（1）抽薹期　大葱在假茎充实后期通过春化，花芽开始分化，但因温度过低而不生长。春季温度回升后，花芽伸长形成花薹。由花薹伸出叶鞘到总苞破裂开花为抽薹期。

　　（2）开花期　从花序始花到全部谢花，适温 16～20℃。花序总苞破裂后，小花由中央向周围依次开放，每朵花花期 2～3d，同一花序花期 15d 左右。

　　（3）结果期　从谢花到种子成熟，适温 20～24℃。

（三）对环境条件的要求

　　1. 温度

　　大葱是耐寒性蔬菜，耐寒能力较强，在凉爽气候条件下生长良好，幼苗和种株在土壤积雪和保护物覆盖下，可在 −40～−30℃低温露地越冬。营养生长的适宜温度为 13～25℃，低于 10℃植株生长缓慢；高于 25℃，则生长迟缓，易感染病害，种子在 2～5℃条件下能发芽，在 7～20℃内，随温度的增高而种子萌芽出土所需的时间缩短，但温度超过 20℃时不萌发。

　　大葱为绿体春化植物，幼苗长有 3～4 片真叶、茎粗在 0.4cm 以上、株高达 10cm 以上时于 2～5℃下经 60～70d 可通过春化阶段。所以大葱成株在露地或贮藏窖内越冬时，就可感受低温，通过春化。

　　2. 光照

　　大葱对光照强度要求不高，光补偿点是 1200 lx，饱和点是 25000 lx。大葱对日照长度要求为中光性，光照过低，光合作用弱，有机物质积累少，生长不良；光照过强，不仅不能提高同化产量，而且会加重叶老化，降低品质。只要在低温下通过了春化，不论在长日照下还是短日照下都能正常抽薹开花。

　　3. 水分

　　大葱叶片管状，表面多蜡质，能减少水分蒸腾，耐干旱，但根系无根毛，吸水力差，喜湿，生长期间要求较高的土壤湿度和较低的空气湿度。大葱不耐涝，炎夏高温多雨时，应控制灌水防涝，以免沤根死苗，地表积水 1～2d，植株便会大量死亡。大葱抽薹期也应控制水分，使花薹生长粗壮，防止种株倒伏。大葱的需水量大的时期是假茎形成盛期。

4. 土壤营养

大葱对土壤适应性广，但根群少，无根毛，吸收能力较弱。所以，大葱适于土层深厚、排水良好、富含有机质的疏松壤土，产量高，品质优。

大葱要求中性土壤，在 pH 7.0～7.4 中性壤土栽培。pH 低于 6.5 或高于 8.5 对种子发芽，植株生长都有抑制作用。生长前期以氮肥为主，葱白形成期宜增施磷、钾肥，缺磷植株长势弱，质劣低产。

二、类型与品种

依据大葱分蘖习性的不同，可分为普通大葱和分蘖大葱。

1. 普通大葱

植株高大，营养生长期间无分蘖。按假茎高度和形态又可划分为长葱白类型、短葱白类型和鸡腿葱。

（1）长葱白类型　假茎高大，长、粗比值大于 10。相邻叶的叶身基部间距较大，为 2～3cm，株高 80～150cm，葱白长 35～65cm，粗 3～5cm，葱白粗细均匀，产量高，需要良好的栽培条件，如章丘大葱、盖平大葱、辐射大葱、北京高脚白大葱等。

（2）短葱白类型　叶片排列紧凑，相邻的叶身基部间距小，叶和假茎均较粗短。株高 50～70cm，葱白长 20～30cm，栽培较易，如山东寿光八叶齐、西安竹节葱、拉萨藏葱等。

（3）鸡腿葱　假茎短，基部膨大呈鸡腿状或蒜头状。对栽培条件要求不太严格，如山东莱芜鸡腿葱、大名鸡腿葱等。

2. 分蘖大葱

在营养生长期间，每当植株长出 5～8 个叶时，发生一次发株。由 1 株形成 2～3 株。营养生长时间充足时，一年可分蘖 2～3 次，共形成 6～10 个分株。通过春化后，每个分株可同时抽薹、开花、结实。植株大小接近普通大葱，如青岛分葱等。

三、栽培季节与茬口安排

大葱的适应性广，耐寒、抗热，而且从幼苗到抽薹前的成株均可食用，收获期灵活，适于分期播种，周年供应。在华北地区的主要栽培期见表 10-1。

表 10-1　华北地区大葱周年栽培期

茬　口	播种期（月/旬）	定植期（月/旬）	收获期（月/旬）
露地春葱	8/下～9/上		4/下～5/上
风障大葱	9/上～9/下	—	3～4
伏葱	7/中、下	10/下	5/下～6/上
秋大葱	8/下～9/下	5/上～6/下	10/下～11/上
春大葱	3/上～3/下	5/下～6/下	10/下～11/上

大葱宜选择质地疏松、土层深厚、排灌方便、土壤中性或微酸性的地块育苗和栽植，忌重茬，连作病虫害严重，生长弱，产量低，应进行 3～4 年轮作。大葱可与瓜类、豆类、叶菜类等蔬菜作物轮作，也可以小麦、大麦为前茬。因大葱株型直立，耐阴，可与小麦等作物套作。

四、栽培技术

1. 培育壮苗

（1）良种选择　要因地制宜选择抗病虫、抗逆性强，高产耐贮，适宜当地气候条件的大葱品种。

(2) 苗床准备　育苗土地忌连作，大葱苗床宜选择前三年内未种过葱蒜类的地块，土壤疏松、有机质丰富、地势平坦、排灌方便的沙壤土。冬前深翻晒白，播种前结合整地施入基肥，及早深耕，使土壤充分熟化。经翻耕细耙，整平做成畦宽 1m、长 8~10m 的低畦。

(3) 种子处理　大葱种子寿命短，宜用当年新籽，可采用种子直播，也可先催芽后播种。为了提高发芽率，播种前最好浸种催芽。催芽方法是用 30℃ 温水浸种 24h，将种子上的黏液冲洗干净后，用湿布包好，放在 16~20℃ 的条件下催芽，每天用清水冲洗 1~2 次，待 60% 种子露白时即可播种。

(4) 播种　大葱育苗常用的播种方法有先浇水后播种和墒情适宜时播种。为使幼苗生长整齐，最好采用条播：按 15cm 行距开深 2cm 的浅沟，每亩苗床播种量 1.0~1.5kg，种子要混入 2~3 倍的细砂均匀撒播。播种后盖籽土要薄，盖没即可，约厚 0.5cm。最后在苗床上覆盖地膜。

(5) 苗期管理　幼苗出土期间苗床应保持湿润，浇水量不宜过多，防止葱苗徒长及土壤板结，妨碍出苗或幼苗发根。拉弓时浇一次水，真叶出现后酌情浇 2~3 次小水，并加强中耕除草，防止幼苗过大或徒长。做好间苗，保持适当的苗距，以利壮苗，一般间苗两次，第一次在蹲苗前进行，苗距 3~3cm。第二次在苗高 20cm 左右时进行，苗距 4~7cm。间苗时拔去小苗、弱苗、病苗、杂苗以及过大的苗，同时拔除杂草。每次间苗后浇次一水并追少量氮肥。当幼苗株高 50cm，具有 6~8 片真叶时控水炼苗，准备定植。

2. 定植

(1) 定植时期　根据各地的气候条件，前作收获期及幼苗长势来确定适宜的定植期。秧苗高 30~40cm，横茎粗 1~1.5cm 时，正适宜于移植。

(2) 整地开沟　选择地势高燥、土层深厚、灌排方便的地块，在前作物收获后，应立即深翻土地，耙平。每隔 50~70cm 行距开沟，把土壤向两边分开，连开两犁。沟可深达 20~25cm，宽 13~16cm。沟底施基肥，基肥以有机肥与化肥配合施用，然后用耙搂平沟底及沟背，注意使土壤与肥料充分混合。这时沟背应高出沟底 30cm 以上，沟内耕翻也在 30cm 以上，以便软化。

(3) 定植密度和方法　起苗前 2~3d 要浇透水，以利起苗。起苗时抖净泥土，定植前要求葱苗分为大、中、小 3 级，按级分别栽植，使以后的生长均匀而便于管理。要随起苗，随分级、随运随栽。定植沟要灌足水，水下渗后排苗栽植，大葱栽植密度，因品种、产品标准不同而异。

大葱栽植方法有排葱和插葱两种。栽植短葱白类型多用排葱法，把葱苗按株距排在沟壁上，把幼苗基部稍压入土中，后覆土，埋在葱秧基部厚约 4cm，用脚踩实，然后顺沟浇水，这种方法移植快、用工少，但葱白易弯曲。栽植长葱白类型的大葱时多用插葱法，插葱时先在沟内灌水，待水渗下后，一手拿葱，一手用葱杈或木棍杈压住葱的须根垂直插入沟底泥土中，深约 20cm，最深达外叶分杈处为度，勿插过深。不论用哪种方法，栽植深度应掌握上齐下不齐的原则，葱苗以露心为度，覆土在外叶分杈处，过浅容易倒伏，不便培土；过深不便缓苗，窒息不旺，甚至腐烂。栽植时叶着生方向须与行向垂直，有利密植和管理。

3. 田间管理

大葱的田间管理措施主要是加强肥水管理，促进根系、叶片的旺盛生长，同时培土软化，为葱白的形成积累丰富营养物质，创造适宜的环境条件，灌水、施肥、培土是大葱获得优质高产的关键。

(1) 浇水　定植后大葱水分管理可分为三个阶段。一是缓苗越夏阶段，此时正是炎夏高温季节，植株处于半休眠状态，应控水控肥，要注意雨后排水，防止大雨灌葱沟，致使根系缺氧，引起腐烂。此期间一般还需浇水，让根系迅速更新，促进缓苗，植株返青。要及时中耕除草，松土保墒，促进根系发育。二是从开始旺盛生长后到严霜前，立秋后，气温降低，大葱开始进入发叶盛期，应结合追肥培土，充足浇水。每次追肥和培土后都要及时浇水 1~2 次。此时如天旱少雨，浇水量不足，会严重影响葱白的生长速度和产量。三是霜降以后是葱白充实期，仍需较高的土壤湿度。这一期间每次浇水量不宜过大，保持土壤见干见湿即可。霜降后，气温下降明显，应减少浇水量和次数。收获前 7~10d 停水，提高耐贮性。

（2）追肥　除施基肥外，大葱还需多次追肥。追肥以氮肥为主，适当配合钾肥。大葱追肥应分期进行，以充分满足各个生育周期的需要，但应着重在葱白生长初期和生长盛期进行。

① 葱白生长初期：炎夏刚过，天气转凉，葱株生长逐渐加快，应追 1 次攻叶肥，施入充分腐熟的饼肥 3750～4500kg/hm^2，尿素 225kg/hm^2，中耕混匀，锄于沟内，而后浇 1 次水，可促使大葱生长，供给叶片增加和增长的需要。

② 葱白生长盛期：大葱产量形成的最快时期，葱株迅速长高，葱白加粗，需要大量水分和养分。此时应追攻棵肥，分 2～3 次追入，氮、磷、钾并重。可施于葱行两侧，中耕以后培土成垄，浇水。后两次追肥可在行间撒施硫酸铵或尿素，浅中耕后浇水，以满足迅速生长的需要。

（3）培土　培土是软化叶鞘、增加葱白长度的有效措施。培土应在葱白形成期进行，高温高湿季节不易培土，否则易引起假茎和根茎的腐烂。结合追肥，分别在立秋、处暑、白露和秋分进行培土。培土在露水干后，土壤凉爽时进行。第一次培土是在生长盛期之前，约及沟深度的一半；第二次培土是在生长盛期开始以后，培土至与地面相平；第三次培土成浅垄；第四次培土成高垄。前两次培土宜浅，后两次培土因为植株生长较快可适当加厚，每次培土以不埋没葱心为度。培土后要拍实，防止浇水后塌陷。

4.采收

当气温降至 8～12℃时，外叶基本停止生长，叶色变黄绿，产量已达峰值时及时收获或随行就市，据市场需要收获上市。

大葱收获时应深刨轻拉，切忌猛拔猛拉，避免损伤假茎，拉断茎盘或断根而降低商品葱白质量。收获后的大葱抖净泥土，摊放在地里，每两沟葱并成 1 排，在地里晾晒 2～3d。待叶片柔软，须根和葱白表层半干时，除去枯叶，分级打捆，每捆 7～10kg。不可随便堆放，以防发热腐烂。大葱的收获还应避开早晨霜冻后采收。霜冻后叶片挺直脆硬，容易碰断伤茎，感染病害而腐烂。应选择晴好天气，在中午、下午进行为宜。

第四节　洋　　葱

洋葱，又名圆葱、玉葱、葱头等，属百合科葱属，为二三年生草本植物，原产中亚和地中海沿岸，以肥大的肉质鳞茎为产品。

一、生物学特性

（一）形态特征

1.根

弦状浅根系，根毛极少，着生于短缩茎盘的基部，根系入土深度和横展范围仅 30～40cm，主要根群集中在 20cm 以上表土层中，在土壤中形成浅根性的根群。根系耐旱性较弱，吸收能力不强。

2.茎

洋葱真正的茎是在鳞茎基部短缩形成扁圆形的圆锥形的茎盘，茎盘上部环生圆筒形的叶鞘和芽，下面着生须根。生殖生长时期，生长锥分化为花芽，抽生花薹。

3.叶和鳞茎

由叶身和叶鞘组成。叶身筒状中空，暗绿色，腹部有明显凹沟，表面具有蜡粉，具有抗旱的生态型，气孔下陷于角质层中。由叶鞘部分形成"假茎"和"鳞茎"。生育初期，叶鞘茎部不膨大，假茎上下粗细相仿。生长到中后期，在叶鞘茎部积累营养而逐渐肥厚，基部迅速膨大成鳞茎，圆球形、扁球形或长椭圆形；皮紫色、黄色或绿白色。鳞茎成熟前最外 1～3 层叶鞘基部所贮养分内移干缩成膜状鳞片，以保护内层鳞片减少蒸腾，使洋葱得以长期贮存。

4.花、果实和种子

洋葱一般次年春季鳞茎栽植后，植株抽薹、开花，夏季结种子。洋葱抽薹后，每个花薹顶端有伞形花序，有膜状总苞。其上着生小花，花多淡紫色，或近于白色，异花授粉。果实为两裂蒴果，种子细小、外皮坚硬多皱纹，种皮黑色，呈盾形，千粒重 3～4g，寿命短。

（二）生长发育周期

洋葱为二年生蔬菜，生育周期的长短因播种期不同而异，可划分为营养生长期、鳞茎休眠期和生殖生长期。

1. 营养生长期

（1）发芽期 从播种到第一片真叶出现为发芽期，约 15d。种子发芽后，气温渐低，日照渐短，地上部的生长量也少，根的吸收弱。

（2）幼苗期 从第一片真叶出现到定植为幼苗的生长期。幼苗期的长短，随各地的播种期和定植期不同而异。秋播秋栽约 40～60d；秋播春栽需 180～230d；春播春栽约需 60d 左右。

（3）叶片生长期 从幼苗定植到叶鞘基部开始增厚为止，春栽约需 40～60d，秋栽约需 120～150d。叶片生长期根部先于叶部迅速生长，以后叶片也迅速生长，叶数不断增加，叶面积迅速扩大，为鳞茎的形成奠定物质基础。与此同时，新根亦迅速增加，而老根则逐渐减少。

（4）鳞茎膨大期 从叶鞘基部开始肥厚鳞茎成熟，约 30～40d。随着气温的升高和日照的加长，植株不再增高，但鳞茎迅速膨大。到鳞茎膨大末期，植株倒伏，叶的同化物质，运转到鳞茎中去，鳞茎最外 1～3 层鳞片的养分内移并逐渐干缩成膜状鳞片，此时为收获适宜时期。

2. 鳞茎休眠期

收获后的鳞茎进入生理休眠期，一般约 60～70d 以上。生长休眠期后，在高温和干燥条件下被迫休眠。

3. 生殖生长期

采种的成熟鳞茎于当年秋季再栽到田里，到翌年（即播种后的第三年）抽薹、开花、结籽的过程。种子于 6 月中、下旬成熟。约需 8 个月时间。

（三）对环境条件的要求

1. 温度

洋葱对温度适应性强，种子和鳞茎在 3～5℃ 的低温下缓慢发芽，12℃ 以上发芽加速。生长适温幼苗期为 12～20℃，叶片生长期为 18～20℃，但健壮的幼苗可耐 -7～-6℃ 的低温。

鳞茎的膨大需较高温度，鳞茎在 15℃ 以下不能膨大，15～21℃ 开始膨大，鳞茎膨大期的最适温度一般为 20～26℃，温度过高或低于 3℃ 鳞茎进入休眠。鳞茎成熟后对温度有较强的适应性，既能耐寒，又能耐热，故能在炎夏贮藏。

洋葱为绿体通过春化的蔬菜植物，植株必须达到一定大小并积累一定的营养，才能通过春化阶段，多数品种在幼苗茎粗大于 0.5cm 时，于 2～5℃ 条件下，经过 60～70d 可以春化，但品种间是有差异的，北方品种有的需 100～130d。花芽分化后，抽薹开花则需要较高的温度。

2. 光照

洋葱属长日照蔬菜作物，在长日照条件下，叶片生长受到抑制，叶鞘基部和鳞芽开始积累营养物质而增厚形成鳞茎，延长日照时数可以加速鳞茎的形成和成熟。这个长日照的临界长度则因品种而异。其中长日型品种必须有 13.5～15h 的长日照条件才能形成鳞茎，短日型品种则仅需 11.5～13h 的稍长日照条件即可满足其要求。我国北方多长日型晚熟品种。因此在南北各地相互引种和选择适宜于当地栽培的洋葱品种时，必须考虑所引的品种是否适合当地的日照条件。洋葱抽薹开花也需长日照条件。

3. 水分

洋葱根系浅，吸收水分能力较弱，因而栽培上不耐过分的干旱，要求有一定的肥力和保水力强的土壤。洋葱在萌芽期、幼苗生长盛期和鳞茎膨大期，需要充足的水分条件，尤其在幼苗生长盛期和鳞茎膨大期。但在幼苗越冬前和鳞茎临近成熟的 1～2 周内应适当控制灌水，使鳞茎组织充实，加速成熟，提高产品的品质和耐贮运性。

洋葱的叶身和鳞茎具有抗旱特性，所以在生长期间要求较低的空气湿度，湿度过大容易发病。开花期过大的空气湿度或降雨，影响开花结实。鳞茎具有极强的抗旱能力，在干旱的环境中可长时间保持肉质鳞茎中的水分，维持幼芽的生命活动。

4.土壤营养

洋葱对土壤的适应性较强，但要求土壤肥沃、疏松、通气、保水力强的壤土为宜。洋葱能忍耐轻度盐碱，要求土壤 pH6～8，但幼苗期反应较敏感，容易黄化死苗。洋葱为喜肥作物，对土壤营养要求较高，因此，需要充足的营养条件。幼苗期根和茎叶中含氮量较多；叶生长期根中氮、磷、钾显著增加，茎叶部氮稍有减少，磷、钾增加；鳞茎膨大期，氮、磷、钾在鳞茎部含量高，每株的吸收量也多。幼苗期以氮肥为主，鳞茎膨大期增施钾肥，能促进鳞茎细胞的分裂和膨大，施用磷肥，有利于对土壤氮肥的吸收，并可提高产品品质。

二、类型与品种

洋葱从形态可分为普通洋葱、分蘖洋葱和顶生洋葱3种类型。

1.普通洋葱

每株通常只形成一个鳞茎，个体较大。以种子繁殖，少数品种在特殊环境下在花序上形成气生鳞茎。

按鳞茎的形状而分为扁球形、圆球形、卵圆形及纺锤形；按鳞茎的皮色可分为红皮、黄皮和白皮3种类型；按成熟度的不同可分为早熟、中熟及晚熟。按鳞茎形成对日照长度的反应，可分为长日生态型、短日生态型及中间生态型。

(1)红皮洋葱　葱头外皮紫红色，肉质稍带红色，扁球形或圆球形。休眠期较短，耐贮性稍差，萌芽较早，多为中、晚熟品种。

(2)黄皮洋葱　葱头黄铜色至淡黄色，鳞片肉质微黄而柔软、组织细密，辣味较浓，扁圆形。较耐贮藏、早熟至中熟，产量比红皮种低，但品质较好。

(3)白皮洋葱　葱头白色，鳞片肉质白色，扁圆球形，有的则为高圆形和纺锤形。品质优良，但产量较低，抗病较弱，容易先期抽薹，多为早熟品种。

2.分蘖洋葱

基部能够分蘖，通常不结种子。每一分蘖基部能形成鳞茎，用分蘖的小鳞茎繁殖，品质较差。

3.顶生洋葱

在种母株的花序上着生许多气生鳞茎，气生鳞茎可以用来繁殖，不开花结实。

目前，国内经常使用的品种有南京黄皮洋葱、上海红皮洋葱、北京紫皮洋葱、黄玉葱、熊岳圆葱、大水桃等。

三、栽培季节与茬口安排

洋葱在我国北方较寒冷的地区秋播，春种，次年夏季采收。秋播后冬季对秧苗进行假植囤苗或苗床覆盖防寒等措施来保护幼苗越冬。春暖后，定植露地或早春保护地育苗，春暖定植。在夏季冷凉的山区及高纬度的北部地区春播，夏种，秋季采收，采用短日类型或对日照要求不严格的品种。洋葱忌连作，最好以施肥较多的茄果类、瓜类、豆类蔬菜作为前茬。

四、栽培技术

1.整地作畦与施肥

洋葱根系分布浅，根的吸肥吸水力弱。故需选择土壤肥沃、有机质丰富、保水保肥力强的地块做苗床。浅耕细耙，施足基肥，使粪土掺匀，将地整平、耙细，做成平畦待播。

2.播种与育苗

播种期的早晚，直接影响幼苗的大小。秋播如播种过早，幼苗太大，第二年有先期抽薹的可能。而播种过迟，冬前幼苗弱小，耐寒力低，鳞茎膨大时，植株过小，影响产量。具体的播种期，因各地气候条件而不同。

一般当年收获的新种子进行干籽直播，撒播或条播。具体操作程序是：播种前苗床浇一次透水，然后直接撒种，撒播时要力求播匀，播种后即覆上一层细土，再盖一层稻草或麦秆，8～10d后待大部分幼苗出土后及时揭除覆盖物，幼苗出齐后间去密苗、劣苗、病弱苗，保持苗行株距1.5～3cm。

3.定植

前茬收获后，适当深耕，施足底肥，精细整地、作畦。栽植方式宜采用平畦，一般苗床宽1.6m，畦长根据地块而定，一般20m开一道腰沟。

春季定植应尽早进行，一般在土壤化冻后及时整地，提早定植。定植时，要对幼苗加以选择及分级。剔去无根、无生长点、过矮、纤弱的小苗和叶片过长的徒长苗、分蘖苗及受病虫危害苗。然后将苗按大小分级，分别栽植，分别管理。

洋葱的叶直立，密植增产的效果明显。一般行距15～17cm，株距10～13cm。洋葱适于浅栽，适宜的深度为1.5～3.0cm。

4.田间管理

（1）浇水 洋葱根系浅，要求较高的土壤湿度，喜温怕旱。秋栽洋葱从定植到越冬，气温低，蒸发量小，幼苗生长缓慢，定植时要浇1～2次缓苗水，通过灌水使根系和土壤紧密结合，促进幼苗健壮，增强抗寒性；土壤在开始封冻时浇封冻水。翌年返青后，当地表10cm土温稳定在10℃左右时，及时浇返青水，促其返青生长，此次浇水量不宜过大过早，以免影响地温上升速度，加强中耕保墒。进入叶生长盛期，应增加灌水。在鳞茎开始膨大10d前左右应控制灌水，进行中耕蹲苗，控制叶部生长，促进营养物质向叶鞘基部运输贮藏。进入鳞茎肥大期后，气温升高，植株生长量加大，需水量增加，应勤灌水。此期如果水分不足，将严重影响产量。到鳞茎采收前一周左右停止灌水，以降低鳞茎中的含水量，提高耐贮性。

（2）追肥 秋栽洋葱定植后2周左右进行初次追肥，一般需施入全量的磷肥和适量氮肥、钾肥以促进根系的生长和地上部的生长。春栽洋葱于缓苗后进行追肥，促进根、叶生长。随着气温升高，植株进入叶部生长旺盛生长期，故要勤施肥、重施肥。追肥以氮肥为主。鳞茎开始膨大，是追肥的关键时期，应进行第三次追肥，此期氮肥不宜过多，以免叶部生长过旺，延迟鳞茎膨大。鳞茎膨大盛期，再根据需要看苗适量追施磷、钾肥，确保鳞茎持续膨大，钾肥供应要充足，在此期缺钾不仅会使产量降低，而且对产品的耐贮性也有一定的影响。鳞茎膨大后期要停止施肥，以免鳞茎中含水量大，不耐贮运。

（3）中耕培土 洋葱根系浅，中耕宜浅，一般不超过3cm，以免伤根。中耕培土的次数取决于土壤质地，黏性土壤中耕次数应多于沙质土壤。一般从缓苗到鳞茎膨大以前，中耕除草2～3次，深3～4cm，增加土壤通透性，提高土壤温度，促进根系发育，防止杂草丛生而影响植株生长。

5.采收

一般是鳞茎已充分膨大，地上部管状叶30%自然倒伏后为收获适期，此时，植株基部第一、二片叶枯黄，第三、四片叶还带绿色，假茎失水松软，地上部自然倒伏。在采收前7～10d不再浇水，防止葱头因在田间时吸足水分而不耐贮藏。宜在晴天主株连根拔起，在田间晾晒2～3d，晒时用叶子遮住葱头，只晒叶不晒头，使外皮干燥，但不要曝晒过度。

本 章 小 结

葱蒜类蔬菜主要包括大蒜、洋葱、大葱、韭菜等，属于百合科葱属的二年生或多年生草本植物，须根系，喜湿，具有短缩的茎盘、耐旱的叶形以及具有贮藏功能的鳞茎；在冷凉气候条件下生长良好，喜温，耐寒性强，耐旱性弱，低温季节地上部枯萎，以地下根茎越冬，高温季节营养生长停滞或被迫休眠，在冷凉条件下生长良好，适于春秋季种植。葱蒜类蔬菜宜在疏松、肥沃、保水力强的土壤中生长，并经常保持湿润，有共同的病虫害，忌连作。葱蒜类蔬菜的苗期长，繁殖方法可分为三类：鳞茎繁殖，如大蒜；分株繁殖，如韭菜；种子繁殖，如大葱、洋葱、韭菜；种子繁殖时要求育苗移栽。种子育苗难度较大，种子寿命短，应选用新种子精细播种，发芽期间还要防板结、防落干等。定植前施足基肥，定植后浇透水，越冬前控制秧苗大小，防止苗过大或过小。葱蒜类蔬菜为低温长日照植物，在低温条件下通过春化阶段，植株营养体达到一定大小时才能感受低温通过春化，然后在较高温度和长日照下抽薹开花，所以在栽培上须注意播种期和栽培季节。

复习思考题

1.葱蒜类蔬菜都包括哪些种类？它们在栽培习性上有哪些共同点？

2.如何使秋播大蒜安全越冬？

3.韭菜跳根的原因是什么？对生产有哪些不良影响？怎样解决？

4.说明大葱培土的原因及操作方法。

5.如何保证洋葱苗既能安全越冬，翌春又不会发生"未熟抽薹"现象？

实训　葱蒜类蔬菜的形态特征和产品器官的形成

一、目的要求

1.了解葱蒜类蔬菜的形态特征，并比较其异同点。

2.掌握葱蒜类蔬菜产品器官的组成及其形成过程。

二、材料与用具

1.植物材料：韭菜1～4年生完全植株、洋葱的成株和抽薹植株、大葱的植株、大蒜的植株。

2.实验工具：放大镜、镊子、刀片、天平等。

三、方法与步骤

1.韭菜

取1～4年生韭菜的全株，观察以下项目。

① 观察根系着生部位、换根情况，分析跳根原因。

② 叶片形状、叶鞘的形状，在茎盘上的着生位置，分析假茎形成的原因。

③ 观察短缩茎的形状、根状茎形状、分蘖情况，分析分蘖与跳根的关系，并绘图说明。割取韭菜，分别称取叶片和叶鞘部分的重量，计算各部分的产量比率。

2.洋葱

取洋葱植株进行以下观察。

① 观察根系的着生部位、根量、根系分布情况。

② 观察叶形、叶色、叶面状况、叶鞘的形态。

③ 观察鳞茎的形状、外皮色泽；纵切和横切鳞茎，观察鳞茎中开放式肉质鳞片、闭合式肉质鳞片、幼芽、茎盘、须根的着生部位、数量、肉色；并分别称其重量，计算各部分的产量构成比率及其与鳞茎大小的关系。

④ 取先期抽薹植株，与正常植株进行比较观察。

3.大葱

取大葱植株进行以下观察。

① 观察大葱根系、叶部的形态特点，比较幼叶与成叶的异同。

② 将假茎纵剖和横剖，观察假茎的组成、叶鞘的抱合方式、叶鞘的层数。分别称取叶片和叶鞘部分的重量，计算各部分的产量比率。

4.大蒜

取大蒜植株进行以下观察。

① 取大蒜植株，观察根系的着生位置、叶身和叶鞘的形态、叶鞘的抱合情况。

② 横剖和纵剖大蒜鳞茎，观察蒜头的组成及蒜瓣的着生部位、蒜薹的着生位置。认识各种类型的二次生长现象、管状叶现象以及独头蒜、天蒜、无薹分瓣蒜等。

四、作业

1. 绘 1～4 年生韭菜形态图，标出各部分的名称，说明短缩茎的生长、分蘖与跳根的关系。

2. 绘洋葱鳞茎横切面与纵切面图，标出膜质鳞片、开放肉质鳞片数、闭合肉质鳞片数、幼芽数、茎盘和须根位置，并说明各部分的来源。

3. 绘大蒜蒜头的横切面图，标出各部分的名称。

4. 绘制大葱的纵剖面图，并注明各部位名称。

5. 比较说明韭菜、洋葱、大葱、大蒜的植物学特性及产品器官的形成

第十一章 绿叶类蔬菜栽培

【学习目标】

了解绿叶类蔬菜的形态特征及异同点，掌握绿叶类蔬菜的栽培技术。

第一节 芹 菜

芹菜为伞形科二年生植物，原产于地中海沿岸地区。我国栽培芹菜广泛，历史悠久，芹菜名产区很多，河北宣化、河南商丘、内蒙古集宁、山东潍坊及新泰等地都是著名芹菜产区，芹菜露地栽培与设施栽培相结合，从春到秋可排开播种，周年生产。芹菜含丰富的维生素、矿物盐及挥发性芳香油，具特殊香味，能促进食欲。芹菜是北方秋、冬、春三季的主要供应蔬菜之一。

一、生物学特性

（一）植物学性状

芹菜为直根系浅根性蔬菜，根系主要分布在 7～10cm 表层土壤中，横向扩展最大范围 30cm 左右。主根肥大生长，能贮存养分，受伤后可产生大量侧根。营养生长期茎短缩，叶片似根出叶，生殖生长期茎伸长为花茎，并可产生一二级侧枝。芹菜叶为二回奇数羽状复叶，叶柄发达，是主要食用部位。每叶具 2～3 对小叶和一片尖端小叶。叶柄中薄壁组织发达，充满水分、养分，维管束附近的薄壁细胞分布着含有挥发性的油腺，分泌出挥发油使芹菜具有香味。叶柄有空心和实心之分，叶柄空心或实心是由品种特性决定的。然而，在高温干燥、肥水不良条件下实心品种也会出现空心叶柄。

芹菜为复伞形花序，虫媒花，花白色，萼片、花瓣、雄蕊各 5 枚，雌蕊由二心皮构成，子房2 室。果实双悬果，果皮革质，透水性差，果实含有挥发油。种子褐色，种子细小，千粒重 0.4g左右，有 4～6 个月休眠期，高温条件下不易发芽。

（二）生育周期

1. 发芽期

从种子萌动到子叶展开，需 10～15d。此期营养面积不断扩大，土壤含水量高、光照条件下种子出苗快，为此，播种后浅覆土有利于幼苗出土和生长。

2. 幼苗期

从子叶展开到 4～5 片真叶为幼苗期，需 45～60d。幼苗能耐 30℃ 左右高温和 −5～−4℃ 的低温。芹菜苗期生长缓慢。

3. 外叶生长期

从 4～5 叶到 8～9 片真叶，株高达到 30～40cm，历时 15～20d。此期营养面积不断扩大，一般定植后老叶黄化，新叶呈倾斜状态生长，这是外叶生长期的最显著特征。

4. 心叶肥大期

从 8～9 叶到 11～12 叶，叶片由倾斜生长逐渐转向直立生长，称之为立心。立心是叶片迅速生长的形态标志，从此，芹菜由外叶生长转入心叶肥大生长。叶柄生长加快，最大叶片可高达60～100cm。同时，根系也旺盛生长，须根布满整个耕层，地表可见到白色翻根现象，主根肥大，贮藏了大量营养物质。此期应及时浇水施肥促进生长。心叶肥大期需 25～30d。

5. 休眠期

采种株在低温下越冬（或冬藏），被迫休眠。

6. 开花结籽期

越冬贮藏芹菜在 2～5℃ 低温条件下感受低温，通过春化，营养苗端转化为生殖苗端。春季在长日照和高温（20℃）下抽薹，形成花蕾，开花结实。

（三）对环境条件要求生

1. 温度

芹菜是喜冷凉蔬菜，在较低温度下生长比较好，生长适宜温度为 15～20℃。叶片生长适宜昼温为 23℃，夜温为 18℃，地温 13～18℃ 或昼温为 18℃，夜温为 13℃，地温 13～23℃。若温度过高，叶生长不良，品质下降。

低温是花芽分化的必需条件，然而花芽分化需低温时间长短与苗龄关系密切。大苗易感受低温，通过春化，同时温度过低也易导致叶柄空心。秋芹菜的品质好、产量高，就是因为它的旺盛生长期处在温和季节。

2. 光照

低温长日照可促进花芽分化，芹菜属弱光照作物，光照过强，植株老化，不利生长。一般适宜生长的光照度为 $3 \times 10^4 \sim 5 \times 10^4$ lx。弱光照条件下植株直立生长，芹菜产品形成期叶片之所以直立生长，与外叶彼此遮阳，光照强度低有关。

3. 水分

芹菜根系浅，栽植密度大，对空气湿度和土壤水分要求较高。整个生长过程中，水分供应充足，芹菜生长健壮，土壤相对湿度 80% 时芹菜生育良好。湿度再大，芹菜也能适应，其根系中空，有通气组织，适于湿生状态生长。

4. 土壤和营养

芹菜吸收能力较弱，以保水保肥力强、有机质丰富的土壤为益。芹菜在中性至微酸性土壤上生长良好，pH5.6～6.8 最适宜芹菜生长。芹菜需肥量大，每形成 1000kg 产品需从土壤中吸收氮（N）2.0kg、磷（P_2O_5）0.93kg、钾（K_2O）3.88kg。此外，芹菜对钙、硼反应敏感，钙不足时容易发生心腐病，缺硼叶柄则易开裂。

二、类型与品种

根据叶柄形态，芹菜分为中国芹菜和西洋芹菜（见图 11-1）。

1. 中国芹菜（本芹）

(a) 中国芹菜 （b) 西洋芹菜

图 11-1 中国芹菜与西洋芹菜

（引自：孙新政. 蔬菜栽培. 北京：中国农业出版社，2000）

叶柄细长，高 100cm 左右，辛香味浓重。依叶柄颜色又可分为青菜和白菜。青菜植株高大、叶柄绿色，较粗香味浓，产量高。根据叶柄内髓腔有无分为空心和实心两种类型。实心芹菜叶柄髓腔小，腹沟窄而深，品质好，春季不易抽薹，产量高，耐贮藏。代表品种有北京实心芹菜、天津白庙芹菜、山东桓台芹菜、开封玻璃脆等。空心芹菜叶柄髓腔较大，腹沟宽而浅，品质较差，春季易抽薹，但抗热性强，宜夏季栽培。代表品种有山东日照市岚芹、新泰芹菜。

2. 西洋芹菜（西芹）

株高 60～80cm，叶片肥大、绿色，叶柄基部肥厚而宽大，宽达 2～3cm，背面棱线粗壮，腹沟深，多为实心，味淡；纤维少，脆嫩。全生育期 180～210d，单株重达 1.5～2kg。耐热性不如中国芹菜。代表品种有高犹它、百利、美国西芹、文图拉等。由于西芹具有生育期长、耐寒、高产、低温下不易空心等特点，目前，多在沿海及大城市效区栽培，设施种植西芹有逐年扩大趋势。代表品种有佛罗里达683（绿色）、康乃尔619（杂型群）。

三、栽培季节与茬口安排

芹菜在冷凉条件下生长良好，大部分地区以秋季栽培为主，北方各地多春、秋两季露地种植，但设施生产也很发达。按供应季节分，主要有春芹菜、秋芹菜、夏芹菜、越冬芹菜和早秋芹菜等，北方各地芹菜生产季节可参考表11-1。

表 11-1 山东省芹菜栽培茬口

栽培形式	播期(月/旬)	定植期(月/旬)	收获期(月/旬)	备 注
春芹菜	1/下~2/下 3/下~4/中	3/中~4/中	5/中~6/下 6/下~7/下	阳畦育苗,露地定植直播不移栽
秋芹菜	6/下~7/上 8/上~9/上	8/中~9/上 9/下~10/上	10/中~11/下 12/下~2/上	晚收者贮藏 阳畦栽培
越冬芹菜		10上、中 10/中~11/上	2/上~3/上 3~4	阳畦或大棚 风障畦,盖草苫
伏芹菜	4/下~6/中 6/上~6/下	—	8/中~9/下 9/下~10/中	直播不移栽 直播或移栽

四、栽培技术

秋芹菜生长环境与其正常生长所要求的条件一致，产量高，品质好。

1. 播种育苗

秋芹菜可以直播也可以育苗，但播种时正处高温季节，出苗慢，直播不便管理，所以采用育苗移栽，育苗重点是防高温天气、防雨涝、防草荒和病虫危害。因此应选择地势高燥，易灌易排地块做苗床。

播种前须将种子进行低温浸种催芽，或用$5×10^{-6}$赤霉素浸种12h后，在25℃条件下催芽播种。播种方法可分为湿播和干播。湿播时覆土厚度0.2~0.4cm。播种量为10g/m²左右，苗床与定植田面积比例约1:10。干播是将种子撒播后，用粗耧几遍，踩实后浇水。每2~3d浇一水，到出苗为止。湿播法是常用的播种方法。

播种后喷除草剂抑制杂草，并需在苗床上盖草苫、碎草麦秸等防雨和遮阳。7~10d幼苗出土，陆续揭掉覆盖物以防苗子徒长。每天中午日光强烈时，可用遮阳网遮荫降温。

幼苗不耐旱，应保持苗床湿润，暴雨之后要及时灌井水降温以防死苗。在底肥充足的前提下，苗期一般不追肥；如土壤肥力不足，定植前可追施少量化肥催苗。幼苗4~5叶，苗高15cm左右定植。

2. 整地施肥

定植地块施足腐熟农家肥，施用量为5000kg/亩。施肥后浅翻地以混匀土肥，做成平畦。

3. 定植

移栽前苗床浇水充足，减少起苗时损伤幼苗根系。避开高温定植；下午或阴天定植；定植后缓苗快，成活率高。北方多采用畦栽培。栽培密度因品种类型而异。本芹定植行距15~18cm，株距12cm，每亩定植密度3万~4万株。西芹定植株行距为17cm×20cm，每亩定植密度为1.5万~2.0万株。单株比较大的西芹，定植株行距分别扩大到25cm和30cm，每亩定植密度为1万株左右。

4. 肥水管理

定植后，立即浇定植水，从定植到缓苗约15~20d，要小水勤浇，保持土壤湿润，并降低地温。5~6d后浇缓苗水，及时中耕松土，促进植株长根。定植后幼苗叶片陆续黄化，同时生长新叶片，很快进入产量形成的主要时期。外界温度开始降低，对生长极为有利。要及时补充养分和水分，促其旺盛生长，能促进高额优质产量形成。立心期及时追施化肥，以后每隔10d追施尿素1次，每次每亩用量20kg，连追3次，最后一次追肥在芹菜封垄后进行。

除定植水、缓苗水外，以后经常浇水保持土壤湿润。植株新老叶片更新后，可适当蹲苗，促进发根；为叶丛旺盛生长打好基础。叶丛旺盛生长期，视天气情况及时浇水，保持土壤湿润。叶丛生长前期气温较高，浇水次数多；生长后期气温渐低，蒸发量减少，浇水次数和数量均可减少。

5.病虫害防治

芹菜主要病虫害有斑枯病、斑点病等，虫害主要是蚜虫。病害的防治除加强栽培管理外，在发病初期可喷施代森锰锌、多菌灵、百菌清、波尔多液等，设施中可用百菌清烟雾剂熏蒸。

6.采收

芹菜采收期不严格，可随时采收。但冬贮芹菜，不能过早采收，否则不利贮藏。

7.春芹菜和夏芹菜

春芹菜1～3月初利用冷床、塑料小棚或温室等设施育苗，3月中旬至4月中旬露地定植，5～6月份收获芹菜上市。3月份以后晚播的可露地直播，6～7月份上市。10cm地温稳定通过5℃时开始定植，或同时直播芹菜。

春芹菜生长前期温度低，生长后期温度高且日照逐渐加长，易发生抽薹现象，因而前期避免浇水过多，使地温降低而延迟生长，后期加强肥水管理，促进营养生长、抑制生殖生长，加速产品形成。5月下旬至6月份及时收获，以免花茎抽生，品质变劣。

夏秋芹菜多是5～6月份播种，8～9月份收获上市，以直播栽培为主，也可育苗移栽。生长期间注意防涝和病虫危害。

第二节 菠 菜

菠菜又名红根菜，原产波斯。菠菜是蔬菜中抗寒性最强的种类之一，在我国北方可以一定大小的幼苗在露地或稍加覆盖越冬，第二年春季返青早，是早春供应的重要蔬菜之一。

一、生物学特性

（一）形态特征

菠菜主根粗而长，半肉质，红色，味甜，营养物质含量高。侧根不发达，根群分布在20～30cm土层中。叶呈戟形或近似卵形，色浓绿，叶片簇生于短缩的茎盘上，质地柔嫩，为主要食用部分。抽薹后花茎上面着生小叶，称茎生叶。

菠菜的花为单性花，雄花为穗状花序，雌花为花被所包裹，种子成熟时，花被硬化，形成有刺或无刺的果实外壳，所以通常所称的种子实际上是果实。

菠菜的果实在植物学上称为"胞果"。菠菜的花果为结实率高，果实形小，胚不发育，故种子发芽率一般在78％左右。千粒重为8～10g。种子的发芽年限一般为3～5年。

根据菠菜植株的性别，可分为以下4种类型（见图11-2）。

（1）绝对雄株 植株较矮，根出叶小。

（2）营养雄株 基生叶较大，植株较绝对雄株高大健壮，根出叶大，茎生叶发达，供应期长，为高产株型。

（3）雌株 植株高大，抽薹较雄株晚，根出叶及茎生叶均肥大，为高产株型。

（4）雌雄同株 植株生长也较旺盛，根出叶和茎生叶均发达，在同一植株上既着生有雌花，也有雄花，是高产株型。

（二）生育周期

菠菜从种子播种到抽薹开花，一般可分为3个阶段。

种子播种，子叶出土后，到两片真叶展开以前，植株生长缓慢，主要是子叶的增长。

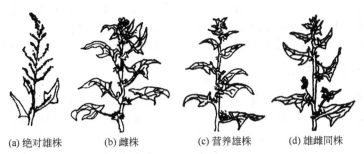

(a) 绝对雄株　　　(b) 雌株　　　(c) 营养雄株　　　(d) 雄雌同株

图 11-2　菠菜植株的性别

(引自：河南省农业学校 孙新政主编. 蔬菜栽培. 北京：中国农业出版社，2000)

2 片真叶展开以后，植株根系逐渐形成，光合作用面积增加，生长由慢加快。这一阶段，真叶数、叶面积及叶重同时迅速增加，生长速度加快。与此同时，苗端开始分化花原基，继而产生侧花茎的花原基。

当叶面积和叶重增长速度减慢时，植株开始抽薹，即进入生殖生长期。

(三) 对环境条件的要求

1. 温度和光照

菠菜性喜温和的气候条件，特别耐低温。种子在 4℃ 时即可发芽，所以北方地区在土壤刚刚解冻时就可播种。发芽适温为 15～20℃，温度再高，则发芽率下降。

有刺种菠菜成株在冬季最低平均温度为 －10℃ 左右的北方地区，可以在露地安全越冬。其耐寒力与植株的生长情况有关，幼小的植株和抽薹的植株耐寒力较差，具有 4～6 片真叶的植株耐寒力最强。

菠菜植株在 10℃ 以上就能很好生长，营养生长最适宜的温度为 20℃ 左右，高于 25℃ 则生长不良，叶片薄而瘦小，质地粗糙，味涩，有刺（尖叶）品种更是如此。

菠菜是长期长日照作物，低温有促进花芽分化作用，花芽分化后，花器的发育、抽薹、开花，与温度、日照也有密切的关系，一般温度升高，日照增长，抽薹开花加速。秋季播种的菠菜，由于温度有利于营养生长，叶片数、叶面积、叶重都增加快；虽也有花芽分化的条件，但因温度越来越低，日照越来越短，抽薹、开花很慢，甚至当年冬季不能抽薹。所以秋菠菜产量高、品质好，是菠菜的主要栽培季节。

2. 水分和土壤

菠菜在空气相对湿度为 80%～90%，土壤湿度为 70%～80% 的环境条件下，生长最旺盛，营养生长良好，叶厚，品质好，产量高。如水分供应不足，则叶组织硬化，品质差。特别是在温度高、日照长的季节，水分缺乏而提早抽薹。水分过多时，菠菜根系呼吸困难，严重的则地上部枯萎死亡。

菠菜以保水、保肥力强，地下水稍高的土壤，或潮湿而富含腐殖质的沙壤土为最好。适宜的土壤 pH 值为 6～7，耐微碱。

菠菜为速生菜，每日吸收营养物质的量大，以氮肥为主，其次是磷肥和钾肥。氮肥充足，叶片增厚，叶色浓绿，叶面有皱缩，品质好，产量高。肥力不足时，植株生长矮小，叶脉硬化，叶色发黄，早抽薹，品质、产量都降低。

二、类型与品种

菠菜依据叶形和种子有刺与否，可分为尖叶和圆叶两个类型。

(1) 尖叶类型（有刺种）　尖叶菠菜叶柄长，叶片窄小而平整，尖端似箭形，基部多裂刻，种子有棱刺。一般耐寒力强而不耐热，在长日照下抽薹快，早熟。宜作秋播和越冬栽培，春播抽薹早，夏播更差。其优良品种有黑龙江双城尖叶菠菜、青岛菠菜、绍兴菠菜、唐山牛舌菠菜等。

(2) 圆叶类型（无刺种） 叶片大而肉厚，呈卵圆或椭圆形，叶面有皱缩，叶柄短，种子圆形无刺。抗寒力弱，比较耐热。适于春、秋播，也可以在夏季种植，但在北方不宜作越冬栽培。其优良品种有沈阳大叶菠菜、西安春不老菠菜、南京大叶菠菜、美国大圆叶菠菜等。

三、栽培季节与茬口安排

由于菠菜耐低温，又有较强的适应性，基本上可以做到周年生产和供应。但主要栽培季节为春、秋两季。东北、西北寒冷地区，春播在 3～4 月份播种，5～6 月份收获。秋播在 7～9 月份播种，当年或翌年春季收获。华北地区，春播在 2～3 月份播种，4～5 月份收获。秋季从 8～10月上旬随时可以播种，早播的可在 9～10 月份收获；晚播种者，则以幼苗越冬，3～4 月份收获。北方地区，还可以在 11～12 月份播种而以种子在田间越冬，翌年可以比春菠菜提早收获。

现将北方主要城市菠菜排开播种情况列于表 11-2。

表 11-2　北方主要城市菠菜排开播种供应表

栽培方式	代表城市郊区	播种期 （月/旬）	收获、供应期 （月/旬）	备 注
越冬菠菜	西安	9/中、下	2/上～4/中	设风障的可提早收获半个月左右
	北京、济南	9/中、下	3/下～4/下	
	兰州	9/上	4/下～5/上	
	沈阳、长春、哈尔滨、乌鲁木齐	9/初	5/上～5/中	
	西安、郑州	11/下～12/上	4/下～5/上	
埋头菠菜	济南	11/中、下	4/下～5/上	
	沈阳	11/上、中	5/中～5/下	
	西安、郑州	2/下～3/上	4/中～5/上	
春菠菜	北京、济南	3/上～3/中	5/上～6/上	设风障的可提早播种和收获半个月左右
	沈阳、长春、呼和浩特	3/下～4/下	5/中～6/上	
夏菠菜（优菠菜）	西安、北京、保定、济南、太原	5/中～6/中	6/下～7/中	
	沈阳、长春	6/中～7/上	7/上～8/上	
秋菠菜	长春、哈尔滨、乌鲁木齐、呼和浩特	7/上～8/上	9/上～10/中	
	其余各地	8/上～8/下	9/中～10/中	
贮藏菠菜	呼和浩特	8/上	10/中	
	沈阳	8/中	10/下	
	西安、北京、保定、济南、太原	9/上	11/上～2/上	

四、栽培技术

（一）越冬菠菜栽培

越冬菠菜是以幼苗露地越冬，次春 3～4 月份陆续上市，是北方越冬菠菜栽培的关键。其主要栽培措施如下。

1. 选用耐寒性强的品种

一般以尖叶种为好。要选用越冬的种子，且种子比较饱满，能保持较强的抗寒性。

2. 整地、施肥

前茬收获后，及时施足基肥耕翻、耙糖，使土壤细碎以利菠菜根系发育，如整地粗糙，易造成越冬死苗。若基肥不足，幼苗生长细弱，返青后营养生长缓慢，抽薹早，主产量低。

3. 播种

一般应掌握冬前植株停止生长，能长有 4～6 片真叶，土壤开始结冻前 50～60d 播种为宜。

为了早出苗，播种前应先浸种催芽。种子用凉水浸 12～24h，并用竹扫帚把上下戳动，刺破果皮，取出后置于 15～20℃ 温度下催芽，种子铺的厚度约为 15cm，上盖湿麻袋保持湿润，每天搅拌 1 次，3～5d 胚根露出后即可播种。

播种方法有撒播和条播两种。撒播后浅锄，将种子埋入土中，然后耙平，轻轻踏实，而后浇水。条播能使种子覆土较厚而且深度一致，有利于培养出抗寒力较强的秧苗。条播行距 10～15cm，播种深度为 2～3cm，播后浇水。

越冬菠菜的播种量不宜过大，否则苗弱、抗寒力差，越冬易抽薹；播种量太少，单株虽大但因株数少总产量也不会提高。一般冬季旬平均最低气温不低于 10℃ 的地区，播种量以 4～5kg 为宜。

4. 田间管理

因生长期不同，可分冬前、越冬和返青后的管理。

（1）冬前管理　当大部分种子即将出土时，灌 1 次水促齐苗。2 片真叶后，要适当蹲苗，同时应间掉密处的幼苗。可结合灌水、追肥，促进秧苗加快生长，以增强抵抗低温的能力。

（2）越冬管理　主要是做好防寒保墒工作，应在地封冻以前立好风障。

土壤冻结前，要浇好冻水。一般早的在"立冬"前后，冻水浇后并要覆盖圈粪、炉渣灰等保护幼苗安全越冬。

（3）返青后的管理　返青后，为了抑制抽薹，必须加强肥、水管理。浇返青水的时间，应因地制宜，如西安常年在 2 月上、中旬，北京在 3 月中、下旬，辽宁中、北部地区多在 4 月上旬。结合浇水施入氮肥。

（二）秋菠菜栽培要点

1. 低温浸种催芽

立秋前后为秋菠菜适宜播种期。先将种子用冷水浸泡 24h，置于 15～20℃ 温度下催芽。催芽期间，每天淘洗 1 次，约 3～4d 出芽。于午后温度较低时湿播，或撒播后灌水。

2. 适当稀播

苗子如太密下部叶片易发黄腐烂，单株需要营养面积较大，所以播种量可适当减少。一般每亩约需 3kg 左右。

3. 加强肥、水管理

苗期要勤浇水，以水降温。当气候转凉后，应结合灌水，多次追肥，促进生长。在收获前半月如能用 15×10^{-6} 的赤霉素喷射，增产效果显著。

4. 收获

播后 30d 即可分期收获，一直供应到 11 月份左右。

（三）其他茬次栽培要点

1. 埋头菠菜

埋头菠菜是在冬前地将封冻时播种，也就是越冬菠菜浇冻水时为播种时期。一般比春播上市早，产量高。

多采用条播，开沟深度可加深到 6cm。干籽播后要适当镇压，通常应连浇两次冻水。早春土壤化冻后，应保持地面湿润，利于发芽出土，两片真叶后要加强肥水管理，以防早期抽薹。

2. 春菠菜

春菠菜栽培的关键在于争取早播，防止早期抽薹。

春菠菜宜选用圆叶菠菜。在表土层 4～6cm 解冻后，日平均气温达 4～5℃ 时即可播种。播前应浸种催芽，采用湿播法播种，每亩播种量 5～6kg。

早期管理以保墒为主，2～3 片真叶后，植株进入旺盛生长期，温度也日渐回升，水、肥要跟上，以促生长，防早抽薹。

3. 伏菠菜

伏菠菜栽培正值高温季节，播前应进行低温浸种催芽，催芽后湿播。出苗后采用喷灌降低地温及气温。畦面灌水，水量要小，以免幼苗沾污泥浆，缺氧窒息而死。灌水应在清晨或傍晚。2～3 片真叶后，应追施速效性氮素化肥。

4. 冻藏菠菜

其栽培管理方法基本同秋菠菜，采用宽幅条播，行距 10cm，幅宽 5～6cm，播种量每亩约 3～3.5kg。

冻藏菠菜的收获时间要掌握好。应在地表夜间有冻，白天能化开时收获。

第三节 莴笋

莴笋也称莴苣，叶用莴苣又称生菜，可生食、熟食，也可加工腌制。莴笋适应性强，喜凉爽，苗期较耐寒，主要在春、秋两季栽培。北方地区秋莴笋，还可贮藏到冬季供应。

一、生物学特性

1. 形态特征

主根发达，再生力强，根系分布较浅而密集，多分布于土壤表层 20～30cm 中。叶片互生于短缩茎上。其皮色有绿、绿白、紫色等，叶有绿色、浅绿和绿紫色等。茎叶中有乳状汁液，含菊糖较多，具有催眠作用。花为黄色头状花序，子房单室，果实为瘦果，自花授粉，有时也可异花授粉。

2. 对环境条件要求

莴笋是喜冷凉的蔬菜，忌高温，种子在 4℃开始发芽，适宜的发芽温度为 15～20℃，30℃以上则抑制发芽。

莴笋在不同生长期对温度要求不同。幼苗期能耐 -6℃的低温，在华北等冬季最低平均温度为 -10℃左右的地区，可以在风障前稍加覆盖即可越冬。高温日晒易引起倒苗。茎叶生长最适宜温度为 11～18℃，在 22～24℃以上会导致早期抽薹。成株抗寒力减弱，0℃茎叶即易受冻害。

莴笋在不同生长阶段对水分要求不同。苗期要保持湿润，在莴笋嫩茎肥大期之前，宜适当控制水分。进入嫩茎迅速肥大期，则要求水分充足。到收获前又要适当控制水分，以防发生裂茎。

莴笋对土壤氧的要求高，以表土层肥沃、富含有机质、保水力强的土壤为宜。莴笋喜微酸性土壤，pH 值在 6 左右最好。苗期缺氮则影响叶片分化，营养生长期缺氮则影响叶片增长，也影响花茎肥大。苗期缺磷，则植株生长缓慢，产量降低。

二、类型与品种

按叶片形状分为尖叶和圆叶两个类型（图 11-3）。

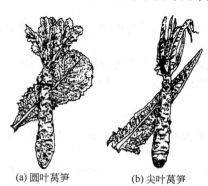

(a) 圆叶莴笋　　(b) 尖叶莴笋

图 11-3 莴笋

（引自：河南省农业学校 孙新政主编. 蔬菜栽培. 北京：中国农业出版社，2000）

（1）尖叶莴笋 叶披针形，先端尖。叶面平滑或皱缩。

叶色有绿色或紫色。茎下部粗、上部细，适于越冬栽培。

如北京柳叶笋、四川渡口尖叶莴笋、重庆的万年椿、陕西紫叶笋等。

（2）圆叶莴笋 叶长倒卵形，顶部稍圆，叶面多微皱，节间密，茎较粗短。适于春、秋栽培，品种有北京鲫瓜笋、济南白笋、四川挂丝红等。

三、栽培季节与茬口安排

根据莴笋喜凉爽、不耐高温、不耐霜冻，在长日照下形成花芽的特性，一般以春、秋两季栽培为主。

春莴笋即越冬莴笋，约在 9 月份播种，使幼苗在入冬前停止生长时能达到 4～5 片真叶，次春返青后，其根系及叶簇充分生长，积累大量的营养物质，在营养充足、适宜的情况下茎部即迅速肥大。如秋播过早，幼苗易徒长，花芽分化早，茎细长、产量低；播种过迟，苗小易遭冻害。

一般秋莴笋生育期需要 85～90d，所以播种期应在大暑到立秋，直播或育苗移栽，11 月上旬以前收获。

四、栽培技术

1.春莴笋

（1）播种和育苗　春莴笋要选用耐寒性强的品种。可采用温室在早春育苗，掌握在土壤化冻时能长成 4～5 片真叶的幼苗，尽早定植于露地。在黄河流域中、下游及其他一些冬季最低温在 0℃以下的地区，莴笋幼苗可在露地或稍加保护越冬，其播种适宜，要保证幼苗在冬前达到 4～5 片真叶的安全越冬苗龄。一般莴笋播种后，在 11～18℃的温度下，约 30～40d 可以长出 4～5 片。

播种后到出苗要保持土壤湿润，齐苗后要控制浇水，幼苗长到 2 片真叶时，按 4～5cm 苗距间苗，使幼苗生长健壮，幼苗长到 4～5 片真叶时，即应定植。

（2）定植　定植过晚，根扎不好，越冬死苗严重。春栽应尽量能早栽，土壤解冻后，日均温度 5～6℃时即可定植。

前作物收获后，及时整地作畦。莴笋根系浅，生长期长，如营养生长不良容易发生徒长，定植前应施足有机肥，深耕耙细后作畦。

定植前 1～2d，先在苗床浇水，以便起苗。选择叶片肥厚、平展的壮苗定植。栽植密度因品种而有不同，早熟、株展小的品种，株行距 20～23cm 左右；中晚熟品种一般行距 30～40cm，株距 25～30cm，每亩 6000 株以上。冬栽时，栽植稍深，栽后压紧，防止死苗；春栽深度宜浅。

（3）田间管理　定植后，浇 1～2 次水，并结合追施少量氮肥，以促缓苗。以后则加强中耕蹲苗，控制土壤湿度，改善通气条件，使植株迅速扩大根系，增加叶数和扩大叶面积，为莴笋嫩茎膨大积累营养物质。当植株外部叶片充分展开增大，心叶与外叶平头时，即进入笋茎肥大生长阶段，此时宜结束蹲苗，供给充足的水分和养分，直到笋茎长成。

造成莴笋"窜秆"的原因，有以下几个方面：一是育苗管理不当；二是定植后供水过多；三是蹲苗不足；四是后期干旱缺水；五是缺肥。因此，在栽培管理中，要了解莴笋的根系、叶片及嫩茎肥大生长的相互关系，注意培育壮苗，并灵活运用促、控结合的技术措施，以获得早熟优质、高产。

（4）收获　当莴笋植株顶端心叶齐平时或显蕾以前为采收适期。此时茎部充分长大，肉质脆嫩，品质好。过早采收影响产量；过迟采收茎部养分消耗多，容易空心，茎皮增厚，品质下降。

2.秋莴笋的栽培要点

（1）品种选择　应选用耐高温的尖叶型中、晚熟品种。

（2）促进发芽　将种子浸种后，置于阴凉环境（如吊入水井中）保持 15～20℃和湿润条件，经 3～4d，有 80％左右的种子发芽即可进行播种。

（3）播种育苗　秋莴笋应安排在旬平均温度下降到 21～22℃时进行定植，早播易发生早期抽薹，晚播因生长不足而使产量下降。

播后要注意畦面遮荫，防止阳光曝晒。出苗后逐步撤除遮荫设备。

（4）加强田间管理　秋莴笋应增加种植密度，选择保水、保肥力强的土壤和阴凉的地块种植，也可间作套种，以利遮荫。生长期间水肥不足或温度过高都会早期抽薹。勤施氮肥，保持土壤湿润，促进茎叶生长。

第四节　其他绿叶蔬菜

一、茼蒿

茼蒿为菊科一年或二年生蔬菜，原产我国，南北各地均有栽培。茼蒿以幼苗或陆续采摘嫩茎叶供食，茼蒿的叶和茎含各种维生素，营养丰富，有特殊清香味，口感细腻。茼蒿生长快，气候适应性强，可衔接主栽蔬菜前后茬各地栽培。

（一）生物学特性

茼蒿为菊科草本植物。叶长形，叶缘波状或深裂，叶厚多肉。春季抽薹开花，头状花序，种子褐色瘦果，有棱角。茼蒿性喜冷凉，但适应性较广，10～30℃范围内均能生长，以 17～22℃为生长适温，种子发芽适温 15～20℃，在较高温度和短日照条件下抽薹开花。对土壤要求不甚严格，但以 pH 值 5.5～6.8 为宜。对水分、肥料需求量较大，但以低浓度、勤施为宜。

（二）品种类型

茼蒿依叶的大小分为大叶茼蒿和小叶茼蒿两类。

大叶茼蒿又称板叶型，叶片宽大，叶缘缺刻而浅，叶肉厚，嫩茎短粗，香味浓郁，产量高，品质好。该类抗寒性差，耐热，生长期较长，以食叶为主。

小叶茼蒿又称细叶或花叶茼蒿，叶片较小，缺刻较多、较深，分枝较多。该类耐寒性较强，适应性好，生长期较短，产量较低，品质稍差，以食用嫩茎为主。

（三）栽培季节

在华北地区茼蒿春、夏、秋三季均可露地播种栽培。夏季因温度较高，茼蒿产量低，品质差，栽培较少，露地栽培以春、秋为主。

华北地区春季露地播种在 3～4 月份进行，为了提早供应市场，也可提前至 2 月下旬或 3 月上旬播种，播种后插小拱棚保温，出苗后去除覆盖物。秋播在 8～9 月份播种。

（四）栽培技术

1. 整地

栽培茼蒿的土地最好选用沙壤土，要求有方便的灌溉条件。选好地后进行耕翻，并施入少量粪干作基肥，与表土层混合均匀，做成宽 1.4～1.5m 的平畦，准备播种。

2. 施肥

播前每亩施腐熟的有机肥 3000kg，深翻，做成平畦。播前灌水造墒。

3. 播种

每亩播种量 1.5～2kg，一般用撒播，也可用条播，条播行距 10cm。播后覆土 1cm。

4. 田间管理

播种后幼苗出土前应保持土壤湿润，以利出苗。出苗后应控制水分，保持地面见干见湿。冬春播种时，出土后应控制水分，以防猝倒病发生。幼苗长大后应适当多浇水，保持田间经常湿润，遇雨应及时排水防涝。

茼蒿播后 6～7d 即可齐苗，在幼苗长到 1～2 片真叶时进行间苗，并拔除杂草，撒播的苗距保持 4cm×4cm 的株行距，条播的保持（3～4）cm×10cm 株行距。

茼蒿追肥以氮肥为主，在苗高 10～12cm 时追第一次肥，以后每采收一次追施一次，每次每亩用尿素 15～20kg。

5. 采收

一般生长 40～50d，植株高 20cm 左右时即可收获。茼蒿发生侧枝的能力强。多次收获时，在主茎基部留 2～3cm 割下，促使侧枝发生。20～30d 可再次收获。割后须进行追肥浇水。亩产1500kg 左右。

二、蕹菜

蕹菜（见图 11-4）又名竹叶菜、空心菜，原产我国热带多雨地区，以嫩梢、叶、茎供食用，收获期长，产量高，是夏、秋季很重要的绿叶蔬菜，它含有多种维生素和丰富的矿物质。

（一）生物学特性

蕹菜是蔓生植物，1 年生或多年生。用种子繁殖，也可茎蔓扦插繁殖，茎蔓生，圆形而中空，绿色或浅绿色，有的呈紫红色，叶片有长卵圆形的，短披针形的，叶柄较长。

蕹菜性喜温暖湿润，耐高温，生长适温 25℃左右，10℃以下停滞生长，不耐寒冷，遇霜冻茎叶枯死，蕹菜属短日照作物，在短日照条件下，促进开花结实。

(a) 子蕹　　　　　(b) 藤蕹

图 11-4　蕹菜
1—花；2—果

(引自：河南省农业学校　孙新政主编.
蔬菜栽培. 北京：中国农业出版社，2000)

（二）品种类型

蕹菜按能否结籽分两个类型。

（1）子蕹　是结籽类型。主要用种子繁殖，也可扦插繁殖。生长势旺盛。茎较粗，叶片大，叶色浅绿，夏秋开花结籽，是主要的栽培类型。该类型较耐旱，一般栽于旱地。

（2）藤蕹　是不结籽类型。一般其少开花，更难结籽，利用茎蔓扦插繁殖。多数在水田或沼泽地栽培，也可旱地栽培。其质地柔嫩，品质最佳，生长期更长，产最高。比子蕹耐寒，怕干旱，对水肥的要求高。

按对水的适应性和栽培方式，蕹菜又分为旱蕹和水蕹。旱蕹品种适于旱地栽培，味较浓，质地致密，产量较低。水蕹适于浅水或深水栽培，茎叶比较粗大，味浓，质脆嫩，产量较高。

（三）栽培季节

北方以旱栽为主，华北地区定植时间最早不能到 4 月下旬以前，必须在地温 15℃以上方可定植。育苗苗龄 25～30d，故育苗播种期一般为 3 月下旬至 4 月上旬。露地直播应在 4 月中下旬进行。

（四）栽培技术

1.播种和育苗

蕹菜可以直播，也可以育苗移栽，直播每亩播种量 10kg，早春撒播，育苗每亩 20kg。蕹菜种子较大，而且种皮厚而硬，播种前进行浸种催芽，先用 55～60℃ 热水烫种，边烫边搅，然后在 25℃左右的环境下浸种 24h，接着在 30℃左右条件下催芽，"露白"时即可播种。播后用钉耙松土覆盖，或用细渣肥或堆肥盖种，温度低时，可以再覆盖地膜，提高地温，以利出苗整齐。苗期，要加强水肥管理，土壤经常保持湿润且有充足的养分，满足幼苗生长，苗高 20cm 左右时，即可定植，幼苗也可间拔上市。

无性繁殖也可育苗或直播，育苗是将上年越冬窖藏的蔓取出植于苗床，使其发生新芽，然后用新芽扦插栽种，直播的可将藤蔓直接扦插于生产田，待新芽长达 10cm 左右时，进行压蔓，促使蔓生新根、发新苗，以后经常压蔓直至全田布满，才开始采收上市。

2.田间管理

蕹菜耐肥、耐水，分枝力强，生长迅速，易生不定根，密度大，采收期长，生产量大，及时追肥是提高产量的关键。采收 1 次追 1 次肥，追肥以氮肥为主，一般以腐熟人粪尿最好，追施一定数量的尿素也很好。蕹菜生长迅速，采收后追肥不及时会造成脱肥，产量和品质都会明显下降。

3.采收

直播的藤蔓至 30cm 左右时可以间拔采收，移栽或扦插的，当藤蔓长 30cm 以上时，可以开始采收，前两次采收，茎部保留 2～3 节，以促进萌发较多的嫩枝而提高产量，采收 3～4 次后，基部只留 1～2 节，否则发枝过多，茎枝细弱，影响产量和品质。如果藤蔓过密，生长衰弱，要除去部分过密过弱的枝条。

三、芫荽

芫荽又名香菜、胡荽。食用部分为嫩叶，有特殊的味道，是重要的香辛菜之一。芫荽中胡萝卜素的含量在蔬菜中居首位，钙和铁的含量也很高。在我国南北方栽培均较普遍。

（一）生物学特性

芫荽属于1～2年生蔬菜，叶簇半直立状。主根较粗壮。茎短呈圆柱状，中空有纵向条纹。叶柄为绿色或淡紫色。植株顶端着生复伞形花序。芫荽耐寒性很强，能耐－1～12℃的低温。最适宜生长的温度为17～20℃，超过20℃生长缓慢，30℃以上则停止生长。对土壤要求不严格，但在保水性强、有机质含量高的土壤中生长较好。

（二）栽培季节

芫荽适宜在温和的季节生长，主要栽培季节为春、秋两季。因耐寒性好，也可越冬栽培。一般生长期约60～70d，越冬栽培，因冬季基本停止生长，收获期延长，生长期在5～7个月。春播不宜过早，以免早期抽薹。华北露地春播在3～4月份，加设风障的可提前至2～3月份播种，5～6月份收获；秋播的在7月下旬至8月播种，9月下旬开始收获。

（三）栽培技术

播种前须将果壳弄破，种子锉开以利出苗均匀。然后浸种催芽，催芽温度以20～25℃为宜。芫荽采用直播，播种方法有条播或撒播，每亩用种量为15～20kg。采用平畦条播的开沟深约2cm，行距8cm，播后盖土压平再浇水。撒播时畦内先浇足水，待水渗透后，畦面撒1层过筛土，然后再撒播种子覆土。播后不再浇水，待苗出齐后再浇水。夏播芫荽，气温高，不易出苗，可将小白菜、芫荽混播，小白菜出苗后，可对芫荽起到遮荫作用。

苗高3cm时进行间苗。苗期浇水时不宜过多，待叶封严地面，幼苗开始旺盛生长时，可连续浇几次水，并结合浇水追施速效性氮肥或撒施土粪及饼肥后再浇水，促使茎叶迅速生长。

越冬芫荽在封冻前结合灌水追施人粪尿1～2次，或灌水后畦面覆盖碎马粪、干草等物防寒越冬，但覆盖不宜过厚，待翌春清除覆盖物，返青后开始浇水、追肥。在收获前7～10d，用20mg/kg的赤霉素喷洒，可提高产量。

芫荽在生长过程中，主要虫害是蚜虫，防治方法是用50％辟蚜雾可湿性粉剂2000～3000倍液或40％氰戊菊酯乳油6000倍液喷洒。

四、苋菜

苋菜，别名米苋、苋、赤苋等。为苋科苋属一年生草本植物。嫩茎叶可供食用，原产于我国。苋菜的适应性广，耐热、抗病，供应期长。苋菜营养丰富，富含铁、赖氨酸等人体必需营养元素。全株入药，具有清热解毒、助消化等功效。

（一）生物学特性

苋菜根系发达，为直根系，分布广。茎直立，质脆，高约80～150cm，分枝少。叶互生，有长卵形、披针形或卵圆形，全缘，先端锐尖。叶色有绿、黄绿、紫红或绿色与紫红色相嵌，叶面皱缩或平滑。穗状花序，顶生或腋生，花小，黄绿色单性或杂性。雄蕊3枚，雌蕊柱头2～3个。种子细小，扁圆，黑色而有光泽，千粒重0.72g。

（二）品种类型

苋菜有栽培种、野生种和籽粒苋3个类型，栽培种根据叶片的颜色不同分为绿苋、红苋、彩色苋3类。

（1）绿苋 叶片和叶柄为黄绿色、绿色，叶面平展，平均叶长10cm、宽5～6cm，株高30cm左右。耐热性较强。食用口感较硬，粗糙，品质一般。

（2）红苋 茎、叶柄、叶片均为紫红色，平均叶长15cm、宽5cm左右，卵圆形，叶面微皱，叶肉厚。株高30cm左右。食用口软糯，耐热性中等，适于春季栽培。生育期30～40d。

（3）彩色苋 苋叶片边缘绿色，叶脉附近紫红色，叶卵圆形，长10～12cm、宽4～5cm，叶面微皱。株高30cm左右。质地软糯，耐热性较强。早熟。适于早春栽培，春季播种50d采收，夏季播种后30d采收。

（三）栽培季节

苋菜生长期短，一般 30～60d，在全国各地的无霜期内，均可分期播种，陆续采收。春季播种，抽薹迟，茎叶柔嫩，品质佳。夏秋播种，叶片粗老，品质较差。

为了延长供应期，早春可与保护地茄果蔬菜间作套种，可提早收获。

（四）栽培技术

1. 整地

选择排灌方便、地势平坦、杂草少的地块，深耕土地，每亩施 1500kg 有机肥作基肥。耙平后作平畦。畦面要平整、细碎，利于出苗。

2. 播种

苋菜多采用撒播，每亩用种量约 0.5～1kg。为了播种均匀，可把种子与细土混匀，一起撒播，撒播前浇足底水，播后覆土 0.5cm。以采收嫩茎为主的，间苗株行距 33cm 左右，也可育苗移栽。早春播种，为了提早出苗，可覆盖地膜。

3. 间套作

苋菜生长期较短，除单作外，可与生长期长的果菜类套作。待苋菜生长后，将主作的蔬菜按株行距定植在畦面上，苋菜苗高 10～14cm 时开始采收，至主作长大时已采收完毕，并不影响主作的生长。

4. 管理

春季播种的苋菜 8～12d 出苗，夏秋季播种的 4～6d 出苗。当幼苗具 2 片真叶时，进行第 1 次追肥。以后每采收 1 次，均施 1 次速效氮肥。经常浇水，保持土壤湿润，雨季要注意排水。苋菜地杂草较多，每次采收后，要及时拔草，以免影响苋菜生长。苋菜 1 次播种，可分次采收。第 1 次采收为挑收，起间苗作用，收大留小，以后均为割收。

春季播种的苋菜，播后 40～45d 开始采收，约收 2～3 次。当株高 10～12cm，叶达 5～6 片时第 1 次挑收。20d 以后，可第 2 次采收，用刀收割地上茎叶，基部留 5cm，以促进侧芽萌发，再行第 3 次采收。第 1 次可收 300～350kg，第 2、3 次可收 500～600kg，亩总产量可达 1200～1500kg。夏秋季播种的苋菜，由于气温较高。播后 1 个月左右即可采收。只收 1～2 次，亩产约 1000kg。

5. 采收

春秋播种均可采种，春季采种，5 月份播种，8 月份收种，每亩收种子 100kg。秋季采种 7 月份播种，10 月份收种，每亩收种子 75kg。采种株行距为 25cm 左右。从播种到种子收获需要 100～120d。

五、普通白菜

普通白菜简称白菜、青菜、小白菜。普通白菜种类繁多，生长期短，抗热耐寒，适应性广，可周年生产与供应。普通白菜产品鲜嫩，营养丰富，为广大群众所喜食。

（一）生物学特性

叶开张，有明显叶柄，株形较小，生长期短。

普通白菜的根为须根，分布较浅，再生能力强，适于育苗移栽。营养生长期的茎短缩，但在高温和过分密植的条件下，茎节易伸长。叶身组织较厚无毛，叶面大多平展，少数皱缩，都不包心。

需要冷凉的气候，以 15～20℃为宜，在 25℃以上的高温条件下，生长不良，易发生病毒病。

普通白菜种子发芽适温为 20～25℃，在种子萌动后遇到 15℃以下较低温度条件下就通过春化阶段。春播与秋播当年即可抽薹，在栽培上要注意选择品种与播种期，防止早期抽薹。

按其对低温反应的不同，冬性有强有弱，可分为以下三类。

（1）春性品种　萌动种子或成株（下同）在 0～12℃低温处理不到 10d 或不经低温处理，就能通过春化阶段。

（2）冬性品种　需在 0～12℃低温下经 10～30d 才能通过春化阶段。

（3）冬性强品种　在0～5℃低温下，需经40d以上才能通过春化阶段。

（二）类型与品种

普通白菜根据形态大体上可分为小白菜、塌菜和菜薹。

1. 小白菜类

株形直立或开展，一般产量高、品质好、适应性强，可周年栽培。按成熟期的早晚和栽培季节特点又可分为秋冬白菜、春白菜和夏白菜。

（1）秋冬白菜　耐寒性较弱，早熟，多在翌春2月份抽薹，故称二月白或早白菜。按叶柄色泽分为白梗与青梗两类。白梗类株高，青梗类多为矮桩（图11-5）。

（2）春白菜　特点是冬性强、抽薹迟，较耐寒，适于春季栽培，唯品质较差（图11-6）。

(a) 南京高桩　　(b) 南京矮脚黄

图11-5　秋冬白菜品种

（引自：孙新政. 蔬菜栽培. 北京：
中国农业出版社，2000）

(a) 杭州蚕白菜　　(b) 上海五月慢

图11-6　春白菜品种

（引自：孙新政. 蔬菜栽培. 北京：
中国农业出版社，2000）

（3）夏白菜　为5～9月份夏秋高温季节栽培的品种。特点是较耐高温和暴雨，也较抗病虫害，故称"火白菜"、"伏白菜"。

2. 塌菜类

植株塌地或半塌地，叶片浓绿，叶面平滑或皱缩，有光泽，耐寒性强。如黄心乌、宝塔乌、菊花心等（图11-7）。

3. 菜薹类（菜心、菜花）

主要食用肥嫩花薹（图11-8）。

图11-7　常州乌塌菜

（引自：孙新政. 蔬菜栽培. 北京：
中国农业出版社，2000）

图11-8　菜薹植株

1—菜薹；2—薹叶

（引自：孙新政. 蔬菜栽培. 北京：
中国农业出版社，2000）

此外还有耐寒性强，黄淮地区冬春季普遍栽培供应的薹菜类。油用小白菜也可采摘嫩薹作菜用。

(三) 栽培技术

1. 栽培季节

在温暖地区四季均可栽培，主要有秋冬、春和夏三大栽培季节。

(1) 秋冬小白菜　秋冬小白菜为最主要的生产品种，产量高，品质好。长江流域从9~10月份可播种与育苗。塌菜类耐寒性较强，可延迟至9月下旬以后播种。菜薹则提早至8~9月播种。华北地区则8~9月份播种。

(2) 春小白菜　华北地区在2~4月份播种，是春季供应的主要蔬菜。为防止先期抽薹，宜选择冬性强和抽薹迟的品种，如四月慢、五月慢等。

(3) 夏小白菜　北方地区，冬季寒冷，生长季节较短，多进行秋季和春季栽培。近年来华北采用塑料薄膜覆盖实行秋延后，春季提早栽培。

2. 播种与育苗

由于小白菜根系再生能力强，耐移栽，多行育苗移栽。

育苗地应选择未种过同科蔬菜，保水保肥力强，排水良好的土壤。为了提高床温，常采用小拱棚育苗。秋季气温适宜，每亩播种量0.75~1kg，早春和夏季应增至1.5~2.5kg。

为了培育壮苗，播种量不宜过大，密度过大会引起幼苗徒长，提早拔节。高温季节还会发生烂秧。幼苗出土后，及时间苗拔除杂草。苗出齐后宜追施稀粪水2~3次。注意及时浇水和排涝。育苗期间尤其要抓好治蚜和防治病毒病的工作。

小白菜适于密植。定植的密度不仅能使产品品质柔嫩，产量提高，而且在温度较高季节能降低土温，减少病毒病的危害。一般每亩仅栽植7500~8000株；而作为春白菜，植株易抽薹，密度可增加到10000~11000株。

3. 田间管理

小白菜主要以莲座叶为产品，前期生长的8~10片叶，到采收时都已先后枯黄脱落。

小白菜生长初期，管理中心是要求尽快增加单株的叶数，迅速达到足够的叶数和叶面积，生长后期则以增加单株的叶重为主。因此，生长期间应不断地供给充足的肥水。出苗和移植缓苗后，每3~4d要连续薄施粪水，促进幼苗生长。随着植株的迅速生长，追施1~2次重肥。收获前10~15d应减少或停止施肥。春小白菜宜在冬前或早春增施追肥，促进生长。夏秋小白菜还须注意病虫害的防治。

4. 采收

小白菜收获期不严格，4~5片真叶，即可分期或一次收获。

本 章 小 结

绿叶类蔬菜指主要以柔嫩的绿叶、叶柄、嫩茎和嫩梢为食用部分的速生性蔬菜。常种植的如芹菜、菠菜、莴笋、茼蒿、蕹菜、芫荽、苋菜、普通白菜等。绿叶类蔬菜的突出特点是食用器官的成熟期不严格，从食用器官有一定大小，直到尚未纤维化以前，都可以收获供食用。一般植株矮小，栽培期比较短，采收期灵活，在充分利用土地，实行间作、套作方面有特殊作用。绿叶类蔬菜一类喜冷凉湿润，如芹菜、菠菜、莴笋、茼蒿、芫荽、普通白菜等，生长适温为15~20℃，能耐短期霜冻，其中菠菜的耐寒力最强，主要在秋、冬季栽培；另一类喜温暖而不耐寒，如蕹菜、苋菜等，生长适温为20~25℃，为夏季主要叶菜。其适应性强，可以分期播种，分期收获，也是调节淡季蔬菜供应的主要种类。以种子繁殖为主，种植密度大，或直播或育苗移栽；需氮量大，需要经常灌溉。

复习思考题

1. 根据芹菜产量的构成因素，说明丰产栽培的主要技术环节。

2. 如何保证芹菜一播全苗？

3. 越冬菠菜如何保证幼苗安全越冬并翌春及早返青？

4. 秋莴笋为何不宜蹲苗，且浇水量不宜过大？

5.绿叶蔬菜周年均衡生产的措施主要有哪些?
6.绿叶蔬菜的肥水管理有哪些特点?

实训 主要绿叶类蔬菜的形态特性观察

一、目的要求

认识绿叶类蔬菜的形态特征,观察种子内部结构。

二、材料与用具

芹菜、菠菜、莴笋、茼蒿、蕹菜、芫荽、苋菜、普通白菜8种有代表性的蔬菜及8种蔬菜种子;台秤、粗天平、菜刀、刀片、培养皿、镊子、放大镜。

三、方法与步骤

1.取有代表性的8种蔬菜植株,分别观察其形态特征。
2.取有代表性的8种蔬菜种子,分别观察种子的外部形态和内部构造。

四、说明

本实验内容可结合当地实际观察。

五、作业

1.能准确识别出8种蔬菜种子。
2.绘出8种蔬菜种子结构图。

第十二章 多年生蔬菜栽培

【学习目标】

了解黄花菜、香椿、芦笋等蔬菜的生长发育特性与栽培习性，并掌握其繁殖方法及栽培管理技术。

多年生蔬菜是指一次种植可多年生长和采收的蔬菜种类，包括多年生草本蔬菜和多年生木本蔬菜。草本蔬菜主要有芦笋、黄花菜、百合、菊花脑、朝鲜蓟等；木本蔬菜有竹笋、香椿、枸杞等。多年生草本蔬菜，冬季地上部多枯死，地下部根、根状茎、鳞茎、球茎等器官宿留土中，以休眠状态度过不利的气候条件（严寒、酷暑、干旱等），待环境条件转好后，重新发芽、生长、发育，周而复始，这类蔬菜一般要求土层深厚、土壤肥沃。木本蔬菜一般根系发达，分蘖力强，适应范围广，抗逆力强，对环境条件要求不严格。多年生蔬菜的繁殖方法很多，概括起来有无性繁殖、有性繁殖及孢子繁殖。大多适于无性繁殖，如扦插（竹、香椿）、分株（竹、黄花菜、香椿）等。多年生蔬菜除鲜食外，很多种类适于干制、罐藏，可出口创汇。

第一节 黄 花 菜

黄花菜即金针菜，又名忘忧草、萱草花、健脑菜，是一种营养价值高、具有多种保健功能的花卉珍品蔬菜。原产于亚洲，属百合科萱草属多年生草本植物，是我国的特产蔬菜。主要产品是含苞欲放的花蕾，采摘加工制成干品以供食用。既耐贮藏，又便运输，是调节蔬菜淡季的优良蔬菜种类之一。黄花菜分布范围广，我国南北均有种植。其中陕西大荔、江苏宿迁、湖南邵东和甘肃庆阳为我国黄花菜四大著名产区。

一、生物学特性

1.形态特征

（1）根　根系发达，根群多数分布在 30～70cm 土层内。根从短缩的根状茎的茎节上发生，首先形成块状和长条状肉质根，秋季又从条状肉质根发生纤细根。随着栽培时间的延长，短缩茎上发生的条状根不断上移，栽培管理上应培土和增施有机肥。

（2）花、果实、种子　花葶从叶丛中抽出。顶端形成花枝 4～8 个，聚伞花序，一个花葶可着生 20～70 个花蕾。花蕾黄色或黄绿色，长约 12～14cm，表面有蜜腺分布点，常诱集蜜蜂、蚂蚁采食，也易引起蚜虫危害。蒴果，每一果实内含种子 10～20 粒，种子黑色有光泽，千粒重 20～25g。

（3）茎叶　植株抽出花葶前其有短缩的根状茎，其上萌芽发叶。叶对生，叶鞘抱合成扁阔的假茎。叶片狭长成丛，叶色深绿，长宽等依品种而异。与韭菜类似，黄花菜有分蘖习性。在长江中下游地区每年发生两次，第一次在早春，发生的分蘖称作春苗。待采蕾结束后，割去黄叶和枯葶后，不久即发生第二次分蘖，称为冬苗，冬苗初霜时枯死。冬苗期间是黄花菜积累养分的重要阶段，大部分纤细根在此期发生。

2.生长发育周期

（1）苗期　从幼叶出土到花葶开始显露。此期长出 16～20 片叶，约需 120d。

（2）抽葶期　从花葶显露到开始采摘花蕾，约需 30d。

（3）结蕾期 从开始采收到采收结束，需40～60d。

（4）休眠 越冬期霜降后，地上部受冻枯死，以缩短根茎在土壤中越冬。

3. 对环境条件的要求

黄花菜耐旱力较强。抽薹前需水量较少，抽薹后需水量逐渐增多，特别是盛营期需水量最多。高温、干旱易引起小花蕾不能正常发育而脱落，缩短采收期，严重影响产量和品质。蕾期若遇阴雨过多，则容易落蕾。

黄花菜喜光，但对光照强度适应范围较广，可于果园、桑园间作。黄花菜对土壤的适应性广，且能生长在瘠薄的土壤中，在pH5.0～8.6的土壤中都可生长。

黄花菜喜温暖且适应性强。地上部不耐寒，遇霜即枯萎，而地下部能耐−22℃的低温，甚至在极端气温达−40℃的高寒地区也可安全越冬。叶丛生长适宜温度为14～20℃，抽薹开花需要20～25℃的较高温度。

二、栽培技术

1. 繁殖

（1）种子繁殖 盛花期选择优良株丛，每个花薹上留5～6朵粗壮的花蕾，其余采摘。待种子充分成熟采收，晒干待来年春播。因种皮厚，吸水发芽慢，播前划破种皮，在20～25℃清水中浸种8～12h，而后播种。可采用平畦条播，按行距30cm开沟，沟深30cm左右，每隔3～5cm播一粒种子。因种子是杂合体，需要苗期进行筛选，以保持和提高种性。

（2）分株繁殖 选择生长势、花蕾性状、抗病性均较优势的株丛，在花蕾采收后挖取1/4～1/3的分蘖为种苗。挖出的分蘖苗从短缩茎上割开，剪除老根与块状根，也可将条状根适当剪短，即可定植。遇天气晴热、干旱要浇透水，并且覆盖遮阳网，以保证活苗。

2. 整地栽植

黄花菜一般栽植7～8年后产量最高，以后逐渐衰老，应及时更新复壮。更新年限依不同分蘖力的品种而定，一般不超过15年。因此栽植前应深耕50cm左右，施足基肥。做畦的形式因地而异。从花蕾采收后到翌年春发芽前均可栽植。有冬苗的地区在冬苗大量萌发前栽植，翌年就可抽薹。要注意早、中、晚熟品种搭配。一般中熟品种占70%～80%，适当搭配早熟和晚熟品种。栽植前应对根部进行修剪，每丛种苗只保持1～2层新根，长度3.3～5.0cm，剪去块状肉质根和根颈部的黑色纤细根。可单行栽植或宽窄行栽植。单行栽植的行距80～90cm，穴距40～50cm。宽窄行栽植的，宽行80～100cm，窄行60cm，穴距40cm，该方式能充分利用光能，且采摘方便。

3. 田间管理

黄花菜生长期长，易滋生杂草，且采摘期经常践踏，土壤紧实，所以宜勤中耕松土，以促根发棵。春苗萌发前先施肥再中耕，株间宜浅，行间宜深，深约10～15cm。以后要经常浅耕，除草松土，直到封垄为止。因条状根上移，一般栽后2～3年开始，每年应培土护根。培土不宜过厚，否则不利分蘖。培土应在冬苗枯萎到春苗萌发前结合中耕施肥进行。

黄花菜耐肥，在春苗生长过程中，应结合浇水分别追施催苗肥（春苗出土前）、催薹肥（抽薹前）和催蕾肥（采收盛期），每次每亩追施尿素10kg或复合肥15kg。采摘中后期大花蕾多，每隔1周喷施1次0.2%的磷酸二氢钾溶液，小蕾不易凋谢。进入采收期后，要经常保持地面湿润，否则土壤干旱，会引起花蕾短瘦，落蕾率增高。

花蕾采收完毕后应及时把残留的花薹、老叶全部割除。留茬不能过低，以免损伤隐芽。一般从地面上3～6cm处割除。割叶后在行间深耕施肥，促进早发冬苗。北方夏季雨少的地区。叶部病害少，也可不割叶，霜降后清洁田园。

第二节 香 椿

香椿，别名香椿芽、红椿、椿甜树、香椿头等，原产我国中部，楝科楝属多年生落叶乔木。

以嫩芽为食用部分，可鲜食，也可腌制、罐藏、干制、糖渍等，是我国传统的木本蔬菜。中心产区为黄河与长江流域之间，以山东、河南、安徽、河北等省为集中产区，栽培最多。特别是自我国设施栽培迅速发展起来以后，香椿设施生产因具有较高的经济效益而备受人们青睐。

一、生物学特性

1. 形态特征

香椿为高大落叶乔木，树干挺直，生长速度快，菜用香椿因每年采摘新梢而呈灌木状。根系发达，生根能力强，适宜移栽。根上易萌发根蘖，可用来繁殖。复总状花序，顶生，下垂。两性花，钟形，白色。羽状复叶，小叶 8～14 对。果实为木质蒴果，成熟时呈五角状开裂。种子扁平椭圆形，红褐色，一端具矩形膜质长翅，种皮硬，透气性差。

2. 对环境条件的要求

香椿喜温暖湿润的气候，在年平均气温 8～20℃的地区均可正常生长。种子发芽的适宜温度为 20～25℃，茎叶生长的适宜温度为 25～30℃，香椿芽生长的适宜温度为 16～28℃。适宜的昼夜温差对着色有利，一般以日温 25～28℃，夜温 12～15℃的条件下着色最好。抗寒力随树龄的增加而提高。种子直播的一年生树当温度低于－10℃时可能发生冻害，而成株期大树可忍耐－25℃的低温。南方树种的耐寒能力一般较北方树种弱，北方不宜引种。

香椿喜光，光照足，椿芽色泽艳，香气浓，品质佳。喜湿怕涝，适于生长在深厚、肥沃、湿润的沙质土壤中，适宜土壤 pH 为 5.5～8.0。

二、露地矮化密植栽培技术要点

选择疏松肥沃、排灌良好的土壤，平整深翻土地，每亩施有机肥 3000kg、过磷酸钙 50kg。做成行距 40cm，高 10～15cm 的小高垄。将已出芽的种子在垄上开沟条播，覆土 2cm，播后垄沟内灌水，覆地膜保墒。幼苗出土后，划破地膜引苗。间苗 2～3 次，苗高 5cm 左右定苗，株距 10～15cm，每亩留苗 1 万株以上。苗木生长期间灌水追肥 2～3 次，叶面喷肥 1～2 次。苗高 40～50cm 时进行摘心矮化，以促发分枝，增加顶芽，摘心后控肥控水，促进枝干发育充实。过冬前灌足冬水，以使苗木在露地安全越冬。栽后第二年开始采收。头三年每年只采 1 次，主要采摘顶芽；以后每年采摘顶芽和侧芽 2～3 次。头茬芽长 12～15cm，整个采下，二茬长 20cm 左右时采收，采收时于基部留 2～3 片复叶。

香椿长年栽培，需进行疏伐和更新。一般 4～5 年后隔一株挖一株，7～8 年后隔一行疏一行，12～15 年后行间和株间均再间伐。休眠期疏去过密、细长及病虫危害的弱枝。对 3～5 年生的骨干枝留 20～30cm 剪去上部，萌发新枝。

第三节　芦　笋

芦笋，别名石刁柏、龙须菜，百合科天门冬属多年生草本蔬菜。原产地中海东岸及小亚细亚，19 世纪末传入我国，近年来才推广开来。芦笋以嫩茎为食，是国际公认的"抗癌蔬菜"，其产品中除含有大量维生素和矿物质外，还含有较多的天冬酰胺、天冬氨酸及其他多种甾体皂苷物质，能抑制癌细胞的增长，对多种疾病均有特殊疗效。

一、生物学特性

（一）形态特征

1. 根

芦笋为须根系，根发生于根状茎上，根群发达，大部分分布在 30cm 土层中。根有两种：一种是贮藏根，发生于茎节，呈粗弦状，肉质，具有贮藏养分的功能，寿命较长，只要不损伤生长点，每年可以不断向前延伸；另一种是生长于贮藏根上的吸收根，呈须状，具吸收功能，寿命较短，环境条件不适时易萎缩。

2. 叶

芦笋的叶分真叶和拟叶两种。真叶是一种退化了的叶片，着生在地上茎的节上，星三角形薄膜状的鳞片。茎上腋芽萌发形成分枝，分枝的腋芽萌发形成二级分枝，枝上丛生针状的变态枝，称为"拟叶"，绿色，是芦笋进行光合作用的主要器官。

3. 茎

芦笋的茎包括地下根状茎和地上茎。地下茎是短缩的变态茎，多水平生长，又称根状茎。地下茎上有鳞片（退化叶）、芽和根。芽有鳞片包裹称鳞芽，根状茎的分枝先端，鳞芽紧密排列成鳞芽群，鳞芽相继萌发出土成为地上茎（食用器官）。随着根状茎向前延伸，抽生的地上茎和根也不断增多。芦笋的地上茎有节无叶，每节有鳞片（退化叶，不能进行光合作用）和腋芽。

4. 花、果实、种子

芦笋为雌雄异株作物。花小，钟形，花瓣6枚，白色或黄绿色。雌株结红色果实，圆球形，每果有种子1～6粒。种子黑色，短卵形，表面光滑，千粒重25g，使用寿命2～3年。雌株较雄株高大，但分枝发生迟而少，植株株型较稀疏，抽生嫩茎粗壮，但数量较少，产量也不及雄株高，雄株较矮，分枝早而稠密，抽生嫩茎稍细，但数量较多，产量比雌株高20%～30%。

（二）生育周期

芦笋在温带和寒带地区，每年冬季地上部分干枯死亡，地下部分休眠越冬。而在热带和亚热带地区，地上部不枯萎。芦笋一年内经历生长和休眠两个阶段，称年周期。芦笋一生中经历幼苗期、壮年期、成年期和衰老期4个阶段，称生命周期。

1. 年周期

（1）生长期　每年土温回升到10℃以上时，芦笋的鳞芽萌发长成嫩茎。进而长成植株，直至秋末冬初地温下降到5℃左右时，逐渐干枯死亡。地上茎随气温升高生长速度逐渐加快，地下的鳞茎也在不断抽生嫩茎，约1个月抽生一批。秋季来临，养分转入肉质根贮藏。当年养分积累多少决定翌年产量高低。

（2）休眠期　从秋末冬初地上部茎叶枯死直到第二年春季芽萌动。

2. 生命周期

（1）幼苗期　从种子发芽到定植。

（2）壮年期　从定植到开始采收嫩茎。植株不断扩展，根深叶茂，肉质根已达到应有的粗度和长度，地下茎不断发生分枝，形成一定大小的鳞芽群。

（3）成年期　植株继续扩展，地下茎处于重叠状态，形成强大的鳞芽群，并大量萌发抽生嫩茎，嫩茎肥大，粗细均匀，品质好，产量高。

（4）衰老期　植株扩展速度减慢，出现大量细弱茎，生长势明显下降，嫩茎数量减少，细弱、弯曲、畸形笋增多，产量、品质明显下降，需及时复壮或更新。

（三）对环境条件的要求

1. 温度

芦笋既耐热又耐寒，从亚热带到亚寒带均能栽培，但最适宜在四季分明的温带栽培。种子萌发适温为25～30℃。春季地温回升到5℃以上时，鳞芽开始萌动；10℃以上嫩茎开始伸长；15～17℃最适于嫩芽形成；25℃以上嫩芽细弱，鳞片开散，组织老化；30℃嫩芽伸长最快；气温超过30℃，嫩茎基部极易纤维化，笋尖鳞片散开，品质低劣；35℃以上嫩茎停止生长，甚至枯萎进入夏眠。冬季寒冷地区地上部枯萎，根状茎和肉质根进入休眠期越冬，处于休眠期的植株根系极耐低温。

2. 光照

芦笋喜光。光照充足，嫩茎产量高，品质好。

3. 水分

耐旱不耐涝，但在嫩茎采收期间，若水分供应不足，嫩茎变细，不易抽生，并且空心笋、畸形笋增多，散头率高，易老化，产量和质量降低。

4.土壤营养

芦笋较喜土层深厚、有机质含量高、质地松软的壤土及沙壤土。土质黏重，嫩茎生长不良，畸形笋多。最适宜的土壤 pH5.8～6.7。耐盐碱能力较强，土壤含盐量不超过 0.2%，能正常生长。需要氮肥较多，磷、钾肥次之，缺硼易空心。

二、栽培技术

（一）绿芦笋栽培技术

1.育苗

每亩大田绿芦笋需成苗 1800 株左右，需种子约 60g。芦笋种皮厚，并蒙有一层蜡质，吸水困难。因此，播前必须浸种催芽以利出苗。种子充分吸水后，置于 28℃条件下催芽，2～3d 即可出芽。最好直接播于营养钵中，覆细土 2cm，上盖遮阳网（夏季）或地膜（春季）。温度控制在20～25℃，10d 左右可出齐苗。苗期保持土壤湿润，并注意除草，定植前 7～10d 开始通风炼苗。苗龄 60d 左右即可，幼苗生长健壮，定植时不伤根，缓苗期短，成活率高。

2.整地施肥

芦笋应选择阳光充足，地下水位低，排灌良好，土层深厚的壤土或沙壤土种植。避开前茬作物是百合科蔬菜、向日葵、甜菜、甘薯和果树的地块。

定植前深翻土地，按南北向挖宽、深均为 40cm，沟距 1.3～1.5m 的定植沟。挖沟时将 20cm厚的表土放在一侧，20cm 厚的底土放在另一侧，沟内第一层每亩施优质农家肥 5000kg，并和表土拌匀回填 15cm 厚左右，第二层用底层土拌化肥回填 15cm 厚左右，用肥量为每亩施过磷酸钙30kg，复合肥 20kg。然后覆土 2cm 用脚踏实，以免栽苗时下沉，保留 8cm 深以待定植。定植过浅易遭干旱，过深则易引起地下茎腐烂。

3.定植

定植时按株距 25～30cm 摆苗。每亩种植 1600～1800 株。芦笋定植后，随着生长年限的增加，鳞芽盘发育扩大，并呈扇形向一个方向扩展。因此，定植时，应让鳞芽盘的伸展方向与定植沟的方向一致，以便使抽生的嫩茎集中着生在畦中央，便于培土和采收。苗放好后，先用步量细土轻轻踏实，使根与土壤密接。覆土后浇水，待水渗后再覆一层细土，填平定植沟。

4.定植后的管理

（1）水肥管理　定植后因植株矮小，应及时中耕除草。如天气干旱，应适时浇水，雨季及时排涝，严防田间积水沤根死苗。秋季，芦笋进入旺盛生长阶段，应重施秋发肥，促进芦笋迅速生长。第二年及以后的采笋年，应重施春季的催芽肥和秋季采笋结束后的秋发肥。每次每亩施有机肥 2000kg 以上，加复合肥 25kg。在采笋期间，每隔 15～20d 追 1 次肥，每次每亩施复合肥 8～10kg 或相应的氯、磷、钾肥，防止偏施氮肥，氮肥过多会诱发茎枯病。施肥方法是在种植畦的两侧开沟施入。笋田四周开好排水沟，避免积水造成烂根和茎芽腐烂。生长期间经常中耕除草，保持土壤疏松。

（2）植株整理　定植第二年，芦笋植株可长到 1.5m 以上，为增强植株下部通风透光，可剪去顶部部分，控制植株高度在 1.2m 左右。同时顺畦垄方向，间隔 2m 立一竹竿，拉绳防止植株倒伏。对过于密集处，应适时疏枝，雌株上结的果也应及早摘除。夏季高温干旱期间，可在植株基部的土面上盖草，以利降温保墒。对于部分长势转衰的母茎，在 7 月底前剪除。另留健壮母茎，并剪除、烧毁病株、纤细枝、畸形枝、枯黄枝，以免病菌传播。

（3）留养母茎　留养母茎是栽培中的重要环节。一般每年有两个留养母茎的时期，一是早春出笋时可陆续选留粗壮新笋作母茎，1～2 年生植株每株选留 3～5 根，3 年生植株每株选留 5～7根，4 年生可留 10 根，且要均匀分布，不要靠在一起。二是于当地初霜前 50～60d，终止采笋，此时春留母茎开始枯萎。故可将此后生长的所有年留养两次母茎，植株强健，根系发达，出土的嫩茎粗大，质量好。

5. 收获

绿芦笋采收期较长，嫩茎陆续抽生，陆续采收。采收标准为：嫩茎长 20～25cm，粗 1.3～1.5cm，色泽淡绿，有光泽，嫩茎头较粗，鳞叶包裹紧密。采收稍迟，嫩茎顶部伸长变细，鳞叶松散，品质下降。采收时用采笋刀将嫩茎齐地面处割下，用湿布擦净附着在嫩茎上的泥沙。然后以茎长、茎粗进行分级、捆把、装袋。绿芦笋露地栽培自定植后第二年开始采收，5～13 年为盛产期，以后产量渐减，应及时做好植株更新准备。

（二）白芦笋栽培要点

1. 定植和培土

白芦笋宜稀植，一般定植行距 1.5～1.8m，株距 35～40cm。每亩栽植 1000～1300 株，需种子 35～40g。栽培白芦笋，在采收前 10～15d 开始培土。进晴天将行间土壤耕耙 1 次，深 5～6cm，晒 2～3d 后粉碎土块。然后将行间土培至定植行上，共 3 次，每次培土的适宜时间是垄面出现裂纹，每次培土厚度约 8cm，不可太厚。培土的高度依采收幼茎的规格而定，如采收幼茎的长度需 17cm，培土的高度需 22cm。整个垄面做成扁平的半圆形，表面要拍光拍实。在北方冷凉地区，春季采收前期温度低，且易干旱，嫩茎生长缓慢，产量低，品质差。为了提高白芦笋产量及品质，可以用幅宽适宜的塑料薄膜覆盖在垄面上，两边用土封严。当 20cm 地温超过 20℃时揭去薄膜。

2. 采收

采收白芦笋要求在早晨和傍晚进行，以免见光变色。看到垄面有裂缝时，在裂缝处用手扒开表土，见到幼茎的头部后，再扒去一点土，直至看到幼茎的生长方向。然后将右手中的采笋刀向着幼茎基部所在的方位扎过去，将刀柄向下一撬，把幼茎撬出土。注意不可损伤地下茎和鳞芽。嫩茎放入筐中，盖潮湿黑布。每天早晚各收 1 次。收笋的同时，填平收割留下的笋洞。

3. 撤土

采收结束后选无雨天撤除培土，以防地下茎上移。撤土前开沟施肥，上盖撤下来的覆土。撤土后留高 5cm 的低垄，使鳞芽盘上有 15cm 高的覆土。撤土时将已出土的嫩茎全部割除，以免倒伏。

本 章 小 结

多年生蔬菜是指一次种植可多年生长和采收的蔬菜种类，北方栽培较普遍的主要是金针菜、香椿和芦笋。多年生蔬菜以休眠状态度过不利的气候条件（严寒、酷暑、干旱等），待环境条件转好后，重新发芽、生长、发育，周而复始，一经种植，多年采收，采收期长，产量高，营养消耗多，栽培时应选好地块。一般要求土层深厚，土壤肥沃；定植前施足基肥，生长期间还要及时追肥，防止植株早衰。为保持良好的群体结构和株形，应定期进行植株调整；越冬前适时浇封冻水，栽培期间勤浇小水，雨季勤中耕、松土；收获期间应根据植株长势、苗龄大小等适量采收。

复习思考题

1. 说明黄花菜的生长发育的特点。

2. 简述黄花菜分株繁殖技术要点。

3. 简述日光温室高密度假植栽培技术要点。

4. 简述芦笋整地、施肥和定植的技术要点。

实训 多年生蔬菜形态特征的观察

一、目的要求

了解黄花菜、香椿、芦笋、辣根、朝鲜蓟的植物学特征。

二、材料与用具

黄花菜、香椿、芦笋、辣根的完整植株各 15 株。

解剖针、刀片、镊子及手持放大镜。

三、方法与步骤

1. 每组取以上植株各一株，观察其形态特征，注意芦笋的叶、根、茎、种子和♀、♂株的特点，芦笋和黄花菜根的生长特性。

2. 用放大镜观察芦笋鳞芽及肉质根横切面的结构。

四、作业

1. 绘制黄花菜、香椿和芦笋的外形图，并指出各部分的名称。

2. 绘制芦笋鳞芽、肉质根的外形和横切面图。

第十三章　水生蔬菜——莲藕的栽培

【学习目标】

了解莲藕的生物学特性，掌握莲藕高产高效的栽培技术。

水生蔬菜包括睡莲科的莲藕、禾本科的茭白、泽泻科的慈姑、莎草科的荸荠等十余种，主要分布在长江流域及其以南各省，多利用低洼水田和浅水湖荡、沼泽、池塘等淡水水面栽培，占用耕地面积少。与陆生蔬菜相比，水生蔬菜宜水湿，不耐干旱，生长期间，田中要保持一定的水层；生育期较长，多喜温暖气候，不耐霜冻；根系较弱，根毛退化，要求在肥力较高的土壤中生长；植株组织疏松多孔，茎秆柔弱，栽培中要注意防风挡浪；多为无性繁殖，用种量大，繁殖系数低。

莲藕原产于印度，我国在南北朝时代，种植已相当普遍了。莲藕微甜而脆，可生食也可做菜，而且药用价值相当高，它的根根叶叶、花须果实，无不为宝，都可滋补入药。用莲藕制成粉，能消食止泻、开胃清热、滋补养性、预防内出血，是妇孺童妪、体弱多病者上好的流质食品和滋补佳珍，在清咸丰年间，就被钦定为御膳贡品了。

一、品种类型

莲藕的栽培种可分为藕莲、子莲和花莲三大类。其中花莲属于水生花卉，藕莲和子莲属于水生蔬菜。藕莲按栽培水位深浅可分为浅水藕和深水藕。

1.浅水藕（田藕）

适于水深 10～30cm 的低洼田、一般水田或稻田，最深不超过 80cm，多为早熟种。如苏州花藕、慢荷（晚藕）、物植 2 号、鄂莲 1 号、鄂莲 3 号、湖北六月报、扬藕 1 号、科选 1 号、大紫红、玉藕、嘉鱼、杭州白花藕、南京花香藕、雀子秧藕、江西无花藕等。

2.深水藕（塘藕）

一般要水位 30～60cm，最深不超过 1m，夏季涨水期能耐 1.3～1.7m 深水，宜于池塘、河湾和湖荡栽培，一般为中、晚熟品种。如江苏宝应美人红、小暗红、鄂莲 2 号、鄂莲 4 号、湖南泡子、武汉大毛节、广州丝藕、丝苗等。

二、生物学特性

（一）形态特征

1.根

须状不定根，着生在地下茎节上，束状，每节 5～8 束，每束有不定根 7～21 条。根系分布较浅，长势弱。根系再生能力弱，易受高浓度肥料和盐分的危害。

2.茎

地下茎，在土中 10～20cm 深处横生细长如手指粗的分枝，称"莲鞭"。生长后期，莲鞭先端数节的节间明显膨大变粗，成为供食用的藕。首先抽生的较大的藕，称"主藕"，主藕节间上分生 2～4 个"子藕"，较大的子藕又可分生"孙藕"。主藕先端一节较短称"藕头"，中间 1～2 节较长称"藕身"或"中截"，连接莲鞭的一节较长而细称"后把"。

3.叶

通称"荷叶"，为大型单叶，从茎的各节向上抽生，具长柄。叶片开始纵卷，以后展开，近圆形，全缘，绿色，上被蜡粉。叶脉的中心与叶柄连接，称为"叶鼻"，是荷叶的通气孔，与叶柄和地下茎中的气道相通。初生叶1～2张，叶柄细弱不能直立，只能沉于水中或浮于水面，沉于水中的称"钱叶"，浮于水面的称"浮叶"；随后生出的叶，荷梗粗硬，其上侧生刚刺，挺立水面上，称为"立叶"，并愈来愈高，一般高出水面60～120cm，形成上升阶梯的叶群。当叶群上升至一定高度以后，即停留在一般高度上，随后发生的叶片，一片比一片小，荷梗愈来愈短，便形成下降阶梯的叶群。最后抽生一张最大的立叶，通称"后把叶"或"大架叶"。从后把叶着生的节位开始，地下茎的先端向斜下方向伸长、膨大而结藕。随后在其前方一节上，还要抽生一张明显矮小的立叶，通称"终止叶"。挖藕时，将后把叶连成一直线，即可判断藕在地下的位置。

4.花、果实和种子

花通称"荷花"，着生于部分较大立叶的节位上。花单生，花冠由多瓣组成，两性花。果实通称"莲蓬"，其中分散嵌生的莲子，是真正的果实，属小坚果，内具种子1粒，自开花至种子成熟30～40d。

（二）生长发育周期

1.萌芽生长期

从种藕萌发开始到立叶发生为止，中、晚熟品种需15～30d。春季当温度上升达15℃左右时，土中的种藕开始萌芽生长，立叶抽生前的营养主要靠种藕贮藏的养分，种藕较肥大、土壤肥沃、水位较浅、土温较高，可促进早生立叶，为旺盛生长打下基础。

2.旺盛生长期

从植株抽生出第1张立叶到出现后把叶为止，中、晚熟品种历时40～60d。温度逐渐升高，营养生长逐渐加快，一般长出2张立叶后，主茎开始分枝，根、茎、叶等器官全面旺盛生长，立叶逐渐高大，主茎上抽生6～7张立叶后，开始出现花蕾。此期营养生长达到高峰，既要求根、莲鞭旺盛生长，建成强大的营养系统，又要防止植株疯长贪青，延迟结藕。

3.结藕期

从后把叶出现到新藕充分膨大为止，需50～90d。后把叶的出现，标志着地下茎的先端已开始由水平转向斜下方伸展，节间逐渐缩短和膨大，积累养分，形成新藕。每一支藕从开始膨大到全藕膨大定型约需30d。但此时新藕内水分含量多，淀粉和蛋白质等干物质含量少，一般还需经30d左右，才能使新藕内含水量逐渐减少，干物质含量增加，最后达到内部充实，进入休眠越冬。地上部叶片逐渐黄化，经霜后全部枯死。在地下部主茎和分枝陆续结藕的同时，地上部也相应陆续开花结果。每一朵花从开花、授粉、受精到莲子成熟，需30～40d。

（三）对环境条件的要求

1.温度

藕莲喜温暖。15℃以上种藕才可萌芽，生长旺期要求温度20～30℃，水温21～25℃。结藕初期要求温度亦较高，以利于藕身的膨大，后期则要求昼夜温差较大，白天25℃左右，夜晚15℃左右，以利于养分的积累和藕身的充实。休眠期要求保持在5℃，藕易受冻。

2.光照

莲藕为喜光植物，不耐阴，生育期内要求光照充足，对日照长短的要求不严。前期光照充足，有利茎、叶的生长。后期光照充足则有利开花、结果和藕身的充实。

3.水分

莲藕整个生育期均不可缺水。萌芽生长阶段要求浅水，水位5～10cm为宜。随着植株进入旺盛生长阶段，要求水位逐步加深至30～50cm。以后随着植株的开花、结果和结藕，水位又宜逐渐落浅，直至藕莲休眠越冬，只需土壤充分湿润或保持浅水。水位过深，易引起结藕迟缓和藕身细瘦。水位猛涨，淹没荷叶1d以上，易造成叶片死亡。

4.土壤营养

莲藕生长以富含有机质的壤土和黏壤土为最适，土壤有机质的含量至少应在1.5%以上，土壤pH要求在5.6～7.5，以6.5为最适。莲藕要求氮、磷、钾三要素并重，品种间也存在一定差异。子莲类型的品种，氮、磷的需要量较多；藕莲类型，则氮、钾的需要量较多。

5.风

莲藕的叶柄和花梗都较细脆，而叶片宽大，最易招风折断。叶柄或花梗断后如遇大雨或水位上涨，能使水从气道中灌入地下茎内，引起地下腐烂。生产上常在强风来临前临时灌深水，以稳定植株，减轻强风对莲藕植株的危害。

三、栽培季节和茬口安排

莲藕易在炎热多雨季节生长，长江流域于清明立夏间，当种藕萌芽时种植，立秋后开始采收，直至第二年清明。湖荡水深、土壤温度低，须待水温转暖、温度稳定时栽植。华南各省无霜期长，栽植期可适当提早在雨水，延迟到夏至种植，芒种开始采收早藕。莲藕可与水稻或其他水生蔬菜接茬，也可与鱼配养，以提高经济收益。

四、栽培技术

（一）整地施肥

莲藕的生命力极强，可利用水塘、沟渠、湖泊、河湾、洼地、稻田栽植。水沟、湖泊、河湾栽植要求水流缓慢、涨落和缓、水深不超过 1.2～1.5m。洼地稻田栽植莲藕则要求水源、光照充足，排灌方便。种藕栽植前夯实田埂，以防田水渗漏。每亩施绿肥或腐熟粪肥 3000～4000kg，施后深耕 20～30cm，耙平。

（二）种藕选择

根据地块、土壤、水深、茬口等，选择分枝多、抗逆行强、品质好的品种。种藕应后把节较粗、顶芽完整、无病虫危害，并且具有本品种特征、特性。一般洼地、稻田适宜浅藕栽培，要求单支藕具有完整的两节，单支质量在 250kg 以上；水沟、河湾、水塘、湖泊适宜深水藕栽培，要求母藕、子藕整株种植，因为种藕从萌芽到荷叶出水所需要的天数较长，消耗的养分较多，整支藕内贮藏的养分较多，且可在主藕子藕间自行调节，有利于齐苗壮苗。藕栽植之前，从留种田将种藕挖出，挖种藕时，藕身藕节都不能挖破，否则栽后泥水灌入藕孔引起腐烂。种藕一般随挖、随选、随栽，如当天栽不完，应洒水覆盖保湿，防止顶芽干萎。远途引种，种藕必须带泥，运输过程中应注意保湿，严防碰伤。为避免因栽植过早、水温过低，引起烂株缺株，可在栽植前将种藕催芽。先将种藕置于室内，上下垫盖稻草，每天洒水 1～2 次，保持堆温 20～25℃，15d 后芽长 6～9cm 即可栽植。

（三）适期栽种，合理密植

一般在当地日均温稳定升至 15℃以上时种植，长江流域栽种期，一般在清明到谷雨期间或延迟到夏至。栽种密度与用种量为 1000 支，行距 1.2m，每穴 1m，每穴栽子藕 2 支，中晚熟品种每亩用量为 400 支，行距 1.5m，穴距 1m。浅水栽藕时，先将藕种按规定株行距排在田面上，要求在四周距田埂 1m 处设边行，当相对排列时，应放大行距，使莲鞭在田间规则生长，避免拥挤。栽植时，将种藕顶芽梢向下埋入泥中 12cm 深，后把节梢翘在水面上，以接受阳光，提高温度，促进发芽。栽后抹平藕身和脚印，保持 3～5d 浅水。塘、湖深水栽藕时，将种藕每 3 支捆成一把，放在小船内，人下水先用脚在水底开沟，深 15～20cm，然后将藕插入沟中，再用脚将泥盖上，栽后用芦秆插立标记，以便于计数和防止踩坏。凡在风大的水体中栽藕，应在距离藕田或藕荡外 2～3m 处栽植茭白或蒲草，用以防风挡浪，保护植株。

（四）藕田管理

1.水层管理

浅水栽藕水层管理掌握由浅到深，再由深到浅的原则。栽植前放干水田；栽植后加水深 3～5cm，以提高水温，促进发芽；随着气温的上升，植株生长旺盛，水深增到 20～25cm，以促进新生立叶逐片高大，抑制地下细小分枝发生；后期立叶满田，并出现后把叶，将水位落浅至 10～15cm 以促进嫩藕成熟。池塘深水藕要随时调节水位，即由浅到深，再由深到浅，栽植前后水位要尽量放浅至 10～30cm，随着立叶与莲鞭的旺盛生长，逐渐加深水层至 50～60cm，结藕期间，水位又放落至 10～30cm，夏至后因暴雨、洪水淹没立叶，要在 8～10h 内紧急排涝，防止植株死亡而减产。

2. 追肥

莲藕需肥量大，除重施基肥外，一般藕田都要分期追肥。栽种后 30～40d 有 1～2 片立叶时追发棵肥，第二次追肥多在栽种后 50～55d，田间已长满立叶，部分植株一出现高大后把叶时，重施结藕肥，每亩施尿素 20kg 加过磷酸钙 15kg。每次追肥前 1d 应放干田水，施后 1d 再灌到原来的深度。追肥不可在烈日中午进行。追肥后应清水冲洗叶片，以防烧伤叶片。同时也要防止因施肥过多，地上部生长过旺，立叶疯长贪青，延长结藕期，造成减产。

3. 中耕除草

立叶基本封行前，结合施肥，进行中耕除草。齐苗后拔除田间杂草，捺入泥中作肥料。1 个月后再除草 1 次。这次除草地下茎已基本分布全田，除草时在田间走动脚步要轻，尽量让开地下茎，以防踩伤地下茎。往后立叶基本封行，要保护立叶，不再下田。

4. 拨转藕头

莲藕植株生长期间，地下茎伸长，两侧产生分枝，并不断作扇形向前伸展。当新抽生的卷叶出现在田边缘距田埂仅 1m 左右时，表明藕鞭的梢头已逼近田埂，必须及时将其拨转方向，回向田内，以免田外结藕。生长盛期每 2～3d 转一次，转藕头一般在下午梢头含水少、不易折断时进行，扒开表土，轻轻将梢头转向田内，用泥压稳即可。

（五）采收

长江流域，早熟品种新藕成熟期，多到大暑到立秋，此时藕嫩，含糖量高，易挖断，一般不放干水，用手扒藕。晚熟品种或晚收早中熟品种，多在白露到霜降采收，此时藕已充分成熟，在挖藕前 10d，将藕田水排干。用铁锹先将藕身下面的泥掏空，然后慢慢地将藕分层向后拖出。也可利用藕身个节通道的特征，将终止叶放水中，再找后把叶，折断吹气，如终止叶冒出气泡，即说明这 2 片叶是长在一根藕上，即可顺着藕找到莲鞭，并在藕节前留 3cm 折断，以免泥水灌入气孔。

本 章 小 结

水生蔬菜包括莲藕、茭白、慈姑、荸荠等十余种，主要分布在长江流域及其以南各省，多利用低洼水田和浅水湖荡、沼泽、池塘等淡水水面栽培，北方地区主要栽培莲藕。莲藕生长期间喜温怕寒，喜水怕旱，栽培中注意根据生长发育阶段调节水位；多采用营养繁殖，需精选株留种；喜有机质含量较高的肥沃土壤，生产中及时耘田、灭荒、摘老叶等，保持田间良好的透气性；应基肥与追肥并重，还要注意病虫害的防治。

复习思考题

1. 怎样选择种藕？
2. 莲藕栽培的关键技术是什么？

实训　莲藕的形态结构与繁殖技术

一、目的要求

认识莲藕的形态结构，并了解它们的繁殖方法。

二、材料与用具

莲藕的根茎及幼苗；莲藕的挂图，小刀，镊子等。

三、方法与步骤

1. 将藕横切及纵切。

2.观察藕身与藕节的气孔及顶芽内幼芽。

3.观察藕幼叶的形态，并绘图注明各部位名称。

4.了解各种水生蔬菜的繁殖方法。

四、作业

绘制以上提到的绘图各一份。

下　篇

设施蔬菜栽培

第十四章 蔬菜栽培设施的主要种类与作用

【学习目标】

了解我国蔬菜设施栽培的现状和发展趋势。掌握主要蔬菜栽培设施的种类、性能和作用；重点掌握日光温室、塑料大棚和遮阳网的结构、性能及应用；熟练掌握日光温室、塑料大棚和遮阳网建造技术参数和建造方法。

第一节 设施蔬菜栽培概述

一、设施蔬菜栽培的概念及分类

设施蔬菜栽培，又称保护地蔬菜栽培，是指在不适宜蔬菜生长发育的寒冷或炎热季节，利用保温、防寒或降温、防御设施和设备，人为调节光、热、水、气和土、肥等环境条件，人工创造适于蔬菜作物生长发育的环境条件，从事蔬菜栽培的应用学科。它是蔬菜栽培学的分支，又是设施园艺的重要组成部分。

蔬菜栽培设施分类方法很多。根据温度性能可分为保温、加温设施和防暑、降温设施。保温、加温设施包括阳畦、温床、温室、大小拱棚等；防暑、降温设施包括荫障、荫棚和遮阳覆盖设施等。按照此分类方法北方地区蔬菜栽培设施主要以保温、加温设施为主。根据用途可以分为生产用、试（实）验用和展览用设施（也叫观光用设施）。从设施的规模、复杂程度及技术水平可将设施分为如下的 4 个层次。

1. 简易覆盖设施

简易覆盖设施主要包括各种温床、冷床、小拱棚、荫障、荫棚、遮阳覆盖等简易设施，这些农业设施结构简单、建造方便、造价低廉，多为临时性设施。主要用于作物的育苗和矮秆作物的季节性生产。

2. 普通保护设施

通常是指塑料大中拱棚和日光温室，这些保护设施一般每栋在 $200 \sim 1000 m^2$ 之间，结构比较简单，环境调控能力差，栽培作物的产量和效益较不稳定。一般为永久性或半永久性设施，是我国现阶段的主要农业栽培设施，在解决蔬菜周年供应中发挥着重要作用。

3. 现代温室

通常是指能够进行温度、湿度、肥料、水分和气体等环境条件自动控制的大型单栋和连栋温室。这种园艺设施每栋一般在 $1000 m^2$ 以上，大的可达 $30000 m^2$，用玻璃或硬质塑料板和塑料薄膜等进行覆盖配备，由计算机监测和智能化管理系统，可以根据作物生长发育的要求调节环境因子，满足生长要求，能够大幅度提高作物的产量、质量和经济效益。

4. 植物工厂

这是农业栽培设施的最高层次，其管理完全实现了机械化和自动化。作物在大型设施内进行无土栽培和立体种植，所需要的温、湿、光、水、肥、气等均按植物生长的要求进行最优配置，不仅全部采用电脑监测控制，而且采用机器人、机械手进行全封闭的生产管理，实现从播种到收获的流水线作业，完全摆脱了自然条件的束缚。但是植物工厂建造成本过高、能源消耗过大，目前只有少数温室投入生产，其余正在研制之中或超前研究，为以后生产提供技术储备。

二、蔬菜设施栽培的作用

（1）蔬菜育苗　秋、冬及春季利用风障、冷床、温床、塑料棚及温室为露地和保护地培育甘蓝类、白菜类、葱蒜类、茄果类、豆类及瓜类蔬菜的幼苗，或保护耐寒性蔬菜的幼苗越冬，以便提早定植，获得早熟高产。夏季利用荫障、荫棚、遮阳网和防雨棚等培育芹菜、莴笋、番茄等幼苗。

（2）越冬栽培　北方利用日光温室进行喜温蔬菜冬季栽培；利用风障、塑料中棚等设施冬前栽培耐寒性蔬菜。

（3）早熟栽培　利用温室、大棚进行防寒保温，提早定植，以获得早熟的产品。

（4）延后栽培　北方早霜出现后，利用温室、大棚进行秋延迟栽培，以延长蔬菜的生育及供应期。

（5）炎夏栽培　高温、多雨季节利用荫障、荫棚、大棚及防雨棚等，进行遮荫、降温、防雨等保护措施，于炎夏进行栽培。

（6）促成栽培　寒冷季节利用温室进行加温，栽培果菜类蔬菜，以使产品促成。

（7）软化栽培　利用软化室（窖）或其他软化方式为形成鳞茎、根、植株或种子创造条件，促其在遮光的条件下生长，而生产出青韭、韭黄、青蒜、蒜黄、豌豆苗、豆芽菜、芹菜、香椿芽等。

（8）假植栽培（贮藏）　秋冬期间利用保护措施把在露地已长成或半成的商品菜连根掘起，密集囤栽在冷床或小棚中，使其继续生长，如芹菜、莴笋、花椰菜等。经假植后于冬、春供应新鲜蔬菜。

（9）无土栽培　利用设施进行无土栽培（水培、砂培、岩棉培等），生产无公害蔬菜或有害物质残留量低的蔬菜。

（10）良种繁育与育种　利用设施为种株进行越冬贮藏或进行隔离制种。

三、我国蔬菜设施栽培的现状与问题

1.现状

（1）面积迅速扩大　从 20 世纪 80 年代开始，我国蔬菜设施栽培技术逐步在生产上推广应用。据中国农业技术推广协会统计，2007 年在我国蔬菜产业中，全国各类蔬菜设施栽培面积已达 $266.67 \times 10^4 km^2$，设施蔬菜总产值已占蔬菜总产值 40% 以上。

（2）栽培方式多样　如地膜覆盖，塑料薄膜大棚，连栋大棚，智能温室，日光温室，遮阳网覆盖栽培，防虫网栽培等。

（3）南北栽培自成特色　南方地区夏季及早秋，推广遮阳和防雨、防虫网覆盖栽培。北方冬季寒冷，光照充足，利用设施栽培，解决蔬菜的越冬及春提前和秋延迟栽培。

（4）多品种、多茬次周年均衡供应。

2.问题

（1）设施种植面积增长幅度大，现代化程度低，调控能力差　我国的设施园艺绝大部分用于蔬菜生产，主要依靠经验和单因子定性调控，智能化程度非常低。

（2）蔬菜种植方式单调、种类品种单一、效益低　目前设施栽培茬口安排存在着单调、利用率低下的情况。重茬、连作问题更是突出，导致了病虫危害严重，蔬菜生长环境恶化。

（3）病虫严重造成不合理用药　设施栽培中，由于重茬、连作导致蔬菜病虫害加重，每年蔬菜总产量因此而造成的损失达 20% 以上，各地菜农在防治病虫的过程中，经常出现超剂量使用农药或大量使用剧毒农药的现象，造成人畜中毒的事件屡屡发生。

（4）设施栽培的土壤结构变差　保护内的土壤长期处于覆盖之下，没有雨水淋溶作用，加之施肥量多偏高，尤其是氮肥过量最为明显，使土壤溶液中盐浓度过高，出现酸化或盐碱化，破坏了土壤结构。

四、我国蔬菜设施栽培发展方向

（1）无害化　随着社会的发展、人们生活水平的提高，市场对绿色蔬菜的需求量将更大，开发绿色蔬菜的潜力很大。

（2）名优化　名特优新蔬菜可以是由于当地特殊的气候等自然条件及人为因素形成的；也可能是由外地、甚至是外国引种的。这些名特优新蔬菜的引种和推广栽培丰富了人们的菜篮子，也使种植者获得了非常可观的经济效益。

（3）标准化　近年来国际市场和许多国内的超市都对蔬菜的品质提出了更高的要求，质量问题成了制约我国蔬菜产业进一步发展的瓶颈。专家认为，蔬菜产业实行标准化生产，已经刻不容缓。

第二节　简易保护设施

一、风障和风障畦

1. 结构与性能

风障可以分为大风障和小风障两种。大风障，又叫完全风障，由篱笆、披风草及土背组成，篱笆由芦苇、高粱秆、竹子、玉米秆等夹制而成，高 2～2.5m；披风由稻草、谷草、塑料薄膜围于篱笆的中下部；基部用土培成 30cm 高的土背，一般冬季防风范围在 10m 左右。

小风障，又叫普通风障，高 1m 左右，一般只用谷草和玉米秆做成，防风效果在 1m 左右。

风障结构如图 14-1 所示。

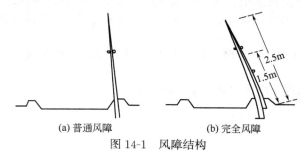

(a) 普通风障　　　(b) 完全风障

图 14-1　风障结构

2. 作用

主要应用于北方地区的幼苗越冬保护和春菜的提前播种和定植。

3. 建造

风障和风障畦建造简单，先整地做畦，东西行向，畦宽 1.5m 左右；畦北侧挖沟，沟宽 0.2～0.3m，深度 0.3m；做篱笆，向南倾斜并与地面成 70°～80°夹角；最后制作披风。

二、冷床

冷床主要分两大类，一种是槽子型 [图 14-2(a)]，另一种是向阳型 [图 14-2(b)]。

1. 性能

阳畦又称冷床，是利用太阳能来保持畦温的栽培方式。普通阳畦一般由畦框、风障、薄膜（或玻璃）窗、保温覆盖物（稻草、蒲草）等组成。根据各地的气候条件、栽培方式的不同，形成了畦框成斜面的抢阳畦和畦框等高的槽子畦等类型。阳畦内一般气温比露地可提高 13.5～15℃，地温提高 20℃。畦内早、晚温度较低，中午温度高；晴天增温效果好，阴天增温效果差，温度低。阳畦内不同位置接受阳光状况不同。

2. 作用

冷床可在秋季进行矮生作物的晚熟栽培，如芹菜的越冬栽培，冷床韭菜等；蔬菜的假植贮存，如花椰菜、甘蓝、大白菜等冬季假植贮存；冬季越冬育苗或早春为露地栽培育苗，作为春季小拱棚或露地蔬菜生产配套设施，育苗后进行冷床早熟栽培；春秋季进行蔬菜育种或繁种，如早春大白菜育种、马铃薯繁殖种薯等。

3. 建造

冷床结构和建造比较简单，先取土或挖土做畦框，再做风障，上薄膜（或玻璃）窗，上保温覆盖物（稻草、蒲草）。

三、改良阳畦

1.性能

由于采光面角度大，透光量多，又有厚墙与厚屋顶防寒保温，因此温度比一般阳畦高 4～7℃，低温持续时间也较短。

2.应用

改良阳畦可作为温室、塑料大棚极早熟栽培的配套育苗设施；作为果菜类早春早熟栽培、秋冬季叶用蔬菜栽培设施，如番茄早熟栽培，冬季芹菜、韭菜、莴苣等栽培；作为食用菌冬季、春季栽培设施。

3.建造

按建设材料不同改良阳畦分玻璃改良阳畦［图 14-2(c)］、薄膜改良阳畦［图 14-2(d)］两种。按照设计宽度和长度放线，做后墙，埋立柱，做后坡，做前坡，上薄膜（或玻璃）窗，上草苫。

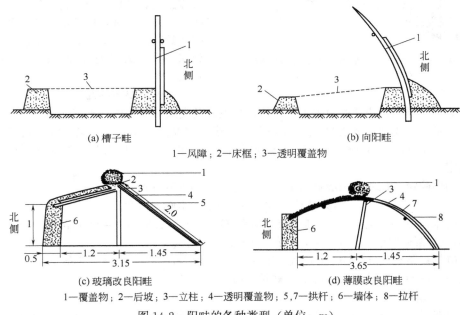

(a) 槽子畦　　　　　　　　　　　(b) 向阳畦

1—风障；2—床框；3—透明覆盖物

(c) 玻璃改良阳畦　　　　　　　　(d) 薄膜改良阳畦

1—覆盖物；2—后坡；3—立柱；4—透明覆盖物；5,7—拱杆；6—墙体；8—拉杆

图 14-2　阳畦的各种类型（单位：m）

四、温床

1.温床种类

温床根据加温热能来源的不同，可分酿热温床、电热温床、火热温床等。其中最常用的是酿热温床和电热温床。

（1）酿热温床　是在阳畦的基础上改进的保护地设施，酿热温床主要由床框、床坑、酿热物、塑料薄膜或玻璃窗、保温覆盖物 5 部分组成。除具备阳畦的防寒保温的功能外，还通过酿热物提高地温，可以弥补日光升温的不足。酿热温床的原理是利用细菌、真菌、放线菌等好气性微生物的活动，分解酿热物释放出热能来提高温床的温度。根据温床在地平面上的位置，可以分为地上式、地下式和半地下式温床，目前应用最多的是半地下室酿热温床。

（2）电热温床　电热温床是利用电流通过电阻较大的导线时，将电能转变成热能，对土壤进行加温的原理制成的温床（用于土壤加温的电阻较大的导线称之为电加温线）。这种温床目前应用最多，地热线一般只用在播种床，也可以用在分苗床上，也可用于温室、塑料大棚等大型配套设施。电热线埋入土层深度一般为 10cm 左右。

2.性能及应用

① 温度可以人为控制，用于栽培、育苗，特别是冬春季节育苗效果更好，有利于幼苗安全越冬，提早播种育苗，有利于培育壮苗，利于培育优质壮苗，有利于保证适龄幼苗，及早定植。

② 作为温室、塑料大棚配套的育苗设施。

③ 可作为小拱棚早春栽培的育苗设施。

④ 用于矮生作物的早熟栽培、晚熟栽培、越冬栽培，如芹菜的越冬栽培，冬韭栽培等。

3.酿热温床的结构与建造

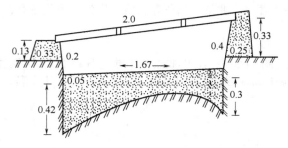

图 14-3　半地下式酿热温床主要参数和
结构示意图（单位：m）

(1) 酿热温床的主要技术参数　酿热温床的技术参数和结构见图 14-3。

(2) 酿热温床的建造程序　选择背风向阳、南和东西方向无高大遮荫物的地方，按照图 14-3 的宽度和按实际应用面积确定的长度放线，然后挖土，为了使温床温度均匀一致，便于管理，使幼苗生长一致，挖土时在大约距离北墙端 1/3 处挖土浅一些，北墙处深一些，南墙处最深，整个底面成一个弧面。

4.电热温床的建造

(1) 原理　利用电流通过阻力大的导体，把电能转变成热能来进行土壤加温。

(2) 设备　主要加温和温度控制设备有电热线、控温仪、开关、交流接触器及断线检查器等。电热线有 1000W、800W、600W 等多种规格，其功率选择应根据苗床的功率要求、育苗面积等来确定。

(3) 功率确定　在北方一般育苗苗床功率为 $100\sim120W/m^2$。

$$苗床总功率(W)＝总面积×100（或 120）$$

例：苗床长 40m，宽 1.5m，则苗床总功率 $(W)＝40×1.5×100＝6000W$

已知：电热线额定功率 1000W，每条 160m，

所需电热线条数 $(m)＝W/电热线额定功率$　　即：$m＝6000/1000＝6$ 条

布线条数 $(n)＝(电热线长－畦宽)/畦长＝(160×6-1.5)/40＝24.0$ 条

行距 $(t)＝畦宽/(n-1)＝1.5/(24-1)＝0.065m＝6.5cm$

(4) 建造程序　苗床底部整平，铺一层稻草或麦秸等，厚约 10cm，再铺干土或炉渣 3cm，把平踩实以后，在其上呈回纹状布加热线，两端固定在木橛上。线上再铺 3cm 厚炉渣和 3cm 碎草，以防止漏水和调节床温均匀。最后铺入培养土，厚度在 8～10cm。大中棚内将床土整细踩平后，直接把电热线铺在上面，加盖 1～2cm 的细砂或培养土，然后把营养钵或营养块放置在上面。

(5) 注意事项　为使床温整体上比较均匀，原则上电热线两侧密、中间稀；除与电源连接的导线外，其余部分都要埋在泥土中；线要绷紧，以防发生移动或重叠，造成床温不均或烧坏电热线；电加热线打结应在两端的普通导线处。

第三节　塑料中小拱棚

一、塑料中小拱棚结构

通常把跨度在 4～6m、棚高 1.5～1.8m 的称为中棚，可在棚内作业，并可覆盖草苫。中棚

有竹木结构、钢管或钢筋结构、钢竹混合结构，有设 1～2 排支柱的，也有无支柱的，面积多为 66.7～133m²。

小拱棚的跨度一般为 1.5～3m，高 1m 左右，单棚面积 15～45m²，它的结构简单、体积较小、负载轻、取材方便，一般多用轻型材料建成，如细竹竿、毛竹片、荆条、直径 6～8mm 的钢筋等能弯成弓形的材料做骨架。

二、小拱棚的性能、应用与建造

1. 性能

温度受外部环境温度影响比较大，升降温快，棚内不同部位的温度存在较大的差异。透光性能较好，但薄膜的透光率与薄膜的质量、污染、老化程度、膜面吸附水滴等情况有关。棚内空气湿度较高。

2. 应用

多用于春、秋各类蔬菜生产。在生产上一般和地膜覆盖相结合，主要适用于瓜、茄、豆和叶菜的春提早栽培；用于春、秋各类蔬菜作物育苗。也可用于冬季蔬菜越冬保护，或加盖草苫进行耐寒蔬菜的冬季栽培；特殊情况下用于秋季蔬菜的活体储存、保护。

3. 建造

(1) 主要技术参数 小棚一般棚宽 1.5～3cm，棚高 50～80cm，采用毛竹等材料按 80～100cm 的间距插成拱架，在拱架上覆盖塑料薄膜即成。

(2) 建造程序 平整土地，施足底肥，深翻后做成 1.5～3m 平畦，南北行向最好，按 80～100cm 的间距插 2m 长毛竹等材料插成拱架，上 2m 宽农膜，四周压严，棚膜要伸展，东西南北都要伸直，不留褶皱。

三、中拱棚性能与应用

中棚是全国各地普遍应用的简易保护地设施，其性能优于小棚，次于大棚。

主要用于春秋蔬菜早熟栽培和育苗，秋季的延后栽培，或加盖草苫进行耐寒蔬菜的越冬栽培。建造参照小拱棚部分。

第四节 塑 料 大 棚

塑料大棚和温室相比，具有结构简单、建造和拆装方便、一次性投资较少等优点；与中小棚相比，又具有坚固耐用、使用寿命长、棚体空间大、作业方便及有利作物生长，便于环境调控等优点。

一、塑料大棚的性能

(1) 温度条件 外界气温越高，增温值越大，外界气温低，棚内增温有限。低温的增温效果随天气的变化而变化，晴天增温 5～8℃，阴天增温 4～5℃。

(2) 湿度条件 晴天、刮风天湿度低，阴天、无风天湿度高；白天湿度低，夜间湿度高。湿度变化与温度变化有密切关系，温度升高，则相对湿度降低；温度降低，则相对湿度升高。

(3) 光照条件 棚内水平照度比较均匀，但垂直光照强度高处较强，向下逐渐减弱，近地面处最弱。

二、大棚的应用

(1) 蔬菜春季早熟栽培 主要用于果菜类早熟栽培，如茄果类、瓜类、豆类蔬菜春季早熟栽培，也可以用于高产高效叶菜类春季早熟栽培。在河南、山东一般比露地栽培提早 30～45d 上市。春季早熟栽培是我国北方塑料大棚生产的主要茬口，是经济效益最好的茬口。

（2）秋季延后栽培 主要用于果菜类延后栽培，如番茄、茄子、辣椒、黄瓜延迟栽培，在河南、山东一般比露地栽培延迟 30d 左右，是我国北方塑料大棚生产的重要茬口。

（3）秋冬进行耐寒性蔬菜的加茬栽培 主要用于蒜苗、香菜、菠菜等耐寒蔬菜加茬生产。

（4）春季育苗。

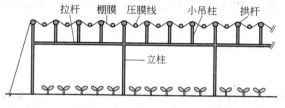

图 14-4 竹木结构大棚骨架纵剖面

三、主要结构类型与建造

1. 主要结构类型

（1）基本结构 竹木结构大棚骨架纵剖面见图 14-4。

（2）主要类型 按照骨架结构分为竹木结构（见图 14-5）、钢架无柱结构（见图 14-6）、管架结构（见图 14-7）和钢竹混合结构（见图 14-8）4 种。

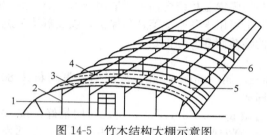

图 14-5 竹木结构大棚示意图

1—门；2—立柱；3—拉杆；4—小吊柱；
5—拱架；6—压杆（压膜线）

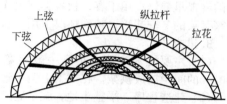

图 14-6 钢架无柱结构大棚示意

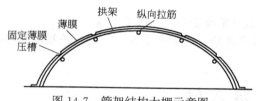

图 14-7 管架结构大棚示意图

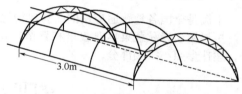

图 14-8 钢竹混合结构大棚示意图

2. 主要技术参数

南北行向，一般长 40～60m，跨度 8～12m，高度 2.5～3m。

3. 建造程序

以竹木结构大棚的施工为例介绍。

（1）立柱 立柱分中柱、侧柱、边柱三种。选直径 4～6cm 的圆木或方木为柱材。立柱基部可用砖、石或混凝土墩，也可用木柱直接插入土中 30～40cm。上端锯成缺刻，缺刻下钻孔，刻留固定棚架用。南北延长的大棚，东西跨度一般是 8～12m，两排相距 1.5～2.0m，边柱距棚边 1m 左右，同一排柱间距离为 1.0～1.2m，棚长根据大棚面积需要和地形灵活确定。然后埋立柱。根据立柱的承受能力埋南北向立柱 4～5 道，东西向为一排，每排间隔 3～5m，柱下放砖头和石块，以防柱下沉。柱子的高度要不断调整。

（2）拱杆 拱杆连接后弯成弧形，是支撑薄膜的拱架。如南北延长的大棚，在东西两侧划好标志线，使每根拱架设东西方向，放在中柱、侧柱、边柱上端的刻里，把拱架的两端埋和用直径为 3～4cm 的竹竿或木杆压成弧形，若一根竹竿长度不够，可用多根竹竿或竹片绑接而成。

（3）拉杆 拉杆是纵向连接立柱的横梁，对大棚骨架整体起加固作用。拉杆可用略于拱杆的竹竿或木杆，一般直径为 5～6cm，顺着大棚的纵长方向，每排队绑一根，绑的位置距顶 25～30cm 处，要用铁丝绑牢，以固定立西半球，使之连成一体。

（4）盖膜　首先把塑料薄膜，按棚面的大小粘成整体。如果准备开膛放风，则以棚脊为界，粘成两块长块，并在靠棚脊部的薄膜边粘进一条粗绳。不准备开膛放风的，可将薄膜粘成一整块。最好选晴朗无风的天气盖膜，先从棚的一边压膜，再把薄膜拉过棚的另一侧，多人一齐拉，边拉边将薄膜弄平整，拉直绷紧，为防止皱褶和拉破薄膜，盖膜前拱杆上用草绳等缠好，把薄膜两边埋在棚两侧宽 20cm、深 20cm 左右的沟中。

（5）压膜线　扣上塑料薄膜后，在两根拱杆之间放一根压膜线，压在薄膜上，使塑料薄膜绷平压紧，不能松动。位置可稍低于拱杆，使棚面成互垄状，以利排水和抗风，压膜线用专门用来压膜的塑料带。压膜线两端应绑好横木埋实在土中，也可固定在大棚两侧的地锚上。

（6）装门　在我国北方在南端或东端设门，用方木或木杆做门杠，门杠上钉上薄膜。采用塑料大棚育苗时，一般将棚内土地按大棚走向做成宽 1.0～1.5m 的小厢，每厢需加盖塑料薄膜，盖的方法与小拱棚相同。没有加热设施的大棚，在严寒季节，同样需采用多层塑料膜覆盖保温防冻。

第五节　日光温室

通常把温室内的热量主要来自太阳辐射的温室称为日光温室。节能日光温室为我国独创，早在 20 世纪 80 年代初期，辽宁省海城和瓦房店，创建了节能型日光温室，并在北纬 35°～43°地区的严寒冬季，成功地进行了不加温生产黄瓜、茄子等喜温性作物的生产。

一、日光温室的性能

1. 温度

日光温室的温度有季节变化和日变化。日光温室内的日变化状况决定于日照时间、光照强度、拉盖不透明物的早晚等。温室也具有局部温差。一般水平温差小于垂直温差，在一定范围内，温室越宽，水平温差越大，温室越高，垂直温差越小。纵向的水平温差小于横向。

冬季温室南部的土壤温度比北部高 2～3℃，而夜间北部比南部高 3～4℃，纵向水平温差为 1～3℃；温室南部植株生长较北部好。温室内土壤的高低与季节有关。总之，外界气温高，无冻土层影响时，室内的地温较高，气温与地温的温差小，如果外界的气温在 0℃ 以下，外界的土壤结冻时，室内的低温升高难度增大，气温与地温的温差增大。

一天中 5cm 深地温的最低温度出现在上午 8～9 时，最高温度出现在下午 3 时左右，15cm 深的最低温度出现在上午 9～11 时，最高出现在下午 6 时左右。下午盖帘后到第二天揭帘之前，地温变化缓慢，变化幅度在 2.5～4℃，离地面越深，变化幅度越小。

2. 光照

春季和秋季太阳的高度角较大，进入温室的光量多，而冬季的太阳高度角小，进入温室的光量小，温室的光照条件差。温室内光照的分布，因季节的不同而不同，而且部位不同局部的光差也很大，在同一水平方向上，由前向后，光照强度逐渐减少，以温室的后墙内侧光强最低。温室垂直方向上的光照，以温室的上层最高，中层次之，下层最差。距离透明覆盖物的距离越远，光照强度越弱。

3. 湿度

气温升降是影响空气相对湿度变化的主要因素。温室内的空气湿度，随天气变化、通风浇水等措施而有变化。一般晴天白天空气相对湿度为 50%～60%，而夜间可达到 90%，阴天白天可达到 70%～80%，夜间可达到饱和状态。晴天的夜间，整个夜间相对湿度高，且变化小，最高值出现在揭开草苫后十几分钟内。日出后，最小值通常出现在 14～15 时，温室内的空气相对湿度变化较大，可达 20%～40%，且与气温的变化规律相反，室内的气温越高，空气的相对湿度越低，气温越低，空气相对湿度越高。

由于温室的空气湿度大，温室内的土壤湿度也比同样条件下的露地土壤湿度大，温室内土壤的水分蒸发量与太阳辐射量成直线关系，太阳辐射量高，土壤蒸发量大。

4. 气体条件

寒冷季节的日光温室放风量小，放风时间短，造成温室内外的空气交换受阻，气体条件差异较大，这种差异主要表现在二氧化碳的浓度和有害气体上。

白天空气中的二氧化碳浓度一般在340ppm❶左右，并没有达到蔬菜的光合作用饱和点，温室生产，夜间蔬菜呼吸放出二氧化碳积累在温室中，早晨揭草苫时，二氧化碳的浓度可达到700～1000ppm。揭草苫后，随温度的提高，光照的增强，光合作用加剧，二氧化碳由于不断地被消耗，浓度很快下降，到中午放风之前，可降低到200ppm以下，对蔬菜的生长发育极为不利，是对二氧化碳比较敏感的时期。

有害气体主要包括氨气、亚硝酸气体、二氧化硫等对农作物造成伤害的气体。北方地区日光温室主要进行冬季反季节蔬菜生产，多在完全覆盖的条件下进行生产，有害气体极易造成积累，达到一定浓度极易产生危害。如辣椒对氨气尤其敏感，氨气可使植株灼伤，甚至死亡。当氨气的浓度达到5ppm时，蔬菜就会受害。辣椒对亚硝酸气体也比较敏感，当空气中的亚硝酸气体5～10ppm时，蔬菜即开始受害。黄瓜对二氧化碳、亚硝酸气体比较敏感。冬春季节日光温室及时合理通风换气是十分必要的。

5. 土壤条件

日光温室是在完全覆盖的条件下进行生产，大量施用肥料，只靠人工灌溉，没有雨水淋洗，很容易积累盐分。因此，在夏季温室闲置季节，要除去前屋面的薄膜，让雨水淋洗土壤，或用清水冲洗，在再次定植前要深翻土壤，通过多施有机肥的方法，减少化肥的施用量。

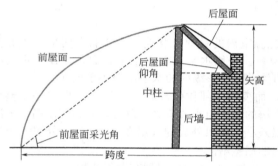

图14-9　日光温室的基本框架结构示意图

二、日光温室的作用

日光温室主要用于果菜类反季节生产，如茄果类、瓜类、豆类越冬栽培；果菜类早春早熟栽培，秋冬蔬菜栽培；用于各类蔬菜育苗；作为食用菌冬季、春季栽培设施。

三、日光温室的主要结构类型

1. 基本框架结构

北方地区日光温室基本框架结构可以概括为这样一句话"高后墙，短后坡，拱圆形"，也就是说后墙在建筑和受力许可范围内，尽量高一些，后坡适当短一些，前坡面为拱圆形，详见图14-9。

2. 主要类型

按照骨架结构分为竹木结构（见图14-10）、琴弦式结构（见图14-11）、钢架无柱温室结构（见图14-12）和高温型混合结构（见图14-13和图14-14）4种。前两种以前应用较多，随着经济发展和生产水平提高二者趋于淘汰，后两种是目前推广应用较多的类型。

高温型混合结构特点：地上部与基本框架相似，后墙一般用土砌成，后墙加厚，

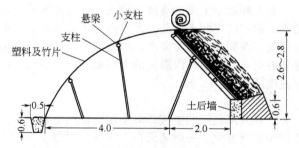

图14-10　竹木结构温室示意图（长后坡矮后墙式）（单位：m）

---

❶ 非我国法定计量单位，1ppm＝10^{-6}。

多为直角梯形，下底达到 4～4.5m，上底 2.5～3m。温室栽培床下沉 70～80cm，矢高达到 4.0m，跨度达到 9～10m，前坡建设材料可以用钢筋水泥结构，也可用钢架无柱结构，可以无后坡（见图 14-14），也可建后坡（见图 14-13），也可用土心砖墙。升温、保温效果更好，所以将此类温室称为高温型混合结构温室。

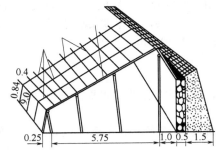

图 14-11　琴弦式结构温室示意图（单位：m）

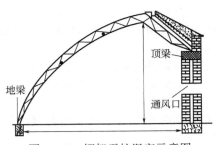

图 14-12　钢架无柱温室示意图

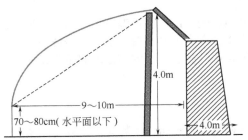

图 14-13　高温型混合结构温室示意图

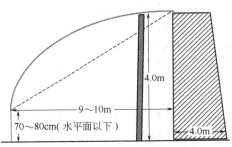

图 14-14　高温型无后坡混合结构温室示意图

四、日光温室的建造

（一）主要技术参数

日光温室的结构参数包含"五度、四比、三材"三个方面。

1.五度

指日光温室的跨度、高度、长度、角度和厚度。

（1）跨度　指温室南侧底角起至后墙内侧之间的宽度。适宜的跨度配以适宜的脊高，可以保证屋面采光角度合理，保证作物有足够的生长空间和便于作业。目前一般为 8m 左右。

（2）高度　包括脊高和后墙高。脊高又叫矢高，是指屋脊至房梁的高度。温室高度适当，前屋面采光角度合理，有利于白天的采光，而且室内空间大，操作方便，热容量也大，室温也高。目前一般为 3.2～3.4m。后墙的高度决定着后坡仰角的大小和后坡的高度，过高和过低都会影响温室后墙的吸热和室内操作。适度的高度一般为 2m 左右。

（3）长度　一般因地而异，但不能太短或太长。过短（30m 以下）由于两墙轮替遮荫，室内间光面积小，温度升不上去，影响生长；过长（100m 左右）管理温室不便，维护也比较困难。一般以 60～80m 为宜。

（4）角度　包括屋面角、后坡仰角和方位角。

屋面角是指前屋面与地平面的夹角，其角度是否合理，直接影响温室采光量的大小。屋面角越大，则采光量越大，但屋面角过大，会使温室的脊高过高，建造困难，保温性下降。一般北方地区拱圆形日光温室理想的屋面角应为底角 60°，前部 25°，后部 15°左右。

后坡仰角即后坡角度适中可使冬至前后中午整个温室照到阳光，后墙能吸热储能和反光。仰角一般应大于当地冬至中午时的太阳高度角，在北方地区应为 35°～40°，日光温室的方位一般均为东西延长，坐北朝南，这样可以在冬春季接受较多的太阳辐射。所以温室的方位一般为正南，方位角为0°，但也可根据本地区的气候特点和地形，向东或向西偏斜5°，增加上午或下午的光照时间。

（5）厚度　包括墙体厚度和后坡厚度。

日光温室的墙体和后坡既起承重作用，又起保温作用，所以墙体和后坡的厚薄直接影响温室的保温贮热性能。一般实心土墙的厚度要求达到1m以上，空心砖墙的厚度要求达到0.5m以上。后坡的厚度因覆盖材料不同而不同，一般最厚处要求达到0.4~0.5m。

2. 四比

指温室的前后坡比、高跨比、保温比和遮荫比。

（1）前后坡比　前屋面与后坡投影之比为前后坡比，二者比例适当，可提高土地利用率。目前跨度为8m的温室其前后坡比为7：1。

（2）高跨比　温室高度与跨度之比称为高跨比，高跨比适度，采光角度就合理。一般为1：2.5。

（3）保温比　前屋面面积与温室内净土地面积之比称为保温比，保温比合理，温室保温效果就好。高效节能型日光温室保温比要求达到1：1为好。

（4）遮荫比　主要是指前排温室对后排温室的遮荫影响。前后两排温室如果相距太近，则前排温室就会挡住后排温室一部分光照，影响后排温室生产，太远又浪费土地。实践证明，为了在冬至季节前排温室不遮挡后排温室的光照，则前排温室中柱到后排温室前沿的间距应是前排温室脊高的2.5倍。

3. 三材

即建筑材料、采光材料和保温材料。

（1）建筑材料　包括骨架材料和墙体材料。墙体材料多为土墙，少数为砖墙或石砌墙。骨架材料多为竹木材料和无机复合材料，少数为钢管材料。

（2）采光材料　即温室前屋面上覆盖的农膜。常用的有聚乙烯长寿无滴膜、聚氯乙烯长寿无滴膜和醋酸乙烯长寿无滴膜等。另外，在夏季还使用遮阳网和防虫网等遮光、降温、防虫材料。

（3）保温材料　包括墙体中填充的珍珠岩、炉渣、锯末等隔热材料和覆盖后坡的秸秆、草泥、珍珠岩以及覆盖前屋面的草苫、纸被、保温被等。草苫一般用稻草或蒲草编织，其中以稻草草苫原料来源广泛，保温效果较好，一般可提高温度5~6℃。草苫要打得厚而紧密，才有良好的保温效果。草苫一般宽1.2m，长8m，重30kg以上。好草苫要有7~8道筋，两头还要加上一根小竹竿，这样才能经久耐用。

（二）日光温室的施工程序

1. 场地的选择

要注意下列几点：一是阳光要充足，东南西三侧无遮荫物；二是避开风道；三是土质疏松肥沃，地下水位低；四是靠近居民点及公路干线；五是电源和水源。电源为220伏照明电，水源要求水质良好无污染；六是避开污染严重的环境；七是靠近蔬菜批发市场，有利于销售；或者在温室生产集中区建设蔬菜批发市场，搞活流通，提高效益。

2. 平整地面与放线

修建温室一般在当地雨季结束到土壤冻结前半个月进行。第一步，设计好日光温室平面图。第2步，测定好方位角。温室采光好坏主要取决于日光温室的方位角、温室前坡角度、温室前坡的形状、塑料薄膜的透光率、温室内骨架的遮光程度等方面。温室最佳方位角一般为正南偏东或偏西5°~10°。在气候温和地区，可早揭草苫，方位角采取正南或南偏东5°，每偏东1°太阳光线与前屋面垂直时间提前4min；南偏东5°提前20min；北纬40°以及北纬度较高的地区，早晨揭苫偏晚，可采取南偏西5°~10°的方位角。偏西1°则延迟4min，南偏西10°延迟40min，有利于在光照最好的13时进入温室的光量最大，也利于延长午后的光照蓄热时间。第三步，确定温室四个角的角桩。第四步，确定山墙和后墙的位置。

3.进料筑墙

筑土墙所需用土可在定位后的温室后墙外侧挖沟取土，不可用定位后的温室内耕作层土。如取土困难，可将耕作层土堆放在一边，用底层生土打墙，然后再将耕作层熟土返回原地。土墙的厚度一般底口 1～1.2m、上口 0.6～0.8m 为宜，分次作业至所需的高度。夯土墙时不能分段进行，应分层夯实，避免土墙体纵裂，影响温室牢固性和保温性。

4.立屋架、埋立柱

首先埋好后立柱（顶立柱），再上半人字梁和桁条，再埋前立柱、中立柱，立柱设计要求高矮一致，距离相等，东西南北上线，立柱下端最好埋 4 块砖作底基，防止立柱受压力后下沉。安装前屋面毛竹骨架，可用 8 号铁丝将毛竹和立柱固定好。

5.覆盖后屋面

后屋面共分五层。第一层：苇把屋面（材料为玉米秸、高粱秸）；第二层：泥糠混合物；第三层：旧农膜；第四层：泥糠混合物；第五层：草屋面。最后压顶封檐。

6.最后工序

拉铁丝、上竹子，覆盖膜。

（三）附属设施

附属设备和设施包括防雨膜、反光幕。

防雨膜是夜间盖在草苫上面的一层农膜，一般用普通农膜或用从温室上换下来的上一年的旧农膜更经济。覆盖防雨膜后，可有效地防止雨雪打湿草苫而降低保温性。

反光幕是把聚酯膜一面镀铝，再复合上一层聚乙烯，形成反光的镜面膜。张挂反光幕的区域内，光照强度增强。据测定，张挂反光幕后，距反光幕 2m 远，距地面 1m 高处，平均最高气温比对照增加 3.1℃，最低温度比对照高 3.6℃。

第六节　夏季保护设施和防虫网

一、夏季保护设施

1.遮阳网结构与作用

遮阳网俗称遮荫网、凉爽纱，国内产品多以聚乙烯、聚丙烯等为原料，是经加工制作编织而成的一种轻量化、高强度、耐老化、网状的新型农用塑料覆盖材料。利用它覆盖作物具有一定的遮光、防暑、降温、防台风暴雨、防旱保墒和忌避病虫等功能。遮阳网一年内可重复使用 4～5 次，寿命长达 3～5 年。

（1）遮阳网的种类　依颜色分为黑色或银灰色，也有绿色、白色和黑白相间等品种。依遮光率分为 35%～50%、50%～65%、65%～80%、≥80% 共四种规格，应用最多的是 35%～65% 的黑网和 65% 的银灰网。宽度有 90cm、150cm、160cm、200cm、220cm 不等，每平方米重 45～49g。选购遮阳网时，要根据作物种类的需光特性、栽培季节和本地区的天气状况来选择颜色、规格和幅宽。

（2）大棚遮阳网的覆盖形式　利用冬春塑料薄膜大棚栽培蔬菜之后，夏季闲置不用的大棚骨架盖上遮阳网进行夏秋蔬菜栽培或育苗的方式，是夏秋遮阳网覆盖栽培的重要形式。根据覆盖的方式又可分为棚内平盖法、大棚顶盖法和一网一膜三种。棚内平盖法是利用大棚两侧纵向连杆为支点，将压膜线平行沿两纵向连杆之间拉紧连成一平行隔层带，再在上面平铺遮阳网，一般网离地面 1～1.5m；大棚顶盖法和一网一膜法覆盖一般大棚两侧离地面 1m 左右悬空不覆网。根据各地经验，栽培绿叶菜最佳的覆盖方式是一网一膜法，其遮阳降温、防暴雨的性能较单一的遮阳网覆盖的效果要好得多，但要注意，遮阳网一定要盖在薄膜的上面，如果把遮阳网盖在薄膜的内侧，则大棚内是热积聚增温而不是降温，所以应特别注意。

2.防雨棚结构与作用

防雨棚是在多雨的夏、秋季，利用塑料薄膜等覆盖材料，扣在大棚或小棚的顶部，任其四周通风不扣膜或扣防虫网，使作物免受雨水直接淋洗。利用防雨棚进行夏季蔬菜和果品的避雨栽培或育苗。

二、防虫网

防虫网是以高密度聚乙烯等为主要原料，经拉丝编织而成的 20～30 目（每 2.54cm 长度的孔数）等规格的网纱，具有耐拉强度大，优良的抗紫外线、抗热性、耐水性、耐腐蚀、耐老化、无毒、无味等特点。防虫网覆盖能简易、有效地防止害虫对夏季小白菜等的危害。

本 章 小 结

蔬菜栽培设施包括风障、阳畦、温床、地膜等简易设施和塑料拱棚、日光温室、智能化大型连栋温室等保温设施，以及遮阳网、防虫网、防雨棚等越夏栽培设施。其中塑料拱棚和日光温室建造成本较低，空间较大，温度条件好，经济效益高，应用广泛；温床、阳畦的空间低矮，不适合栽培一般的蔬菜，但温度和光照条件好，主要用于蔬菜育苗。农用塑料薄膜易于覆盖，成本低，并且品种类型也比较多，是目前蔬菜设施的主要透明覆盖材料。设施建造场地的环境条件对设施内环境的影响很大，建造时应选择适宜的位置，设施间应合理搭配和排列，并根据设施类型和使用季节选择适宜的建造方位，设计合理的结构，以保证设施的性能良好，有利于蔬菜生产，补充露地蔬菜生产产品供应的淡季，充分满足市场和人民生活的需要，同时取得较大的经济效益。

复习思考题

1. 简述我国北方地区主要蔬菜栽培设施的种类、性能和作用。
2. 日光温室"五度、四比、三材"含义及确定依据是什么？
3. 简述日光温室、塑料大棚和遮阳网的建造程序。

实训一 主要塑料薄膜与遮阳网的性能比较

一、目的要求

掌握塑料薄膜与遮阳网性能及应用，学会塑料薄膜与遮阳网识别及其合理性的评估。

二、材料与用具

米尺，砝码天平，照度计，普通温度计，最高最低温度计，聚乙烯薄膜，聚氯乙烯薄膜，50～100 目遮阳网等。

三、方法与步骤

分室内和野外两部分。

1. 塑料薄膜性能比较

（1）室内　看：颜色差异；测：同样表面积重量区别，单位面积重量＝重量（g）/面积（m²）；摸：手感；拉：伸展性和弹性；算：计算同样大小室两种薄膜的用量差异。

（2）野外　问：价格差异，使用寿命差异，效果差异；比：比较两种薄膜的投资情况；查：比较二者扣膜时间不同的透光率，透光率＝室内光强/室外光强×100%；测一下相同地点，同一时刻气温、地温差异，再测一下相同地点气温和地温昼（14 时）夜（0 时）温度和温度差。

2. 遮阳网性能比较

（1）室内　测：同样表面积质量区别，单位面积质量＝质量（g）/面积（m²）；算：计算同样大小温室各种规格遮阳网的用量差异；数：各种规格遮阳网同样表面积孔眼多少，目＝孔眼

（个）/面积（英寸）。

（2）野外　查：实地调查比较各种规格遮阳网的透光率，透光率＝室内光强/室外光强×100％；测：同一时刻气温、低温差异。

四、作业

写出不同塑料薄膜、各种规格遮阳网室内比较项目和结果及室外调查结果报告，并进行科学评估。

实训二　蔬菜的设施类型调查

一、目的要求

掌握本地区主要园艺设施栽培的结构特点、性能及应用，学会园艺设施构件的识别及其合理性的评估。

二、材料与用具

皮尺，量角器等。

三、方法与步骤

1.测　用皮尺和量角器实地测量温室"四比"和"五度"；大中棚长度、跨度，各类立柱高度和间距。

2.看　不同温室、大中棚结构特点，并加以描述。

3.问　访问不同温室、大中棚主要性能，种植茬次，作物，季节，上市时间，产量，投资，效益等。

4.思　评估温室、大中棚利用及发展前景等。

四、作业

写出温室、大中棚类型实地调查评估报告。

实训三　电热温床的设计与安装

一、目的要求

学习电热温床的设计方法，掌握电热线的铺设、自动控温仪和电热线的连接安装等基本技能。

二、材料与用具

电热线，自动控温仪，交流接触器，电工工具，稻草或炉渣等隔热材料。

三、方法与步骤

1.设计

（1）计算布线间距　单位苗床或栽培床的面积上需要铺设电热线的功率密度。

实践证明，如果苗床内地温要保持在 $18\sim20℃$，则每平方米功率需要 $80\sim100W$，布线前应先根据公式计算电热线的布线行数和布线间距。

$$1根电热线电热温床面积＝1根电热线的额定功率/功率密度$$

（2）计算布线行数和间距　布线行数最好为偶数，以便电热线的引线能在一侧，便于连接。

$$布线行数＝线长－苗床宽度/苗床长度$$
$$布线间距＝苗床宽度/（布线行数－1）$$

2. 制作苗床

选择设施内光照、温度最佳的部位做苗床，畦埂高于床面 10cm。要求床面平整，无坚硬的土块或碎石，上虚下实。如地温低于 10℃，应在床面上铺 5cm 厚的腐熟马粪、碎稻草、细炉渣等隔热层，压少量细土，用脚踩实。

3. 布线

布线前，先在温床两头按计算好的距离钉上小木棍，布线一般由 3 人共同操作。一人持线往返于温床的两端放线，其余 2 人各在温床的一端将电热线挂在木棍上，注意拉紧调整距离，使电热线紧贴地面，防止松土、交叉或打结。为使苗床内温度均匀，苗床两侧布线距离应略小于中间。

4. 连接自动控温仪、交流接触器等

各种用电器的连接顺序为电源→控温仪→交流接触器→电热线。当功率＜2000W 时，可采用单相接法，直接接入电源，或加控温仪；功率＞2000W 采用单项加接触器和控温仪的接法，并装置配电盘。功率电压较大时可用 380V 电源，并选用与负载电压相同的交流接触器，采用三相四线连接法。连接完毕把电热线与外接导线的接头埋入土中。整床电热线布设完毕，通电成功后再断电，准备铺床土。

5. 铺床土

如果作播种床，铺 5cm 厚的酿热物，如果作为分苗床铺 10cm 厚床土；如果用育苗盘或营养钵可直接摆在电热线上。

四、作业

现有一根长 100m，额定功率为 100W 的电热线，设定功率密度为 80W/m²，计算其可铺设的苗床面积，设苗床宽度为 1.0m，计算出布线行数及布线间距，并绘出线路连接图。

实训四　棚膜粘合方式与扣棚技术

一、目的要求

学习物理棚膜粘合方法、扣棚技术，掌握棚膜物理粘合和扣棚等基本技能。

二、材料与用具

可调温电熨斗，废旧报纸，长凳子或长条桌，4m 宽塑料薄膜 2 幅，电工工具，方木棍，铁筛网，水泥钉，小鞋钉，压膜线若干，16 号细铁丝（25～30cm）若干，8～10 号铁丝（40～60cm）若干，钳子，锤子，细竹竿。

三、方法与步骤

1. 棚膜粘合

（1）计算材料（以 50m 长，8m 跨度温室为例）　薄膜：需要 8m 宽、54m 长聚乙烯棚膜 1 幅（采光膜），1m 宽、54m 长聚乙烯棚膜 1 幅（风口膜）；压膜线：需要 8.5m 长压膜线 49 根，54m 长压膜线 2 根；其他：需要 16 号细铁丝（25～30cm）49 根，8～10 号铁丝（40～60cm）16 根，水泥钉 32 个，细竹竿 9 根。

（2）薄膜物理粘合　准备：打扫场地；将学生分成 4～6 人 1 组；可调温电熨斗接通电源预热；剪取薄膜；将筛网固定在放木棍一侧，要求平展无褶皱；截取压膜线、铁丝。

熨薄膜：可调温电熨斗调至 60～70℃，将两幅薄膜边重叠 7～10cm，至于放木棍筛网一侧，

1 人持可调温电熨斗，1～2 人向前均匀拉拽薄膜，2～3 人将两幅薄膜边重叠；熨膜前薄膜上面垫一层废旧报纸，防止烫伤薄膜，缓慢推进，每组熨 10m 左右。

（3）熨压膜线　准备：采光膜、风口膜其中一侧要有压膜线贯穿，目的固定采光膜，便于风口膜放风。将其一侧向内折叠 5～7cm，并将 54m 压膜线包裹其内，然后熨折叠口。方法同前。

2.扣棚

扣棚宜选择在无风的天气扣棚。将学生分成 12～15 人 1 组。

（1）固定压膜线　将所有压膜线一端固定于后坡南沿的压膜线线圈或铁丝上。

（2）固定采光膜　将采光膜一端用 4 根小竹竿两两并拢均匀卷起，最大长度不超过 2m，按预定位置用水泥钉固定温室山墙一侧，用 8～10 号铁丝加固。然后将另一端拉向温室另一侧，采光膜另一端用 4 根小竹竿两两并拢均匀卷起，由 4～6 人用力拉膜，并卷裹多余部分，反复 3～4 次，直至棚膜平展，用水泥钉固定温室山墙，并用 8～10 号铁丝加固，最后用 16 号铁丝将采光膜上端（压膜线一端）固定在骨架上。

（3）安装封口膜　同（2），但风口膜压膜线一端向下，也不用固定。

（4）安装压膜线　将所有压膜线另一端固定于温室前沿的压膜线线圈或地猫上，用力拉紧，系牢。

四、作业

1.叙述温室棚膜粘合技巧和扣棚基本程序。

2.根据温室棚膜粘合技巧和扣棚基本程序，按照塑料大棚结构设计一下大棚棚膜粘合、扣棚方案。

实训五　设施小气候的观测

一、目的要求

学习小气候观测仪器的使用方法，熟悉温室大棚小气候观测方法，掌握设施内小气候变化的一般规律。

二、材料与用具

照度计，便携式红外线二氧化碳测定仪，干湿球温度计，普通温度计，最高最低温度计，套管地温表，皮尺等。

三、方法与步骤

每 4～8 个学生为一小组进行观测记录。

1.光照强度观测

（1）光照强度的分布　在设施中部选取一垂直剖面，从南向北树立根标杆，第一杆距南侧（大棚内东西两侧标杆距棚边）0.5m，其他各杆相距 1m。每杆垂直方向上每 0.5m 设一测点。

在设施内距地面 1m 高处，选取一水平断面，按东、中、西和南、中、北设 9 个点，在室外距地面 1m 高处，设一对照测点。

每一剖面，每次观测时读两遍数，取平均值。两次读数的先后次序相反，第一次先从南到北，由上到下；第二次从北到南，由上到下。每日观测时间：上午 8 时，下午 1 时。

（2）光照强度的日变化观测　观测设施内中部与露地对照区 1m 高处的光照强度变化情况，记载 2 时、6 时、10 时、14 时、18 时、22 时的光照强度。

2.光照和湿度观测

观测设施内气温、湿度的分布情况和日变化情况，观测点、观测顺序和时间同光照强度。

3.地温观测

在设施内水平面上，于东西和南北向中线，从外向里，每 0.5～1.0m 设一观测点，测定 10cm 地温分布情况。并在中部一点和对照区观测 0cm、10cm、20cm 地温的日变化。观测时间同温度日变化观测。

4.二氧化碳浓度观测

观测设施内二氧化碳浓度的分布情况和日变化情况，观测点、观测顺序和时间同光照强度。

四、作业

1.根据观测数据，绘出设施内等温线图、光照分布图，并简要分析所观测设施温度、光照分布特点及其形成的原因。

2.绘出设施内温度（气温和地温）和湿度的日变化曲线图。

3.根据观测数据，计算水平温差和垂直温差、水平光差和垂直光差。

第十五章　蔬菜设施栽培的技术基础

【学习目标】

了解蔬菜设施栽培立体种植的类型和方法；掌握蔬菜设施的光、温、湿、气、土5个环境因子调控技术及塑料大棚、日光温室茬口安排原则和类型。

设施蔬菜栽培是在一定的空间范围内进行的，因此生产者对环境的干预、控制和调节能力与影响，比露地栽培要大得多。设施蔬菜通过人为地调节控制，尽可能使作物与环境间协调、统一、平衡，人工创造出作物生育所需的最佳的综合环境条件，从而实现蔬菜等作物设施栽培的优质、高产、高效。因此设施蔬菜栽培管理的重点和核心是创造出适合环境条件的作物品种及其栽培技术，创造出使蔬菜作物本身特性得以充分发挥的环境。设施蔬菜栽培实质是根据作物遗传特性和生物特性对环境的要求，调控环境，制定相应的栽培技术措施。制定生产方案时应该注意了解设施、作物、条件和手段。

第一节　温度调控

温度是设施栽培中相对容易调节控制，又十分重要的环境因子。设施内温度的调节和控制包括保温、加温和降温三个方面。温度调控要求达到能维持适宜于作物生育的设定温度，温度的空间分布均匀，变化平缓。

一、设施内的热收支状况

1. 热量来源

塑料大棚和日光温室是根据温室效应原理设计建造的，太阳能是设施中的热量来源。所谓温室效应就是太阳光透过透明材料进入大棚或温室内部空间，使进入大棚或温室的太阳辐射能大于其向周围环境散失的热量，设施内的温度就会不断升高，这个过程称之为"温室效应"。

2. 热量损逸

（1）地中传热　白天进入室内的热量，大部分被地面（包括墙壁、立柱、后坡等构件和作物）吸收，其中一部分向地下传导，使地温升高并蓄热，一部分热量在土壤中经过横向传导，传递到室外土壤中，这种现象叫"地中传热"。

（2）贯流放热　地面得到的热中，有一部分以反射和对流的形式被传递到温室各维护面（包括墙体、屋顶及棚膜）的内表面，然后又由外表面以辐射和对流的方式把热量散失到空气中去。这样一个包括辐射＋对流→传导→辐射＋对流的失热过程，叫做"贯流放热"。

（3）缝隙放热　有一部分热量还会通过温室的门窗、墙壁的缝隙和棚膜的孔隙，以对流的形式向室外传热，这叫做"缝隙放热"。

设施散热途经：经过覆盖材料的围护结构传热；通过缝隙漏风的换气传热；与土壤热交换的地中传热。

二、设施温度环境特点

1. 气温

（1）与外界气温的相关性　园艺设施内的气温远远高于外界温度，而且与外界温度有一定的相关性：光照充足的白天，外界温度较高时，室内气温升高快，温度也高；外界温度低时，室内温度也低，但室内外温度并不呈正相关，但设施内的温度主要取决于光照强度，严寒的冬季只要晴天光照充足，即使外界温度很低，室内温度也能很快升高，并且保持较高的温度；遇到阴天，虽然室外温度并不低，室内温度上升量却很少。

（2）气温的日变化　太阳辐射的日变化对设施的气温有着极大的影响，晴天时气温变化显著，阴天不显著。塑料大棚在日出之后气温上升，最高气温出现在 13 时，14 时以后气温开始下降，15 时以后下降速度加快，直到覆盖草苫时为止。盖草苫后气温回升 1～3℃，以后气温平缓下降，直到第二天早晨日落前下降最快，昼夜温差较大。日光温室内最低气温往往出现在揭开草苫前的短时间内。

（3）气温在空间上的分布　设施内的气温在空间上分布是不均匀的。白天气温在垂直方向上的分布是日射型，气温随高度的增加而上升；夜间气温在垂直方向的分布是辐射型，气温随着高度增加而降低；上午 8 时至 10 时和下午 14 时至 16 时是以上两种类型的过渡型。南北延长的大棚里，气温在水平方向的分布，上午东部高于西部，下午则相反，温差 1～3℃。夜间，大棚四周气温比中部低，一旦出现冻害，边沿一带最先发生。日光温室内气温在水平方向上的分布存在着明显的不均匀性。在南北方向上，中柱前 1～2m 处气温最高，向北、向南递减。在高温区水平梯度不大，在前沿和后屋面下变化梯度较大。晴天的白天南部高于北部，夜间北部高于南部。温室前部昼夜温差大，对作物生长有利。东西方向上气温差异较小，只是靠东西山墙 2m 左右温度较低，靠近出口一侧最低。

2.地温

设施内的地温不但是蔬菜作物生长发育的重要条件，也是温室的热量来源，夜间日光温室内的热量，有将近 90％来自土壤的蓄热。

（1）热岛效应　日光温室采光、保温设计合理，室外冻土层深达 1m，室内土壤温度也能保持 12℃以上，设施内从地表到 50cm 深的地温都有明显的增温效应，但以 10cm 以上的浅层增温显著，这种增温效应称之为"热岛效应"。但温室内的土壤并未与外界隔绝，室内外温差很大，土壤的热交换是不可避免的。由于土壤热交换，使大棚温室四周与室外交界处地温不断下降。

（2）地温的变化　日光温室地温的水平分布具有以下特点：5cm 土层温度在南北方向上变化比较明显，晴天的白天，中部温度最高，向南、向北递减；后屋面下低于中部，但比前沿地带高，夜间后屋面下最高，向南递减。阴天和夜间地温的变化梯度比较小。东西方向上差异不大，靠门的一侧变化较大，东西山墙内侧温度最低。塑料大棚地温，无论白天还是夜间，中部都高于四周。设施内的地温，在垂直方向上的分布与外界明显不同。外界条件下，0～50cm 的地温随土壤深度的增加而增加，即越深温度越高，不论晴天或阴天都是一致的。设施内的情况则完全不同，晴天白天上层土壤温度高，下层土壤温度低，地表 0cm 温度最高，随深度的增加而递减；阴天，特别是连阴天，下层土壤温度比上层土壤温度高，越是靠地表温度越低，20cm 深处地温最高。这是因为阴天太阳辐射能少，气温下降，温室里的热量主要靠土壤贮存的热量来补充，因此，连阴天时间越长，地温消耗也越多，连续 7～10d 的阴天，地温只能比气温高 1～2℃，对某些作物就要造成危害。

三、保温

设施保温原理：减少向设施内表面的对流传热和辐射传热；减少覆盖材料自身的热传导散热；减少设施外表面向大气的对流传热和辐射传热；减少覆盖面的漏风而引起的换气传热。

1.减少贯流放热和通风换气量

温室大棚散热有 3 种途径：经过覆盖材料的围护结构传热；通过缝隙漏风的换气传热；与土壤热交换的地中传热。3 种传热量分别占总散热量的 70％～80％，10％～20％和 10％以下。各种散热作用的结果，使单层不加温温室和塑料大棚的保温能力比较小。即使气密性很高的设施，其夜间气温最多也只比外界气温高 2～3℃。在有风的晴夜，有时还会出现室内气温反而低于外界气温的逆温现象。

2.多层覆盖保温

为提高塑料大棚的保温性能，可采用大棚内套小棚、小棚外套中棚、大棚两侧加草苫，以及固定式双层大棚、大棚内加活动式的保温幕等多层覆盖方法，有较明显的保温效果。

北方隆冬季节日光温室内作物行内覆盖地膜，行间再铺设碎秸秆、稻草等可以有效地保持地温，冬季晚间在草苫外加一层薄膜可以有效保持夜间的气温，同时又有防雨雪的作用。

3.增大保温比

适当减低农业设施的高度，缩小夜间保护设施的散热面积，有利提高设施内昼夜的气温和地温。

4.增大地表热流量

① 增大保护设施的透光率，使用透光率高的玻璃或薄膜，正确选择保护设施方位和屋面坡度，尽量减少建材的阴影，经常保持覆盖材料干洁。

② 减少土壤蒸发和作物蒸腾量，增加白天土壤贮存的热量，土壤表面不宜过湿，进行地面覆盖也是有效措施。

③ 设置防寒沟，防止地中热量横向流出。在设施周围挖一条宽 30cm，深与当地冻土层相当的沟，沟中填入稻壳、蒿草等保温材料。

四、加温

1.设施加温

我国北方传统的大棚或温室，大多采用炉灶煤火加温，近年来大型连栋温室和花卉温室多采用锅炉水暖加温或地热水暖加温，也有采用热水或蒸汽转换成热风的采暖方式。

2.临时加温

塑料大棚大多没有加温设备，少部分试用热风炉短期加温，对提早上市提高产量和产值有明显效果。用液化石油气经燃烧炉的辐射加温方式，对大棚防御低温冻害也有显著效果。用木炭、电力等临时加温措施，对大棚或日光温室生产抵御连续阴雨雪天气等低温自然灾害的作用十分明显，在北方广大农村应用比较普遍。

五、降温

保护设施内降温最简单的途径是通风，但在温度过高、依靠自然通风不能满足作物生育的要求时，必须进行人工降温。

1.通风

（1）带状通风　又称扒缝放风。扣膜时预留一条可以开闭的通风带，覆膜时上下两幅薄膜相互重叠 30～40cm。通风时，将上幅膜扒开，形成通风带。通风量可以通过扒缝的大小随意调整。

（2）筒状通风　又称烟囱式防风。在接近棚顶处开一排直径为 30～40cm 的圆形孔，然后粘合一些直径比开口稍大、长 50～60cm 的塑料筒，筒顶粘合上一个用 8 号线做成的带十字的铁丝圈，需大通风时，将筒口用竹竿支起，形成一个个烟囱状通风口；小通风时，筒口下垂；不通风时，筒口扭起。这种方法在温室冬季生产中排湿降温效果较好。

（3）底脚通风　多用于高温季节，将底脚围裙揭开，昼夜通风。需遵循以下原则。

① 逐渐加大通风量。通风时，不能一次开启全部通风口，先开 1/3 或 1/2，过一段时间后再开启全部风口。可将温度计挂在设施内几个不同的位置，以决定不同位置通风量大小。

② 反复多次进行。高效节能日光温室冬季晴天 12 时至 14 时室内最高温度可以达到 32℃以上，此时打开通风口，由于外界气温低，温室内外温差过大，常常是通风不足半小时，气温已下降至 25℃以下，此时应立即关闭通风口，使温室贮热增温，当室内温度再次升到 30℃左右时，重新防风排湿。这种通风管理应重复几次，使室内气温维持在 23～25℃。由于反复多次的升温、放风、排湿，可有效地排除温室内的水汽，二氧化碳气体得到多次补充，室内温度维持在适宜温

度的下限，并能有效地控制病害的发生和蔓延。

③ 早晨揭苫后不宜立即放风排湿。冬季外界气温低时，早晨揭苫后，常看到温室内有大量水雾，若此时立即打开通风口排湿，外界冷空气就会直接进入棚内，加速水汽的凝聚，使水雾更重。因此冬季日光温室应在外界最低气温达到 0℃ 以上时通风排湿。一般开 15～20cm 宽的小缝半小时，即可将室内的水雾排出。中午再进行多次放风排湿，尽量将日光温室内的水汽排出，以减少叶面结露。

④ 低温季节不放底风。喜温蔬菜对底风（扫地风）非常敏感，低温季节生产原则上不放底风，以防冷害和病害的发生。

2. 遮光降温法

遮光 20%～30% 时，室温相应可降低 4～6℃。在与温室大棚屋顶部相距 40cm 左右处张挂遮光幕，对温室降温很有效。遮光幕的质地以温度辐射率越小越好。考虑塑料制品的耐候性，一般塑料遮阳网都做成黑色或墨绿色，也有的做成银灰色。室内用的白色无纺布保温幕透光率 70% 左右，也可兼做遮光幕用，可降低棚温 2～3℃。另外，也可以在屋顶表面及立面玻璃上喷涂白色遮光物，但遮光、降温效果略差。在室内挂遮光幕，降温效果比在室外差。

3. 屋面流水降温法

流水层可吸收投射到屋面的太阳辐射的 8% 左右，并能用水吸热来冷却屋面，室温可降低 3～4℃。采用此方法时需考虑安装费和清除玻璃表面的水垢污染的问题。水质硬的地区需对水质做软化处理再用。

4. 蒸发冷却法

使空气先经过水的蒸发冷却降温后再送入室内，达到降温的目的。

第二节　光照调控

一、设施内光照环境

植物的生命活动，都与光照密不可分，因为其赖以生存的物质基础，是通过光合作用制造出来的。目前我国农业设施的类型中，塑料拱棚和日光温室是最主要的，约占设施栽培总面积的 90% 或更多。塑料拱棚和日光温室是以日光为唯一光源与热源的，所以光照环境对设施农业生产的重要性是处在首位的。

1. 光照度

设施内的光照度只有自然的 70%～80%。如采光设计不科学，透入的光量会更少，而薄膜用过一段时间后透光率降低，室内的光照强度将进一步减弱。设施内光照度的日变化和季节变化都与自然光照度的变化具有同步性，但设施内的光照变化较室外平缓。

设施内光照度在空间上分布不均匀。在垂直方向上越靠近薄膜光照强度越强，向下递减，靠薄膜处相对光强为 80%，距地面 0.5～1.0m 为 60%，距地面 20cm 处只有 55%。在水平方向上，南北延长的塑料大棚，上午东侧光照强度高，西侧低，下午相反，从全天来看，两侧差异不大。东西延长的大棚，平均光照度比南北延长的大棚高，升温快。但南部光照度明显高于北部，南北最大可相差 20%。日光温室从后屋面水平投影以南光较强，在东西方向上，由于山墙的遮荫作用，东西山墙内侧大约各有 2m 的弱光区。

2. 光照时数

设施内的光照时数主要受纬度、季节、天气情况及防寒保温的管理技术的影响。塑料拱棚为全透明设施，无草苫等外保温设备，见光时间与露地相同，没有调节光照时间长短的功能，而日光温室由于冬春覆盖草苫保温防寒，人为地缩短了日照时数。

3. 光质

即光谱组成。露地栽培阳光直接照在作物上。光的成分一致，不存在光质差异。而设施栽培中由于透明覆盖材料的光学特性，使进入设施内的光质发生变化。例如，玻璃能阻隔紫外线，对 5000nm 和 9000nm 的长波辐射透过率也较低。

二、改善设施光照环境的措施

蔬菜设施内对光照条件的要求：一是光照充足；二是光照分布均匀。从目前的国情出发，我国主要依靠增强或减弱农业设施内的自然光照，适当进行补光，而发达国家补光已成为重要手段。

1. 改进设施结构，提高透光率

（1）选择好适宜的建筑场地及合理的建筑方位　选择四周无遮荫的场地建造温室大棚并计算好棚室前后左右间距，避免相互遮光。

（2）设计合理的屋面坡度　优化设计，合理布局，建造日光温室前进行科学的采光设计，确定最优的方位、前屋面采光角、后屋面仰角等与采光有关的设计参数。单栋温室主要设计好后屋面仰角、前屋面与地面交角、后坡长度，既保证透光率高也兼顾保温好。连接屋面温室屋面角要保证尽量多进光，还要防风、防雨（雪）使排雨（雪）水顺畅。

（3）合理的透明屋面形状　生产实践证明，拱圆形屋面采光效果好。

（4）骨架材料　在保证温室结构强度的前提下尽量用细材，以减少骨架遮荫，梁柱等材料也应尽可能少用。

（5）选用透光率高且透光保持率高的透明覆盖材料　我国以塑料薄膜为主，应选用防雾滴且持效期长、耐候性强、耐老化性强等优质多功能薄膜，如漫反射节能膜、防尘膜、光转换膜。大型连栋温室，有条件的可选用 PC 板材。

2. 改进栽培管理措施

（1）保持透明屋面干洁　使塑料薄膜温室屋面的外表面少染尘，经常清扫以增加透光，内表面应通过放风等措施减少结露（水珠凝结），防止光的折射，提高透光率。

（2）早揭晚盖覆盖物　在保温前提下，尽可能早揭晚盖外保温和内保温覆盖物，增加光照时间。在阴雨雪天，也应揭开不透明的覆盖物，在确保防寒保温的前提下时间越长越好，以增加散射光的透光率。双层膜温室，可将内层改为白天能拉开的活动膜，以利光照。

（3）合理安排种植行向，合理密植　合理选择行向，合理密植目的是为减少作物间的遮荫，密度不可过大，否则作物在设施内会因高温、弱光发生徒长，作物行向以南北行向较好，没有死阴影。若是东西行向，则行距要加大，尤其是北方单栋温室更应注意行向。

（4）加强植株管理　黄瓜、番茄等高秧作物采用扩大行距、缩小株距的配置形式，改善行间的透光条件；及时整枝打杈，改插架为吊蔓，减少遮荫；必要时可利用高压水银灯、白炽灯、荧光灯、阳光灯等进行人工补光。及时整枝打杈，及时吊蔓或插架。进入盛产期时还应及时将下部老叶摘除，以防止上下叶片相互遮荫。

（5）选用耐弱光的品种。

（6）温室后墙涂成白色或张挂反光幕，地面铺地膜，利用反射光改善温室后部和支柱下部的光照条件。

（7）光质的改变　采用有色薄膜，人为地创造某种光质，以满足某种作物或某个发育时期对该光质的需要，获得高产、优质。但有色覆盖材料其透光率偏低，只有在光照充足的前提下改变光质才能收到较好的效果。

3. 人工补光

人工补光的目的一是用以满足作物光周期的需要，另一目的是作为光合作用的能源，补充自然光的不足。据研究，当温室内床面上光照日总量小于 $100W/m^2$ 时，或光照时数不足 4.5h/d 时，就应进行人工补光。

三、遮光

遮光的目的：一是减弱蔬菜设施内的光照强度；二是降低设施内的温度。初夏中午前后，光照过强、温度过高，超过作物光饱和点，对生育有影响时应进行遮光。蔬菜设施遮光 20％～40％能使室内温度下降 2～4℃；在育苗过程中移栽后为了促进缓苗，通常也需要进行遮光。遮光材料要求有一定的透光率，较高的反射率和较低的吸收率。遮光方法有如下几种：

① 覆盖各种遮荫物，如遮阳网、无纺布、苇帘、竹帘等；

② 玻璃面或塑料薄膜上部涂白，可遮光 50％～55％，降低室温 3.5～5.0℃；

③ 屋面流水，可遮光 25％，遮光对夏季炎热地区的蔬菜栽培，以及花卉栽培尤为重要。

第三节 水分调控

一、设施湿度环境特点

1.空气湿度

设施内空间小，气流比较稳定，又是在密闭条件下，不容易与外界交流，因此空气相对湿度较高。相对湿度大时，叶片易结露，引起病害的发生和蔓延。设施内相对湿度的变化与温度呈负相关，晴天白天随着温度升高相对湿度降低，夜间和阴雨雪天气随室内温度的降低而升高。空气湿度大小还与设施容积相关，设施空间大，空气相对湿度小些，但往往局部湿度差大，如边缘地方相对湿度的日平均值比中央高 10％；反之，空间小，相对湿度大，而局部湿度差小。空间小的设施，空气湿度日变化剧烈，对作物生长不利，易引起萎蔫或忽然叶面结露。从管理上来看，加温或通风换气后，相对湿度下降；灌水后相对湿度升高。

2.土壤湿度

设施空间或地面有比较严密的覆盖材料，土壤耕作层不能依靠降水来补充水分，故土壤湿度只能由灌水量、土壤毛细管上升水量、土壤蒸发量及作物蒸腾量的大小来决定。与露地相比，设施内的土壤蒸发和植物蒸腾量小，故土壤湿度比露地大。蒸发和蒸腾产生的水汽在薄膜内表面结露，顺着棚膜流向大棚两侧的前底脚，逐渐使棚中部干燥而两侧或前底脚土壤湿润，引起局部湿度差。

二、土壤湿度的调控

设施内土壤湿度只能由灌水量、土壤毛细管上升水量、土壤蒸发量以及作物蒸腾量的大小来决定。土壤湿度的调控应当依据作物种类及生育期的需水量、体内水分状况、土壤质地和湿度以及天气状况而定。目前我国设施栽培的土壤湿度调控仍然依靠传统经验，主要凭人的观察感觉，调控技术的差异很大。随着设施园艺向现代化、工厂化方向发展，要求采用机械化、自动化灌溉设备，根据作物各生育期需水量和土壤水分张力进行土壤湿度调控。

三、空气湿度的调节与控制

1.降低空气湿度的方法

（1）通风换气降湿 设施内造成高湿原因是密闭所致。一般采用自然通风，调节风口大小、时间和位置，达到降低室内湿度的目的，但通风量不易掌握，而且室内降湿不均匀。在有条件时，可采用强制通风，可由风机功率和通风时间计算出通风量，而且便于控制。

（2）增温降湿 加温除湿是有效措施之一。湿度的控制既要考虑作物的同化作用，又要注意病害发生和消长的临界湿度。保持叶片表面不结露，就可有效控制病害的发生和发展。

（3）覆盖地膜降湿 覆盖地膜即可减少由于地表蒸发所导致的空气相对湿度升高。据试验，覆膜前夜间空气湿度高达 95％～100％，而覆膜后，则下降到 75％～80％。

（4）科学灌水 采用滴灌或地中灌溉，根据作物需要来补充水分，同时灌水应在晴天的上午进行，或采取膜下灌溉等。

2.增加空气湿度的方法

(1) 喷雾加湿　喷雾器种类很多，可根据设施面积选择。

(2) 湿帘加湿　主要是用来降温的，同时也可达到增加室内湿度的目的。

(3) 温室内顶部安装喷雾系统，降温的同时可加湿。

第四节　气体调控

设施内空气流动不但对温度、湿度有调节作用，并且能够及时排出有害气体，同时补充二氧化碳，对增强作物光合作用，促进生育有重要意义。因此，为了提高作物的产量和品质，必须对设施环境中的气体成分及其浓度进行调控。

一、设施气体环境特点

1.二氧化碳浓度低

二氧化碳是绿色植物光合作用的主要原料，设施生产是在封闭或半封闭条件下进行的，二氧化碳的主要来源是土壤微生物分解有机质和作物的呼吸作用。冬季很少通风，二氧化碳得不到补充，特别是上午随着光照强度的增加，温度升高，作物光合作用增强，二氧化碳浓度迅速下降，到 10 时左右二氧化碳浓度最低，造成作物的"生理饥饿"，严重地抑制了光合作用。

2.易产生有害气体

设施生产中如管理不当，常发生多种有毒害气体，如氨气、二氧化氮等，这些气体主要来源于有机肥的分解、化肥挥发等。当有害气体积累到一定浓度，作物就会发生中毒症状，浓度过高会造成作物死亡，必须尽早采取预防措施加以防除。

二、设施内的气体环境对作物生育的影响

1.设施内的有益气体

(1) 氧气　作物生命活动需要氧气，尤其在夜间，呼吸作用则需要充足的氧气。地上部分的生长需氧来自空气，而地下部分根系的形成，特别是侧根及根毛的形成，需要土壤中有足够的氧气，否则根系会因为缺氧而窒息死亡。在蔬菜栽培中常因灌水太多或土壤板结，造成土壤中缺氧，引起根部危害。

(2) 二氧化碳　大气中二氧化碳含量约为 0.03%，这个浓度并不能满足作物进行光合作用的需要，若能增加空气中的二氧化碳浓度，将会大大促进光合作用，从而大幅度提高产量。露地栽培难以进行气体施肥，而设施栽培因为空间有限，可以形成封闭状态进行气体施肥。

2.设施内的有害气体

(1) 氨气　氨气从叶片气孔进入植物时，就会发生危害。当设施内空气中氨气浓度达到 0.005‰时，就会不同程度地危害作物。氨气危害症状是：叶片呈水浸状，颜色变淡，逐步变白或褐，继而枯死。一般发生在施肥后几天。番茄、黄瓜对氨气反应敏感。氨气产生主要是施用未经腐熟的人粪尿、畜禽粪、饼肥等有机肥（特别是未经发酵的鸡粪），遇高温时分解发生；其次是追施化肥不当也能引起氨气危害，如在设施内应该禁用碳铵、氨水等；再者是大量使用含硝铵的烟雾杀虫（菌）剂。

(2) 二氧化氮　危害症状是：叶面上出现白斑，以后褪绿，浓度高时叶片叶脉也变白枯死。番茄、黄瓜、莴苣等对二氧化氮敏感。二氧化氮是施用过量的铵态氮而引起的。施入土壤中的铵态氮，在亚硝化细菌和硝化细菌作用下，要经历一个铵态氮→亚硝态氮→硝态氮的过程。在土壤酸化条件下，亚硝化细菌活动受抑，亚硝态氮不能转化为硝态氮，亚硝态酸积累而散发出二氧化氮。施入铵态氮越多，散发二氧化氮越多。当空气中二氧化氮浓度达 0.002‰时可危害植株。

(3) 二氧化硫　二氧化硫对作物的危害主要是由于二氧化硫遇水（或湿度高）时产生亚硫酸，亚硫酸是弱酸，能直接破坏作物的叶绿体，轻者组织失绿白化，重者组织灼伤、脱水、萎蔫枯死。设施中二氧化硫是由燃烧含硫量高的煤炭，滥用或大量使用含硫黄烟雾杀虫（菌）剂，燃

烧产生二氧化硫。施用大量的肥料产生二氧化硫，如未经腐熟的粪便及饼肥等在分解过程中，也释放出多量的二氧化硫。

（4）乙烯和氯气　设施内乙烯和氯气的来源主要是使用有毒的农用塑料薄膜或塑料管。因为这些塑料制品选用的增塑剂、稳定剂不当，在阳光曝晒或高温下可挥发出如乙烯、氯气等有毒气体，危害作物生长。受害作物叶绿体解体变黄，重者叶缘或叶脉间变白枯死。

三、设施内气体环境的调节与控制

1.二氧化碳浓度的调节与控制

（1）有机肥发酵　肥源丰富，成本低，简单易行，但二氧化碳发生量集中，也不易掌握。

（2）液态二氧化碳　为酒精工业的副产品，经压缩装在钢瓶内，可直接在设施内释放，容易控制用量，肥源较多，节能环保。

（3）固态二氧化碳（干冰）　放在容器内，任其自身的扩散，可起到施肥的效果，但成本较高，适合于小面积试验用。

（4）化学反应法　采用碳酸盐或碳酸氢盐和强酸反应产生二氧化碳，我国目前应用此方法最多。现在国内浙江、山东有几个厂家生产的二氧化碳气体发生器都是利用化学反应法产生二氧化碳气体，已在生产上有较大面积的应用。

2.预防有害气体

（1）合理施肥　设施内不施用挥发性强的碳酸氢铵、氨水等，少施或不施尿素、硫酸铵，可使用硝酸铵，要穴施、深施，不能撒施，施肥后要覆土、浇水，并进行通风换气。避免使用未充分腐熟的厩肥、粪肥，要施用完全腐熟的有机肥。施肥要做到基肥为主，追肥为辅。追肥要按"少施勤施"的原则。

（2）通风换气　每天应根据天气情况，及时通风换气，排除有害气体。

（3）加强田间管理　经常检查田间，发现植株出现中毒症状时，应立即找出病因，并采取针对性措施，同时加强中耕、施肥工作，促进受害植株恢复生长。

（4）其他措施　选用信誉好、质量优的农膜、地膜进行设施栽培。应选用含硫量低的优质燃料进行加温。加温炉体和烟道要设计合理，保密性好。合理选择使用优质烟雾杀虫（菌）剂。

第五节　土壤改良和保护

一、设施土壤环境特点

1.土壤气体条件

土壤表层气体组成与大气基本相同，但二氧化碳浓度有时高达 0.03% 以上。这是由于根系呼吸和土壤微生物生物活动释放出二氧化碳造成的。土层越深，二氧化碳浓度越高。

2.土壤的生物条件

土壤中存在着有害生物和有益生物，正常情况下这些生物在土壤中保持一定的平衡。但由于设施内的环境比较温暖湿润，为一些病虫害提供了越冬场所，导致设施内的病虫害较露地严重。

3.土壤的营养条件

设施蔬菜栽培常常超量施入化肥，使得当季有相当数量的盐离子未被作物吸收而残留在耕层土壤中。再加上覆盖物的遮雨作用，土壤得不到雨水的淋溶，在蒸发力的作用下，使得设施内土壤水分总的运动趋势是由下向上，不但不能带走盐分，还使内盐表聚。同时，施用氮肥过多，在土壤中残留过大，造成土壤 pH 降低，使土壤酸化。长年使用的温室大棚，土壤中氮、磷浓度过高，钾相对不足，钙、锰、锌也缺乏，对作物生长发育不利。

二、设施土壤环境对作物生育的影响

1.设施土壤环境恶化的原因

蔬菜设施如温室和塑料拱棚内温度高、空气湿度大、气体流动性差、光照较弱，而作物种植茬次多，生长期长，故施肥量大，根系残留量也较多，因而使得土壤环境与露地土壤不相同，影响设施作物的生育。

2.设施土壤恶化的类型与特点

（1）土壤盐渍化　土壤盐渍化是指土壤中由于盐类的聚集而引起土壤溶液浓度的提高，这些盐类随土壤蒸发而上升到土壤表面，从而在土壤表面聚集的现象。土壤盐渍化是设施栽培种的一种十分普遍现象，其危害极大，不仅会直接影响作物根系的生长，而且通过影响水分、矿质元素的吸收，干扰植物体内正常生理代谢而间接地影响作物生长发育。土壤盐渍化随着设施利用时间的延长而提高。肥料的成分对土壤中盐分的浓度影响较大。氯化钾、硝酸钾、硫酸铵等肥料易溶解于水，且不易被土壤吸附，从而使土壤溶液的浓度提高；过磷酸钙等不溶于水，但容易被土壤吸附，故对土壤溶液浓度影响不大。

（2）土壤酸化　由于化学肥料的大量施用，特别是氮肥的大量施用，使得土壤酸度增加。因为，氮肥在土壤中分解后产生硝酸留在土壤中，在缺乏淋洗条件的情况下，这些硝酸积累导致土壤酸化，降低土壤的 pH。土壤 pH 的降低势必影响作物的生长；同时，土壤酸度的提高，还能制约根系对某些矿质元素（如磷、钙、镁等）的吸收，有利于某些病害（如青枯病）的发生，从而对作物产生间接危害。

（3）连作障碍　连作障碍主要表现在以下几个方面。

① 病虫害严重。设施连作后，由于其土壤理化性质的变化以及设施温湿度的特点，一些有益微生物（如铵化菌、硝化菌等）的生长受到抑制，而一些有害微生物则迅速得到繁殖，土壤微生物的自然平衡遭到破坏，这样不仅导致肥料分解过程的障碍，而且病害加剧；同时，设施成了害虫越冬和活动场所，一些害虫基本无越冬现象，周年危害作物。

② 有毒物质积累增加。根系生长过程中分泌的有毒物质得到积累，并进而影响作物的正常生长。

③ 土壤养分失衡。由于作物对土壤养分吸收的选择性，土壤中矿质元素的平衡状态遭到破坏，容易出现缺素症状，影响产量和品质。

三、设施土壤环境的调节与控制

1.科学施肥

增施有机肥，提高土壤有机质的含量和保水保肥性能；有机肥和化肥混合施用，氮、磷、钾合理配合；选用尿素、硝酸铵、磷铵、高效复合肥和颗粒状肥料，避免施用含硫、含氯的肥料；基肥和追肥相结合；适当补充微量元素。

2.适度休闲养地

对于土壤盐渍化严重的设施，应当安排适当时间进行休耕，以改善土壤的理化性质。在冬闲时节深翻土壤，使其风化；夏闲时节深翻晒垡。

3.灌水洗盐

一年中选择适宜的时间（最好是多雨季节），解除大棚顶膜，使土壤接受雨水的淋洗，将土壤表面或表土层内的盐分冲洗掉。必要时，可在设施内灌水洗盐。河南、山东等黄河中下游地区利用引黄灌淤压盐，改良土壤，也收到良好效果。

4.客土

对于土壤盐渍化严重，或土壤传染病害严重的情况下，可采用更换客土的方法。当然，这种方法需要花费大量劳力，一般是在不得已的情况下使用。

5.合理轮作

轮作是一种科学的栽培制度，能够合理地利用土壤肥力，防治病、虫、杂草危害，改善土壤理化性质，使作物生长在良好的土壤环境中。

6.土壤消毒

（1）药剂消毒　根据药剂的性质，有的灌入土壤，如氯化苦；有的洒在土壤表面，如甲醛；也可熏蒸消毒，如硫黄粉。

（2）蒸汽消毒　蒸汽消毒是土壤热处理消毒中最有效的方法，大多数土壤病原菌用 60℃蒸汽消毒 30min 即可杀死，但对 TMV（烟草花叶病毒）等病毒，需要 90℃蒸汽消毒 10min。多数杂草的种子，需要 80℃左右的蒸汽消毒 10min 才能杀死。

第六节　设施蔬菜栽培茬口安排及立体栽培模式

一、日光温室的茬口安排

1. 茬口安排的原则

日光温室种植作物和茬口安排的原则是需要和可能高度统一。所谓可能，第一是所建日光温室创造的温、光条件能够满足作物在特定生产时节的生育要求；第二是生产者基本了解和掌握有关生产技术；第三是有利于轮作倒茬和防病。所谓需要，一是市场需求，有稳定可靠的销售渠道；二是经济效益好，使生产者获得比较满意的经济收入。

（1）根据设施条件安排作物和茬口　不同构型的日光温室具有不同的温、光性能，同一构型的日光温室在不同地区其温、光性能也不一样。按照已建日光温室在当地所能创造的温、光条件安排种植作物和茬口，是取得栽培高效益的关键。温、光条件优越的日光温室宜安排冬春茬喜温蔬菜生产；而对于那些结构不尽合理，室内最低气温经常低于 8℃，且常有 3℃以下的低温出现的日光温室，是不宜用来进行冬春茬黄瓜等喜温果菜生产的，而宜进行秋冬茬韭菜等耐寒叶菜、早春茬喜温果菜生产。

（2）根据市场安排作物和茬口　鲜菜生产是一项商品性极强的产业，其效益高低首先取决于市场需求。利用市场经济杠杆来调整种植结构，必须有市场信息和分析预测，不仅要看当地市场，还要看全国蔬菜大市场的趋向。市场的需求是经常而多样的，但日光温室生产宜相对稳定和向区域化、专业化发展，这样不仅有利于提高技术水平，而且产品更容易建立稳定可靠的销售渠道。所以具体到一村一户的生产安排，还应与区域性专业化生产相协调。

（3）有利于轮作倒茬　日光温室占地的相对稳定使连作障碍不可避免。在安排种植作物和接茬时，必须有利于轮作倒茬，对于那些忌连作的蔬菜，更需在茬口安排上给予重视。不仅同一种蔬菜连作有害，而且同一类、同一科的蔬菜连作也有害。葱蒜类蔬菜作前茬对于大多数果菜类来说都是有利的。

（4）要从稳产保收提高效益上安排作物和茬口　日光温室由于受外界自然条件的制约，容易受到自然灾害的影响。特别是在黄淮海地区的河南，冬季持续连阴天多，光照弱，还有倒春寒天气都容易使日光温室蔬菜生产减产受损。所以以春秋两季的果菜和越冬的叶菜生产最为保险，容易获得高产和稳收。

（5）要根据自己现有的生产技术和条件安排茬口　日光温室蔬菜生产对生产者的素质、技能和资金都有一定的要求。要根据自己的技术水平和资金投入能力来选择茬口和品种。技术高、资金足的农户可种植高档一些的品种和进行越冬栽培；技术水平较低、投入不足的农户可选择叶菜类进行生产，等积累了一定的技术和积蓄后再进行高效益的生产。

2. 茬口类型

目前日光温室的栽培季节主要在秋、冬、春三季，夏季多为休闲期。为了与其他设施和大田生产相区别，一般把这三茬分为秋冬茬、冬春茬和早春茬。区别这三茬的关键是看产品的上市时期。

（1）秋冬茬　一般是指夏末秋初（7～8 月份）播种育苗，中秋（9～10 月份）定植，秋末到初冬（11～12 月份）开始收获，直到深冬的 1 月份结束。主要茬口有秋冬黄瓜、番茄、甜（辣）椒、茄子、芹菜等。但也有是春、夏育苗，秋末转入日光温室生产的。如春季或初夏播种的韭菜，夏季养苗，秋季养根，秋末转入日光温室生产。还有的是日光温室早春茬或露地早春栽培的茄子、甜（辣）椒等，在春夏季收获过产品后，把老株平茬再生，秋末转入日光温室栽培成为越冬茬生产。

（2）冬春茬　也叫越冬一大茬生产。一般是夏末到中秋（9～10月份）育苗，初冬定植到温室，冬季开始上市，一直连续收获到第二年的夏初。其收获期一般是120～160d。主要茬口有冬春茬黄瓜、番茄、茄子、甜（辣）椒、西葫芦等。这是目前日光温室蔬菜生产上难度比较大，但效益比较好的一茬。

（3）早春茬　一般是初冬（11～1月份）播种育苗，12月上中旬定植，3月份始收。早春茬是目前日光温室生产上采用较多的种植形式，几乎所有的蔬菜都可以生产，如早春茬黄瓜、番茄、茄子、甜（辣）椒、西葫芦、西瓜、洋香瓜、芹菜等。

3. 茬口安排

（1）冬春一大茬生产　冬春一大茬生产是近些年发展起来的一种种植制度，首先要求温室有良好的采光和保温能力，同时也要有配套的技术。目前，我国北方高效节能型日光温室以冬春一大茬生产为主。

（2）秋冬、早春两茬生产　秋冬、早春两茬生产是日光温室传统的接茬方式，它不仅能把各茬作物安排在相对比较有利的季节里生产，而且利用换茬，又可避开当地最寒冷的季节，使日光温室生产更加安全。

（3）三茬生产或多茬生产　三茬生产多用于高寒地区秋冬茬芹菜，早春茬果菜，秋冬茬和早春茬之间插一茬青蒜生产。有些日光温室种植速生叶菜，为了排开播种、均衡上市、分期采收，可能形成多茬次种植。

（4）日光温室空间的利用　日光温室是一项投资比较大的保护设施，充分地利用温室空间，是进一步提高温室生产的社会效益和经济效益的有效途径。目前一般的利用方法如下。

① 边角地利用。利用温室内未能种植主栽作物的边角地。特别是长后坡温室后坡下的空闲地带，种植耐阴耐寒磅叶菜、速生菜、囤韭菜生产等，都易获得成功。

② 空间利用。在不影响主栽作物采光的前提下，利用吊盆栽培草莓、吊育苗盘培育蔬菜子苗等，都可以充分利用温室空间。

③ 墙体利用。在土筑墙温室生产比较耐湿的蔬菜时，用充分发酵好的细碎农家肥掺土加工水和泥，并把菠菜籽等拌入，甩到室内墙壁上，不时用喷雾器喷以清水或化肥水，也能长成可供食用的叶菜。

④ 行间利用。种植高棵蔬菜时，如黄瓜前期可在行间寄育子苗，爬半架以后，把菌丝体发育良好的平菇袋横摆到垄台上，利用其茎叶遮光和近地层的空气湿度，可比较正常地生产出平菇。一些农户在早春把小雏鸡放到温室里，利用温室里的高温条件满足育雏的需要，实现早育雏。但鸡粪易释放氨气，故养雏量不宜太多，雏鸡也不要养得太大。

⑤ 长短期间套作栽培。目前采用的是茄果类蔬菜秋冬茬与冬春一大茬间套作。方法是，对秋冬茬作物进行隔行矮化密植、整枝，令其于11月中旬结束，空出地后定植冬春一大茬。剩下一行秋冬茬于1月中旬结束，而后将全部土地和空间转归冬春一大茬使用。

二、塑料大棚主要茬口安排

1. 茬口安排的原则

① 要考虑不同蔬菜的生物学特性，如不要将喜冷凉的蔬菜放在夏季栽培，同种同科蔬菜不要在同一块地上长期连作等。

② 要考虑错开与露地蔬菜上市的时间，如果设施蔬菜的上市时间和露地蔬菜没有区别，则设施蔬菜种植的经济效益无法体现。

③ 要考虑蔬菜的经济价值，对于露地能够生产的产量高、价值低的蔬菜如大白菜、包菜等，一般不用设施栽培。

④ 要根据市场价格的变化，判断哪些种类蔬菜具有较高的经济价值，其最佳上市期如何，市场需求量有多大等因素，以此确定栽培蔬菜的种类和播种生产期。

⑤ 要考虑当地的气候条件和设施本身的特点，做到因地制宜，本地冬季阴雨天多，光照少，大棚不易进行越冬生产。

2. 茬口类型

（1）春提前　栽培的蔬菜以茄果类、瓜类和部分叶菜类蔬菜为主。茄果类蔬菜一般10月中下旬至11月上旬播种育苗，瓜类蔬菜12月中下旬至翌年1月上旬播种育苗，两类蔬菜都在2月中下旬定植，4月中下旬开始陆续收获。苋菜、茼蒿等叶菜1月上旬播种，2月上旬至3月上旬开始收获上市。

（2）夏季防雨遮阳　主要是利用大棚的顶膜避雨，加盖遮阳网遮光降温，种植青菜等叶菜。

（3）秋延迟　主要栽培番茄、大椒、茄子、黄瓜、西瓜、刀豆等喜温型蔬菜和茼蒿、芹菜喜冷凉的蔬菜。秋延迟的蔬菜播种期大多在7月上中旬，黄瓜、西瓜的播种期为8月上旬。

（4）越冬栽培　越冬栽培是冬季寒冷季节在大棚内种植喜冷凉而且产值高的蔬菜，一般都是围绕春节上市，如苋菜、茼蒿、芹菜等，播种期在12月之前。

3. 茬口安排

① 春提前接秋延后一年两茬类型。

② 春提前接夏季叶菜（豆类）再接秋延后一年三茬类型。

③ 春提前接夏季小菜接耐寒越冬菜一年三茬类型。

三、日光温室蔬菜立体栽培

在日光温室的同一地面上，根据不同蔬菜的形态特征，通过强化整枝，将不同种类或不同形态特征的蔬菜进行合理搭配，间作套种，立体种植，形成多层次的复合群体结构，可以达到增产增收的目的，其方法主要有以下几种。

1. 同种蔬菜高矮秧加行立体种植

主要适用于日光温室的越冬茬和冬春茬（早春茬），前后期蔬菜产品价格差别较大，前期产品价格高，但产量低，提高前期产量是提高该茬经济效益的重要环节。

（1）黄瓜加行高矮秧密植立体种植　即在日光温室冬春茬黄瓜常规栽培的基础上，以原栽培行为主栽行，在主栽行之间加行密植，矮化整枝，增加前期密度，提高前期产量。待附加行得到一定产量，并且群体叶面积已经达到一定数量时，可将附加行植株拔除，保证主行在适宜条件下生长。这种方法可使前期产量提高50%～80%，总产量增加25%～30%，产值增加30%～40%。

（2）番茄早、晚熟品种高矮秧加行立体种植　在日光温室冬春茬番茄栽培时，采用早、晚熟品种交错栽培，加行密植，以中、晚熟抗病高产品种为主栽行，选用早熟自封顶类型品种为加行。主栽行行距1m，株距30cm，每亩2200株左右，加行在主栽行之间，位于主栽行一侧40cm处，株距25cm，使每亩株数增加到5000株左右。早熟品种留2穗果摘心，平均每株留8～10个果，于5月上旬拔秧，晚熟品种留6～7穗果打顶，以保证后期产量。

（3）甜辣椒（辣椒或茄子）高矮秧加行立体种植　以晚熟品种做主栽行，以早熟品种做强化整枝加行。甜椒主栽行采用单行双株栽培，行距60～70cm，穴距25cm，每穴2株。加行在相邻两主栽行的中间，单株栽培，株距同主栽行。加行早熟品种留3～5个果，在结果处以上保留2片叶摘心，4月上中旬拔秧。主栽行晚熟品种任其生长，一般可维持到7月中下旬。

2. 不同种类蔬菜高矮秧立体种植

根据不同蔬菜作物植株高矮和对温度、光照等的要求不同，把高秧与矮秧，喜光性与耐荫性的蔬菜作物，通过间套作，交错种植，合理搭配，以达到立体高效栽培的目的。

（1）冬春黄瓜间作早熟春甘蓝、春生菜　将小畦做成垄，垄宽60cm，上面定植两行黄瓜，品种用长春密刺等，株距20cm，亩植4000株左右，垄下做成120cm宽的平畦，植3行甘蓝或4行生菜，甘蓝选用中甘11号，生菜选用结球生菜。垄上黄瓜于元月中下旬定植，垄下叶菜于元月下旬到 2 月上旬定植,黄瓜于 3 月上旬始收,甘蓝或生菜于 4 月上中旬收获。

(2) 冬春茬甜椒与春莴苣、夏豇豆间套作　春甜椒内间隔种春莴苣,莴苣收后种植豇豆,豇豆夏季为甜椒遮荫,形成豇豆、甜椒高矮秧间作。将温室内土地整成高垄宽 80cm、平畦宽 90cm 的形式,在垄上定植 2 行甜椒,采用牟农一号或农大 40 等晚熟品种,双株定植,穴距 20cm,每亩 3500 穴、7000 株。在平畦内种植 3 行莴苣,株距 30cm,每亩 3000 株左右,于 11 月下旬育苗,元月中旬定植,可于 3～4 月份收获。莴苣收后于 4 月中下旬在平畦内种 2 行豇豆,品种采用之豇 28-2 或上海 47。豇豆甩蔓后搭"人"字架,豆角爬架后,在 6～7 月份可为甜椒遮荫降温,有利于甜椒的越夏生长。

(3) 冬春番茄间作矮生菜豆　两种蔬菜均采用 1m 宽的平畦,番茄每畦栽 2 行,株距 20cm,每亩 3300 株左右,矮生菜豆每畦 3 行,开穴点播,每穴 2～3 株,穴距 30cm,每亩 3600 穴左右。番茄采用中、晚熟品种,菜豆选用法国地芸豆、沙克莎等。菜豆于元月上中旬播种,3 月上旬收获,4 月下旬拉秧。番茄于元月中下旬定植,4 月上旬始收,6 月中旬拉秧苗。

(4) 佛手瓜和冬春茬蔬菜间作　近几年来,随着佛手瓜在北方种植面积的逐年扩大,各地都总结了佛手瓜间作蔬菜的经验,普遍收到良好的效果。利用佛手瓜上半年生长较慢,进入 8 月份以后生长迅速,并且前期植株小、栽培密度稀(每亩 15 株左右)等特点,在日光温室冬春茬栽培时,将佛手瓜种植在温室前沿和立柱处,不影响春茬蔬菜的生长。到 8 月份以后,佛手瓜秧苗迅速生长时,冬春茬蔬菜已收获完毕。这时让佛手瓜的秧蔓爬上温室骨架,不仅可以节约专门栽培佛手瓜的支架材料,而且由于佛手瓜秧蔓的遮荫,有利于棚内夏秋蔬菜的生长。

3. 菌、菜立体种植

根据食用菌和冬季蔬菜正常生长发育所需要的生态条件不同,通过间套作,将食用菌与各种蔬菜进行科学的搭配种植,达到改善生态环境,蔬菜不减产,增收一茬菇类,获得菇菜双丰收。

(1) 利用冬春茬或越冬套种平菇　方法是在瓜秧蔓爬半架后,在"人"字架下放置已发好菌丝的平菇培养袋。每袋装培养料干重 1.5～2.5kg,出菇率 1∶(1.0～1.2),每袋出菇 2～3kg。也装入沟内,经接种后压实,一般每平方米需配好的培养料 20kg 左右,菌种 2kg 左右。装好压实后,紧贴畦面覆盖地膜保温保湿,膜上盖草苫遮荫,防日晒,待菌丝布满畦面时(20～25d),加拱架改作小拱棚,上面盖苫遮荫,保持 18℃ 左右的畦温,10d 左右可见菌蕾,10d 以后可开始采菇。第一批采收后,用消毒的铁钩去掉残留的菌柄和表面培养料,覆膜保湿。经 10d 左右可长出第二批菇,一般可采收 2～3 批。也可在秋季高秧蔬菜田内种植平菇。

(2) 利用温室后坡弱光区种植食用菌　日光温室后坡下形成的弱光区,特别是长后坡日光温室,弱光区域面积还较大,可在中柱处挂一反光幕,将光线反射到前排,幕后架床栽培平菇、草菇、银耳、灵芝等。

另外,还可利用后坡下靠近山墙等处的弱光区进行蒜黄生产,即挖一深 60～70cm 的沟,宽度、长度根据地势而定,沟内密排蒜头后,灌一水,并覆细沙,沟顶覆盖草苫。利用温室的温度,20d 左右即可收获头刀,隔 10 余天又可收获二刀。一般 500g 蒜头可收获 600g 蒜黄。利用温室生产蒜黄是一项周期短、效益高的栽培方式。

四、日光温室休闲期的利用

日光温室夏季,多在早春茬作物结束后大都是休闲的。因此,日光温室休闲期的开发利用意义很大。

1. 种植一茬露地菜

安排插入一茬露地菜生产需要注意两个问题,一是不能耽误秋冬或冬春茬生产;二是不对接茬作物产生不良影响,如在根结线虫病发生地区种植豆类作物会加重发病。茄果类蔬菜不宜连茬种植等。

2. 种养结合利用

目前提倡的是利用日光温室夏季休闲期养鱼。八须鲶鱼和白鲳要求高温,可忍受水中低氧条件，生长速度快，饲养粗放。冬春或早春作物收获后，在温室前堆砌一个 1m 高的临时墙，整平温室地面，铺衬一整块塑料薄膜（此膜用后还可用于温室生产），造成一个水深 80～85cm 的浅水池，即可放养八须鲶鱼和白鲳，饲养 3～4 个月，亩产鲶鱼可达 2500～5000kg，白鲳 1000kg。

3.利用休闲期消除土壤连作障碍

在连续进行生产的温室里，难免产生诸如土壤次生盐渍化、土传病虫源积累等土壤障碍，可以利用夏季休闲期消除土壤连作障碍。

（1）土壤积盐消除法　休闲期种植玉米，加大密度，长成后掩青，不仅生长期间可大量吸收固定土壤速效氮、磷，掩青腐烂分解中微生物活动又可进一步固定速效氮等矿质养分，还能增强土壤的缓冲性能。另外，温室地块灌大水，使水渗入下层开沟排除，也是淋洗带走土壤积盐的一种有效方法。

（2）土传病虫源的处理　利用夏季休闲期的高温条件，在地面挖大沟，铺稻草，撒石灰，灌大水，覆严地膜，膜下可达 50℃ 以上的高温，连续 15～20d，可消除一部分或全部根结线虫、黄瓜枯萎病等顽固性土传病虫源。

本 章 小 结

设施蔬菜栽培主要是通过人为地调节控制，尽可能使蔬菜作物与环境间协调、统一、平衡，人工创造出蔬菜作物生育所需的最佳综合环境条件，从而实现蔬菜设施栽培优质、高产、高效的栽培目的。而蔬菜栽培设施环境关键是光、温、气、土、水、肥的调节控制，北方低温季节生产以增光补光、增温保温为主，合理温棚结构、保持棚膜清洁、合理密植、及时整枝是常用增光措施，多层覆盖、临时或增设固定加温设施是保温和加温的措施；高温季节生产则以遮光降温为主。设施是半密闭环境，空气湿度大，通风排湿和覆盖地膜是降低空气湿度的主要措施；设施内二氧化碳浓度低，高产栽培时应进行二氧化碳施肥；设施内土壤易发生次生盐渍化，可通过科学浇水施肥、定期洗盐等方式来防止；设施内的有害气体主要来自施肥、加温、塑料制品等，主要为氨气、二氧化碳、二氧化硫、乙烯等。生产中要根据设施不同类型的性能特点，合理安排种植茬口，充分利用设施的空间和土地。

复习思考题

1.简述蔬菜设施温度调控技术的措施。
2.简述蔬菜设施增加光照的调控技术。
3.蔬菜设施如何降低空气湿度？
4.简述设施土壤环境恶化原因及土壤改良和保护措施。
5.简述塑料大棚、日光温室茬口安排原则和类型。
6.简述日光温室立体种植的类型、种类和方法。

实训　日光温室蔬菜立体种植模式类型调查

一、目的要求

掌握本地区日光温室立体种植模式类型特点、应用、效益情况，学会日光温室立体种植模式类型区别及其合理性的评估。

二、材料与用具

皮尺，记录本等。

三、方法与步骤

到学校附近农村或农场现场面对面访问、实地调查。

1.问　访问不同温室立体种植模式类型，包括种植茬次、作物、季节、上市时间、产量、投资、效益等。

2.看　不同温室立体种植模式类型特点，并加以描述。

3.测　用皮尺测量各种立体种植模式类型的作物之间配置（间作带比例）、各种作物行株距等。

4.思　评估日光温室立体种植模式类型优缺点及发展前景等。

四、作业

写出日光温室立体种植模式类型实地调查和评估报告。

第十六章 瓜类蔬菜设施栽培

【学习目标】

掌握黄瓜、西瓜、西葫芦、甜瓜等主要瓜类蔬菜的设施栽培技术。重点掌握：黄瓜日光温室越冬茬栽培和塑料大棚春早熟栽培；西瓜日光温室早春栽培、塑料大棚春早熟栽培；西葫芦早熟栽培和越冬栽培；甜瓜塑料大棚春早熟栽培和日光温室早春栽培。

第一节 黄 瓜

一、北方设施黄瓜生产周年主要茬口安排

北方地区黄瓜设施栽培以日光温室栽培和塑料棚栽培为主，早春小拱棚栽培也比较普遍。因不同地区气候差异较大，不同地区、不同茬口的播种期又有差异，同一茬口的播种期也有一定的差异，播种期的确定应根据当地的气候条件、设施的保温性能以及市场供求情况而定。现以郑州为例介绍茬口安排（表16-1），其他地方可灵活掌握。

表 16-1 保护地生产周年茬口安排

茬 次	播种期（月/旬）	苗龄/d	定植期（月/旬）	采收期（月/旬）
大棚秋茬	7/中下	25	8/中	9~10
日光温室秋冬茬	8~9	30	10/9	10~2
日光温室冬茬	9/下~10/初(嫁接)	30	11/上	12~4
日光温室早春茬	1/中	35	2/中	3~7
大棚春茬	2/下	30	3/下	4~7

二、日光温室越冬茬栽培

日光温室黄瓜冬春一大茬生产是近些年发展起来的一种种植制度，这种种植制度首先要求温室有良好的风、光和保温能力，同时也要有配套的技术。目前，我国北方高效节能型日光温室以冬春一大茬生产为主。

（一）品种选择

日光温室越冬茬黄瓜栽培，是设施黄瓜生产中栽培难度较大、经济效益较高的栽培形式。幼苗期在初冬度过，抽蔓期处于严寒冬季，一月份开始采收，采收期跨越冬、春、夏三季，整个生育期达8个月以上，生育期需要经历较长时期的低温弱光阶段，因此，必须选用耐低温、耐弱光、雌花节位低、节成性好、抗病性强、品质好、产量高的品种。目前生产中北方地区仍以华北型密刺类品种为主，如津优2号、津优3号、津绿3号、津春3号、中农12号等。近年来北欧型黄瓜如以色列的萨瑞格（HA-454）、荷兰的戴多星、美佳，我国研制的农大春光1号、中农19号等在温室黄瓜冬春茬生产中的面积也不断扩大。

（二）育苗

黄瓜设施栽培中，由于土壤常年连作，致使枯萎病、疫病等土传病害逐年加重，严重影响产量和效益。嫁接育苗是冬春茬高产栽培的主要技术措施之一，嫁接苗与自根苗相比，耐寒性和抗逆性增强，生长旺盛，产量增加，尤其在日光温室冬春茬黄瓜栽培温度较低的情况下，增产效果

突出。嫁接砧木应选择嫁接亲和力、共生亲和力、耐低温能力都较强，嫁接后黄瓜品质无异味的南瓜品种，当前生产中多采用黑籽南瓜，采用靠接法和插接法。冬春茬黄瓜嫁接苗苗龄不宜太大，一般 3～4 片叶、13～14cm 高、苗龄 30～40d 即可定植。

（三）整地定植

黄瓜不应与瓜类作物重茬，以防止枯萎病等土传病害发生。冬春茬黄瓜生育期较长，施足基肥是黄瓜高产的基础。定植前 10～15d 进行田间清理，重施有机肥。在一般土壤肥力水平下，每亩撒施优质腐熟农家肥 5000kg，2/3 用于普施，而后深翻 40cm，耙平后按行距开沟，沟内再集中施用剩余 1/3 基肥。增施有机肥可提高地温，促进根系生长，加强土壤养分供应，保证黄瓜在低温季节生长发育正常。日光温室冬春茬黄瓜宜采用南北行向、大小行地膜覆盖栽培。整地前大行距 80cm，小行距 50cm 开施肥沟，逐沟灌水造底墒，水渗下后在大行间开沟，做成 80cm 宽、10～13cm 高的小高畦，畦间沟宽 50cm，可作为定植后生产管理的作业道。

选择具有充足阳光的晴天上午定植，以利于缓苗。定植时在小高畦上，按行距 50cm 开两条定植沟，选整齐一致的秧苗，按平均株距 35cm 将苗托摆入沟中（南侧株距适当缩小，北侧株距适当加大），每亩栽苗 3000～3500 株。秧苗在沟中摆成一条线，高矮一致，株间点施磷酸二铵，每亩用量 25kg，与土混拌均匀。苗摆好后，向沟内浇足定植水，水渗下后合垄。黄瓜栽苗深度以合垄后苗坨表面与地表面平齐为宜。栽苗过深，根系透气性差，地温低，黄瓜发根慢，不利于缓蔓。尤其是嫁接苗定植时切不可埋过接口处，否则土壤内病菌易通过接初侵染接穗，并引起发病使嫁接失去应有效果。定植完毕后，在两行苗中间开个浅沟，用小木板把垄台、垄帮刮平，中间浅沟、深沟宽窄一致，以利于膜下灌水。定植后均采取地膜覆盖增温保墒，以降低温室内空气湿度，减轻霜霉病、灰霉病的危害。定植后可在行距 50cm 的两小行上覆地膜，在每株秧苗处开纵口，把秧苗引出膜外。

（四）定植后管理

1. 温度管理

定植后应密闭保温，尽量提高室内温湿度，以利于缓苗。一般以日温 25～28℃、夜温 13～15℃为宜，地温要尽量保持在 15℃以上。进入抽蔓期以后，应根据黄瓜一天中光合作用和生长重心的变化进行温度管理。黄瓜上午光合作用比较旺盛，光合量占全天的 60%～70%，下午光合作用减弱，约占全天 30%～40%。光合产物从午后 3～4 时开始向其他器官运输，养分运输的适温是 16～20℃，15℃以下停滞，所以前半夜温度不能过低。后半夜到揭草苫前应降低温度，抑制呼吸消耗，在 10～20℃范围内，温度越低，呼吸消耗越小。因此，为了促进光合产物的运输，抑制养分消耗，增加产量，在温度管理上应适当加大昼夜温差，实行四段变温管理，即上午为 26～28℃，下午逐渐降到 20～22℃，前半夜降低至 15～17℃，后半夜降至 10～12℃。白天超过 30℃从顶部放风，下午逐渐降到 20℃闭风，天气不好时可提早闭风，一般室温降到 15℃时放草苫，遇到寒流可在 17～18℃时放草苫。这样的管理有利于黄瓜雌花的形成，提高节成性。

从 12 月下旬到 1 月上旬进入结瓜期，温室内应保持较高温度，白天温度超过 32℃才开始放风，使室内较长时间保持在 30℃左右，白天温度高，室内贮存热量多，有利于夜间保持较高温度，夜间温度应保持在 10℃以上，最低不低于 8℃。2 月下旬至 3 月初以后，外界气温逐渐回升，根据室内气温的变化，放风量应逐渐加大，晴天白天保持在 27～30℃，夜间 12～14℃，高温时放腰风，后期放底脚风。进入盛果期后仍实行变温管理，由于这一时期（3 月份以后）日照时数增加，光照由弱转强，室温可适当提高，上午保持在 28～30℃，下午 22～24℃，前半夜 17～19℃，后半夜 12～14℃。在生育后期应加强通风，避免室温过高。5 月中旬以后，夜间最低气温达到 15℃以上时，应把温室前底脚薄膜打开，要昼夜通风。

冬季遇到长期阴天低温天气，昼夜温差小，对黄瓜生长不利。应在白天临时升温至最低15～16℃，夜间最低温度保持在 8～9℃，这样可以保持黄瓜缓慢生长。白天温度高时，更应该加大昼夜温差，以减少养分消耗，增加养分积累。阴雨低温天时，除临时加温外，应把大部分瓜摘掉，疏去部分雌花，抑制生殖生长，节约养分，维持最低营养生长能力。阴天转晴后，突然见光升温，会使叶片蒸腾过大，而根部因受冻损伤，吸水能力下降，会使植株萎蔫死棵。应适当间隔揭苫，2~3d后进入正常管理。

2. 光照调节

日光温室冬茬黄瓜定植前期和结果初期正处于外界温度较低、光照较弱的时期，低温和弱光是黄瓜正常生长的限制因子。因此，冬茬黄瓜光照调节的核心是增光补光，尽量延长光照时间，增加光照强度，以提高室内温度，促进植株的光合作用，使植株旺盛生长、结果，达到增产增收的目的。主要措施：选用长寿无滴、防雾功能膜，并经常清扫表面灰尘；在保证室内温度前提下尽量早揭、晚盖草苫；在北墙和两个山墙张挂镀铝反光膜，增强室内光强、改善光分布；栽培上采用地膜覆盖和膜下灌水技术，降低温室内湿度；采用宽窄行定植，及时去掉侧枝、病叶和老叶，改善行间和下部通风透光。

3. 水肥管理

定植后3~5d，发现水分不足应在膜下沟内灌一次缓苗水，水量要充足，并且要在晴天上午进行，避免严寒季节频繁浇水，降低地温。抽蔓期以保水保温、控秧促根为主要目标，如果定植水和缓苗水浇透，土壤不严重缺水，在根瓜形成前不追肥灌水，采用蹲苗的方式以促进根系发育。

冬茬黄瓜的追肥灌水，主要在结果期进行。当黄瓜大部分植株根瓜长到15cm左右时，进行第一次浇水追肥。应采用膜下沟灌或滴灌，以提高地温，降低空气湿度。结合浇水每亩施三元复合肥15kg，方法是将肥料溶于水中，然后随水灌入小行垄沟中，灌水后把地膜盖严。从采收初期至结果盛期一般10~20d灌1次水，隔1次水追1次肥，磷酸二铵、硫酸钾和三元复合肥、饼肥、鸡粪等交替使用。进入结果盛期后，外温高，放风量大，土壤水分蒸发快，需5~10d灌1次水，10~15d追1次肥。盛果期开始在明沟追肥，可先松土，然后灌水追肥，并与暗沟交替进行。叶面喷肥从定植至生产结束可每15d喷施1次，肥料可选用磷酸二氢钾及多种商品叶面肥。

4. 植株调整

黄瓜定植后生长迅速，需用尼龙绳吊蔓缠蔓，还要及时摘除侧枝、雄花、卷须和砧木发出的萌蘖，生长中后期，摘除植株底部的病叶、老叶。日光温室冬茬黄瓜以主蔓结瓜为主，整个生育期一般不摘心，主蔓可高达5m以上。因此在生长过程中，为改善室内的光照条件，可随下部果实的采收，随时落蔓，使植株高度始终保持1.6m左右。

(1) 吊蔓　在黄瓜顶部的拱架上南北向拉一道铁丝，将塑料绳的一端系在铁丝上，另一端系在黄瓜的下胚轴上，黄瓜6片叶左右不能直立生长时缠绕在吊绳上，缠绕工作应经常进行，不使茎蔓下垂。为了受光均匀，缠蔓时应使龙头处在南低北高的一条斜线上，个别生长势强的植株应弯曲缠在吊绳上。

(2) 落蔓和盘蔓　冬春茬黄瓜生长期长达8~10个月，茎蔓可长达6~7m以上，一般生长过程中需要进行多次落蔓。落蔓前应摘除植株下部的老叶和病叶，以减少营养消耗和病害传播。落蔓时将功能叶保持在日光温室的最佳空间位置，以利光合作用，落蔓过程中要小心，不要折断茎蔓，落下的蔓盘卧在地膜上，注意避免与土壤接触。具体的方法是把栓在铁丝上尼龙吊蔓解开，使黄瓜龙头下落至一定的高度，再重新拴住，把落下的蔓一圈圈盘卧在地膜上。引蔓、落蔓、盘蔓宜在晴天午后比较合适，一是瓜蔓比较柔软，防止折断茎蔓；二是下午光合作用比上午弱些。

(3) 打老叶和摘卷须、雄花　在缠蔓时，应摘除卷须、雄花以及砧木的萌蘖，同时，黄瓜植株上萌发的侧枝也应及时摘除，以减少养分消耗。打老叶和摘除侧枝、卷须应在晴天上午进行，有利于伤口快速愈合，减少病菌侵染。

5. 二氧化碳施肥

由于日光温室冬春茬黄瓜栽培中通风量较小，室内光照强时（冬春季节上午11点至下午15

点）二氧化碳严重亏缺，结果期施用二氧化碳气肥，使温室内二氧化碳浓度达 $1000ml/m^3$，即可达到增产效果。结果期增施二氧化碳不仅可增产 $20\%\sim25\%$，还可提高黄瓜品质，增强植株的抗病性。通常在日出后 30min 至换气前 $2\sim3h$ 内施二氧化碳气肥，晴天浓度为 $1000\sim1500\mu l/L$，阴天浓度为 $500\sim1000\mu l/L$。施气体条件下，昼温、夜温、湿度等都要求正常管理，要防止低温、长期不通风、湿度过大、施肥过多等情况造成生长过旺。

6. 采收

根瓜应及早采收，特别是长势较弱的植株更应早采，以防坠秧。以后应根据植株生育和结瓜数量决定采收时期，如果植株生长旺盛，结果量较少，应适当延迟采收。采收最好在早晨进行，严格掌握采收标准。采下的黄瓜要整齐地摆放在纸箱内，遮光保湿。

三、日光温室水果黄瓜周年栽培

水果黄瓜又称迷你黄瓜、无刺黄瓜。与普通黄瓜相比，具有瓜条短小，瓜码密，结瓜多，无刺易清洗，口感清香脆嫩，风味独特，适于整条生食，具有清热利尿解毒之功效。所含有的丙二酸在人体中可抑制糖类物质变为脂肪，对体重过重或有肥胖倾向的人，有减肥和预防冠心病的功效。一般亩产 5000kg 以上，高产者达 10000kg。

（一）品种选择

（1）以色列萨瑞格（HA-454） 适宜春、夏及早秋在大棚和温室里种植。植株生长中等易于采摘和修剪。早熟、高产，采果期集中。果实表面轻度波纹，暗绿色，中等坚实。果长约 15cm，圆柱形，轻微颈内缩整齐。抗白粉病。

（2）荷兰戴多星 适于冬春季在温室里种植。生长期长，开展度大，果实墨绿色，有棱，长 $16\sim18cm$，果实味道好。抗黄瓜花叶病毒病和白粉病。

（二）茬口安排

以秋冬、冬春二茬种植为主。其中以春大棚产量最高，以日光温室秋冬茬，供应元旦、春节装礼品箱的效益最好。

（三）栽培技术要点

1. 播种育苗

用 55℃ 温水浸种 25min（有包衣剂的种子，采用干籽直播的方法），用 $10\times10cm$ 的营养钵育苗，每钵播 1 粒种子，每亩用种量 80g。育苗床要全封闭张挂防虫网、遮阳网，顶部覆盖防雨膜，以利防虫、防病、遮阳、降温、防暴雨。苗龄 $25\sim30d$。

2. 整地施基肥

定植前深翻 $30\sim40cm$，耙平，使土壤细碎、疏松。基肥以有机肥为主，每亩施腐畜禽肥 $5000\sim8000kg$，磷酸二铵 $30\sim40kg$，硝酸钾 30kg 或草木灰 $50\sim100kg$。

3. 做畦覆膜

畦面宽 $70\sim80cm$，畦高 $15\sim20cm$，畦沟宽 50cm。有滴灌条件的，畦面铺两条滴灌管，没有滴灌的，畦中间开一条小沟，形成马鞍形，以便膜下暗灌。畦面上覆盖 1m 宽的地膜。

4. 定植

幼苗 $2\sim3$ 片真叶时定植。双行定植，株距 $35\sim40cm$，每亩密度 $2500\sim3000$ 株。

5. 温湿度管理

一般采用四段变温管理。缓苗期：白天 $25\sim28℃$，夜间 $13\sim15℃$。结瓜期：白天上午 $25\sim30℃$，最高不超过 33℃，湿度应保持在 75%，下午 20℃，湿度保持在 70% 左右；夜间温度前半夜 $15\sim18℃$，后半夜 10℃ 左右，夜间湿度为 $80\%\sim90\%$。

6. 水肥管理

肥水用量按亩计算，从定植到开花结果，为防止徒长，一般要控制浇水量，约每 7d 浇水一次，浇水量 $3\sim5m^3$。在果实收获期间，每 $5\sim7d$ 浇水一次，浇水量 $5\sim8m^3$。在温度较低的季节浇水次数和浇水量要相应减少，约 $7\sim10d$ 浇水一次，浇水量 $5m^3$ 左右。采用灌沟浇水施肥时，坐果初期浇水一次，浇水量 $3\sim5m^3$，随水冲施硝酸钾 5kg、磷酸二铵 $5\sim8kg$。采收期间每 $7\sim$ 10d 浇水冲肥一次，每次浇水量 $5000\sim8000kg$，随水冲施硝酸铵 6kg、磷酸二铵 3kg、硝酸钾 8kg。

7. 植株调整

（1）吊蔓　黄瓜开始伸蔓时，应及时吊蔓绕秧苗。吊线每株一根。上端固定在铁丝上，下端固定在滴灌管上或固定在地上横拉的线上。尽量避免拴在黄瓜的茎上，防止伤根茎。

（2）整枝打杈　无刺黄瓜的结果习性非常好。主蔓每节都可以结 2 个左右的瓜，每节还可以伸出 2 个左右的侧蔓，其上也可结 $1\sim2$ 个瓜。为减少郁闭和保证瓜果周正，每节不能留瓜很多，多余的瓜要及早摘除，只留 $1\sim2$ 个商品性好的瓜。

（3）留瓜　为使根充分生长发育，开始 $2\sim3$ 节一般不留瓜，提前摘除幼瓜。尤其冬季种植无刺黄瓜，如果栽培条件好，长势强的植株可隔 $1\sim2$ 个节位留 2 个瓜，长势弱的植株应少留瓜。

（四）采收

无刺黄瓜长到 $15\sim18cm$ 时，应及早采摘，以防坠秧。果实经擦洗后，装成透明的小盒包装，供应宾馆、超市或装礼品箱。

四、塑料大棚春早熟栽培技术要点

1. 品种选择

选用耐寒性强，早熟性好，抗病、高产、优质的品种。据各地生产实践，可选用津春 2 号、津优 30 号等品种。

2. 培育适龄壮苗

因播种期早，为防止育苗期间发生冷害，一般应在日光温室内或采用电热温床进行育苗，苗龄宜大些，一般 $4\sim5$ 片真叶时定植。由于大棚没有保温设备，温度变化幅度大，应加强幼苗锻炼，提高幼苗适应逆境能力。

3. 整地定植

为提高地温，可在黄瓜定植前 1 个月扣棚暖地。棚内土壤化冻后，进行深翻、整地、施基肥。结合整地每亩施优质农家肥 5000kg，2/3 翻地前撒施，使土壤和肥料充分混匀。1/3 做畦后沟施，并增施三元复合肥 25kg/亩。整地方式有以下两种。

（1）畦作　大棚水道在中间，水道两侧做成 1m 宽的畦，畦上覆膜。每畦栽单行者，在畦中央按株距 17cm 栽苗，每亩保苗 3900 株。或者隔畦栽双行，行距 45cm，株距 30cm，每亩保苗 3500 株左右。空畦套种耐寒速生菜或为茄果类蔬菜早熟栽培育苗，以提高设施和土地利用率，增加前期产量和花色品种。

（2）垄作　按 60cm 行距开沟施基肥后，南北向起大垄。垄上按 25cm 株距定植，每亩栽苗 4000 株。按照不同的栽培方式整地后覆地膜。选择晴天上午定植，定植时按株距在地膜上开穴，定植深度以苗坨面与畦面相平为宜，浇水定植，水量不宜过多，以免降低土壤温度。

4. 定植

塑料大棚定植前 $20\sim30d$，应及早覆盖薄膜，密闭烤棚，以提高气温和地温。塑料大棚春黄瓜定植密度大、产量高，应重施底肥。为提高地温，加深耕层，一般采用垄栽，并覆盖地膜。定植期由于各地区的气候条件，扣棚早晚、品种、覆盖物的层次数等条件的差异而不同。当棚内 10cm 处的土壤温度稳定在 10℃ 以上、夜间最低气温稳定在 $8\sim10℃$ 即可定植。采用单层覆盖，一般东北北部及内蒙古地区，在 4 月中上旬定植；东北南部、华北及西北地区在 3 月中下旬定植；华北、华中地区在 3 月上中旬定植。采用双层覆盖，定植期可提早 $6\sim7d$；多层覆盖可提早 $15\sim20d$；有临时加温设施，定植期还可提前。

5. 定植后的管理

通过放风大小来调控大棚温湿度，遇到寒潮可在棚内挂二层幕或在棚外围底脚草苫保温。白天温度超过 30℃ 放风，午后气温降到 25℃ 以下闭风，夜间保持 $10\sim13℃$，中后期外温较高，外温不低于 15℃时昼夜通风。

通过合理肥水、植株调整、果实采收等手段调控营养生长与生殖生长关系，为了促进根系和瓜秧生长，12 节以下的侧枝尽早打掉。12 节以上的侧枝，叶腋有主蔓瓜的侧枝应打掉，叶腋无主蔓瓜的侧枝保留，结 1～2 条瓜，瓜前留 2 片叶摘心。植株长到 25～30 片叶时摘心，促进回头瓜、侧枝瓜的生长。采收初期，植株较矮，瓜数也少，通风量小，5～7d 浇 1 次水，水量应稍小些。此期因外界温度低，浇水应在上午 9 时以前完成，随即闭棚升温，温度超过 35℃防风排湿。进入结瓜盛期，植株蒸腾量较大，结瓜数多，一般 3～d 浇 1 次水，浇水量也应增加，并要隔 1 水追 1 次肥，复合肥与发酵饼肥交替使用。浇水应在傍晚进行，以降低夜温，加大昼夜温差。盛果期每 7～10d 喷 1 次浓度为 0.2%的磷酸二氢钾。

通过增施二氧化碳提高光合能力，提高植株自身抗性。采用生态防治配合药剂防治控制黄瓜病害，尤其是霜霉病的发生，争取优质高产。

五、塑料大棚秋延后栽培要点

1.品种选择

选择适应性强、抗病的品种，既耐高温又耐低温。如近年来选育的适宜品种有津春 5 号和中农 2 号、4 号等品种。

2.适期播种

由于秋末气温下降快，为争取较长的适宜生长期，大棚秋黄瓜应尽早播种。但播种过早又会因前期温度高、光照强而造成病虫害发生严重。在考虑播种期时一般应保证黄瓜田间适宜生长期达 90～100d。华北大部分地区播种期在 7 月末至 8 月初，9 月下旬开始采收，采收期可持续到 11 月上旬。

塑料大棚秋延后黄瓜多进行直播，播种出苗后要及时中耕、间苗、补苗，2 片真叶展开时按株行距选留生长健壮、无病虫危害壮苗定苗，淘汰病、弱苗。定苗密度 6000 株/亩，株行距（20～25）cm×（55～60）cm。也可采取育苗移植的方法，但苗龄要求不宜过大，当幼苗 2～3 片真叶展开时应及时定植。由于苗龄要求较小，一般以穴盘育苗为好。育苗床上面应搭遮荫防雨棚。

秋延后栽培苗期环境条件不利于雌花形成，使得植株第一雌花节位高、雌花节比例低，可在定植或定苗前后用 100～150μl/L 乙烯利溶液连续处理 2 次，既可促进雌花形成，又可防止徒长。

3.播种或定植后的管理

（1）温度管理　大棚秋延后黄瓜生长前期正值高温、多雨、强光季节，故播种或定植后，大棚应及时覆盖薄膜，防止雨水冲刷，同时棚膜还可起到一定的遮荫降温作用。生长初期大棚应注意加强通风。除降雨天气外，大棚底风口和腰风口可昼夜通风。当夜间气温逐渐下降到 13～15℃时，大棚转入以防寒、保温为主的管理阶段，白天尽量延长 25～30℃的持续时间，下午当温度降至 20℃，要及时关闭风口，尽量便棚内夜间温度保持在 15℃左右。

（2）肥水管理　播种后至出苗前，土壤和空气温度均较高、光照强，土壤水分蒸发量大，土壤易干燥板结，为保证出苗率应小水勤浇。出苗后适当控水、蹲苗，防止高温、高湿条件下幼苗徒长。根瓜坐住前后及时浇催瓜水，并随水冲施氮、磷、钾复合肥 15kg/亩左右。至生长中期再追施复合肥 1～2 次。生长后期温度下降，水分消耗少，要减少浇水，可有效降低空气湿度，防止病害的发生。

4.植株调整

根瓜坐住前摘掉植株下侧枝，进入结瓜期随着温度下降和光强减弱，一般不再形成侧枝。当主蔓生长到接近棚顶时要及时摘心，促进回头瓜的产生。

5.采收

结果前期温度高，瓜条生长快，应勤采收；结瓜后期，市场黄瓜供应量较少，销售价格逐渐升高，在不影响商品质量的前提下，可适当延迟采收，提高经济效益。

第二节 西 瓜

一、主要茬口

日光温室栽培西瓜可以进行秋冬茬和冬春茬栽培，从市场需求、经济效益和管理难易程度来看，目前一般多发展冬春茬生产。冬春茬栽培时，由于各地的气候条件不同，温室的性能不同，所以，定植的时间不可能一样。我国北方的定植日期一般是在2月份，育苗可从12月中下旬到1月上中旬，此间育苗定植的西瓜一般在4月中下旬到5月初开始上市。河南、山东塑料大棚早春西瓜2月上中旬温室育苗，3月中下旬定植，6月初上市。

二、塑料大棚春早熟西瓜栽培

1.品种选择

春早熟西瓜宜以早熟品种为主，雌花开放到果实成熟28d左右，品质要好，抗病、丰产。

2.育苗

塑料大棚早春西瓜育苗期根据大棚的性能及当地气候条件确定，河南、山东塑料大棚在3月下旬就可达到西瓜幼苗生长的地温、气温。在此之前提前30～35d育苗，2月中下旬可在日光温室内用营养钵播种。如嫁接育苗则提前45～50d播种，选用葫芦苗做砧木，采用"十字花"嫁接育苗。具体步骤如下。

（1）床土配制 床土应选用无病、肥沃田块的土晾晒后过筛，然后按10：1的比例加入腐熟好的鸡粪（马粪、牛粪），按100：1的比例加入硫酸钾复合肥和适量杀菌剂（甲基托布津或多菌灵）。混匀后喷少量水装营养钵备播。

（2）种子处理

① 温汤浸种。先用55℃温水浸种，并按顺时针方向搅拌，15min后水温降到30℃，再浸泡24～72h，然后捞出沥干水分，用麻布片搓种清洁，后置于30℃恒温下催芽，到葫芦种嘴尖露白后即可播种。西瓜种应在1周后，葫芦苗大部分出齐、真叶如玉米粒大小时，视出苗数量开始种子处理，把西瓜种放入55～60℃水中，不断搅拌至30℃，继续浸泡8～12h，用手搓去种皮上的黏膜，捞出用干净布擦干种皮，无籽西瓜要嗑口，放入30℃恒温下催芽。

② 药剂浸泡。用药剂浸种方法较多，常用的有50%的福尔马林100倍溶液浸30min，或50%的代森铵500倍溶液浸30～60min，或50%的多菌灵500倍溶液浸60min，对预防炭疽病和立枯病有一定效果。

（3）播种 葫芦种子处理好后，将装好营养土的营养钵整齐地排列于苗床内浇透水，然后将葫芦种子平放播下，上面覆土盖严。覆土厚度约1～1.5cm。出苗温度控制在30℃左右。待葫芦种出齐苗后，即把温度控制在18～20℃，等待西瓜出苗。西瓜种催齐芽后，在30℃温度出苗。待瓜苗第1片真叶出现时，即可嫁接。

（4）嫁接 嫁接采用"十字花"嫁接法。嫁接前砧木苗要浇足水，并根据西瓜苗粗度备好大、中、小3个粗度的竹片和小刀片。嫁接时两人配合，一人取出西瓜苗自子叶下1～1.5cm处斜面切下，另一人用竹签将葫芦苗真叶刈除后，自真叶位置斜插，以竹签不刺破手指为度，然后抽出竹签迅速将西瓜苗对应切面插入即可。

3.定植

西瓜嫁接35～40d后，一般是3叶1心时可定植。单沟起垄栽培。在定植后4～5d内，要多检查，将病、弱苗剔除，换栽上健壮苗，保证定植成活率。密度为每亩700～800株。中、小棚密度比大棚密度相对高一些，一般800株/亩，株行距60cm×150cm。

4.定植后的管理

（1）棚温管理 以保温促进生长为原则。定植后5d内密闭不通风，以提高气温和土温，促进缓苗。定植前期土壤湿润，空气湿度高，即使高温也不致引起烤苗。以后，外界气温逐渐升高，开始逐渐通风，实行 30～35℃ 高温管理，夜间保持在 15℃ 以上，不低于 12℃。低于 12℃ 时，大棚内扣小棚，白天时揭开小棚，夜间扣好，如温度过低，小棚上加盖草帘。

放风方法：前期从中央顶部放风，如顶部没有放风口，可采用两头放风；中后期温度较高，两头放风量不够，可在大棚两侧放风，降低温度。当外界温度稳定在 15℃ 以上，当蔓生长至 45cm 左右时，全部揭开。

（2）及时整枝，合理布蔓　大棚栽培种植密度较高，空间小，在覆盖期间应注意及时整枝，合理布蔓，更好利用空间和改善透光条件。特别是中间覆盖时间比较长，直到坐果后才撤掉棚膜，更需要早整枝。整枝方法采用 3 蔓整枝，也可以采用双行定植，对头爬蔓，增加空间。也可采用顺方向爬蔓。

（3）提早留果，人工授粉　大棚栽培的可在主蔓第二个雌花留果。由于授粉时昆虫比较少，特别是中棚坐果时，棚膜未揭，昆虫更少，一定采用人工补助授粉，提高坐果率。

（4）吊瓜　当瓜长到拳头大小时，用细网兜兜起，吊挂于铁丝上，防止坠秧。据实验，在瓜上 2～3 节的瓜蔓上绑吊而不直接兜瓜效果也不错。另外还可在瓜长到拳头大小后落蔓，把幼瓜放到地面而不吊瓜。

（5）收获　最好选择晴天的下午采收，要轻拿轻放。

三、日光温室冬春茬西瓜栽培

（一）品种选择

温室早熟栽培的西瓜品种应具备以下性状：雌花出现节位低，雌花率高，雌花开放到果实成熟 30d 左右；较耐低温和弱光，在较低温度和较弱光照下生长发育比较正常；生长稳健，主蔓结瓜能力强；对采收成熟度要求不太严格，在未充分成熟时对品质的影响比较小。如郑杂五号、京欣一号、P2、金钟冠龙等。

（二）育苗

1. 嫁接育苗

日光温室栽培西瓜可以采用自根苗，也可以嫁接育苗。为了适应日光温室倒茬困难和温度条件不能完全满足西瓜前期生长需要的特点，最好采用嫁接育苗。嫁接苗比直播苗的根重增加 61.2%，比育苗移栽的自根根重增加 42.3%，而且根深叶茂。嫁接苗的单株茎蔓总数、茎粗比自根苗明显增加，产量大幅度提高，特别是在重茬地上，增加更明显；根系发达，早期吸收能力强，生育前期节约肥料 30% 左右。

2. 砧木选择

不同的砧木具有不同的性质和使用效果。从低温伸长性来看，依次为南瓜、瓠瓜、西瓜和冬瓜；从抗病性来看，依次是瓠瓜、南瓜、冬瓜和西瓜；从生长最初 1 个月的吸肥性来看，南瓜砧好于瓠瓜砧；从苗龄上来看，南瓜砧的苗龄不宜超过 30d，而瓠瓜砧的苗龄可以达到 40～45d。目前温室早熟栽培多选用瓠瓜作砧木，表现为亲和力强、成活率高，共生期很少出现生育不良的植株。瓠瓜抗枯萎病，而且对危害根部的根瘤、线虫、黄守瓜等有一定的耐性。另外，雌花出现早，成熟也较早，对西瓜的品质风味无不良影响，是目前比较理想的砧木。农家栽培的菜用长葫芦或圆葫芦和"西砧一号"、"瓠砧一号"等，都可以选用。

3. 播种期

西瓜嫁接育苗的播种期要比自根苗提早 7～10d，以抵消嫁接愈合所造成的非生长期。砧木和接穗的适宜播期需根据所用砧木、不同的嫁接方法进行调整。在采用瓠瓜作砧木时，如果采用插接法或劈接法，砧木苗宜大些，瓠瓜宜比西瓜早播 10d 左右，即当瓠瓜苗出土时再播种西瓜。如果采用靠接法，则应使砧木苗和接穗苗大小更接近一些。由于西瓜的出苗和生长都比瓠瓜慢，所以，西瓜应比瓠瓜提早 5～10d 播种，即当西瓜苗出土时再播种瓠瓜。但首先确定预定的定植期，再根据预定的定植期确定育苗期和砧木及接穗的播种日期。

4.嫁接方法

西瓜的嫁接分子叶苗嫁接和成苗嫁接，多以子叶苗嫁接为主。嫁接方法有顶插接、劈接和靠插接，多用顶插接的方法。

5.嫁接苗的温度管理

刚嫁接的苗子，白天保持 26～28℃，温度高时要遮荫，不要使温度过高。夜间要加温，并覆盖保温，使温度保持在 24～25℃。随着嫁接苗的愈合成活，3～4d 后要逐渐增加通风，降低温度。一周后，白天的温度 23～24℃，夜间 18～20℃，地温 24℃左右。定植前 1 周把夜温降低到 13～15℃。

（三）定植

1.栽培形式

日光温室栽培西瓜可以分地面栽培和搭架栽培。

（1）地面栽培　为扣盖塑料小棚方便，一般采取大小行种植双行对爬蔓的方法。小行距 60cm，大行距 240cm，地膜覆盖。

（2）搭架栽培　一般采取平均 1m 的行距，或等距，或 120cm、80cm 的大小行。按此规格，在地面普施肥的基础上，再开沟集中施肥，扶起栽培垄，并在行间培起供作业行走的垄（大小行的只在大行间扶走道的垄），在栽植垄上覆盖地膜。

2.适时定植

棚内膜下地温稳定在 15℃以上即可定植。从苗龄来看，嫁接后 25～30d，西瓜长有 3～4 片真叶即可定植。如果将来进行 4 蔓整枝，在西瓜嫁接后的 35～40d，当西瓜苗长有 5～6 片真叶时摘心，摘心后 5d 左右即可定植。所以，西瓜嫁接苗的定植期，一要看温室的温度状况，地温是否达到定植要求的最低界限；二要看苗子的生长情况，是否达到定植要求的生理苗龄；三要看所用砧木的耐低温能力，比如用南瓜砧的要比用瓠瓜砧的为早，一般嫁接苗都比自根苗可以早定植 7～10d；四要看天气情况，赶在晴天的上午定植，最好定植后有 3～5d 晴天。

3.定植密度和定植方法

（1）地面栽培　地面栽培时的栽植密度一般较稀。当然，首先要看所用品种的熟型、单株留蔓数、栽植方法、土壤肥力和施肥水平等。需要注意的是，嫁接苗本身的生长势强，地膜覆盖后长势更旺，所以，种植不宜密，一定要比自根苗和不盖地膜的西瓜栽得更稀些。栽培早熟品种并实行双蔓整枝时，一般亩栽 800 株左右（上述行株距配置时，株距 60cm）；采取 4 蔓整枝留双瓜的管理方法时，亩栽 600 株左右（上述行株距配置时，株距 80cm）为宜。

（2）搭架栽培　搭架栽培所结西瓜的个头较小，所以，要靠群体争取产量，栽培密度比地面栽培的要大。由于引蔓上架，充分利用了空间，通透条件比较好，也为密植创造了条件。一般是在栽植垄上按 30～35cm 的株距定植，亩栽 2000 株左右。定植要选择晴天的上午进行，并力争在下午 2 时前完成。栽时先在膜上打个半圆形洞，将土掏出，把苗从营养钵里扣出，进一步摘除砧木生长点两侧发生的侧枝，把苗放入栽植穴里，使苗坨与地面持平。如果用嫁接苗，接口必须露到地膜外边，接着填土围坑，穴浇透水。水渗后用土把膜上开口封严。定植时，相邻的苗要错开栽。地面栽培时，要使苗向大行间倾斜，以便将来引蔓。

（四）定植后的管理

1.温度管理

定植后 1 周内是缓苗的关键时期，而缓苗的决定条件是温度。为此，要密闭温室，一般不通风，晴天的白天保持 25～30℃或更高些，夜间 18～20℃。要特别注意夜间和阴天时的保温。小拱棚里的地温要保证在 15℃以上，决不能低于 13℃。气温也必须保证在 10℃以上，保证气温是为了保持地温。低地温引起的根系受害可能一时从植株的表面上看不出来，但对以后的生长却要发生极为不利的影响。小拱棚里的气温超过 30℃时，可掀开两头的膜放风，防止高温烤苗。缓苗以后可以适当降低棚内温度，一般掌握晴天的白天 25～28℃，夜间 16～18℃；阴天时白天 23～25℃，夜间 14～16℃。温室里白天的气温稳定在 25℃左右时，可以撤除小拱棚，以增加植株的光照。温室里白天温度超过 30℃时，要注意放风，防止高温灼苗。

2. 肥水管理

（1）追肥 从定植到开花是促秧的时期，需要适当追施速效化肥，促进茎叶适中生长。特别是团棵后，要根据植株的叶色决定是否追肥和追施多少，以使植株尽快发展到适宜的叶面积。嫁接苗根系发达，吸收能力强，应比自根苗适当少追些速效氮肥，以防茎叶徒长，造成开花结瓜推迟。坐瓜以后，嫁接苗的根系生长减慢，和自根苗的根系差别越来越小。由于果实膨大，需要越来越多的水分和养分，所以，要重追肥一次。追肥一般掌握在雌花授粉受精后 4～6d，幼瓜长有鸡蛋大小，表面的茸毛逐渐脱落，瓜面呈现明显的光泽时。此时表明西瓜已经坐住，一般不会再发生落果现象。脱毛还表明西瓜开始进入果实迅速膨大期。此时要随水冲入化肥，每亩用复合肥40～50kg。后期多采用根外追肥的方法，可用 0.3%尿素加 0.2%磷酸二氢钾的混合液进行叶面喷施，也可同时加入西瓜专用的生长调节剂和防治病虫的药剂。

（2）浇水 在定植穴浇水的基础上，缓苗后要顺沟浇一次大水，以后注意锄划保墒。团棵期结合追肥在栽培畦的沟里适量浇水，以促棵快长。如果植株生长旺盛，不缺水，可以不浇，但判断是否缺水不能只看土壤表面（地表湿润往往只是一种假象），而要从植株的长相和长势上去看。果实膨大期需水量增加，一般要浇 2～3 次水。这时浇水要栽植畦和爬蔓畦同时进行。结果后期停止浇水，以防积累的糖分少，影响西瓜的品质。

3. 整枝压蔓

（1）地面栽培 整枝分双蔓、3 蔓和 4 蔓整枝，不同整枝方式的坐果性和果实大小差别较大，要根据种植密度和植株长势来选用。

① 双蔓整枝：适于早熟和中熟品种，坐果机会多，空秧可能性小，叶面积较大，有利于增加单果重。

② 3 蔓整枝：单株叶面积大，养分分布均匀，不易徒长，坐果余地大，单果重量大。缺点是种植株数少，适于大果型的晚熟品种。日光温室一般不采用此方法。

③ 4 蔓整枝：在苗床嫁接苗长有 5～6 片真叶时进行摘心，促子蔓早发。整枝时，将 1 节（长得弱）和 6 节（长得过旺）的侧枝摘除，选留 2、3、4、5 节上的子蔓，其余全部摘除，这 4 条蔓长势相近，可同时开花，留 2 个瓜，结果整齐；压蔓时将 4 条蔓按 15cm 的间距摆开。温室栽培一般都是采取地上压蔓的办法，即用树杈或棉柴剪截成"卜"字形，把它插入土中压住蔓。留下的蔓在长到 30cm 左右时，将其拉回，横置植株根部的两侧。尔后压一把，以后引导向爬蔓畦直爬，6～7cm 左右压一把，但其中有一把要压到着果节位之前。

（2）搭架栽培 西瓜伸蔓时，应在离植株 10cm 的一侧插架，一株一竿，做成单篱壁架。在引蔓上架以前，最好在地面倒秧压土，蔓长 30cm 左右在地面盘条。盘条的蔓可采用地上压蔓法，即用棉柴或树杈、土块压住。对于嫁接的西瓜来说，地面茎蔓应避免产生不定根。搭架栽培的西瓜一般多采取双蔓整枝的方法，第一个瓜定个之后，再考虑酌情选留第二个瓜。搭架栽培的西瓜一般都要进行吊瓜，吊瓜可采取吊葫芦或架瓜的方法。

4. 人工授粉

日光温室栽培西瓜必须进行人工授粉，人工授粉后的坐果率是不授粉植株的 1.7～1.9 倍。西瓜开花直接受夜温的影响，白天气温 27～30℃、夜温 18℃时，多在早晨 6 时开花；夜温 15℃则在 8 时开花；温度再低还要向后推迟。一般天气条件下，人工授粉应在 9 时前完成，特殊天气也要在 10 时前完成。阴天花粉开裂困难时，可在头天傍晚募集微开的雄花，放在灯泡下（25～30℃）增温促使开裂，次日拿去授粉。在 20～25℃的条件下，授粉的效果最好，温度超过 30℃或空气湿度低时，不利于坐果，同时要把同一天授粉的植株做上同一标记。

5. 促进坐瓜和控制坐瓜部位

（1）看秧掌握坐瓜情况 嫁接西瓜定植后 35～40d，是开花授粉的始期，此期植株的长势强弱与雌花位置有很大关系。在开花授粉期，瓜秧前端抬起与地面成 20°～30°，生长点距开放雌花节距离在 30～40cm 时，表明植株生长正常，开花授粉最适于坐瓜；如果蔓尖与地面夹角大于

30°，生长点与开放雌花节的距离大于 50cm，茎粗、叶大、节间长，说明植株旺长，一般很难坐住瓜。遇有这种情况，在人工授粉的同时，对瓜蔓在两处进行扭伤，一处在生长点后 5～7cm，另一处在生长点后 30～35cm 处。通常栽培都是留第二个瓜，如果用此法第二个瓜没有坐住，在第三个瓜上也要采取这一做法。与此相反的植株生长弱，茎细，雌花距蔓尖小于 20cm，这种情况比较容易坐住瓜，但植株生长会变得更弱，必须及时追肥浇水，必要时可以摘除瓜纽，先把秧子撑起来再安排结瓜。

(2) 掌握在适当节位坐瓜　温室早熟栽培一般都选留第二个瓜，第二个瓜拿不住时才考虑第三个瓜或在侧蔓上留第一或第二个雌花成的瓜。4 蔓整枝时，一般是在第二个雌花中选留 2 个花期和子房大小相近、形状圆正的雌花授粉坐瓜，一株留 2 个瓜。

6. 吊瓜

参考本节二塑料大棚春早熟西瓜。

(五) 采收

判断西瓜是否成熟，可靠经验从瓜皮的颜色、光洁度、蜡粉、瓜蒂的形状，茸毛的脱落程度卷须的干枯节位拍打或弹敲的声音及颤动情况综合分析。比较科学的方法是用有效积温法，将日平均温度在 15℃ 及 15℃ 以上逐日平均气温累计起来，早熟品种的有效积温达到 700℃ 左右（约需 25～28d）即可成熟。此时，将达到有效积温的同一批瓜采摘 1～2 个进行剖视和品尝，若已达到采收标准，即可把同一批瓜同时采收。

第三节　西　葫　芦

一、主要茬口

西葫芦适于各种形式的设施栽培，以春夏早熟栽培为主。北方设施栽培茬口主要有以下几种。

1. 大棚春季早熟栽培

以豫北为例，一般 1 月中下旬于温室或阳畦播种育苗，3 月上旬定植，4 月上旬至 6 月中旬采收，采收期 80～100d。

2. 日光温室早春茬栽培

一般 12 月中下旬至 1 月下旬于日光温室内电热温床育苗，2 月初定植，3 月上中旬至 5 月下旬采收，采收期 90d 左右。

3. 日光温室越冬茬栽培

一般 9 月下旬至 10 月初于日光温室播种，嫁接育苗，10 月末至 11 月初定植，11 月下旬至 5 月中下旬采收，采收期 210d 左右。河南、山东农民在实践生产中为了延长日光温室的生产时间，提高效益，弥补西葫芦怕热罢园早的不足。西葫芦越冬栽培时多与苦瓜间作，即西葫芦与苦瓜同时播种、同时定植，分期上市。定植时每 7 行西葫芦栽 1 行苦瓜。冬季、春季以西葫芦生产为主，夏季以苦瓜为主。是一个高产高效立体种植的技术。

4. 小拱棚早春栽培

河南各地多于 2 月中下旬日光温室内电热温床加营养钵育苗，3 月下旬定植，4 月中旬至 6 月初采收。

二、塑料大棚春早熟栽培

1. 品种选择

西葫芦早熟栽培的苗期和生育前期在寒冷季节，故应选择耐寒性强、早熟、丰产、品质好的品种。目前生产上常用的品种有：早青、潍早 1 号、纤手等，作为特菜栽培的香蕉西葫芦也有一定栽培面积。

2.培育壮苗

西葫芦多于温室或阳畦内、电热温床营养钵育苗，白天温度 20～25℃，夜间 10～15℃，地温 15～20℃。一般苗龄 30～40d 左右，苗高 8～10cm，具 3～4 片真叶即可定植。每亩用种量 250～300g。

3.定植

定植前 15～20d 将大棚覆盖好，扣严薄膜，尽量提高棚内地温。定植前结合深翻，每亩施入腐熟的有机肥料 3000～5000kg，同时混入 40～50kg 过磷酸钙或 20kg 复合肥料。翻后整平耙细，做成平畦。当设施内 10cm 的地温稳定在 8～10℃以上、夜间最低气温不低于 8℃时，即可定植。可用单行定植，亦可用宽窄行定植，一般株行距为（45～50）cm×（80～100）cm，每亩 1500～2000 株为宜。

4.定植后的管理

（1）温度　西葫芦是喜温蔬菜，不耐霜冻，早熟栽培初期外界气温较低，故管理的重点是防寒保温，避免 0℃的低温出现，保持适温以利生长发育。缓苗期不通风，白天保持 25～30℃，夜间 15～20℃。缓苗后逐渐通风降低温度，白天保持 20～25℃，夜间 15℃以上。进入结果期适当提高温度，白天 25～28℃，夜间 15～18℃。当外界白天气温达 20℃以上时，白天全天通风，只进行夜间覆盖。当夜间最低气温稳定在 13℃以上时，可撤掉所有保护设施。

（2）水肥管理　定植时浇透定植水，缓苗水中耕松土进行蹲苗。此期温度较低，应多次进行中耕，中耕可由浅而深，每 5～7d 一次，到根瓜采收时，一般中耕 4～5 次。蹲苗后结合浇第一水，可随水冲施稀粪尿，每亩 300～500kg，以促进植株生长和根瓜膨大。根瓜膨大期和开花结瓜期应加大浇水量和增加浇水次数，保持土壤见干见湿，一般 2～5d 浇一次水，待撤去覆盖物处于露地条件后，应增加浇水次数。早熟栽培西葫芦每 10～15d 追一次肥，共追 3～4 次，每次每亩施用复合肥 15～20kg，结果盛期每 7～10d 可根外追施 0.1%～0.2%的磷酸二氢钾液。

（3）植株调整　早熟栽培西葫芦有些品种，基部易产生侧枝，应及时摘除，生长过程中多余的雄花、畸形瓜及枯老病叶也应及早摘除。

（4）保花保果　西葫芦不具单性结实特性，开花期必须经授粉、受精或激素处理后才能坐瓜。早熟栽培早期外界气温尚低，昆虫很少，加上设施密闭，不易接受昆虫传粉，因此，雌花开花后必须每天进行人工授粉，授粉应在早晨揭苫后进行，方法是摘下雄花，去掉花瓣，用雄蕊花药涂抹雌蕊柱头，这样 1 朵雄花可为 3 朵雌花授粉。

利用激素处理也是保花、保果的有效措施。目前生产上多采用 2,4-D 处理技术。处理时间一般在早晨 8～9 时，2,4-D 使用浓度应根据栽培季节的不同有所区别。据实验，冬季低温季节浓度为 80～100ml/L，春季为 25～40ml/L。处理方法是每天早晨揭苫后，用毛笔蘸上配好的 2,4-D 溶液，涂抹在刚开放的雌花花柱和花瓣基部。为了防止重复处理，在 2,4-D 溶液中加入红色。生产实践证明，单纯用激素处理，不如授粉又用激素处理效果好。

5.采收

西葫芦以嫩瓜供食，应适时早采，以促进后续坐瓜和果实生长。一般根瓜 0.25～0.5kg 即应采摘，结果中后期单瓜重 0.5～1.0kg 时采摘，后期食用老瓜重 1.0～2.0kg 时采摘。

三、日光温室越冬茬栽培

1.品种选择

目前西葫芦设施栽培普遍采用早青一代，此外，佳米兰、太阳 9795、玉葫等国外引进的新品种应用较多。金皮西葫芦、飞碟瓜、蔓生型的金丝瓜等变种作为特种蔬菜在设施内种植也较多。

2.育苗

日光温室越冬茬西葫芦可于 10 月上中旬在温室或小拱棚内育苗，种子催芽后直接播于营养钵内，每钵一粒。苗期注意控制浇水，防止夜温过高，避免幼苗徒长。当苗龄达 30～35d，幼苗

3 叶 1 心时即可定植。为提高植株的抗逆性，增加产量，西葫芦设施栽培也可采用嫁接育苗，以黑籽南瓜为砧木，嫁接方法可参照黄瓜嫁接育苗。

3.整地定植

（1）整地 选择三年内未种过瓜类的温室，定植前对温室土壤和空间进行熏蒸消毒。结合整地，每亩土地施入优质农家肥 5000kg，过磷酸钙 30kg，耙细搂平，按大行距 80cm，小行距 50 起垄，垄高 10～15cm。

（2）定植 定植要选择晴天的上午，在垄上开沟，按株距 45cm 摆苗，培少量土。株间点施磷酸二铵，每亩用量为 25kg，肥土混拌后浇定植水。水要浇足，等水渗透后合垄，并用小木板把垄台刮平，再覆地膜。每亩栽苗 2000 株左右。

4.定植后管理

（1）促进缓苗、早成雌花 缓苗前，气温白天 25～30℃，夜间 17～18℃，缓苗后白天 20～25℃，夜间 10～12℃。

（2）多通风，降低温湿度 缓苗后日温应控制在 20℃左右，最高不超过 25℃；夜间温度前半夜为 13～15℃，后半夜为 10～11℃，最低为 8℃，以促进根系发育，控制地上部徒长。温度高，特别是高夜温，浇水过早、过多是西葫芦前期徒长、结果晚的主要原因，定植后合理调控温度是早期丰产的基础，也是壮秧丰产的前提，必须严格温度管理规程，根据长势调节温度。温度表现的形态指标：温度适宜时，展开叶的叶柄与地面之间的夹角为 45°～60°；温度过高时，叶片上冲，基部叶柄与地面夹角大于 60°；温度低时夹角小于 30°，夜温过低。

（3）及时去掉雄花和侧枝 进入结瓜期后，为促进果实生长，日温应提高到 25～28℃，夜温 15～18℃。冬季低温弱光期间，采用低温管理，日温保持 23～25℃，夜温保持 10～12℃，以提高弱光下的净光合率。严冬过后，光照强度增加，可把温室恢复到正常管理状态。外界最低温度稳定在 12℃以上时，应昼夜通风，以加大昼夜温差，减少呼吸消耗，增加养分的积累。

（4）光照管理 冬春茬西葫芦定植后，正处在光照最弱的季节，光合作用强度较低，影响物质积累，因此，光照调节原则是增光、补光。具体措施可参照黄瓜冬春茬栽培。此外，还可以通过适当稀植、吊蔓等方法减少植株间相互遮荫，改善光照条件。

（5）及时吊蔓 西葫芦节间极短，随着叶片数的增多，植株不能直立而匍匐于地面生长，影响通风透光。因此，在植株长到 8～9 片叶时可开始吊蔓。方法是：将尼龙绳上端固定在拱架上，下端拴小木棍插入土中，将西葫芦的茎缠绕在线绳上，使其直立生长。吊蔓可以改善通风条件，防病效果好。要及时上蔓，上蔓要坚持头正、蔓直、叶舒展的原则。缠蔓时要注意不能将线绳缠绕在小瓜上，同时随着缠蔓，调整植株叶柄的方向，使每个植株的每张叶片都能充分接受阳光。

（6）保花保果 日光温室越冬茬栽培温度低，雄花少、花粉少，又缺乏昆虫传粉，如不采取人工授粉或生长调节剂处理，会造成大量化瓜，影响产量。人工授粉宜在上午 8～10 时进行，此时温湿度适宜，花粉成熟，授粉受精效果好。若人工授粉不能满足需要，可使用 20～30mg/L 的防落素蘸花或涂抹花柱基部。为防止重复处理，应在生长调节剂中加些染料作为标记，如再加入 0.1% 的 50% 速克灵可湿性粉剂，保果的同时还能预防灰霉病。

（7）水肥管理 西葫芦定植初期，需水量不多，在浇足定植水的基础上，缓苗期间一般不浇水。但如果定植期较早，外界环境条件较好时，可浇 1 次缓苗水。以后直到根瓜坐住前不再浇水。此时主要是促根控秧，使根系向土壤深层扎，以抵抗不良环境条件。

当根瓜长至 10cm，开始膨大时，浇 1 次水，并随水追施硫酸铵 15kg。浇水时间要选择在晴天的上午。此时，植株的营养体较小，外温较低，温室的通风量小，所以在始瓜期浇水不宜过勤，一般每 10～15d 浇一次，且每次浇水都要进行膜下暗灌。以后进入盛果期后，叶片的蒸腾量加大，植株和瓜条生长速度较快，此时随着外温的升高，透风量加大，要加强水肥管理，每 5～7d 浇 1 次水，隔 1 水追 1 次肥，有机肥和化肥交替使用，每次每亩施入硫酸铵 10kg，硫酸钾 10kg 或腐熟饼肥 50kg。每次采收前 2～3d 浇水，采收后 3～4d 内不浇水，有利于控秧促瓜。

西葫芦施肥灌水形态指标：施肥和灌水可以依据叶柄长度与叶片最大长度之比来确定。当叶柄长：叶片长约等于 1：1.2 时，肥水管理正常；如果叶柄长：叶片长大于 1：1.2 时，肥水过小，需要加大肥水数量；反之，叶柄长：叶片长小于 1：1.2，叶柄长度大于叶片长度时，肥水过大，应当控肥控水。西葫芦后期易早衰，中后期以防脱肥、防早衰、防病为主，打掉病叶，适当加大肥水，可以视具体情况多施叶面肥和营养剂。

5.采收

西葫芦以嫩瓜为产品，宜早采，雌花开放后 10～15d，单果质量达 250～300g 时即可采收，尤其是金皮西葫芦，延迟采收会影响果实的商品性。采收最好在早晨进行，此时温度低、空气湿度大，果实中含水量高，容易保持鲜嫩。采收后逐个用软纸包好装箱，短期存放 1～2d 也不影响质量。

第四节　甜　瓜

一、主要茬口

我国北方甜瓜设施栽培以日光温室早春茬产量最高，效益最好。其次是塑料大棚洋香瓜春早熟栽培。无论日光温室，还是塑料大棚，秋冬茬生产在苗期易受高温病毒病影响，后期坐瓜期遇低温影响瓜的膨大，瓜个小；由于受南方瓜的冲击其价格也不高，一般不提倡种秋冬茬，冬季温、光条件更差，生产更难，也不提倡冬季种植。

二、塑料大棚洋香瓜春早熟栽培

洋香瓜即厚皮甜瓜，味香汁甜，丰产，耐贮运。洋香瓜含有人类营养所必需的各种养分，尤其是抗坏血酸的含量超过牛奶等动物食品几十倍，是目前宾馆、酒店宴席上使用的高档水果。

1.品种选择

目前种植较多的主要有：丰甜 3 号、满田 850、金田、状元、台农二号、西薄洛托、瑞伟高（C-8）、阿路丝等。

2.栽培技术

（1）播种育苗　11 月上旬至 12 月中旬采用 10cm×10cm 的营养钵育苗。每亩用种量 100g 左右。温室内的育苗床要配备地热线或火道加温。浸种催芽每钵播一粒种子，有包衣剂的可干籽直播。

（2）整地施基肥　每亩施优质有机肥 5000～8000kg，氮、磷、钾复合肥 50kg，饼肥 150kg，增施少量钙、硼、镁肥。

（3）做畦覆膜　可采用宽行 70～80cm，窄行 50cm，每畦栽两行。也可采用 1m 宽的等行距，每畦栽一行。株距 30～40cm，每亩栽苗 2200～2600 棵。覆盖地膜时最好采用畦沟全覆盖，或畦上盖地膜，沟间覆麦秸或草木灰，可提高地温，降低湿度。有滴灌时，在畦中间铺设一、二根滴灌管；无滴灌时，在畦的中间挑一条小沟，形成马鞍形，以便膜下暗灌。

（4）定植　当秧苗有 3 叶 1 心，日历苗龄 30～35d 时即可选晴天上午定植。栽苗封土后，浇定植水，插好小拱棚，扣上农膜，并在夜间加盖草苫保温，以利缓苗。

（5）温度管理　定植缓苗期，白天温度不超过 32℃，不揭小拱棚，一般不放风。伸蔓期温度控制在白天 28～32℃，夜间 15～20℃。开花期，白天温度 30℃ 左右，夜间温度不能低于15℃，否则不能用人工授粉的办法，可改用强力坐果灵浸幼果。膨瓜期，白天温度可达 35～40℃，夜间温度控制在 16～20℃。此间夜温不能过低，否则会影响果实的膨大。成熟期，白天温度 28～32℃，夜间温度 15～18℃。此期如果白天温度过高，会逼瓜早熟，不但颜色不正，而且会造成水分减少，糖转化受阻，出现苦瓜或叶片早衰现象。

（6）肥水管理　定植时浇缓苗水后，以后在伸蔓初期、果实膨大初期（幼果如鸡蛋大小）、网纹形成期浇水追肥 3 次。每次追施氮、磷、钾复合肥 20～30kg。伸蔓期和果实膨大期还可叶面喷施叶面肥。果实成熟采收前 1 周应控制浇水，以促进早熟，提高品质。

（7）植株调整 一般多采用单蔓整枝法，当蔓长达到 30～40cm 时吊蔓，在 14～16 节处留 2～3 个幼瓜，并人工授粉。当挂果后 5～10d，幼瓜如鸡蛋大小时，须选择果个较大、果型周正、两端稍长的幼瓜留下，其余瓜摘除。当瓜长到 250～300g 时，应及时吊瓜。

（8）收获 当瓜的色泽、网纹、香味、甜度呈现成熟的特征时，即可采收，要将瓜柄剪成"T"字形（侧枝结瓜）。商品瓜用网袋套袋后，装箱出售。洋香瓜经过几天的后熟后食用，香味更浓，甜味更好。

三、日光温室网纹甜瓜早春栽培

日光温室冬春茬网纹甜瓜在河南、山东一般 11～12 月份播种，日光温室或加温温室内地热线营养钵护根育苗，翌年 2 月上旬定植，收获期为 4 月下旬至 5 月上旬。

1.品种选择

应选用耐低温弱光、生育快、早熟、株型紧凑的品种。生产上应用较多的网纹甜瓜品种是由日本引进的，近几年国内优良品种不断出现，形势很好。如娜依鲁，中蜜系列：中蜜 1 号、中蜜 2 号、中密 4 号等。

2.育苗

冬春茬甜瓜苗期正值低温弱光季节，可在温室内利用电热温床和小拱棚等设施育苗。目前甜瓜生产中一般采用自根苗，利用营养钵护根育苗，苗龄 30～40d，幼苗具 3～4 片真叶时定植。为提高植株的抗寒能力和克服连作障碍，也可采用嫁接育苗，但甜瓜嫁接易发生不亲和现象，故对砧木要求严格。目前普通甜瓜嫁接一般以日本南瓜"白菊座"、"金刚"或西葫芦"锦甘露"等为砧木，网纹甜瓜嫁接根据栽培季节和环境选用杂种南瓜（如"新土佐"、"早生新土佐"、"超级新土佐"等土佐系列）或甜瓜共砧。

3.定植前的准备

定植前 15d 清除温室内前茬作物的病残体和杂草，对温室空间和土壤进行彻底消毒，减少病源、虫源。将土壤深翻两遍，每亩施入优质农家肥 5000kg、过磷酸钙 50kg、硫酸钾 20kg 做基肥。结合施基肥，每亩施入镁肥 3～5kg、硼锌等微肥 2～3kg，可改善果实品质，预防缺素症。温室内栽培甜瓜可按 1.3m 行距开深沟施肥，然后按大行距 80cm、小行距 50cm 起垄覆膜，具体做法可参照日光温室早春茬西瓜栽培技术。

4.定植

定植株距 50cm，在垄台上交错定植，穴内浇足定植水，尽量保持苗坨不散，待水渗下后封掩。每亩保苗 1800～2000 株。定植后将垄台用小木板刮平，覆地膜。

5.定植后的管理

（1）温、光调节 甜瓜喜温、喜光，冬春茬栽培正处于温室内温度最低、光照最弱的时期，所以在管理过程中，应以保温、增光为重点。定植初期日温保持在 26～30℃，前半夜温度保持在 18～20℃，早晨揭苫时温度不低于 10℃，地温应稳定在 15℃以上。可通过定植后加设小拱棚、小拱棚夜间覆盖纸被等措施来提高植株周围的温湿度。缓苗后适当降温蹲苗，日温保持在 25～28℃，夜温保持在 15～18℃，防止夜温过高引起幼苗徒长。缓苗后可在栽培畦后部张挂反光幕，提高后部的光照度，加大后部的昼夜温差。结果期甜瓜对温度和光照的要求极为严格，即需要较高的温度和较大的昼夜温差，又要求较强的光照度。开花坐果期的最适温度为 25℃，高于 35℃和低于 15℃都影响甜瓜的坐果率。此时正值初春季节，如遇低温寡照天气，要设法临时加温、补光，保证甜瓜坐果的最适宜温光条件。果实膨大期白天温度要保持在 27～35℃，不超过 35℃不放风，前半夜温度 16～20℃，早晨揭苫前温度要在 12℃左右，地温最好保持 20℃以上。总体平均温度较平时高 2℃左右。草苫要早揭晚盖，每天清洁棚膜，争取多透入阳光。需要指出的是，网纹甜瓜与无网纹甜瓜相比，生长发育所要求的温度高，管理时可采取适宜温度上限。

（2）水肥管理 缓苗时如发现土壤水分不足，可浇一次缓苗水，水量不易过大。缓苗后根系的吸肥、吸水能力增强，因此，植株开始生长时浇一次伸蔓水，每亩随水施入磷酸二铵 10kg、尿素 5kg 及硫酸钾 5kg，促进植株迅速生长。开花坐果期应避免浇水，使雌花充分饱满。膨瓜期是水肥管理的关键时期，可每 10d 浇一次小水，整个结瓜期共浇 2～4 次，结合浇膨瓜水，每亩随水施磷酸二铵 30kg、硫酸钾 15kg、硫酸镁 5kg。果实接近成熟期时（采收前 10d），要节制水分，保持适当的干燥以利于糖分的积累。此时如果土壤含水分过高，则糖分降低，成熟期延后，果实易裂。生长过程中每 15～20d 喷一次叶面肥。值得注意的是甜瓜为忌氯植物，因此，禁止使用氯化钾、氯化铵等含氯离子的化肥。

（3）植株调整　日光温室厚皮甜瓜多采用直立栽培。定植缓苗后及时吊蔓引蔓。甜瓜整枝方式很多，应结合品种特点、栽培方法、土壤肥力、留瓜多少而定。直立栽培常用单蔓整枝和双蔓整枝。单蔓整枝当主蔓长至 25～30 节摘心，基部子蔓长到 4～5cm 摘除，在 11～15 节上留 3 条健壮子蔓作结果蔓，结果蔓在雌花前留 2 片叶摘心。如留 2 茬瓜，则可在主蔓的 22～25 节再选留 2～3 条子蔓在 5 叶时摘心，作为 2 茬果结果蔓，两茬结果蔓之间的子蔓全部摘除，结果蔓上的叶芽（孙蔓）亦应摘除。双蔓整枝在幼苗 3～4 片叶时摘心，当子蔓长到 15cm 左右，选留 2 条健壮子蔓，分别引向 2 根吊绳，其余子蔓全部摘除。之后在每条子蔓中部 10～13 节处选留 3 条孙蔓作结果蔓，每条结果蔓于雌花开放前在花前留 2 片叶摘心。最后每个子蔓留一个瓜，子蔓 20～25 节左右摘心，每株保留功能叶片 20 片左右。

（4）人工授粉　甜瓜的雌花为两性花，能自交结实。最佳授粉时间一般在上午 8～10 时之间，适宜温度是 20～25℃。授粉时只要用干燥毛笔在雌花花器内轻轻搅动几下既可。也可在开花当日早晨采集刚刚开放的雄花，用雄蕊涂抹结实花柱头。授粉后挂上标牌记录授粉时间，以便计算果实成熟期。甜瓜的授粉期如果赶上阴天，或前半夜夜温低于 15℃，常常会造成授粉受精不良，子房因生长素缺乏而停止生长发育，出现化瓜现象。在低温情况下可用 40mg/L 的坐瓜灵对雌花和瓜胎进行喷雾处理，处理适宜温度应保持在 22～25℃。

（5）留瓜吊瓜　甜瓜冬春茬栽培每株可留 1～2 层瓜。一般小果型品种每层可留 2 个瓜，而大果型品种每层只留 1 个瓜。生产上多选留子蔓 2 节以后雌花或孙蔓上的雌花留瓜。为防止因授粉受精不良出现的畸形瓜和化瓜现象，以及人为控制花期茎蔓徒长，一般多留出 1～2 个雌花，授粉后任其膨大，之后再统一选留。为减轻茎蔓负荷，当幼瓜长至 200g 左右开始吊瓜。用撕裂膜或小铁钩吊住果柄靠近果实部位，将瓜吊到架杆或温室骨架上，吊瓜的高度应尽量一致，以便于管理。

6. 成熟度鉴别和采收包装

（1）成熟度鉴别　成熟的甜瓜呈现出本品种特有的颜色，散发出浓郁的香味。瓜皮比较硬，指甲不易陷入，脐部较软，用手捏有弹性。此外，结瓜蔓上的叶片因缺镁而焦枯，也是果实成熟的重要标志。根据授粉日期也可以判定成熟度，一般早熟品种从授粉到成熟需 35～45d，晚熟品种需 45～55d。甜瓜不同品种的果实成熟天数可参照说明书，具体应用时，还要考虑果实成熟期的温度状况。阳光充足、温度高时可提前 2～3d 成熟，阴雨低温则成熟延迟。

（2）采收包装　甜瓜采收时要根据不同的销售方式来确定采收期，就地销售时，应在完全成熟时收获；远途贩运，可在果实八九分成熟时采收。采收应在果实温度较低的早晨和傍晚进行，采收后将甜瓜置于阴凉处，避免重叠，待果温与呼吸作用下降后再包装装箱。厚皮甜瓜采收时将果柄剪成"T"字形，然后用软布将果面擦拭干净，在果面上统一贴上商标，套上泡沫网套，装入带通气孔的纸箱内。

7. 防止网纹不美观的措施

网纹甜瓜作为厚皮甜瓜中的高档品种，不仅具有普通厚皮甜瓜的糖度，还具有独特的口感、风味及优美的网状裂纹。种植网纹甜瓜时，由于管理技术不当，常常导致果实表面形不成网纹，或形成的网纹不美观，影响了果实的商品性。网纹不美观产生的原因及防止对策如下。

（1）坐瓜节位高　坐瓜节位高，由于瓜的上位叶片少，造成植株后期生长势衰弱，不仅瓜个小、含糖量低，而且果实表面常常不能形成网纹或网纹稀少。

防止对策：选择适宜的留瓜节位。中部节位坐的瓜，不仅瓜个大、含糖量高，而且形成的网纹美观，因此留瓜节位要注意选择中部或接近中部的节位。生产实践及试验证明，温棚栽培的网纹甜瓜宜留瓜的节位为第10～13节，且留瓜节位以上留10～15片叶。

（2）水分管理不当　如果网纹形成初期（指网纹形成的前5～7d）浇水太多，果面容易裂缝，形成较粗的网纹。网纹完全形成以后，如果土壤过于干燥，则果面形成的网纹很细且不完全。

防止对策：搞好水分管理。网纹甜瓜授粉后7～10d，坐位的幼瓜长到鸡蛋大小时，果实进入快速膨大期，植株需水量增大，应及时浇足膨瓜水。授粉后14～20d进入果皮硬化期，果实表面易产生裂缝，形成较粗的网纹。网纹完全形成以后，再逐渐增加水分，以促进果实肥大和网纹良好发育。

（3）植株缺钙　网纹甜瓜喜钙肥，如果植株生长期钙肥不足，则果实表面网纹粗糙、泛白。

防止对策：科学合理施肥。施肥时既要从整个生育期来考虑，又要注意施肥的关键时期，不但要注意氮、磷、钾三元素的全面应用和合理配比，而且要适当增施钙、镁、硼、锌等中微量元素。定植前施足基肥，生长期间及时追肥。网纹甜瓜从开花授粉到果实停止膨大是追肥的关键时期。瓜膨大盛期还要叶面追施0.2%～0.3%的磷酸二氢钾，以促进网纹完美。

（4）强光直射果实　在网纹形成时期（指开始出现网纹到网纹完全形成这一时期），如果温度过高或果实受到强日光直射，果实容易形成不完全网纹。

防止对策：避免强光直射果实。网纹形成时期和网纹完全形成以后，应用报纸包住瓜，或吊瓜时用叶片遮掩瓜，避免强光直射到果实上，以使果实着色均匀、网纹优美。

（5）病虫害严重　如果网纹形成时期病虫害严重，造成植株生长热衰弱，导致果实表面不形成网纹，或网纹稀少。

防止对策：及时防治病虫害。网纹甜瓜的授粉期和网纹形成期，是病虫害容易发生、流行的时期，因此应掌握好用药关键时期，做到及时防治病虫害，使植株健壮生长，形成优美网纹，提高果实商品质量。

本 章 小 结

瓜类蔬菜设施栽培中以黄瓜最普遍，其次为西瓜、西葫芦和甜瓜等。瓜类蔬菜设施栽培中茬口安排很重要，茬口安排得当，不仅高产高效，而且省工省时；生产中根据设施条件、栽培季节和蔬菜种类选用适宜的品种是高产的基础；瓜类蔬菜不耐移栽，要采用护根育苗，如营养土块、纸钵、塑料钵等，越冬茬常采用嫁接育苗技术；瓜类蔬菜喜欢肥水，尤其是设施反季节栽培，生长周期长，要施足底肥，栽培过程中应根据气候和生长特点分次追肥，合理浇水，满足生长发育所需肥水；及时植株调整可以保持营养生长和生殖生长、地上部和地下部及器官之间的均衡生长，实现连续开花、连续坐果，持续均衡采收；同时合理调节光、热、水、气也是瓜类蔬菜设施栽培管理中的重要环节，应根据设施类型、栽培季节、作物生长时期和生产目的合理调节设施环境温度、光照、湿度、气体等条件，满足蔬菜生长之所需；根据不同瓜类特点适时采收，提高商品性，也是取得优质高产的重要措施。

复习思考题

1.简述日光温室和塑料大棚黄瓜栽培茬口类型。

2.日光温室越冬茬黄瓜嫁接育苗的好处有哪些？

3.简述日光温室越冬茬黄瓜实行变温管理的依据和操作方法。

4.塑料大棚早春黄瓜高产高效栽培措施有哪些？

5.简述西葫芦日光温室越冬栽培和塑料大棚春早熟栽培技术要点。

6.简述西瓜设施栽培植株调整的内容和方法。

7.设施甜瓜早春栽培整枝方式与普通甜瓜有什么不同？

8.西瓜、西葫芦与黄瓜授粉方式有何区别？

实训一　设施黄瓜吊蔓、落蔓技术

一、目的要求

通过对温室黄瓜进行吊蔓、缠蔓、落蔓等技能训练，掌握日光温室瓜类蔬菜栽培植株调整的基本技能。

二、材料与用具

日光温室内处于伸蔓期的黄瓜植株；14#铁丝，尼龙绳等。

三、方法与步骤

1.吊蔓

在定植的上端，南北拉一道铁丝，把吊绳上端固定在铁丝上，下端系竹棍插入土中。同时将瓜蔓缠到吊绳上。

2.缠蔓

将黄瓜茎轻轻缠绕在吊绳上，使其直立生长。缠蔓时把个别长的、高的植株弯曲缠绕。温室黄瓜生长迅速，一般每2～3d缠一次。固定在铁丝上的吊绳要留长一些，以备落蔓时用。缠蔓最好选在10～14时，缠蔓时心要细、手要轻，生长点要垂直向上。缠蔓时打去卷须、侧枝和雄花。

3.落蔓

随着植株的生长及果实的采收，及时打掉下部老叶进行落蔓。一般温室中后部植株落蔓2～3次，温室前部植株落蔓3～4次。落蔓一般选在午后比较合适，一是瓜蔓比较柔软；二是下午光合作用比上午弱些。具体的方法是把拴在铁丝上的尼龙吊蔓解开，使黄瓜龙头下落至一定的高度，再重新拴住，把落下的蔓一圈圈盘卧在地膜上。为龙头继续生长留出空间。

四、作业

1.缠蔓时为什么要使龙头处在南低北高的一条斜线上？
2.日光温室冬春茬黄瓜为什么要去除侧枝、雄花、卷须？

实训二　设施西瓜、甜瓜的吊瓜、整瓜技术

一、目的要求

了解西瓜、甜瓜直立栽培和爬地栽培的留瓜方式的区别，掌握西瓜、甜瓜的留瓜、吊瓜、垫瓜、翻瓜基本技能。

二、材料与用具

正值果实膨大期的西瓜、甜瓜植株（直立栽培和爬地栽培）；纱网袋，草绳，撕裂膜，稻草等。

三、方法与步骤

1.留瓜

（1）搭架栽培西瓜的留瓜　多选用主蔓上第2～3朵雌花和子蔓上1～2朵雌花授粉，当已坐住的2～3个瓜长到鸡蛋大小时，选留果实端正的一个瓜，把另一个瓜疏掉。

（2）搭架栽培甜瓜的留瓜　甜瓜植株授粉后5～10d，当幼果鸡蛋大小时，选择果型端正、果柄较粗的椭圆形果实。有单层留瓜和双层留瓜两种留瓜方式。小果型品种每株每层可留2个

瓜，选留的瓜最好在两条子蔓或孙蔓相同节位上，使其果实生长均匀一致。大果型品种每株每层只留一个瓜。每条结果蔓上留一个瓜，顺便去掉花痕部位的花瓣。

2.吊瓜

搭架栽培的西瓜、甜瓜，随着果实的生长，茎蔓难以负担瓜的重量，需及时吊瓜。用网眼较密的纱网袋兜住西瓜掉在棚架上，或用专用挂钩吊瓜。厚皮甜瓜由于果皮较硬，果柄结实，吊瓜的高度应尽量一致，以便于管理。

3.整瓜

(1) 垫瓜　爬地栽培的西瓜在果实膨大着地时，可在坐瓜畦上修一个高出地面的土台，将瓜置于其上，或用杂草、麦秸垫于瓜下，称为"垫瓜"，防止果实着地部分积水腐烂。

(2) 翻瓜　在果实生长期间翻转果实，改变着地部位，使果皮颜色均匀一致，果内糖分分布均匀。翻瓜通常在膨瓜中后期进行。每隔6~7d翻动一次，共翻2~3次。翻瓜应在晴天的中午进行，以免碰伤果柄和茎叶。翻瓜时要看果柄上纹路，顺纹部旋转，每次翻转方向相同，一次翻转的角度不要太大，以免损伤瓜柄。

四、作业

1.为什么搭架甜瓜每层留2个瓜时要留相邻两个节间的幼瓜？

2.地栽西瓜的作用是什么？

实训三　设施西葫芦人工辅助授粉技术

一、目的要求

了解设施瓜类蔬菜栽培花期人工辅助授粉的意义，掌握瓜类蔬菜人工授粉的基本技能。

二、材料与用具

正值开花期的西葫芦植株；小标签，铅笔等。

三、方法与步骤

1.授粉时间

开花当天上午8~9时；遇低温、阴雨天气，雄花往往延迟开花、散粉时间，应经常观察，注意花粉散出时间，尽早进行人工授粉，以免延误授粉最佳时间。

2.雌雄花的选择

选择主蔓上第2~3朵雌花或侧枝第1~2朵雌花，要求授粉用的雌雄花花瓣颜色鲜艳，无畸形，且雌花子房形状端正，柱头标准。

3.授粉方法

先将雄花摘下，去掉花瓣且手指轻触一下花药，看有无花粉散出。若已有花粉散出，则用雄花的花药轻轻涂抹雌花的柱头，使花粉在柱头上均匀分布。一朵雄花可给2~3朵雌花授粉。

4.挂牌标记

每授完一朵雌花，随即在花柄上挂上小标签，注明授粉日期和授粉人。可以每天用不同颜色的毛线作标记，标记时注意不要碰伤子房。

四、作业

1.为什么黄瓜设施栽培不需要人工授粉，而西葫芦必须人工授粉？

2.西葫芦化瓜是怎样形成的？

第十七章　茄果类蔬菜设施栽培

【学习目标】

了解茄果类蔬菜在设施栽培中常见的品种；结合当地实际，掌握主要的设施栽培技术及环境调控技术；掌握茄果类蔬菜的嫁接栽培技术和再生技术。

第一节　番　茄

一、主要茬口

北方地区设施番茄栽培茬次见表17-1。

表 17-1　北方地区设施番茄栽培茬次

茬　　次	播种期(月/旬)	定植期(月/旬)	采收期(月/旬)	备　　注
小拱棚春早熟	12/下~1/上	2/下~3/中	4/下	温室内双膜覆盖育苗
塑料大棚春早熟	1/中下	3/上中	5/上	早春温室育苗
塑料大棚秋延后	7/中	8/上	10/上	遮荫育苗
日光温室秋冬茬	8/上	9/中	12/上中	
日光温室冬春茬	9/上~10/上	11/上~12/上	1~6/上	温室育苗
日光温室早春茬	12/上	2/上~3/上	4/上~7/上	双膜覆盖育苗

注：栽培季节的确定根据各地的气候不同有适当变化。

二、早春小拱棚栽培

1.选择适宜品种

小拱棚空间小，保温性能有限，温度变化幅度大。北方早春气温不稳定，天气多变，地温较低。针对这些特点，小拱棚早春番茄栽培品种多选用早熟、耐寒、丰产、品质较好的有限生长类型品种，目前使用比较多的有早丰3号、早粉2号、鲁粉2号、西粉3号、苏粉1号等。

2.培育适龄壮苗

一般在12月下旬至翌年1月上旬进行播种，以60~70d的育苗天数为宜。

（1）种子处理　播种前把晾晒过的种子用温汤浸种的方法进行处理。浸泡8~10h后，把种子捞出，用清水淘洗1~2次，用纱布或毛巾包好，放在25~30℃下催芽，每天用清水冲洗一次，经过3~5d即可出齐播种。

（2）播种　育苗采用日光温室或大棚内套小拱棚进行。每平方米播种床用种15~20g。播种前在床面洒水，水渗下后在床土上撒一薄层细土，将种子均匀地撒在床面上，然后盖过筛细土1~1.2cm。播后覆盖薄膜保湿，小棚盖严薄膜，夜间覆盖草帘保温防寒。

（3）播后管理　种子出苗期间应保持适宜的温度，白天26~28℃，夜间20℃以上。幼苗出土后就要给以充足的光照，并适当降低温度，特别是夜间温度，以免形成"高脚苗"，此时白天保持22~26℃，夜间13~14℃。

（4）齐苗至分苗前的管理　从齐苗到幼苗长有2片真叶这一阶段的白天超过25℃时应当通风。当幼苗具有2片真叶就应分苗，分苗前要进行炼苗，白天温度可降至20~22℃，夜间10℃左右。3~4d后，就可选晴天分苗了。

（5）分苗至定植前的管理 分苗可以采用营养钵或营养土方的方法。分苗后应提高床温，白天25～28℃，夜间13～15℃，少放风，促进发根缓苗。缓苗后到幼苗长有5～6片叶这一期间，白天20～25℃，夜间10～12℃，要适量通风，使幼苗健壮生长。土壤发干时要适量喷水，此期应保持土壤水分供应，防止缺水。定植前7d左右，开始炼苗。

3.定植

当棚内10cm地温稳定在8℃以上时定植。定植时应选择无风晴朗天气进行。一般行距50～60cm，株距20～23cm，每亩栽4500～5000株。定植深度以地面与子叶相平为宜，定植后立即插好拱架，盖上棚膜。

4.田间管理

（1）温度管理 定植后为促进缓苗，应密闭小棚，提高棚温和地温，使白天温度达32℃，夜间温度达到15℃。缓苗后，适当降低棚温，白天保持25～28℃，不宜超过30℃，午后要早闭棚保温。当白天气温达到20℃以上时，可以揭开棚膜使秧苗充分见光，接触外界的环境，夜温高于10～12℃时，可以不再盖膜，直至晚霜结束后，当日平均温度稳定到18℃以上则可以撤除棚膜，转入露地生长。

（2）水肥管理 番茄植株大，结果多，根系吸收能力强，需水较多。缓苗后7～10d结合浇水追施一次催苗肥，每亩追施稀粪500kg，并进行蹲苗。当第一穗果开始膨大时，结合浇水每亩追施尿素15～20kg。第一穗果发白转红，第二穗果膨大时，施第二次肥，每亩追施尿素10kg，以后每隔5～7d左右浇一次水，采收2～3次，可追一次肥，追肥灌水要均匀，否则，易出现空洞果或脐腐病。在盛果期，还可进行叶面喷施0.2%～0.3%磷酸二氢钾或1.0%的尿素，防止早衰。

（3）植株调整 蹲苗结束后，应及时插架，采取"人"字架，插后及时绑蔓，松紧要适度。番茄分枝力强，几乎叶叶有杈，应及时整枝打掉杈，当第三穗花开时，应在上面留2～3片叶，早摘心减少养分消耗，促果实膨大早熟。第一、二穗果采收后，把下部老化黄叶打掉。为了防止落花，除加强管理外，可在每天上午8～9时，对将开的花和刚开的花，用15～20mg/kg的2,4-D蘸花，或用30～40mg/kg的番茄灵喷花，使用时要严格掌握浓度和方法。为了提早上市增加收入，可在果实由绿变白时，用1000mg/kg乙烯利涂果，促果早红。

三、塑料大棚春早熟栽培

1.品种选择

宜选择耐低温、抗病、高产优质的品种，如合作903、佳粉10号、毛粉802、中杂4号、中杂9号、粉王、嘉美、粉秀1516、邢冠一号等品种。

2.培育壮苗

培育适龄壮苗是番茄早熟、丰产的重要基础。番茄的壮苗标准：苗高15～20cm，具6～8片真叶，叶片大而厚，叶色浓绿，茎粗壮，节间短，无病虫和机械损伤，第一花序普遍现蕾，根系发达，须根多，呈白色。

播前用温汤浸种的方法对种子进行处理，在病毒病发病严重的地区还可以用10%磷酸三钠浸种15～20min，捞出洗净后继续用温水浸种4～6h，将种子捞出，用清水反复搓洗几次，直到种皮上绒毛全部搓掉为止。然后将种子用纱布包裹放在28～30℃下催芽，经3～5d，胚根露出即可播种。采用多层覆盖的，1月中下旬播种，播种方法和播后管理参考早春小拱棚栽培。

3.定植

定植前1个月扣棚或秋季扣棚。翻地晒土后每亩施用优质腐熟的有机肥5000kg，豆饼100kg，过磷酸钙25kg，氯化钾15kg。土肥混匀后，翻耕作高畦，采用双行栽培，及时铺上地膜。当大棚内10cm地温稳定在10℃左右，夜间棚内最低气温不低于5℃时才可定植，华北地区定植在3月上中旬，东北地区定植在4月上中旬。定植过早，地温较低，幼苗生长缓慢，影响早熟。定植时选冷尾暖头晴天定植，最好用稀粪水定植，每亩栽3500株左右，定植深度以子叶平地为宜。

4.定植后的管理

缓苗期白天 28～30℃，夜间 12℃以上，生长期白天 25～28℃，夜间 10℃左右。缓苗期要保湿，以后要通风，降低棚内湿度。缓苗后要控制浇水，防徒长，第一花序坐稳果后浇一次水，以后每 5～7d 浇一次水，浇水应选择晴天上午，浇后闭棚提温，次日上午和中午要及时通风排湿。第一穗果膨大期结合施肥灌一次透水，以后按情况而定。对温湿度的调控可通过不透明覆盖物的揭盖和通风口大小来掌握。勤中耕、多培土、早施提苗肥，每亩施稀人粪尿 500kg，吊蔓或插架前浇粪肥 1500kg，每一穗果开始膨大时，追施尿素 15kg，以后根据长势，隔 10～15d 追肥一次。番茄苗高 30cm 以上就要吊蔓、绑蔓，以后每隔 3～4 片叶绑蔓一次，采用单干整枝，每株留 4～5 穗果掐尖，每穗留 2～4 个果。生长中后期，摘除植株基部老叶、黄叶、病叶，以利通风透光，防止病害流行。花期用 15～20mg/kg 的 2,4-D 点花或 30～40mg/kg 防落素喷花，防止落花，果实坐稳后还要适当疏花疏果。

四、塑料大棚秋延后栽培

塑料大棚秋延后番茄栽培，生育前期高温多雨，病毒病等病害较重，生育后期温度逐渐下降，光照减弱，果实发育缓慢，部分绿熟果实不能充分成熟，必须经过贮藏，容易受到低温霜冻的危害，因此需要防寒保温，防止冻害。

1.选择适宜品种

大棚秋番茄是夏播秋收栽培，应选择适应性较强、抗病、丰产，耐贮藏的品种。目前生产上的常用品种有：合作 906、特罗皮克、佛罗雷德、佳粉 1 号、佳红、强丰、毛粉 802、郑州 853、河南 5 号、双抗 2 号、中蔬 5 号等。

2.播种育苗

种子处理同春早熟栽培。大棚秋番茄的适宜播期应根据当地早霜来临时间确定，一般以霜前 110d 为播种适期。东北以 6 月中下旬为宜，北京地区以 7 月上旬为宜，河南、山东等地以 7 月中下旬为宜。苗床应设在地势较高且干燥的地方，四周搭起 1m 高的小棚架，上覆塑料薄膜和遮阳网，起到避雨、遮光、降温作用。苗床周围要求通风良好，防止夜温过高，引起幼苗徒长。育苗需采用营养钵护根育苗。苗期水分管理始终保持见干见湿，满足幼苗对水分的要求，不要过分控水，否则易引起病毒病发生。为防止徒长，可在幼苗 2～3 片真叶展开时，喷施 1000mg/kg 的矮壮素 1～2 次。秋番茄日历苗龄 20～25d，具 4 片叶，株高 15～20cm 时即可定植。

3.定植

大棚秋延后番茄定植时仍处于高温、强光、多雨季节，故要做好遮荫防雨准备。定植前清除残株杂草，每亩施腐熟的有机肥 5000kg，沟施过磷酸钙 30kg，深翻细耙。定植密度比春早熟栽培略大，每亩栽 4000 株左右。定植最好选阴天或傍晚进行，并及时浇水，以利缓苗。

4.定植后的管理

（1）温度调节　定植后要加强通风，降温。雨天盖严棚膜，防雨淋。随着外界温度降低，应逐渐减少通风量和通风时间，当外界最低气温降到 15℃以下时，白天放风，晚上闭棚。当外界气温降至 10℃以下时，关闭风口，注意保温。

（2）水肥管理　定植水浇足后，及时中耕松土，不旱不浇水，进行蹲苗。第一穗果达核桃大小时，每亩随水冲施磷酸二铵 15kg、硫酸钾 10kg，同时叶面喷施 0.3％磷酸二氢钾；以后每隔 7～10d 浇 1 次水，15d 左右追 1 次肥。前期浇水可在傍晚时进行，有利于加大昼夜温差，防止植株徒长。

（3）植株调整　秋延后番茄前期生长速度快，需及时吊蔓、绑蔓。发现植株有徒长现象时，可喷施 1000mg/kg 的矮壮素，7d 左右喷 1 次，可有效地控制茎叶徒长。秋延后番茄采用单干整枝方式，留 3 穗果后摘心，同春番茄一样需要保花保果。生长过程中发现病毒病、晚疫病植株及时拔除，并用肥皂水洗手后再进行整枝打杈等田间作业。

5.果实的采收和贮藏

大棚秋延后番茄果实转色以后要陆续采收上市,当棚内温度下降到2℃时,要全部采收,进行贮藏。未熟果用纸箱装起来,置于10～13℃,空气相对湿度70％～80％条件下贮藏,每周翻动一次,并挑选红果上市。

五、日光温室越冬茬栽培

一般8月上中旬播种,9月上中旬定植,12月中下旬开始采收至翌年7月上旬。

1.品种选择

选用无限生长类型、耐寒性强、生长势强、耐贮运,高抗晚疫病、灰霉病、病毒病,并具有丰产潜力的中、晚熟品种。如佳粉15号,毛粉802、中杂7号、苏抗3号、L-402、中杂9号、中杂101号、以色列R-144、保冠1号等。

2.培育壮苗

(1) 种子处理 每亩用种30g左右。先进行温汤浸种,然后用10％ Na_3PO_4 溶液浸种10～20min或1％的 K_2MnO_4 溶液浸种10～15min或200倍稀 HCl 溶液中浸泡3h,可以防病毒病;也可用1％甲醛溶液浸种15～20min捞出后用湿布包好,放在密闭容器中闷2～3h,防早疫病。用清水淘洗干净后置于25～28℃条件下催芽。催芽期间每天用清水淘洗1～2次,防种皮发黏,露白时即可播种。

(2) 播种 播种前选用保水、保肥能力强,通气性好,肥沃无病虫的土作苗床土。园土和腐熟有机肥按7:3或6:4混合,过筛后使用,然后每立方米营养土加过磷酸钙1～2kg,硫酸钾1.5kg或草木灰10kg,N、P、K复合肥2kg,多菌灵300g或者五代合剂,土与肥充分混合,做成播种床。播种前浇透水,待水渗下后,洒薄薄一层干土(2mm左右),将种子均匀地撒播于苗床中,每平方米苗床播种量5g左右,然后盖土1.2～1.5cm。播后盖地膜,保湿。

(3) 苗期管理 播种后3～4d可出苗,出苗时高温天气要遮荫,白天保持28～30℃,夜间20～25℃;出苗后白天20～25℃,夜间12～17℃;出苗后及时揭掉地膜。为防止幼苗徒长,2片真叶期喷一次1000mg/kg矮壮素或15％多效唑2000倍液;苗期可喷1～2次200～250倍波尔多液预防病害。当幼苗具2～3片真叶时分苗,可采用营养钵移植或苗床移植,苗距7～8cm。分苗后提高温度促进缓苗,白天25～28℃,夜间18～20℃。缓苗后通风降温,防止徒长,白天22～25℃,夜间13～15℃。水分管理按照见干见湿的原则,不宜过分控制。整个苗期都应注意增强光照,当幼苗长至4～5片叶时,应及时将营养钵分散摆放,扩大光合面积,防止相互遮荫。定植前1周加大通风,白天降至18～20℃,夜间降至10℃左右,进行秧苗锻炼。通常当番茄幼苗日历苗龄达50～60d,株高20cm左右,具6～8片真叶,第一花序现大蕾时,即可定植。

3.定植

定植前半个月翻地施基肥,每亩撒施优质有机肥6000～8000kg,发酵后的黄豆100kg、磷酸二铵40kg、硫酸钾30kg,深翻40cm,使粪土混合均匀,耙平。南北向起垄铺膜,垄宽60～70cm,高15cm,浇透水。定植前将温室塑料薄膜盖好、扣严,并关闭门窗,选择晴天连续闷棚6～7d,使室内温度达到50～60℃。定植前3d通风。起苗前1～2d浇1次小水,起苗时要带土坨,尽量少伤根,株距33cm,打好定植孔,采用水稳苗法定植,每亩定植3500株左右。

4.定植后的管理

(1) 温、光管理 定植后闭棚升温,高温高湿条件下促进缓苗,白天温度控制在28～30℃,夜间15℃左右。10月下旬以后凡有早霜的天气应关闭风口,保持白天26～28℃,夜间14～10℃,结果以后,白天20～25℃,前半夜13～15℃,后半夜7～10℃。在12月下旬到1月底,要设法增温、保湿,防御灾害性天气,将日光温室四周封严,达到不放风时不漏气,前坡加盖双层草苫或纸被。2月中旬以后,气温逐渐回升,要注意通风,严防高温引起植株衰老和病毒病。

冬春茬番茄生育期要经过较长时间的严寒冬季,日照时间短、光照弱,是植株生长和果实发育的主要限制因子,管理上可通过早揭晚盖草苫、经常清洁薄膜、在温室后墙张挂反光幕、选择透光率高的棚膜等措施来增加光照度和延长光照时间。进入结果期后，随着果实的采收，及时整枝打杈，摘叶落蔓，改善植株下部的通风透光条件，减轻病害的发生。

（2）肥水管理　灌水会造成地温下降，空气湿度增大，易诱发病害。越冬期间控制浇水，采用滴灌或膜下暗灌，2月中旬至3月中旬，选择晴天上午15d左右浇1次水，3月中旬之后，7～10d浇1次水，浇2次水须追肥1次。第一穗果开始膨大也即第三穗花开花时结合浇水，每亩追施复合肥30kg、尿素5kg、硫酸钾5kg，先将化肥在盆内溶解，随水流入沟内。以后随着气温升高，光照加强，放风量增大，逐渐加大灌水量，一般1周左右灌1次水，并且要明暗沟交替进行。生长后期，植株开始衰老，每隔5～7d叶面喷施0.3%磷酸二氢钾和0.3%尿素混合液，保证后期产量。

（3）植株调整　当植株高达25cm时，及时吊蔓。随着植株生长，及时绑蔓。当侧枝长至5～10cm时，开始整枝打杈，采用单干整枝，第8穗花上方留2片叶摘心，并及时摘除多余的分枝和老、黄、病叶。开花期用15～20mg/kg的2,4-D或30～50mg/kg的番茄灵等激素蘸花或喷花，并加入红色标志，以防重蘸、漏蘸。温度较低时浓度高些，温度较高时浓度低些。蘸花工作要从第1穗花序坚持到最后1穗花。在果实迅速膨大期进行1次疏果，每穗最多留4个果，疏除其余花蕾及畸形果，当第二穗果采完后，进行落蔓。落蔓应在下午进行，动作要缓、轻、逐渐下盘，打平滑圈。落蔓后植株高度宜为1.5～1.8m，勿让叶或果实着地。及时清理落蔓上的侧枝。

（4）补充二氧化碳　冬季由于温室的通风量小，通风时间短，造成二氧化碳长时间亏缺。应在晴天日出后30min开始施用二氧化碳，使浓度升至900～1500mg/kg，到放风前30min停用。

（5）特殊天气的管理　连续阴天，室内温度若低于20℃时，要采取生火炉、加空气电热线、装电灯等措施来加温、增光，但夜间温度一定要低，最低5～7℃。一定要控制浇水。果实要适当重采，以减少养分向果实的输送量，从而保证植株消耗的需求，增加植株的抵抗力。下雪天要及时清扫苫上的积雪，连续降雪也要揭苫，膜上的积雪要及时清除，以利进光。当遇到久阴骤晴天气时，早晨揭苫时间要适当早些，当发现植株叶片有萎蔫时，马上把草苫再盖上，或隔1块盖1块，叶片不蔫时再揭掉，反复几次，直到叶片不蔫时全部去掉草苫。

5.采收

番茄是以成熟果实为产品的蔬菜，果实成熟分为绿熟期、转色期、成熟期和完熟期4个时期，采收后需长途运输1～2d的，可在转色期采收，此期果实大部分呈白绿色，顶部变红，果实坚硬，耐运输，品质较好。采收后就近销售的，可在成熟期采收，此期果实1/3变红，果实未软化，营养价值较高，生食最佳，但不耐贮运。采收时注意轻拿轻放。

第二节　茄　　子

一、主要茬口

北方地区设施茄子栽培茬次见表17-2。

表17-2　北方地区设施茄子栽培茬次

茬　　次	播种期（月/旬）	定植期（月/旬）	采收期（月/旬）	备　　注
小拱棚春早熟	12/中～1/中	3/中～4/中		温室育苗
塑料大棚春早熟	10/下～12/上中	1/下～3/上	4/中	温室育苗
塑料大棚秋延后	5/中下～6/下	6/下～8/上	8/下	
日光温室嫁接越冬栽培	7/下,播种砧木；8/中,播种接穗；9/下～10/上,嫁接	10/下	1/中下始收	遮荫育苗
日光温室秋冬茬	7/中下	9/上	11/中下	
日光温室冬春茬	9/中	12/中	2/上中	温室育苗

注：栽培季节的确定根据各地的气候不同有适当变化。

二、早春小拱棚栽培

1.品种选择

茄子早春栽培应选择开花节位低、耐低温、耐弱光、易坐果、果实生长速度快、果皮和果肉颜色以及果形等符合当地消费习惯的品种。如北京五叶茄、七叶茄、济南早小长茄、鲁茄1号、天津五星茄等。

2.培育壮苗

茄子早春小拱棚栽培一般于12月中下旬至1月中旬进行温室育苗，苗龄90d。茄子壮苗的标准：株高15cm左右，具有7～8片真叶，叶片肥厚且舒展，叶色深绿带紫色，茎粗壮，直径约0.6～1cm，节间短，第一花蕾显现，根系发达，无病虫症状。

（1）种子处理 茄子种皮较厚，通透性较差，浸种时先进行温汤浸种。然后采取30℃条件下16h和20℃条件下8h的变温处理，进行催芽，可使种子发芽整齐，提高发芽率；也可以采取热水烫种的方法，再用常温催芽。每次淘洗种子之后一定要将种子晾干，有利于种子出芽。待大部分种子破嘴露白时即可播种。

（2）适期播种 一般于12月中下旬在已备好的酿热温床或电热温床上播种。选择冷尾暖头、晴朗无风的天气上午播种。播种方法同番茄。

（3）苗期管理 早熟茄子苗期正逢外界低温，育苗期间主要是提温保温。幼苗出土前，要求温度达28～30℃左右，一般5～7d可出齐苗。齐苗后白天温度可降至25～28℃左右，夜间15～18℃。一般情况下不喷水。茄子易出现"带帽出土"现象，可于傍晚用喷雾器将种壳喷湿，让其夜间脱帽。待幼苗长至3～4片真叶时，可加大通风，使幼苗经受锻炼，达到茎粗壮、叶片肥厚、色深坚实、覆盖物撤掉叶片也不凋萎，此时进行分苗。茄子分苗要在晴天中午、外界气温10℃以上时进行。分苗前2d苗床浇1次透水，利于起苗。分苗后的管理与分苗前基本相同。整个育苗期间气温白天以25℃为宜，昼夜温差10℃左右。育苗后期温度升高，要逐渐加大通风。定植前10～15d浇透水，然后切块蹲苗，并通风锻炼，准备定植。

3.定植、支小拱棚

土壤化冻后即可整地。茄子忌连作，要选5年内未种过茄子的地块，在前茬作物收获后要进行深翻晒垡，定植前15d左右再浅耕细耙，精细整地，每亩施优质有机肥5000kg、过磷酸钙80kg、饼肥50kg、复合肥40kg。然后开定植沟，要求沟距1m，沟宽30cm，沟深20cm。在3月中下旬选择晴天定植，先随沟灌水，按株距30cm贴沟边交错定植2行。随即扣小拱棚防寒。支架可采用竹皮、柳条或钢丝等。

4.田间管理

（1）温度 定植后1周内不放风，以提高温度，促进缓苗。随着外界气温升高，及时通风换气，风量由小到大，棚温保持在25℃左右。到5月上中旬，结合培土起垄，将棚膜落下，破膜掏苗。这样原来的定植沟变成小高垄，地膜由"盖天"变为"盖地"，以后成为地面覆盖栽培。

（2）肥水管理 从定植缓苗后至门茄坐住前一般不进行浇水施肥。当门茄长到核桃大时，开始浇水追肥，每亩施复合肥30kg、尿素5kg。待大部分门茄进入瞪眼期后，浇1次膨果水。进入采收期后，每5～7d浇1次水，并随水每亩冲施尿素5kg。

（3）蘸花 由于小拱棚茄子门茄开花时气温较低，影响授粉受精和果实发育，可用20～30mg/kg的2,4-D蘸花，不仅可使门茄早熟，而且果实个大。以后温度升高，茄子可自然授粉结实。

（4）摘叶、整枝 打掉门茄以下的侧枝，以免通风不良。当门茄采收后，可摘去门茄以下的老叶以增加植株的通风透光性，减少病害发生。"四门斗"茄坐住后要及时打顶，集中养分，促进早熟。同时对畸形茄要尽早摘除。

5.采收

门茄易坠秧，应及时采收。一般当茄子萼片与果实相连处浅色环带变窄或不明显时，表示果实已生长缓慢，此时即可采收上市。

三、塑料大棚春早熟栽培

1.品种选择

宜选用较耐弱光、耐低温、门茄节位低、易坐果、优质、抗病的早熟品种，如茄杂6号、辽茄七号、济南早小长茄、京茄2号、豫茄1号和2号、并杂圆茄1号、94-1等。

2.培育壮苗

育苗方法参考早春小拱棚栽培。播种期可根据当地气候、定植时间和日历苗龄确定，一般于10下旬至12月上中旬播种，1月下旬至3月上旬定植。要求定植时达到壮苗标准。

3.定植

茄子喜肥耐肥，生长期长，需深耕重施基肥，促进产量提高，防止早衰。每亩施有机肥5000～7000kg、过磷酸钙100kg、饼肥50kg。然后起垄作畦，定植宜在晴天上午完成，及时浇定根水，如下午定植较晚，为防止地温降低，可在第二天上午浇水。春早熟栽培的定植密度以每亩栽3500株为宜。

4.田间管理

茄子定植后至开花前，主要是促进植株健壮生长，为开花结果打好基础。茄子定植后4～5d秧苗恢复生长，即可追施粪肥或化肥提苗，一般结合浅中耕进行。开花后至坐果前，应加强通风换气，适当控制肥水供应，以利于开花坐果。根茄坐稳后开始浇水施肥，每亩施复合肥10～15kg、尿素5～8kg或腐熟人粪尿800～1000kg，并及时除去"门茄"以下的侧枝，并对上部进行植株调整，将弱枝和基部老叶全部打掉，以协调秧果关系。开花前期采用2,4-D点花，中后期采用防落素喷花。

5.采收

门茄适当早收，以免影响植株生长。对茄达到商品成熟时，即茄子萼片与果实相连接的环状带趋于不明显或正在消失，果实光泽度最好的时期进行采收，采收时注意保护枝条，提高品质。在6～7月温度较高时，宜在早晨或傍晚采收。

四、塑料大棚秋延后栽培

1.品种选择

选择耐热、优质、高产、抗病的中晚熟品种。如北京九叶茄、晚茄一号、京茄二号、豫茄2号、茄杂6号、天津大敏茄、安阳紫圆茄、秋茄9149等。

2.培育壮苗

根据前茬收获期，可在5月中下旬至6月下旬播种。茄子苗龄达35～40d时定植。采用遮荫设施培育壮苗，方法同大棚番茄秋延后栽培。当出苗达60％～80％时，早晨或傍晚揭去地膜，对幼苗喷施百菌清或病毒A等药剂，每3～5d喷1次，并根据苗床墒情适当补水补肥。

3.定植

秋茄子一般于6月下旬至8月上旬定植，采用双行定植。选晴天下午或阴天定植。栽苗应尽量带土团护根。栽苗后及时浇定植水，并遮荫保湿，以利幼苗成活。

4.定植后管理

为促进缓苗，定植后3～4d要浇一次缓苗水。此后根据茄苗生长需要，及时灌水，开花前要浇1～2次开花水，结果期需要大量的水分，此时气温较高，蒸发量也大，每隔3～5d浇一次水，并适时追肥。前期每亩施15～20kg复合肥，盛花期以后，每亩追尿素10～15kg，每5～7d施1次，连施2～3次。在追肥同时进行培土，这样能增强抵抗力，防止植株倒伏。随着植株生长，要及时整枝摘叶，避免由于茄子枝叶繁茂造成荫蔽而落花落果。茄子的整枝方式采用二杈式整枝。9月中旬以后外界气温逐渐下降，要加强保温。当外界夜间最低气温达到13℃以下时，要关闭棚膜。适时采收茄子，避免影响植株的生长，影响茄子的整体产量。

五、日光温室越冬茬栽培

越冬茬茄子栽培对温室条件要求较高，生产难度大，因为茄子在整个生育期间夜温不能低于15℃，否则果实生长缓慢，易形成畸形果。

1. 品种选择

选择耐低温、耐弱光、抗病性强的品种，如西安绿茄、苏崎茄、鲁茄1号、辽茄七号、豫茄子2号、尼罗、布利塔等。越冬栽培常采用嫁接育苗的方法，可防止黄萎病等土传病害，使连作成为现实，而且植株生长旺盛，具有提高产量、品质，延长采收期的作用。接穗品种选用天津圆茄或丰研2号。砧木选用托鲁巴姆或刺茄。

2. 播种育苗

嫁接育苗，砧木7月下旬播种，接穗8月中旬播种，9月下旬至10月上旬嫁接，10月下旬定植，翌年1月中下旬始收，直到6月份。

(1) 播种 由于托鲁巴姆不易发芽，将砧木种子先用温汤浸种，再用150～200mg/kg的赤霉素溶液浸种48h后置于日温35℃、夜温15℃的条件下催芽，经8～10d即可发芽。接穗用1%的高锰酸钾溶液浸种30min，捞出淘干净，再进行温汤浸种，然后变温催芽。圆茄每亩用种40g，托鲁巴姆每亩用种10g。播种时由于砧木种子拱土能力差，覆盖2～3mm厚的药土即可，2叶1心时移入营养钵中。当砧木苗子叶展平，真叶显露时播接穗。

(2) 嫁接 砧木具5～6片真叶，接穗具3～4片真叶，茎秆半木质化，茎粗达0.3cm时开始嫁接。前一天下午给茄苗消毒。生产中多采用劈接法，即用刀片在砧木2片真叶以上平切，去掉上部，然后在砧木茎中间垂直切入1.0～1.2cm深。然后迅速将接穗苗拔起，在接穗半木质化处（幼苗上2cm左右的变色带），两侧以30°向下斜切，形成长1cm的楔形，将削好的接穗插入切口中，用嫁接夹固定好。

(3) 嫁接后管理 利用小拱棚保温保湿并遮光，前3d白天保持28～30℃，夜间18～20℃；3d后逐渐见光并降低温度，白天掌握25～27℃，夜间17～20℃；6d后可把小拱棚的薄膜掀开一部分，逐渐扩大；8d后去掉小拱棚。嫁接10～12d后愈合，伤口愈合后逐渐通风炼苗。茄苗现大蕾时定植。

3. 定植

日光温室越冬茬茄子采收期长，需施入大量有机肥作底肥以保证高产，每亩可施入有机肥15000kg、磷酸二铵100g、硫酸钾100g，精细整地，按大行距70cm、小行距60cm起垄，定植时垄上开沟，按30～40cm株距摆苗，覆少量土，浇透水后合垄。栽时掌握好深度，以土坨上表面低于垄面2cm为宜。定植后覆地膜并引苗出膜外。定植7d后浇缓苗水，15d后盖地膜，开口引苗出膜。每亩2500株。

4. 定植后管理

定植后正值外界严寒天气，管理上要以保温、增光为主，配合肥水管理、植株调整争取提早采收，增加前期产量。

(1) 温、光管理 定植1～2d内中午要放苫遮阳，促进缓苗，缓苗期白天30℃，夜间18～20℃。缓苗后白天28～30℃，夜间15～18℃。开花结果期采用四段变温管理，即上午25～28℃，下午20～24℃，前半夜温度不低于16℃，后半夜温度控制在10～15℃。10月下旬盖草苫。11月下旬盖纸被，翌年3月份以后要加大放风量排湿。茄子喜光，定植时正是光照最弱的季节，应采取各种措施增光补光。如在温室后墙张挂反光幕，清扫薄膜等增加光照强度，提高地温和气温。张挂反光幕后，使温室后部温度升高，光照加强，靠近反光幕的秧苗易出现萎蔫现象，要及时补充水分。

(2) 水肥管理 定植7d后浇1次缓苗水，直到门茄谢花前控制浇水追肥。当门茄长到3～4cm大时，采用膜下暗灌浇水，1月份尽可能不浇水，2月至3月中旬要浇小水，地温到18℃时浇 1 次大水，3 月下旬以后每 5～6d 浇 1 次水。门茄膨大时开始追肥，每亩施三元复合肥 25kg，溶解后随水冲施。对茄采收后每亩再追施磷酸二铵 15kg、硫酸钾 10kg。整个生育期间可每周喷施 1 次磷酸二氢钾叶面肥。越冬茬茄子生产中施用 CO_2 气肥，有明显的增产效果。

（3）保花保果　日光温室茄子冬春季生产，室内温度低，光照弱，果实不易坐住。提高坐果率的根本措施是加强管理，创造适宜植株生长的环境条件。此外，可采用生长调节剂处理，开花期选用 30～40mg/kg 的番茄灵喷花或涂抹花萼和花瓣。生长调节剂处理后的花不易脱落，对果实着色有影响，且容易从花瓣处感染灰霉病，应在果实膨大后摘除。

（4）植株调整　越冬茬茄子生产的障碍是湿度大、地温低，植株高大，互相遮光。及时整枝不但可以降低湿度，提高地温，同时也是调整秧果关系的重要措施。整枝方式常见的有两种，一种是单干整枝即门茄坐果后，将萌发的第一侧枝和下部老叶去掉，以利通风透光。当对茄长至半大时，保留主干，副侧枝在果实上部留三片叶摘心。以后仍保留主干，对侧枝摘心。一直保持单干，适于大果型品种密植栽培。另一种是双干整枝，即门茄坐果后，摘掉近地面的老叶，保留第一侧枝形成双干，以后每条干上的整枝方式同上，一直保留两个主干。日光温室越冬茬茄子多采用双干整枝。

5.采收

采收的标准是看茄子萼片与果实相连接处白色或淡绿色环状带，当环状带已趋不明显或正在消失，则表示果实已停止生长，即可采收。采收时要用剪刀剪下果实，防止撕裂枝条。日光温室越冬茬茄子上市期，由于气候寒冷，为保持产品鲜嫩，最好每个茄子都用纸包起来，装在筐中或箱中，四周衬上薄膜，运输时注意保温。

第三节　辣（甜）椒

一、主要茬口

北方地区设施辣（甜）椒栽培茬次见表 17-3。

表 17-3　北方地区设施辣（甜）椒栽培茬次

茬　　次	播种期(月/旬)	定植期(月/旬)	采收期(月/旬)	备　　注
小拱棚早春	1/中	3/下	5/上	温室育苗
大棚春早熟	11/下	2/上中	3/下	温室育苗
大棚秋延后	7/上中	8/上中	10/上	遮荫育苗
日光温室秋冬茬	7/下	9/上	10/下	遮荫育苗
日光温室冬春茬	8/下～9/上	11/上中	1/中	温室育苗
日光温室早春茬	10/下～11/上	1/中下	3/中下	温室育苗

注：栽培季节的确定根据各地的气候不同有适当变化。

二、早春小拱棚栽培

辣（甜）椒生活习性、需温特性与番茄、茄子有所不同，它的需温特性介于番茄与茄子之间，发芽适温低于茄子却显著高于番茄。幼苗期要求较高的温度，温度低时生长缓慢；随着植株生长，对温度适应能力增强，开花结果初期白天适温 20～25℃，夜间适温 15～20℃，但进入盛果期以后，适当降低夜温有利于结果，即使降到 8～10℃，也能很好生长发育。小拱棚辣（甜）椒早熟栽培，克服了早期低温，结果盛期还没有到高温季节的困难，不仅有利于结果而且延长了结果期。结果期撤掉全部保护设施后，田间已封垄，有利于创造夜间较低温度，符合（辣）甜椒的需温特性，有利于果实生长。

早春小拱棚栽培技术参考番茄和茄子。

三、塑料大棚春早熟栽培

1. 品种选择

要选用较耐低温、耐弱光、株形紧凑的早熟、优质、抗病品种。如甜椒类：洛椒1号、朝研七号、双丰、甜杂2号、3号、丰椒六号、豫椒2号等；长角椒类：豫艺农研13号、301、农研12、中椒10号等。

2. 播种育苗

12月上旬育苗，苗期注意保温、增温，提高温度，降低成本。

（1）播种　辣椒种壳厚，播前要用冷水浸泡5～7h，取出后用硫酸铜100倍液浸种5min或用高锰酸钾500倍液浸种10min后取出，用清水冲洗干净，再用50～55℃温水浸泡8～10h，捞出水沥干，用布包好，放在25～30℃恒温处催芽，经3～5d种子出芽即可播种。选晴暖天气的上午播种。播后覆0.5～1cm的细土，盖好地膜，以利保墒。

（2）苗期管理　辣椒种子发芽生长温度为25～30℃，出苗后室温可降至20～25℃，2叶1心时进行通风炼苗，幼苗长出3～4片真叶时分苗。分苗前按土、肥比6：4的比例准备好苗床土，消毒后装钵或做成苗床，分苗密度为10cm×10cm。分苗前1天要向苗床喷水，以利起苗。可选晴天上午分苗。分苗后提高温度促进缓苗，1周后注意通风降温，以防幼苗徒长。苗期一般不追肥。

3. 定植

辣（甜）椒忌连作，栽培时选地势高、土壤干燥且土层深厚肥沃的沙壤土。整地施肥参考露地甜（辣）椒栽培技术。定植前7～10d扣上棚膜，畦面盖地膜，提高棚温和地温。当幼苗具5～7片真叶时，选茎粗、叶大的壮苗定植，淘汰病弱苗。一般采用宽窄行定植，便于管理。宽行距60～70cm，窄行距30～35cm，穴距30cm，每亩栽5000株左右。栽后浇足水，覆土后立即扣严塑膜。

4. 大棚管理

（1）温度管理　定植后5～6d密闭大棚，提高温度加速缓苗，使棚内日温达30～35℃，夜温13℃以上。缓苗后适当通风降温，棚内白天28～30℃，夜间棚外温度15℃以下时，加盖草帘保温。气温回升后，当夜晚棚外高于16℃时，昼夜通风。以后随着气温的回升，要逐步撤除地膜、裙膜，仅保留顶膜，大棚四周日夜大通风。保留顶棚膜可防雨，降低温度，大大减轻发病。

（2）肥水管理　为提高地温，前期应少浇水，避免棚内低温高湿。结果期要充分供水。辣（甜）椒在坐果之前，轻施一次提苗肥，以后从门椒收获起，增加追肥浇水，每亩施硫酸铵14～16kg、过磷酸钙8～22kg、草木灰80kg。还可叶面喷施1％磷酸二氢钾或钾宝2～3次，促进果实膨大。有条件的施用固体颗粒CO_2生物肥，可增产20％。

（3）植株调整　门椒以下侧枝应及时抹掉，并摘除植株下部的老叶、病叶。生长中后期摘除植株内侧过密的细弱枝。为了提高坐果率，可于上午10时前用2,4-D点花或防落素喷花。

5. 采收

门椒和对椒要适时早收获，以利多结果，否则，会影响后期产量。采收时用剪刀，以免损伤茎叶。

四、塑料大棚秋延后栽培

塑料大棚秋延后栽培辣（甜）椒，对解决秋淡季蔬菜供应起到了一定的作用。栽培方法可以参考茄子秋延后栽培。由于辣椒采收期长，只要管理得当，早熟栽培可延迟采收到晚秋及初冬。所以炎夏过后，可对植株进行修剪更新复壮。

进行再生的辣椒要选用生长势强的品种，并且定植前重施有机肥，辣椒再生后因不经过苗期，发出的侧枝量大且带有花蕾，直接开花结果，比大椒苗结果要早。修剪的方法是把第三层果以上的枝条及弱、病枝叶，留两个节后全部剪除，剪口斜向外。修剪时间宜选择在晴天上午8～

9时，以保证伤口能在当天愈合，减少病菌入侵。剪枝后的半个月内，是新枝、新叶和花蕾生长发育的关键时期，白天温度控制在28℃以上，夜间控制在12℃以上。并加强水肥管理，促进新枝的发育，使开花坐果，力争在扣棚前果实都坐住，一般每亩施人粪尿3000～4000kg、过磷酸钙50kg、尿素15kg、硫酸钾10kg。施后如遇干旱，应及时浇水，并培土护根。修剪后一周内喷施植物健生素一次，以促进新枝迅速生长。修剪后，由于肥料充足，新枝又生出很多，要适时再进行修剪。入秋后，随着气温下降，覆盖塑料薄膜，进行秋延后栽培。

初扣棚时，切忌把全棚扣严，应加强通风，逐步扣棚。先扣棚顶，随着气温的下降，四周的薄膜夜间也扣上，白天揭开，当外界最低气温下降到15℃以下时，夜间要将全棚扣严，白天中午气温高时，进行短暂的通风，以降低棚内的湿度，利于开花授粉。再生椒在9月中旬左右开始坐果，10月份进入盛果期。当外界气温急剧下降，棚内最低气温在15℃以下时，要在大棚四周加盖草苫防寒保温，防止冻害，促果实成熟。

扣棚后果实膨大期，可选晴天追1次肥，以复合速效性化肥为好。随着采收次数的增加也要增加浇水追肥的次数。以后由于气温低，放风量也少，避免棚内湿度大，只要土壤不过分干旱，原则上不再浇水。再生椒修剪后由于伤口较多，容易侵染病毒病，可用病毒A500倍液或植病灵加光合微肥喷施，每隔7d喷施一次。

当外界气温过低，大棚内辣椒不能继续生长时，要及时采收，以免果实受冻。采收的果实经贮藏可在元旦、春节供应市场。

五、日光温室越冬茬栽培

1. 品种选择

日光温室栽培品种要选择低温生长好，早熟性好，抗病性强，果肉厚，丰产优质的品种。如农大绿华系列、甜杂3号、保加利亚尖椒、津椒3号、陇椒2号、郑椒四号、郑椒七号、青岛巨星甜椒、考曼奇、萨维塔、红英达、红罗丹等。

2. 育苗

一般播种期为8月上旬至10月下旬。育苗也可采用嫁接育苗，育苗方法参考茄子嫁接。播种前用温水浸泡4～5h，然后用1‰硫酸铜液浸5min，再放在55℃的热水中，搅拌浸泡15min，或者用10%的磷酸三钠浸种20min，然后搓洗，清水冲净后，晾开待播。进口种子直接播种即可。由于是在多雨季节育苗，苗床要选择地势较高、排水良好未种过茄科作物的肥沃地块（甜椒苗期的根系较发达，可在营养钵内直接播种）。施入腐熟的有机肥和磷、钾肥，经消毒后做成15～20cm的高畦。浇足底水，播种，覆土厚度1cm，也可分三次覆土，第一次先覆土0.5cm，待种子拱土后覆0.5cm，齐苗后再覆0.2～0.3cm。育苗期间要使用防虫网、诱蚜板等控制伏蚜、白粉虱和茶黄螨为害。

3. 定植

定植前精细整地，重施有机肥，方法参考茄子越冬栽培。11月上中旬定植，定植的密度不能太大，一般采用一垄双行定植，垄宽1m左右，株距35cm，定植后及时浇透定植水。

4. 田间管理

（1）温光、管理　定植后为促进缓苗，密闭温室升温保温，温度不超过35℃不放风。为提高夜间温度，草苫可适当早盖。缓苗后，适当降低温度，白天25～28℃，上半夜18～22℃，下半夜15～18℃。进入冬季后，要尽量保温增温、增加光照，经常清扫棚膜上的尘土，适当早放苫保持夜间温度，尽量增加草苫数量提高夜温。入春后室内升温较快，外界最低气温达15℃以上时注意通风。

（2）水肥管理　定植成活后，浇一次缓苗水或者稀粪，此时以促为主，适当蹲苗。当门椒长到2～3cm时后，植株进入营养生长和生殖生长并进的时期，就结束蹲苗，追肥浇水，每亩追尿素15kg、硫酸钾10kg。结果前期10～15d浇一次水，每摘二次果追一次肥，每亩追尿素15kg、磷酸二铵20kg、钾肥10kg。结果后期每7～10d进行一次叶面追肥，喷亚硫酸氢钠或光合微肥。

（3）植株调整　越冬栽培无限生长类型的品种，因栽培时间长、分枝数多、植株高大，要插架护秧，可使枝条生长分布均匀，植株通风透光条件好，并且能防止倒伏，调节各枝之间的生长势。第一次分枝后，分枝之下主茎各节的叶腋间易萌生腋芽，应及时抹去。采用3干整枝，首先及早摘除门椒，然后任其生长（前期不可过分控制生长），待四门斗采收完毕后，去掉1个弱干留3个主干，每主干再分枝，主干椒保留，侧枝再保留1个椒后留2～3片叶掐尖，以此类推。需注意的是整枝要在晴天露水干后进行，以防病害蔓延。在生育中后期，要对植株下部的病残叶、黄叶、衰老叶及时摘除，同时随时去掉内膛无效枝。生长中后期分枝和花果较多时，应有计划地疏理。

5.采收

门椒、对椒适当早采收，以免因其坠秧而影响植株生长和后期产量。食用鲜食的甜辣椒应在果实充分膨大、符合本品种的特征、质地脆嫩、果色变深有光泽、味纯正清香时采收。一般青椒开花后25～35d即可收获果实。采收时注意不能损伤茎叶，最好用剪刀采收。

本 章 小 结

茄果类蔬菜番茄、茄子、辣椒（甜椒）是以果实为产品，深受人们喜爱，加上有较高的经济收益，所以是蔬菜设施栽培中经常种植的种类。茄果类蔬菜设施栽培的茬口，主要以早春小拱棚栽培、塑料大棚春早熟栽培、塑料大棚秋延后栽培、日光温室越冬茬和日光温室冬春茬栽培为主；生产中要选择适合各茬次栽培的优良品种，根据当地的气候特点适期播种育苗和定植；精细整地并施足底肥；要根据茄果类蔬菜生长特点进行科学的水肥管理和植株调整，还要根据设施特点进行温、光、气等调控，要重视病虫害的防治，注意适时采收；特别是日光温室越冬茬栽培，对温室条件要求严格，生产难度较大。

复习思考题

1.塑料大棚秋延后番茄栽培如何育苗？
2.茄果类蔬菜设施栽培如何提高坐果率？
3.简述番茄日光温室越冬茬定植后如何进行温湿度及肥水管理。
4.简述茄子嫁接栽培如何育苗。
5.简述茄果类蔬菜的再生技术。

实训一　设施番茄摘老叶、落蔓技术

一、目的要求

了解番茄的开花结果习性，掌握设施番茄的摘老叶与落蔓的技术，改善设施内的环境条件，提高番茄的产量和品质。

二、材料与用具

大棚或温室内已开花结果的番茄植株。

三、方法步骤

1.摘叶

为了改善设施内的光照条件，使设施内通风透光良好，提高植株的光合作用强度，就要对番茄进行摘叶。首先要先摘除植株底部的黄叶，这些叶片已经衰老，失去生长功能；其次是一些感染了病虫害的病叶，也要及时摘掉，防止病虫害的传染；最后就是影响到透光的叶片，这种叶片在摘除时要控制到最小限度，不能过多，目的是增加通风透光，也可以摘除半片。摘叶时注意不要留叶柄，以免产生灰霉病。总之，番茄摘叶要本着"摘下不摘上，摘老不摘嫩，摘黄不摘绿，摘里不摘外，摘病不摘健"的基本原则。摘掉的叶片要带出棚外及时深埋或烧毁。

2.落蔓

（1）落蔓前的准备工作　落蔓前控制浇水，以降低茎蔓中的含水量，增强其韧性。落蔓宜在晴暖天气的午后进行，此时茎蔓含水量低，组织柔软，便于操作，避免和减少了落蔓时伤茎。落蔓时应把茎蔓下部的老黄叶和病叶去掉，带到棚室外面深埋或烧毁。该部位的果实也要全部采收，避免落蔓后叶片和果实在潮湿的地面上发病，形成发病中心。

（2）落蔓时间　当第一果枝的第2果迅速膨大，第3穗果坐住时进行第1次落蔓。之后，每一个结果枝采收完后都要落蔓1次。落蔓要选择上午10时以后。

（3）落蔓方法　采取株与株之间交叉落蔓的方法，即把植株从绳上解下来，打掉下部的老叶，轻轻将植株扭到同一附近植株的位置再重新吊蔓。落蔓要有秩序地朝同一方向，逐步盘绕于栽培垄两侧。盘绕茎蔓时，要随着茎蔓的自然弯度使茎蔓打弯，不要强行打弯或反向打弯，避免扭裂或折断茎蔓。每次落蔓保持有叶茎蔓距垄面15cm左右，每株保持功能叶20片以上，株高维持在距棚面0.8m（棚南）至1.5m（棚北），要注意前排植株茎的顶端不能超过后排，以免遮光。保证叶片分布均匀，始终处于立体采光的最佳位置和叶面积最佳状态，叶面积系数保持在3～4。整个生育期落蔓5～6次。

四、作业

1.番茄摘叶的原则是什么？
2.番茄如何落蔓？

实训二　茄果类蔬菜再生技术

一、目的要求

掌握番茄、茄子和辣椒的再生栽培技术。

二、材料与用具

番茄、茄子或辣椒的植株，剪刀、矮壮素、杀菌剂等。

三、方法与步骤

1.选择植株
选择健壮的、再生能力强的、根系活力旺盛的番茄、茄子或辣椒植株，再生处理前半个月每亩施速效氮肥硝酸铵15kg，使土壤保持充足的肥力，促使根部早发新芽。

2.时间
植株果实基本采收完毕，基部新芽已萌发。过早则新芽小、生长缓慢；过晚则新芽生长过高，易长成高脚苗，对后期产量影响较大。

3.技术要点
将田间老株全部清除掉，每穴选留一株健壮幼苗，其余幼苗全部除掉。为防止病害发生，可每隔8～11d喷一次10～20mg/kg的920或1000倍的甲基托布津。在高温多雨季节（由于再生新苗生长期正值7、8月高温多雨季节），幼苗生长过快，容易疯长，视情况喷施50%的矮壮素2000～2500倍液，以控制生长，培育壮苗，为后期夺得高产奠定基础。在现蕾前期为增加产量应浇水，再追施硝酸铵15kg，有条件的还可以适当追施一些有机肥料。

四、作业

1.调查再生植株的生长势、开花结果、果实大小等情况，与不处理为对照，比较二者之间的差异。
2.对植株不同的部位进行再生处理，比较它们的优缺点。

第十八章 豆类蔬菜设施栽培

【学习目标】

了解豆类蔬菜在设施栽培中常见的品种；结合当地实际，掌握主要的设施栽培技术及环境调控技术。

第一节 菜 豆

一、主要茬口

北方地区设施菜豆栽培茬次见表18-1。

表 18-1 北方地区设施菜豆栽培茬次

茬 次	播种期(月/旬)	定植期(月/旬)	采收期(月/旬)	备 注
小拱棚早春	2/上中	3/上中	4/中	温室育苗
大棚春早熟	12/下～1/下	1/下～2/下	2/下	温室育苗
大棚秋延后	7/下～8/上	8/中下	10/上	遮荫育苗
日光温室秋冬	8/下	9/下	11/上	
日光温室冬春	11/中	12/中	1/下	双膜覆盖育苗

注：栽培季节的确定根据各地的气候不同有适当变化。

二、早春小拱棚栽培

1. 选用优良品种

选择具有抗病性、抗逆性强，早熟，高产，品质优良的品种。常用的有以下几种：供给者菜豆、法国地芸豆（又名嫩荚菜豆）、优胜者菜豆、矮黄金、沙克沙等。

2. 培育壮苗

(1) 种子处理 播前将种子晾晒12～24h，用温水浸泡3～4h，再放在25～28℃处催芽，经1～2d即可播种。也可以进行种子消毒，用种子重量0.3%的1%甲醛液浸泡20～30min，可预防炭疽病；用根瘤菌拌种，可用0.5%的硫酸铜浸种10min，可促进根瘤菌生长发育。

(2) 播种 2月上中旬采用营养钵在温室内育苗，育苗用的营养土选用大田土，经消毒后使用。将营养钵在苗床摆好，每钵播种3～4粒，覆土1.5～2cm，浇水湿透营养钵后，再撒0.5cm细土，严密盖膜保温保湿。播种后提高温度，保持白天温度在25～30℃，夜间不低于15℃，必要时夜间加盖草帘。幼苗出土后，白天保持20～25℃，夜间13～15℃，中午适当通风。定植前5～7d适当降温炼苗，白天温度在15℃以上，夜间不低于11℃。

3. 整地

选择三年没种过菜豆的地块，播种前每亩施有机肥3000kg、磷酸二铵10～15kg，尿素10kg、钾肥1kg，然后深翻整地，做成宽90cm、高10～15cm的高畦，也可做成50cm宽的小垄，浇透水，盖膜提温。

4. 定植

3月上中旬，幼苗第一对真叶展开后抽生出复叶时，选晴暖天气定植。定植时必须带完整土坨，否则幼苗难以成活。将营养钵运到定植畦，倒出带土坨幼苗打孔定植。单行栽植，株距25cm，双行栽植，株距30cm。定植后扎拱覆盖棚膜。缓苗前保持苗床温度白天25℃左右，夜间15℃以上。缓苗后注意通风。

5. 定植后的管理

随着外界气温的回升，要加强通风。白天仍须20～25℃，夜间13～15℃，并适时撤掉草帘。定植后小浇一次稀粪水。菜豆浇荚不浇花，第一花序开花期一般不浇水，嫩荚坐住后结合浇水，每亩追复合肥10kg，或15～20d叶面喷一次施丰乐高效强力肥，或随水冲施腐熟粪水，增产显著。此后增加浇水次数，每收一次浇一次水，保持土壤湿润，追一次肥浇2次水，促使幼荚生长。

6. 采收

矮生菜豆极易老化，一般在开花后10～15d，嫩荚充分长大而种子刚刚开始膨大时为采收时期，注意不要漏摘，不要伤茎叶。

7. 剪枝再生

头茬荚采收后，用剪刀从茎部分枝处留4～5cm，剪去以上部分。剪枝后加强水肥管理，结合浇水每亩追氮肥10～15kg，促其早发新生枝叶，形成第二次结荚高峰，提高后期产量。

三、塑料大棚春早熟栽培

1. 品种优良选择

选用生长健壮、抗性强、丰产、早熟、品质优良的品种。如银满架、碧丰，还有新选八寸、世纪星架芸豆、白丰、蔓生菜豆、巨龙架豆等。

2. 播种育苗

菜豆早春大棚栽培可直播，也可以育苗移栽。直播一般于12月下旬至1月下旬播种，育苗移栽可适当提前。播种时可直接播在营养钵内，减少移栽时的伤根，每钵播种3粒，覆土。这种方式便于管理，育苗方法同早春小拱棚。菜豆从播种后到小苗定植前，要严格控制浇水，做到不干不浇，使苗株矮壮，叶色深，茎节粗短。幼苗定植前2d可浇透营养钵，以利于起苗。

3. 定植

定植前精细整地、深施基肥。每亩施完全腐熟的有机肥3000kg，三元复合肥或磷酸二铵25～35kg。蔓生菜豆每畦定植两行，以便于插架。行距50～60cm，穴距20～30cm，每穴定植2株。矮生的菜豆行穴距为30cm，每穴2株。定植后，浇定根水。

4. 定植后的管理

定植以后提高棚内温度，促进缓苗，保持白天20～28℃。缓苗后，大棚应通风，白天20～25℃，夜间15～18℃为宜，温度过高或过低都对开花结荚不利。在定植后的2～3d内应中耕培土，使土壤疏松，有利于提高地温。菜豆有一定的耐旱能力，土壤湿度大时，植株易徒长，会减少开花结荚，所以，菜豆从定植成活后至开花前一般少浇水、不追肥。初期花结荚后结合浇水追一次稀粪水或冲施尿素10kg，以促进豆类和植株的生长。浇水后大棚要加大放风量以排除棚内湿气。以后每结一次荚追一次肥，追肥要稀粪和化肥交替进行。蔓生菜豆蔓长30cm左右时应及时插架。双行栽植插人字架，单行密植时插立架，架高2m，架材多用竹竿。由于大棚无风，也可以用吊绳，引蔓于绳上或架上，使蔓能均匀分布地缠绕向上生长，以合理利用架上的空间和改善通风透光。由于棚内气温较高表现生长速度快，容易出现株茎徒长、结荚少的现象。为了提高大棚菜豆的产量，可从第三组叶片现形后开始掐尖，以控制主蔓的徒长，促进下部侧枝的萌发，侧枝出现后不必掐尖。

5. 采收

蔓生种播后60～70d开始采收，可连续采收30～60d或更长；矮生种播后50～60d开始采收，可连续采收25～30d。采收过早影响产量，过晚影响品质，一般落花后10～15d为采收适宜期，盛荚期2～3d采收一次。

四、日光温室越冬茬栽培

1.品种选择

可选用耐低温、弱光，抗病强、品质好、产量高的中晚熟蔓生品种，如芸丰、架豆王、双季豆、老来少、绿龙、晋菜豆1号、特嫩1号、超长四季豆、春丰2号和4号等。在温室前屋面低矮处可种植早熟耐寒的矮生种，如优胜者、供给者、推广者、新西兰3号、嫩荚菜豆、农友早生、日本极早生等。

2.播种育苗

8月中旬至11月中下旬在温室中套小拱棚育苗。

（1）种子处理　播前精选种子，保留籽粒饱满、具有品种特性、有光泽的种子，剔除已发芽、有病斑、虫害、霉烂和有机械损伤、混杂的种子，播前晒1～2d用温汤浸种。也可用种子重量0.2％的50％多菌灵可湿性粉剂拌种，或用1％的福尔马林按0.3％的比例浸泡20min消毒，捞出后用清水冲洗干净，再用温水浸泡1～2h。将种子沥干水分，放在25～28℃温度下催芽，2d左右即可发芽。

（2）播种育苗　育苗土最好选用疏松、肥沃的土壤，经过筛后消毒，不施任何肥料，装营养钵，每钵播种3粒，覆土厚度2cm，整齐地摆放在温室中。浇水后覆盖薄膜，保温保湿，使苗床温度达20～25℃，夜间13℃；幼苗出土后，将薄膜去掉，适当降低温度，白天气温保持15～20℃，夜间不低于10℃；第1片真叶展平后，白天18～20℃，夜间13℃，并采取早揭苫、晚盖苫，倒营养钵的措施，使幼苗长势均衡。定植前5～7d降温炼苗，白天15～18℃，夜间气温8℃，当苗长到2叶1心时，日历苗龄达到25～30d左右时即可定植。整个苗期不供水、不追肥，所以必须浇足底墒水，若苗叶色发黄可用0.2％～0.3％磷酸二氢钾溶液或0.2％尿素溶液进行叶面喷雾。

3.定植

每亩施优质有机肥10000kg、饼肥200kg、磷酸二铵40kg、三元复合肥50kg或尿素10～15kg、50％多菌灵2kg，撒匀后深翻整细，然后按大行距60～70cm，小行距40～50cm起垄，垄高20cm做畦。采用暗水定植，株距30cm，每穴定植两株。

4.定植后的管理

（1）温度管理　定植到缓苗温度可适当高些，白天25℃左右，夜间15℃左右，促缓苗。缓苗后，白天20℃左右，夜间15～20℃左右。有利于花芽分化及开花结荚。果荚膨大及采收期，白天温度22～28℃，夜间温度15～18℃。冬季温度低时及时加盖草帘或纸被。

（2）水肥管理　追肥浇水掌握"苗期少、抽蔓期控、结荚期促"的原则。在浇足底墒水的基础上，前期基本不必浇水，以控水蹲苗为主。当幼苗长到3～4片真叶蔓生品种抽蔓时，浇一次抽蔓水，并每亩追施磷酸二铵10～15kg，促进抽蔓，扩大营养面积，以后一直到开花为蹲苗期，要控制浇水，促进菜豆由营养生长向生殖生长发展。这时如果水肥过多，容易导致茎蔓徒长，落花落荚。一般第一花序的嫩荚长到3cm时，结合浇水追施一次催荚肥，每亩追施尿素15～20kg，随后需水量逐渐加大，每采收一两次就浇水一次，但要尽量避开盛花期。每浇两次水追施一次磷酸二铵或复合肥15～20kg。浇水后应加强通风排湿，防止病害发生。浇水时要选择冷尾暖头天气。有条件时结荚期晴天上午增施CO_2气肥，增产效果显著。

（3）中耕松土　幼苗出土或定植缓苗后的管理主要是中耕。幼苗出土后进行浅中耕，以提高土壤的透气性，增加地温；蔓生菜豆抽蔓期浇水后结合培土除草进行第二次中耕。

（4）植株调整　菜豆主蔓长至30cm时，需及时吊绳引蔓。现蕾开花之前，第一花序以下的侧枝打掉，中部侧枝长到30～50cm时摘心。主蔓接近棚顶时落蔓。结荚后期，及时剪除老蔓和病叶，以改善通风透光条件，促进侧枝再生和潜伏芽开花结荚。

（5）保花保荚　菜豆的花芽量很大，但正常开放的花仅占20％～30％，能结荚的花又仅占开花的20％～30％，结荚率极低。主要原因是开花结荚期外界环境条件不适造成的，如温度过高或过低、初花期浇水过早、湿度过大或过小、早期偏施氮肥、栽植密度过大光照不足、水肥供应不足、采收不及时等原因，都能造成授粉不良而落花。生产中可通过加强管理，合理密植，适时采收等措施防止落花落荚。如落荚较重，可用 5～25mg/kg 的萘乙酸、800 倍美荚露或 3000 倍天丰素喷花序，保花保荚。

5.采收

适时采摘嫩荚，既可保证良好的商品价值，又可调整植株的生长势，延长结荚期，提高产量。菜豆开花后 10～15d，可达到食用成熟度。采收标准为豆荚由细变粗，荚大而嫩，豆粒略显。结荚盛期，每 2～3d 可采收 1 次。采收时要注意保护花序和幼荚。

第二节　豇　豆

一、主要茬口

北方地区设施豇豆栽培茬次见表 18-2。

表 18-2　北方地区设施豇豆栽培茬次

茬　次	播种期(月/旬)	定植期(月/旬)	采收期(月/旬)	备　注
小拱棚早春	2/中～3/上	3/上～3/下	4/中	温室育苗
大棚春季早熟	1/下～2/中	2/中～3/上	3/下	温室育苗
大棚秋延后	7/下～8/初	8/中下	10/上	遮荫育苗
日光温室秋冬	8/中～9/上	9/中下	10/下	
日光温室冬春	12/中～1/中	1/上～2/上	3/上	双膜覆盖育苗

注：栽培季节的确定根据各地的气候不同有适当变化。

二、早春小拱棚栽培

豇豆早春小拱棚栽培一般在 2 月中旬育苗，3 月初定植，4 月中旬采收。

1.品种选择

小拱棚栽培面积小，高度有限，应选用矮生豇豆，品种主要有挑杆豇豆、黄花青、五月鲜、浙翠无架、四季红无架豇豆、之豇矮蔓 1 号、美国无架豇品种等。

2.播种育苗

2 月上中旬在温室内用营养钵育苗。种子经处理后每钵播种 3 粒，并及时覆盖薄膜，提温保湿，促进出苗，白天苗床温度保持在 28～30℃，夜间不低于 16℃。出苗以后，苗床温度白天 23～28℃，夜间 15～18℃。定植前可适当降温锻炼幼苗，白天苗床 20～23℃，夜间 13～15℃。

3.定植及定植后的管理

定植前 7～10d 施肥整地，每亩施优质腐熟肥 3000kg、过磷酸钙 50kg 左右。施肥后深翻整平，做成小高畦覆盖地膜，选择冷尾暖头晴朗无风天上午定植。定植时必须带完整土坨，保护好根系。每个高畦播种两行，行株距 60cm×25cm，每穴两株。先栽苗后浇水，然后盖膜保温。白天温度高时，可从棚的两侧掀开棚膜，开小口放风。随着天气变暖，晴天棚内温度高时，可从棚的两侧加大放风口，逐渐加大放风量防止幼苗徒长。适当放风不仅可调节温度，还可降低棚内湿度，减少苗期病害发生。当外界白天气温超过 20℃时，可揭开薄膜令植株见自然光，傍晚依旧盖膜保持夜温。以后逐渐撤掉塑料膜、小拱棚，撤棚后及时中耕除草。豇豆结荚后（荚长 3～5cm），追肥并浇水。结荚期保持地皮见湿见干，视天气情况一般 5～6d 浇一次水，可在每次采收后浇水，一次清水一次肥，每亩追施尿素 15kg 或随水浇施粪稀，后期叶面喷施磷酸二氢钾，提高后期产量。

4.采收

当嫩荚达到品种特性所具的长度，豆粒刚开始膨大时为采收适期，应及时采收。注意采收时不要碰伤结荚枝，以保护小花蕾继续开花结荚。

三、塑料大棚春早熟栽培

1.品种选择

大棚栽培应选早熟、高产、抗病、豆荚长、商品性好的蔓生品种。如之豇28-2、宁豇1号、宁豇3号、丰产3号、之豇特早30、之头特长80、特早王豇豆等。

2.播种育苗

棚内10cm地温稳定在12℃以上可在大棚内直播，亦可在温室内利用营养钵进行护根育苗。一般采用育苗移栽的方法，这样不仅可适当抑制营养生长，促进生殖生长，还可提早播种、提早收获，并延长采收时间。播种时间在1月下旬至2月中旬。种子处理方法与菜豆相同。播种前将不施化肥的营养土消毒后，装入营养钵中，并将钵整齐摆放在整平的苗床里。播种前将营养钵浇透水，待水渗下后，每钵点播种子3粒，覆土2cm，并及时覆膜。播后白天保持30℃左右，夜间25℃左右。子叶展开后，适当降低温度，白天25～28℃，夜温14～16℃。定植前7d进行低温炼苗，增强幼苗的抗逆性。苗龄20～25d，幼苗具3～4片真叶时可以定植。

3.整地定植

定植前1个月或在头一年秋季扣越冬棚，提高地温。春早熟豇豆产量高，结荚期长，需肥量较大，应施足基肥。整地时结合深翻，每亩施入充分腐熟有机肥8000kg、过磷酸钙25kg、草木灰150kg或硫酸钾20kg作基肥。做成宽1.2m的畦或宽0.6m的垄，覆盖地膜。待棚内10cm地温稳定在15℃以上时即可定植。定植时按株距30cm打好定植孔，每穴2株。温度低时可加小拱棚提温。定植后浇定植水，填好定植孔。

4.定植后的管理

（1）温度管理　定植后闭棚升温，促进缓苗。缓苗后，棚内白天保持25～30℃，夜温不低于15℃。随着外界气温的回升，适当通风排湿，当外界气温稳定在20℃时，撤除棚膜，转入露地生产。

（2）水肥管理　豇豆水肥管理总原则是前期防止茎叶徒长，后期防止早衰。苗期一般不浇水追肥，防止徒长和落荚。抽蔓后开始浇水，浇水掌握"浇荚不浇花，干花湿荚"的原则。整个开花结荚期保持土壤湿润，初花期不浇水，以控制营养生长。当第1花序结荚后，开始追肥浇水。植株下部花序开花结荚期间，10～15d浇1次水，并每亩随水追施稀粪或磷酸二铵7.5kg；中部花序开花结荚期，每10d左右浇1次水，每亩追施三元复合肥10kg和充分腐熟的人粪尿；上部的花序开花结荚时，视墒情10d左右浇1次水，每次每亩追施复合肥、尿素和硫酸钾各7.5kg。苗期和盛花期各用0.2%硼砂和磷酸二氢钾进行叶面喷施1次。

（3）植株调整　蔓性豇豆在主蔓长30cm左右时及时吊绳引蔓，使茎蔓均匀分布。主蔓第1花序出现后，及时抹去以下的侧芽，使养分集中，保证主蔓健壮生长，开花坐荚多。豇豆侧枝易开花坐荚，因此，主蔓长至1.5～2m时打顶摘心，控制生长，促进主蔓中上部侧枝上的花芽开花结荚。主蔓上发生的侧枝都要摘心，促进侧枝第1个花序的形成，利用侧枝上发出的结果枝结荚，提高产量。但不同部位发生的侧枝，保留节位不同。下部发生较早的侧枝，保留10节左右；中部发生的侧枝，留5～7节；上部发生的侧枝，留2～3节。为加强通风，及时疏去植株下部的老叶、病叶等。

5.采收

豇豆一般在开花后10～15d豆荚充分长成，豆粒略显时，达到商品成熟期，应及时采收。初期4～5d采收1次，盛收期1～2d采收1次。采收时要特别注意，不要损伤其他花芽及嫩荚，最好在嫩荚基部1cm处掐断收获。适时收获，对防止植株衰老有很大作用。

四、日光温室秋冬茬和冬春茬栽培

1.品种选择

选择生长前期耐高温，生长后期耐低温，耐弱光、抗病性强、优质、丰产的品种。如之豇28-2、中华豇豆王、早翠、张塘、三尺绿、之头特长80、宁豇豆3号、早豇系列等。

2.播种育苗

（1）种子处理　为提高种子的发芽势和发芽率，保证发芽整齐、快速，播种前进行选种和晒种，选择有光泽、无虫伤、无霉烂、饱满的种子，晴天晒种1～2d。将选好的种子用温水浸泡12h，后用500倍多菌灵药液浸泡10min；也可用适乐时拌种，用清水冲洗干净后放在25～30℃下进行催芽，当芽长1cm左右时播种。

（2）播种育苗　播种前按技术要求配制营养土并进行床土消毒。将营养土装入营养钵，浇透水造足底墒。每钵播种子3粒，播后覆细土2cm，整齐摆放在苗床中。盖薄膜保温保湿。播后白天保持30℃左右，夜间20℃左右，以促进幼苗出土。10d左右出齐苗，要适当降温，保持白天20～25℃，夜间14～16℃。定植前7d左右开始低温炼苗。25d左右即可定植。豇豆壮苗的标准是：日历苗龄20～25d，生理苗龄是苗高20cm左右，开展度25cm左右，茎粗0.3cm以下，真叶3～4片，根系发达，无病虫害。

3.定植

定植前施足基肥，每亩施有机肥8000～10000kg、饼肥200kg、过磷酸钙100kg、碳酸氢铵50kg。将肥料撒匀，深翻30cm，整平后做成1.2m宽的平畦或垄，垄高15cm左右，浇透水，覆膜。当10cm地温稳定通过15℃，气温稳定在12℃以上时定植。前10d左右扣棚烤地。选晴天进行定植。一般在每垄栽两行，按株距30cm打定植孔，每穴栽2株，然后浇水，水渗下后覆土封严定植孔。

4.定植后的管理

（1）温度管理　定植后的3～5d通风，闭棚升温，促进缓苗，白天温度25～30℃，夜间16～20℃，缓苗后，室内的气温白天保持25～28℃，夜间14～18℃。冬季天气寒冷，尽量少通风，以利保温。秋冬茬生产的，进入冬季后，要采取有效措施加强保温，尽量延长采收期。冬春茬栽培的，当春季外界温度稳定通过20℃时，再撤除棚膜，转入露地生产。

（2）肥水管理　浇缓苗水后，进行中耕蹲苗。此后控制浇水，直至结荚以后方可浇水，并随水冲追人粪尿1000kg、过磷酸钙30～50kg。待植株下部的果荚伸长，中上部的花序出现时，再浇一水，以后掌握浇荚不浇花、见湿见干的原则，大量开花后开始每隔10～12d浇1次水。每采收两次，随水追施一次速效肥或人粪尿。冬季由于通风少，温室内CO_2浓度较低，可追施CO_2颗粒肥或气肥，一般于开花后晴天每天上午8～10时追施，施后2h适当通风。豇豆生长后期植株衰老，根系老化，为延长结荚，可用0.2%的磷酸二氢钾进行叶面喷施。

（3）植株调整　植株长有30～35cm、5～6片叶时，就要及时引蔓。引蔓时切不要折断茎部，否则下部侧蔓丛生，上部枝蔓少，通风不良，造成落花落荚。主蔓第1花序下部侧芽及早摘除，当主蔓长至1.5～1.8m时，要及时摘心，促进侧蔓发育，侧枝发出后留花序摘心，促进二次结荚。在盛收期注意摘除植株下部的老叶，利于通风透光，减少营养消耗，促进养分向上部秧蔓、豆荚供应。

5.适期采收

豇豆是以嫩荚食用、陆续采收的蔬菜，应注意及时采收。当荚条长成粗细均匀、荚面豆粒处不鼓起，但种子已经开始生长时，为商品嫩荚收获的最佳时期。采收时严格掌握标准，使采收下来的豆角尽量整齐一致，并注意不要伤及花序枝。采收宜在傍晚进行，采收中要仔细查找，避免遗漏。

本 章 小 结

豆类蔬菜以菜豆和豇豆设施栽培最为普遍，主要以早春小拱棚栽培、塑料大棚春早熟栽培、塑料大棚秋延后栽培、日光温室秋冬茬栽培和日光温室冬春茬栽培为主，菜豆也可进行日光温室越冬茬栽培。豆类蔬菜根与根瘤菌共生形成根瘤，能固定氮素，与其他菜相比需氮量较低；但菜豆、豇豆根瘤菌不发达，在增施磷、钾肥的基础上，仍要适量追施氮肥。豆类蔬菜根系再生力弱，容易木栓化，育苗移栽时苗期宜短，并采用保护根系措施；栽培中应根据栽培方式和栽培种类，选择适宜品种，合理肥水管理，及时植株调整，调节适宜的环境条件，提高结荚率，注意防治病虫害，适时采收，以确保产量和品质。

复习思考题

1. 菜豆如何培育壮苗？
2. 菜豆结荚期怎样进行肥水管理？
3. 分析菜豆落花落荚的原因及防止措施。
4. 简述豇豆日光温室越冬茬定植后的管理。

实训　设施菜豆育苗技术

一、目的要求

掌握菜豆设施育苗的基本技术，并能根据操作过程中观察到的现象解决实际问题。

二、材料与用具

经过播前处理的菜豆种子，塑料薄膜、营养土、营养钵、喷壶、铁锹、温度计等。

三、方法与步骤

1. 做苗床　在温室或塑料大棚等设施内用事先配制好的营养土做畦，畦宽 1~1.5m，床面厚 10~15cm，翻松耧平后待用。用育苗钵育苗的，把育苗钵装好营养土摆在苗床上。

2. 浇底水　播种前在育苗床内或育苗钵内先浇水，浇水量以渗透营养土为度。浇水后，在床面上均匀撒一层床土或药土。

3. 播种覆土　由于菜豆种子较大，一般采用点播的方式进行播种。每穴或每钵点 3~4 粒种子，覆土 1.5~2cm，浇水湿透营养钵后，再撒 0.5cm 细土。

4. 覆盖塑料薄膜　覆土后用地膜覆盖床面或营养钵，以提高床温，保持一定湿度，促进幼芽出土，直至种子拱土后撤掉薄膜。

四、作业

1. 营养土配制时要注意什么？
2. 浇底水后撒土的作用是什么？
3. 注意观察浇水后种子是否会被水冲出，如果会，说说在生产中如何防止。

第十九章　其他蔬菜设施栽培

【学习目标】

了解芹菜、韭菜、菠菜的设施栽培种类；掌握芹菜的塑料大棚秋延后栽培，韭菜的中棚越冬青韭栽培和菠菜的越冬栽培技术。

第一节　芹　　菜

一、塑料大棚秋延后栽培

芹菜属于耐寒性蔬菜，其生长要求冷凉温和的气候，利用塑料大棚栽培芹菜，可充分利用大棚的保温、增温作用，在早春提前种植和收获，在晚秋又可通过大棚覆盖，使芹菜延迟采收，春节前后供应市场，较露地栽培获得更高的经济效益。

1. 品种选择

秋延后栽培须选用耐寒性强、较耐弱光、品质优良的实秆品种，如天津黄苗芹菜、玻璃脆芹菜、潍坊青苗芹菜等。

2. 浸种催芽

播种前 7～10d 进行浸种催芽，将种子用清水浸泡 24h 使其充分吸水，揉搓并淘洗数遍，也可用 5ppm 的赤霉素浸种 12h，置于阴凉通风处催芽，催芽的适宜温度为 15～20℃。催芽期间，每天将种子翻动一次，使温度、湿度均匀。每 2h 用清水将种子淘洗 1 次，以防止发霉。约 7d 后，80％以上的种子露白时即可安排播种。

3. 播种、育苗

芹菜种子小，胚芽顶土能力差，出苗慢。选择地势高、排水灌水方便、疏松肥沃地块作育苗畦，育苗畦宽 1.2～1.5m。播种前育苗畦要施腐熟的有机肥作基肥，深耕耙平，同时要取出部分畦土，过筛后备作覆土。7 月下旬，采用平畦播种方式育苗，畦内浇足底水，将发芽的种子掺上少量细土，待畦内水渗后均匀撒播。播完后覆土 0.5～1cm，不可过厚，否则出苗困难。

播种后的管理以防晒、降温、保湿为主，采取遮荫保湿措施。可用玉米秸、高粱秸等作覆盖材料，或覆盖黑色或银灰色遮阳网，既能遮荫、防雨，又能防蚜、防病。芹菜苗期生长缓慢，对土壤干旱、缺肥反应敏感，且易受病、虫和杂草危害。幼苗出土后到第一片真叶展开前，其根系弱，不抗旱，畦土过干常造成死苗。出苗期间若天旱无雨，应"小水勤浇"，2～3d 浇一次水，保持畦面湿润，以利出苗，浇水宜于清晨和傍晚进行。幼苗 2～3 片真叶期仍要注意及时浇水，4 片真叶时，应减少浇水次数，促进根系生长和幼叶分化。

育苗期间要及时进行间苗，一般于第 1 片真叶展开后进行第一次间苗，苗距 1.5cm 左右；2～3 片真叶期进行第二次间苗，苗距 3cm 左右，间苗应结合拔除杂草。苗高 5～6cm 时，若表现缺肥，每亩施硫酸铵 10～15kg，随即浇水。

7 月下旬播种的芹菜，露地育苗需 60d 左右，至 9 月下旬或 10 月初，幼苗具备 4～5 片真叶，苗高 15～20cm，根系发达，为适龄壮苗，可安排定植。

4. 定植及定植后管理

定植芹菜的畦每亩应施 5000kg 腐熟的圈肥和 25kg 氮、磷、钾复合肥作基肥，深翻晒垡，耙平畦面后做成 1.5m 宽的畦。定植宜于下午或阴天进行，以利缓苗。移苗前，育苗畦内要浇透水，以便于起苗。大棚秋延后芹菜的定植密度，以行距 15～20cm，株距 10～12cm，每亩 30000～35000 株为宜。栽植宜浅，不要埋住心叶，但要埋实，栽完随即浇水。2～3d 后再浇一次水，7～8d 后可缓苗生长。缓苗后，应适当控水蹲苗，促进发根和分化幼叶，须进行中耕松土。通过蹲苗，可使芹菜苗根系扩展。

定植后，气温有时仍较高，土壤蒸发量大，因此定植初期要注意保湿、降温。中午光照过强时可用遮阳网遮荫，当白天气温降至 10℃，夜间降至 5℃时，需要扣棚保温。扣棚初期，外界光照强、温度高，既要通风降温，又要保湿；夜间大棚两侧薄膜可打开，使植株逐渐适应大棚栽培环境。当外界气温降至 5℃以下时，大棚塑料薄膜在夜间要盖好。通过改变薄膜通风口的大小，使棚内温度白天保持在 15～20℃，夜间 5～8℃。11 月中旬以后，气温急剧下降，要封严风口，减少通风，加强保温，防止受冻。夜间气温低于 0℃时，还要在大棚四周加围草苫保温。在保证不受冻的前提下，草苫要早揭晚盖，使植株多见光，并经常清洁薄膜，提高透光率。阴雨雪天也要揭苫，中午暖和时要加紧通风，至少 2～3d 通风一次。成株虽然能忍耐−7～−8℃的低温，但长时间在低温下，叶柄会受冻变黑，出现空心，纤维含量增加，品质下降。保温条件有限时，要适当早采收。

5. 采收

当芹菜植株高达 60cm 以上时，可根据市场需要，选晴、暖天气收获上市。

二、中棚越冬栽培

1. 品种选择

越冬芹菜应选择较耐寒的品种，以实秆、耐贮、品质优良的品种为宜。目前常用品种有天津黄苗、潍坊青苗、开封玻璃脆、意大利冬芹等。

2. 播种育苗

应抓好两个环节：一是种子处理。越冬芹菜华北地区播种期一般为 8 月至 9 月上旬，定植期为 9 月下旬至 11 月上旬，收获期为 12 月底至 3 月份。播种时因温度高发芽慢，所以应进行低温浸种催芽，可用 1000ppm❶ 硫脲或 5ppm 赤霉素浸种 12h 左右，代替低温浸种催芽。二是加强播种后管理，播种后在畦面覆盖高粱秆或麦秸、稻草等，使苗畦内形成花荫以保湿、降温、防雨打。采用湿播法的，当胚芽顶土时轻洒 1 次水，1～2d 后苗出齐；采用干播法的，需经常洒水保持土壤湿润并降低地温。洒水应在早晚进行，如中午洒水由于地温高，遇冷水后易伤根损苗。

出苗后逐步将覆盖物除去，加强对幼苗的锻炼，最好选阴天或午后撤，并先浇清水降低苗床温度，以防幼苗晒伤。若撤覆盖物过晚则易造成幼苗徒长，定植后不易成活。出苗后仍要勤浇水，保持土壤湿润，但水分不可过多，否则幼苗的根分布浅，遇高温根系易受伤。雷阵雨后要及时浇井水，降低地温防止死苗。间苗 1～2 次，使单株营养面积在 9cm² 左右。幼苗 3～4 片真叶时随水施一次速效氮肥硫酸铵，每亩 10～15kg。苗龄 60～70d，4～5 片真叶时定植。若采用直播，可较育苗延迟播种半个月左右。

3. 定植及管理

定植应掌握在日平均温度达到 15℃左右时进行，使定植后有 1 个月左右的生长期。定植初期气温稍高，土壤水分蒸发快，一般可结合追肥每 4～5d 灌水 1 次，保持畦面湿润，利于新根发生。定植深度较秋延后芹菜稍深，浅了易受冻；定植密度较秋延后芹菜大些。越冬期间要防蚜虫、浇"冻水"等，后者是越冬芹菜保墒防冻的极为重要的一项措施。次年春返青后浇水、追肥，促使植株旺盛生长。

前期管理要注意温度控制，棚温白天维持在 15～25℃，地温 20℃；夜间不低于 10℃，11 月中旬外界温度降至 5℃左右时，可将棚扣严，有寒流时夜间要加盖草苫防寒。此后，草苫每天早

---

❶ 未法定计量单位，1ppm＝10⁻⁶。

揭晚盖，注意保温，进入 12 月份，温度急剧下降，棚内夜间最好加盖 2 层保温幕。

4. 收获

中棚越冬芹菜的生长在元旦前完成，株高达 50cm 以上时即可收获。

第二节　韭　　菜

一、早春小拱棚栽培

1. 选择适宜品种

韭菜早春栽培须选择耐寒性强、休眠期短（10～15d）、进入休眠要求温度偏低的品种，如嘉兴雪韭、791 韭菜等。

2. 根株培养

韭菜在小拱棚生长期间，其主要养分来自贮藏在根茎和小鳞茎里的营养物质，因此扣膜前培育健壮的根株是夺得高产的关键。常选择 2～3 年生的韭菜地，加强肥水管理，秋季不收割，以培肥根株。根株的培养主要有直播养根和育苗移栽两种形式，具体程序和主要技术与露地韭菜基本相同。

（1）直播养根　春季土壤化冻后，对栽培床深耕细耙，施足基肥，按 30～35cm 的行距开播种沟，沟底宽 10cm，每亩播种量 2～3kg，播期较晚，可适当增加播种量。播后踏实并覆 1cm 厚细土，出苗期和幼苗期管理与露地韭菜相同。

（2）育苗移栽　于当地 10cm 土温稳定在 10～15℃时播种，适宜播种期为 3 月中旬至 5 月中旬。采取露地育苗，播种前耕地施肥，整地作畦，每亩播种量 4～5kg，苗期管理技术与露地韭菜相同。

3. 定植

定植时期一般在 7 月中、下旬。苗龄 75d 左右，株高 20～25cm，具有 5～7 片叶时定植。栽培方式有沟栽和平畦栽两种，以沟栽应用更为普遍。沟栽：首先在栽培床增施基肥，使土肥混匀，按 35～40cm 行距开定植沟，沟深 13～15cm、穴距 20～25cm，每穴 25～35 株。加大行距有利培土软化，适于在肥沃土壤上栽培宽叶韭。平畦栽培：施肥整地，做成平畦，按行距 17～20cm、穴距 13～20cm，每穴 7～10 株定植。由于栽植较密，不能培土软化。定植后的管理同露地韭菜。

4. 定植后管理

入秋后光照充足，温度适宜，是韭菜生长的旺盛时期，应加强肥水管理。当旬平均气温降到 25℃左右时，每亩追施磷酸二铵 30～35kg 或硫酸铵 30～50kg 加过磷酸钙 50～100kg，追肥后每隔 5～7d 浇一次水，促进韭菜旺盛生长。当旬平均气温降到 18～20℃时再施一次速效性氮、钾肥，数量与第一次相当。为防止贪青，促进地上部分养分向根部运输，应适当控制浇水。土地封冻前浇冻水，并结合追施粪水或复合肥，以保证第一刀韭菜优质高产。

韭菜养好根株后，开始回根休眠。于初冬封冻前插上小拱棚骨架，四周挖好铺塑料薄膜的沟，并在韭菜地每隔 10～20m 挖一道风障沟，以便早春覆盖薄膜和竖风障。

5. 扣膜及扣膜后管理

严冬过后，华北地区在 2 月上旬，东北地区在 2 月中下旬，选无风晴天中午，将薄膜覆盖到骨架上，四周埋入沟中培土压实。当棚内表土化冻 10cm 时，选无风晴天揭开薄膜，把枯叶铲除，刨松垄沟，扒开垄台，耙平后重新覆盖，密闭保温。

当韭苗长到 6cm 左右时，越冬的韭蛆开始活动，可用药液灌根，注意不要浇水，以免增大棚内湿度，诱发韭菜灰霉病。当韭苗长到 10cm 高时，揭膜培垄追肥。每亩可追施尿素 15kg 或硫酸铵 20kg，施肥结合浇水进行。

6. 收获

待苗长到 4 叶时即可收第一茬，一般第一茬韭菜生长期间不放风。随着气温逐渐回升，应注意放风保持棚内最高气温不超过 30℃。放风方法是：揭开小拱棚的两端薄膜，放风口应由小到大，不能骤然大开。放风时间的早晚、长短，应根据天气情况而定。同时应控制夜温不能过高，以免叶片徒长。韭菜生长期间适当追肥，逐渐增加浇水次数，以满足其生长需要。收割第二茬韭菜后，即可撤下小拱棚，用于其他蔬菜的生产。

二、中棚越冬青韭栽培

1. 品种选择

选择适应性和分蘖力强、叶片宽厚直立、休眠期短、萌发早的优质高产品种。如汉中冬韭、平韭二号、河南 791 等。

2. 播种育苗

播种前先进行浸种催芽，方法是将饱满的新种子用 30℃温水浸泡 12h，然后捞出用清水冲洗 2～3 遍，再用干净湿布包好于 25℃下催芽，2～3d 后，当有 80%种子露白后即可播种。

苗床应选择浇水方便的砂壤土，避免与葱蒜类蔬菜连作。冬前深翻土壤，深度约为 25～30cm，而后灌水冻土，春季表土化冻到 15cm 时，开始整地做畦。畦内施复合的农家肥，每亩用量 4000～5000kg，混合均匀，耙平畦面，一般当 10cm 土温达到 10℃ 时即可播种，时间在 4 月上旬到 5 月上旬之间。多采用条播，行距 33～35cm，播种沟深 2cm，播幅 5cm，每亩用种量 4～5.5kg。播前浇足底水，播后覆细土 1cm 厚，盖地膜保墒，当 10%以上的幼苗出地面后，及时揭去地膜。

3. 苗期管理

苗期水分管理的原则是轻浇、勤浇，经常保持畦面的湿润，防止土壤干旱，影响幼苗生长。三叶期前，结合浇水每亩追施硫酸铵 15kg，促使幼苗迅速生长。三叶期后适当蹲苗，减少浇水次数。雨季应清好"三沟"，及时排除积水，防止沤根烂秧。

韭菜小苗生长缓慢，易受杂草危害，必须及时除草，既可人工除草，也可在播后出苗前，每亩用 33%除草通乳油 100ml 兑水 50kg 喷雾畦面，有效期可达 40～50d。3～4 叶期，除草每亩用 20%拿捕净乳油 65～100g 兑水 50kg，对杂草茎叶喷雾。

4. 定植

选择排水良好的壤土和砂壤土，每亩施 5000kg 腐熟混合肥，除草剂氟乐灵 100ml 兑水喷洒，深耕细耙，然后施尿素 15kg、过磷酸钙 50kg，并将土与肥掺匀，耙平做畦。移栽前一天浇水淹苗，刨韭菜苗时，连根刨起，留须根长 2～3cm，其余剪去。另外为减少叶面水分蒸发，促新根生长和缓苗，五杈股以上的过长叶片也要剪去。春播苗龄 70～80d，当苗高 18～20cm，有 5～6 片叶时即可定植。青韭的栽培适宜采用畦栽的方式。

5. 田间管理

初期每隔 4～5d 浇 1 次水，促进缓苗，每次浇水后中耕培土 2～3 次。入秋后要加强肥水管理，一般每 5～7 天浇 1 次水，每半个月追 1 次肥，连续 2～3 次。每次每亩追施尿素 15kg 或腐熟人粪尿 1500kg，到 9 月下旬停止追肥浇水。

6. 适时扣棚

11 月中、下旬，在韭菜外叶充分枯凋后扣棚覆膜。扣棚前割除韭菜，清理畦面，浇水施肥。晾晒 3～4d 后选无风晴天扣棚。

7. 扣棚后管理

（1）剔根　叶片出土 3～5cm 时，用竹竿将根际土壤掘出，露出根茎，把土壤推于行间晾晒一天。剔根可以提高地温，消灭韭蛆，疏松根际土壤，消除株间杂草，促进根系生长发育。

（2）紧撮　在剔根的基础上，把向外开张的植株拢在一起，以利提高地温，改善田间通风透光状况。

（3）客土　韭菜生长过程中，鳞茎和根系不断向地表延伸，使根茎裸露，植株倒伏，为此逐步培土，以加厚土层（客土），增加根系生长范围。在晴天中午选用晒过的细土覆土1～2cm，与鳞茎"上跳"高度一致。

（4）温度管理　韭菜生长适温为18～20℃，棚内白天保持20℃左右，夜晚保持5℃以上。扣棚初期气温偏高，可在中午前后通风降温。头茬韭收割前4～5d，适当揭膜放风，收割后不通风，待新叶长到9～12cm，棚温超过25℃以上时放风，每次浇水后，应适当通风降温。

（5）肥水管理　割头茬韭菜前不浇水，待二茬韭菜长至6cm高时，结合浇水，每亩追复合肥20～30kg或人畜粪1500kg，以后在收割前4～5d再浇水，水量以棚温而定。以后每割一茬都要扒垄、晾晒鳞茎，待新叶长出后，浇水、追肥并培土。

（6）打花薹　7、8月份应及时掐去柔嫩花薹及韭菜花，以免消耗养分；雨季要注意及时消除枯黄老叶，以利通风透光、促进生长。

8.收割

越冬青韭，可在元旦、春节期间上市。韭菜自播种后到扣棚不收割，扣棚后40d左右，待韭菜株高25cm左右收割第一茬，以后每茬间隔20～25d，一般棚内收割3～4茬。青韭的收割应掌握两个高度，一是苗高20cm即可收割，二是留茬高度不低于2cm，留茬过低会造成植株内养分贮存减少，影响下茬生长，造成嫩叶晚发。收割2～3d后，可撒施一次优质有机肥，厚度1cm左右，并及时中耕松土，使土肥充分混合，土壤过干可适当轻浇一次水。

9.拆棚后管理

次年3月下旬到4月初拆棚。拆棚后施有机肥，以养根为主，一般不收割，长势好的田块可收割1～2茬青韭。雨季注意排涝，夏末秋初可收一季薹韭，入秋后加强肥水管理，为下一次大棚栽培打好基础。

三、塑料大棚秋延后栽培

韭菜秋延后栽培即韭菜于深秋休眠前扣棚，不经休眠而继续生长，11～12月份供应韭菜的栽培方法。收割两茬后撤棚。

1.选择适宜品种

韭菜秋延后栽培必须选择耐寒性强、休眠期短（10～15d）、进入休眠要求温度偏低的品种，如嘉兴雪韭、791韭菜、四川犀浦韭等。

2.根株培养

韭菜在塑料大棚生长期间，其主要养分来自贮藏在根茎和小鳞茎里的营养物质，因此扣膜前培育健壮的根株，对产量和质量都有很大的影响。根株的培养主要有直播养根和育苗移栽两种形式，具体程序和主要技术与露地韭菜基本相同。

大棚韭菜的定植时期一般在7月中、下旬，尽量避开高温雨季，否则土壤过湿、氧气不足，影响新根发生和伤口愈合。高温导致叶片干枯、缓苗慢、成活率降低。苗龄75d左右，株高20～25cm，具有5～7片叶时定植。栽培方式有沟栽和平畦栽两种，以沟栽应用更为普遍。定植后的管理同露地韭菜。

3.扣膜前水肥管理

秋延后生产的韭菜与休眠后再生产的韭菜最大的区别是要加强水肥管理，做到粪大、水勤以促进后期生长。扣膜前达到收割标准即可收割销售，但要尽量留高茬，割后及时追肥，叶片萌发、叶色转绿后浇水，并及时松土培垄。

4.扣膜及扣膜后的管理

（1）扣膜　韭菜秋延后栽培必须掌握好扣膜时间，一定在秋末韭菜"回根"休眠前扣膜。扣膜前要把韭菜贴垄割掉，便于扣膜操作。扣膜早，韭菜生长迅速，产量高峰出现早，容易早衰；扣膜晚，韭菜易遭冷害，引起叶片弯曲、叶尖腐烂，一旦进入被动休眠，扣膜后生长缓慢。扣膜适宜期在当地初霜后最低温度降至0℃以前进行。

（2）温度控制　扣膜后随着气温的降低，要注意密闭保温。塑料大棚白天以阳光为热源提高棚内温度，晚上加盖草帘保温防寒，白天棚内温度保持 18～28℃，晚上 8～12℃。扣膜初期或每次收割之后，为促进韭菜萌发出土，棚温略有提高，收割后适当降温，防止徒长、倒伏。草帘的揭盖时间因季节、天气状况而变化，晴天阳光照满棚室时将草帘卷起，下午夕照光强减弱时覆盖，以利贮积热量保温防寒。雪天不揭，雪后扫雪。连续阴雪可在中午短期揭开草帘和薄膜开风口排除湿气。室温低于 5℃时，可盖双层草帘或临时加温。

（3）水分管理　扣膜后，随着田间水分散失，在韭菜行间连续浅中耕 2～3 次，疏松土壤，提高地温，减少土壤水分蒸发，促进韭菜萌芽生长。沟栽韭菜为软化叶鞘，防止倒伏，在韭菜长到 10cm 进行第一次培土，株高 20cm 时第二次培土。

严冬浇水追肥易降低地温，影响韭菜正常生长。此期韭菜水分和营养主要依靠根系和鳞茎中贮存的营养，以及扣膜前所浇"冻水"和追肥供给，前两茬不再浇水和追肥。若第二茬收割后，出现植株生长缓慢、叶色发黄等缺肥、缺水现象，可适量追肥浇水，并及时中耕和放风，降低室内湿度。

5.收获

塑料大棚韭菜在扣膜后 45～60d 可收割第一茬，第二茬生长期约 30d。

第三节　菠　　菜

一、菠菜棚室的夏季栽培

夏季，菠菜生长处于高温长日照季节，容易发生先期抽薹，所以菠菜产量低、品质较差，但可弥补夏季及秋初绿叶菜的不足。

1.品种选择

宜选择抗旱、耐热、生长迅速、对日照反应迟钝、不易抽薹的圆叶品种。如华菠一号、春秋大叶、广东圆叶等菠菜品种。

2.选地作畦

选肥沃疏松、保水保肥、水源近的中性微偏酸性土壤。前茬收获后及时耕翻晒白，每亩施腐熟有机肥 3000～4000kg，在整地时施入。将畦整成平畦，整平、整细，畦宽 1.5m 左右。

3.播种育苗

菠菜于 5～7 月份分期播种，播种期正处于高温季节，出苗困难。为使种子发芽及出苗整齐，应进行浸种催芽，方法是：用冷凉水浸种 12～24h 后，在 15～20℃ 低温下催芽，胚根露出后即可播种。播种时气温较高，可在下午地温稍低时用湿播法播种，每亩播种 8～10kg。播种前先浇底水，并浇泼一层腐熟浓粪渣或覆土。播种后覆盖稻草或利用小拱棚或平棚覆盖遮阳网，以降低地温和减少水分蒸发，并及时浇水，保持土壤湿润，以利出芽。

4.田间管理

菠菜出苗后，根据天气（高温、干旱）情况，覆盖遮阳网，应注意晴盖阴揭、迟盖早揭，降温保湿，防暴雨冲刷，保证幼苗整齐均匀。当大部分幼苗出土后揭去覆盖物。出苗后应勤浇水，宜用冷凉井水"小水勤浇"，保持土壤湿润并降低地温，利于幼苗生长。高温天气，应在早晨或傍晚浇水。2～3 片真叶后适当间苗，4～5 片真叶后正是叶片数量和叶重迅速增长的时期，应分期追施腐熟人畜粪或速效氮肥 2～4 次，每次每亩用硫酸铵 10～15kg。每次施肥后要连续浇 5d 清水，促进菠菜营养生长，延缓抽薹。

5.适时采收

菠菜一般播后 25d 即可收获，收获过迟，容易发生抽薹。其产量较低，一般每亩收获 700～800kg。

二、菠菜拱棚的越冬栽培

菠菜是重要的绿叶蔬菜，叶子肥嫩，营养丰富。菠菜性耐寒，生长适温为 10～20℃，能长期耐 0℃ 以下低温，在 -6～-8℃ 的低温下受冻也能复原。根系耐低温的能力更强，0℃ 下根系即可生长，4℃ 下能发生根毛。菠菜不耐热，25℃ 以上即生长不良。由于菠菜是耐寒蔬菜，在黄淮海地区可以露地越冬，春季天气转暖时很快恢复生长，是越冬蔬菜上市较早的种类之一。为了提早上市，提高产量和质量，以增加经济效益，可以利用拱棚对越冬菠菜进行栽培，其栽培技术与露地越冬菠菜基本相同，主要区别是在盖棚期间要调控棚内温、湿度，并根据菠菜在棚内的生长特点施肥灌水。拱棚可冬前盖膜或早春盖膜。冬前盖膜的菠菜比露地越冬菠菜晚播 15～20d。

越冬菠菜也称根茬菠菜，是指秋季播种，冬前长至 4～8 片叶，以幼苗状态越冬，翌春返青生长，于早春供应市场的一茬菠菜。因冬前播种期不同，越冬菠菜有大菠菜、小菠菜、土里捂菠菜之别，前一年 9 月下旬至 10 月上旬播种的即为大菠菜。

1. 选地及施基肥

越冬菠菜生长期长达半年以上，并且要度过 1 个冬天，所以要选择土壤肥沃、腐殖质含量高、保水保肥、排灌方便的地块，最好选择砂壤土或夜潮地栽培。砂壤土质地疏松，早春地温回升快，返青早，夜潮地地下水位高，严冬季节地温变化幅度小，早春幼苗返青时可晚浇水、少浇水，防地温降低，有利于幼苗越冬和早春返青生长，提早收获。

越冬菠菜生长期长，如不施基肥或基肥不足，幼苗生长细弱，耐寒力降低，越冬死苗率高，且返青后营养生长缓慢，容易未熟抽薹，影响产量和品质。基肥多用含氮量较高的人粪土或圈肥，每亩施 3000～4000kg。基肥施匀后深耕 17～20cm，耙碎土块，整平地面，做宽 1.2～1.5m 的平畦。

2. 浸种催芽

将搓散去刺的种子用凉水浸泡 12～24h，捞出稍晾，用湿麻袋或湿粗布包好，在室温下催芽，催芽期间每天搅拌 1 次，并用清水冲洗 1 次，使种子温湿度均匀、透气。3～5d 后胚根露出即可播种，也可在浸种后将种子摊开晾至种子表面水分略干，便于分散时再进行播种。

3. 播种

菠菜 3～4 叶时幼苗抗寒性最强，越冬菠菜较适宜的播种期是菠菜在冬前应有 40～60d 的生长期，幼苗在越冬前能长出 3～4 片真叶，主根长 10cm 左右。这样的植株生长健壮，根系发育好，直根分布深，贮藏养分多，抗寒、抗旱能力均较强，能安全越冬，翌年返青早，生长速度快。一般情况下北方多在 9 月下旬到 10 月上、中旬播种。

这个茬口菠菜越冬时都有死苗、死籽现象，为维持群体密度，须加大播种量，一般越冬菠菜用种量为每亩 4～5kg，东北寒冷地区用种每亩 10～12kg。越冬菠菜的播种方式有撒播和条播两种。冬季不太寒冷，越冬死苗率低的地区多用撒播，干播、湿播皆可。冬季严寒死苗率高的地区，为了使种子覆土较厚且深度一致以利抗寒，多采用条播，行距 10～15cm，深 2～3cm，播后覆土浇水。

4. 田间管理

（1）冬前幼苗生长期　此期是为培养抗寒力强、能安全越冬、次春能旺盛生长的幼苗打基础的时期，依不同地区约为 40～60d。播种后必须保证出苗所需水分，使种子发芽迅速，出土整齐。出苗期间还应补浇 1 次水，幼苗长到 2 片真叶后，应适当控制浇水，使幼苗根系向纵深发展。弱苗应随水追施速效氮肥，以满足生长速度加快的需要。

（2）越冬期　一般为 80～120d。菠菜越冬期间要做好防寒保墒工作，使幼苗安全越冬，防止死苗。可用小拱棚保护并实现早熟的目的，于 1 月中下旬扣上拱棚，有草苫的还可于傍晚加盖草苫，清晨揭开。扣棚数天后，菠菜开始生长，每亩施尿素 10～15kg，并浇水，浇水量要适中，不可过大以免明显降低地温。浇水后，午间要适当通风，降低棚内湿度，棚内气温白天控制在 15～20℃，夜间以 8℃ 为宜。在此温度条件下，菠菜生长速度加快，在覆盖后 20d 左右即可开始收获。拱棚覆盖可延至 3 月上、中旬。从 1 月中旬至 3 月中旬，一套小拱棚设施，可以用于 2～3 茬越冬菠菜的覆盖。

越冬菠菜是蚜虫的越冬场所，如不及时防治，将危害菠菜，传播疾病。应在菠菜停止生长前用氧化乐果、灭蚜松等农药防治。

越冬菠菜冬前适时浇冻水、早春适时浇返青水是丰产关键。浇"冻水"是我国农民的宝贵经验，是越冬菠菜保墒防冻极其重要的一项措施。我国农民的经验"不冻不消浇早了，光冻不消浇晚了，夜冻日消浇着好"，意思是浇得太早外界温度较高，幼苗继续生长，会降低幼苗抗寒力，发生冻害，浇早了土壤不结冻，水分蒸发多，起不到冬季防寒的作用；浇得太晚，则水不易下渗，在地表形成不透气的冻层，容易发生幼苗窒息腐烂死亡的现象。

（3）返青期　为越冬菠菜恢复生长至开始采收的时期，约需 30～40d。返青后随外温的升高，叶片生长加快，但温度的升高及日照的加长又愈来愈有利于菠菜的抽薹，所以这段时间的管理要点是肥水齐攻，加速营养生长，在未抽薹前采收完毕，获得高产、柔嫩、优质的产品。

春季棚内温度上升快，返青前不放风，促进土壤化冻。返青后，当棚温升到 22～25℃时放风，选晴天浇 1 次小水。土壤全部化冻，进入旺盛生长期，温度达 20℃ 以上时即应放风，保持生长适宜温度。浇水 2～3 次，保持土壤湿润。越冬菠菜早春生长期较短，所以在浇返青水的同时应施入速效性氮肥，每亩加尿素 15～20kg 促进菠菜迅速生长。

（4）收获期　越冬菠菜的收获期依据各地气候条件而定，当菠菜长至 20cm 左右时，可根据市场需要适时采收。一般情况下，东北地区在 4 月上旬，华北地区在 3 月上旬。越冬菠菜产量为每亩 1500～2000kg。此外应注意观察田间植株的生长动态，发现部分植株即将抽薹，应及时收获上市。

本 章 小 结

芹菜、韭菜、菠菜等蔬菜，不但广泛应用于露地栽培，而且通过设施栽培，也可调节产品的上市时间，增加市场蔬菜花色品种，并取得很好经济效益。其栽培方式多样，芹菜主要进行塑料大棚秋延后栽培、中拱棚越冬栽培等；韭菜主要进行早春小拱棚栽培、中棚越冬栽培和塑料大棚秋延后栽培等；菠菜主要进行棚室越夏栽培、拱棚越冬栽培等。其栽培难度不大，但也应注意品种选择、肥水供应、环境调节等。

复习思考题

1.简述芹菜塑料大棚秋延后栽培的主要程序。

2.简述中棚越冬青韭栽培的扣棚后管理。

3.菠菜拱棚的越冬栽培应选择什么样的地块？为什么？

实训　萝卜芽的培育

一、目的要求

熟悉设施芽苗菜的栽培技术，掌握萝卜芽的培育方法。

二、材料与用具

萝卜籽；育苗盘，废报纸，喷水壶，温度计，湿度计，水槽，托盘天平，麻袋片。

三、方法与步骤

1.品种选择与处理　选用种皮新鲜、富有光泽、种粒大、纯度和净度均高、带有萝卜清香味的新种子，捡除虫蛀、残破、畸形、霉变的种子和杂质，用 25～30℃ 的温水浸种 3～4h，然后淘洗种子 2～3 遍，漂去种皮上的黏液，沥去多余的水分，待播。这样的种子生产的芽苗生长快、粗壮、抗病、产量高，纤维形成慢，叶柄色白，子叶嫩绿，大而肥厚，品质柔嫩。

2.播种催芽　将育苗盘消毒洗净，内铺 1 层灭菌的报纸，用温水将纸喷湿，在报纸上撒播 1 层处理好的萝卜籽，一般每盘播种量 80～100g。每 10 盘叠成 1 摞，在最上面盖上湿麻袋，温度保持在 20～25℃，相对空气湿度保持在 70% 以下，加强通风。进行遮光保湿催芽，每隔 6～8h

倒 1 次盘，同时喷淋同室温的清水，喷淋要仔细、周全，不要冲动种子。一般 1d 后露白，2～3d 后幼芽可长达 4cm。

　　3.培育与采收　当育苗盘内萝卜芽将要高出育苗盘时，及时摆盘上架，在遮光条件下保温、保湿培养。5～6d 后芽长 10cm 以上，子叶展平，真叶出现，这时即可见光培养。第 1 天先见散射光，第 2 天可见自然光照，待叶片由黄变绿后，就呈现出绿叶、红梗、白根的萝卜芽苗，此时即可采收。

四、作业

　　1.总结出发芽率高、芽苗长势良好的种子的特征。
　　2.统计出芽苗培育各阶段适宜的温度和湿度。

参 考 文 献

[1] 张振贤. 蔬菜栽培学（面向 21 世纪课程教材）. 北京：中国农业大学出版社，2003.
[2] 山东农业大学. 蔬菜栽培学总论. 北京：中国农业出版社，2002.
[3] 卢育华. 蔬菜栽培学各论（北方本，园艺专业用）. 北京：中国农业出版社，2000.
[4] 山东农业大学. 蔬菜栽培学各论北方本. 第 3 版. 北京：中国农业出版社，1999.
[5] 中国农科院蔬菜研究所. 中国蔬菜栽培学. 北京：中国；农业出版社，2000.
[6] 陈贵林. 蔬菜栽培学概论. 北京：中国农业科技出版社，1997.
[7] 河北农业大学蔬菜系. 实验蔬菜园艺学. 保定：河北农业大学，2003.
[8] 张福墁. 设施园艺学. 北京：中国农业大学出版社，2001.
[9] 陈杏禹. 蔬菜栽培. 北京：高等教育出版社，2005.
[10] 孙新政. 蔬菜栽培. 北京：中国农业出版社，2000.
[11] 焦自高，徐坤. 蔬菜生产技术. 北京：高等教育出版社，2002.
[12] 李志方. 稀特蔬菜高产优质栽培技术. 北京：中国林业出版社，2000.
[13] 吕家龙. 蔬菜栽培学各论（南方本）. 北京：中国农业出版社，2001.
[14] 韩世栋. 蔬菜栽培. 北京：中国农业出版社，2001.
[15] 李庆典. 蔬菜栽培技术. 北京：中央广播电视大学出版社，2004.
[16] 刘世琦. 蔬菜栽培实用技术. 北京：金盾出版社，2000.
[17] 卢炳瑞. 无公害食品生产检测与管理规范实务全书. 北京：中国言实出版社，2004.
[18] 曹毅. 绿叶菜类蔬菜栽培与病虫害防治技术. 北京：中国农业出版社，2000.
[19] 王久兴. 葱蒜类蔬菜栽培一月通. 北京：中国农业大学出版社，1998.
[20] 侯京存等. 保护地常备蔬菜栽培技术. 北京：化学工业出版社，1999.
[21] 郭素英. 设施蔬菜栽培. 太原：山西科学技术出版社，2001.
[22] 周绪元. 大棚蔬菜栽培问答. 石家庄：河北科学技术出版社，1995.
[23] 宋元林. 萝卜 胡萝卜 牛蒡. 北京：科学技术文献出版社，1998.
[24] 廉华. 蔬菜栽培学. 哈尔滨：黑龙江科学技术出版社，2002.
[25] 徐坤. 绿色食品蔬菜生产技术全编. 北京：中国农业出版社，2002.
[26] 韩世栋. 蔬菜生产技术. 北京：中国农业出版社，2006.
[27] 王江柱，孙双全. 无公害果蔬农药选择与使用教材. 北京：金盾出版社，2005.
[28] 张振贤. 蔬菜栽培学. 北京：中国农业大学出版社，2006.
[29] 蔡国基. 蔬菜栽培学. 北京：中国农业出版社，1998.
[30] 马光灼等. 中国蔬菜栽培学. 北京：中国农业出版社，1993.
[31] 郭晓龙等. 园艺作物栽培. 北京：化学工业出版社，2007.
[32] 陆国一. 瓜类蔬菜周年生产技术. 北京：金盾出版社，2003.
[33] 任华中等. 中国瓜菜新品种. 北京：中国林业出版社，2000.
[34] 苏崇森. 名特优瓜菜新品种扩栽培. 北京：金盾出版社，2000.
[35] 陈年来等. 甜瓜标准化生产技术. 北京：金盾出版社，2008.
[36] 陶永红等. 甜瓜园艺工培训教材. 北京：金盾出版社，2008.
[37] 孙兴祥等. 西瓜周年生产配套技术. 北京：中国农业出版社，2001.
[38] 蒋先明. 蔬菜栽培学总论. 北京：中国农业出版社，2003.
[39] 李建伟等. 黄瓜栽培新技术. 北京：中国农业出版社，2004.
[40] 张绍文等. 南瓜、西葫芦四季高效栽培. 郑州：河南科技技术出版社，2003.
[41] 刘保才. 蔬菜高产栽培技术大全. 北京：中国林业出版社，1998.
[42] 李新峥等. 蔬菜栽培学. 北京：中国农业出版社，2006.
[43] 赵瑞莲，徐刚，徐文章. 无公害蔬菜生产技术. 农林科技，2007，20.
[44] 刘福明，李新江. 无公害蔬菜生产技术. 吉林蔬菜，2007，4.
[45] 浙江农业大学. 蔬菜栽培学总论. 第 2 版. 北京：中国农业出版社，2000.
[46] 张振贤等. 蔬菜栽培学. 北京：中国农业大学出版社，2003.
[47] 顾智章. 韭菜、葱、蒜栽培技术. 北京：金盾出版社，1991.